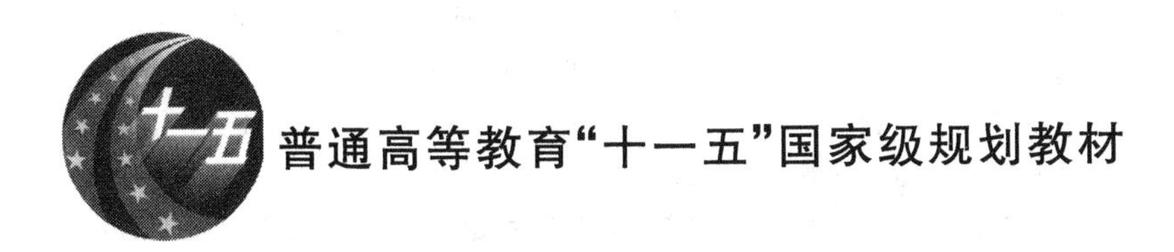

加工工艺学
(第3版)

马鹏举　史成坤　张兴华
王丽英　贺建云　主编

北京航空航天大学出版社

内容简介

本书是以教育部颁布的《工程材料及机械制造基础课程教学基本要求》为依据，为适应21世纪我国高等院校出现的教学改革新形势而编写的。本书将互换性原理、热加工(铸造、锻造和焊接)、金属切削原理以及机械制造工艺学等几门课程进行整合、精选，内容主要包括尺寸公差、几何公差、表面粗糙度、热加工工艺、切削加工和特种加工、加工工艺规程设计和现代制造技术等。

本书为《加工工艺学》第3版，根据新标准、新技术和新工艺等，对原书中相关内容进行了较大幅度的调整和更新，加强了各章节之间的联系，突出了内容的系统性和完整性，使学生掌握互换性原理、热加工、金属切削原理、机械制造工艺学的基本概念和原理，并加深对现代制造技术及发展趋势的了解。

本书是高等院校机械制造基础课程的理论课教材，同时可作为工程技术人员的参考书，也可供自学考试、电大、职大、高职等学生选用。

图书在版编目(CIP)数据

加工工艺学 / 马鹏举，史成坤，张兴华等主编. --3版. -- 北京 ：北京航空航天大学出版社，2014.3
ISBN 978-7-5124-1492-1

Ⅰ. ①加… Ⅱ. ①马… ②史… ③张… Ⅲ. ①机械加工—工艺学—高等学校—教材 Ⅳ. ①TG506

中国版本图书馆CIP数据核字(2014)第035001号

加工工艺学(第3版)

马鹏举　史成坤　张兴华
王丽英　贺建云　主编
责任编辑　龚荣桂　王平豪　朱胜菊

*

北京航空航天大学出版社出版发行
北京市海淀区学院路37号(邮编100191)　http://www.buaapress.com.cn
发行部电话:(010)82317024　传真:(010)82328026
读者信箱:goodtextbook@126.com　邮购电话:(010)82316936
北京兴华昌盛印刷有限公司印装　各地书店经销

*

开本:787×1 092　1/16　印张:16　字数:410千字
2014年3月第3版　2016年9月第2次印刷　印数:3 001~5 000册
ISBN 978-7-5124-1492-1　定价:32.00元

若本书有倒页、脱页、缺页等印装质量问题，请与本社发行部联系调换。联系电话:(010)82317024

第3版前言

本书包含互换性原理、热加工（铸造、锻造和焊接）、金属切削原理、加工工艺学、机床夹具设计原理等内容，是《加工工艺学》的第3版，相对于以前版本，在以下内容上做了大幅修改：

1. 互换性原理，采用了最新的国家标准。

2. 对铸造、锻造和焊接进一步精炼、精选，突出热加工工艺的原理和新的工艺方法。

3. 将金属切削原理与特种加工技术编写为一章，突出金属切削加工与特种加工在机械制造过程中的互补性。增加了刀具工作角度的概念和应用实例；增加了磨削基本原理的论述；适当介绍了加工质量的概念和工艺系统的概念，对影响加工质量的因素做了精炼的分析；较为完整地介绍了金属切削过程中的主要工艺方法。

4. 对机械加工工艺规程设计，突出机械加工工艺规程设计原理的完整性、系统性和逻辑性，如增加了工件装夹与获得精度的方法、加工余量的确定、工序尺寸的确定、夹具设计基本原理等；作为基础性教材在工艺规程设计案例上选择了典型的轴类、套筒类和箱体类。

5. 对先进制造技术，避免了对制造方法的大篇幅论述，如对柔性制造系统（FMS）、计算机集成制造系统（CIMS）等的论述，重点介绍了成组技术（GT）、数控技术（NC）和增材制造（AM）等。

本书共分5章，各章主要编写人员为：第1章，史成坤；第2章，张兴华；第3章，马鹏举、王丽英；第4章，马鹏举、王丽英；第5章，史成坤、马鹏举、张兴华、王丽英。马鹏举对全书进行了统稿，张兴华、王丽英对全书进行了审定，贺建云参加了本书资料的搜集和修改工作。李喜桥作为第1版和第2版主编，在第3版立项工作中做了大量工作。

本书可作为高等学校机械制造基础教材，也可供工程技术人员参考。

感谢本教材编写过程中第1版、第2版的作者和所有为此作出贡献的老师，正是他们出色的工作，为第3版的成书奠定了基础。本书成书之际，感谢所有为本书提出建议和提供帮助的老师。感谢本书所列参考书的所有作者。

由于作者的水平有限，书中难免有缺点和错误之处，敬请同行和读者不吝指教。

编　者

2013年10月

目　　录

第1章　互换性原理

1.1　互换性与优先数

1.1.1　互换性

1. 互换性的概念

（1）互换性的定义

互换性，广义上说，是指一种产品、过程或服务能够代替另一种产品、过程或服务，并且能满足同样要求的能力。

互换性在日常生活中随处可见，如汽车、手表、家用电器、计算机及其外部设备等，在使用过程中任一零件或部件受到损坏，只需将同一规格的零件或部件更换，便能恢复原有功能继续使用。这些零件或部件均具有能够彼此互相替换的性能，即具有“互换性”。

在机械工业中，互换性是指按照同一规格制造的零件或部件，不经选择或辅助加工，任取其一，装配后就能满足预定的使用性能的性质。

在制造业生产中，产品或机器由许多零部件构成，而这些零部件由不同车间甚至不同工厂制成，装配时就要求这些零部件能够互换。例如齿轮、变速箱、气动元件、发动机活塞、连杆、螺钉、螺母等，只要是同规格的合格产品，就可以任取一件进行装配。

制造零件的过程中，由于各种因素的影响，零件的尺寸、形状和表面质量等几何量难以达到理想状态，总会有误差；而从零件的使用功能角度看，并不需要零件的几何量绝对理想，因此，在加工中只要求零件几何量在某一规定的范围内变动，这一变动范围即为几何量公差。设计时要制定合理的公差，以便加工出的零件能够达到互换性要求。

（2）互换性的分类

按互换参数范围或使用要求，互换性可分为几何参数（尺寸、形状、相互位置及表面质量等）互换性和功能（物理、化学、电学、力学性能等）互换性。满足上述两条要求的称作具有广义互换性。本书仅讨论几何参数互换性。

按互换程度，互换性可分为完全互换和不完全互换。

① 完全互换。又称绝对互换，是完全达到了互换的要求，即当零部件在装配或更换时，事先不必挑选，也不需进行修配就能装配在机器上，并能完全满足预定的使用性能。如常用的、大批量生产的标准连接件和紧固件等都具有完全互换性。

② 不完全互换。又称有限互换，即在零部件装配时允许有附加条件的选择或调整。例如，生产中往往降低零件的精度，装配时再根据实测尺寸的大小，将制成的相配零件分组，然后按组装配，零件只能在本组内进行互换。不完全互换也是保证产品使用性能的重要手段，适用范围主要是小批量和单件生产。

按标准的部件或机构，互换性可分为内互换和外互换。

① 内互换。它是指组成标准部件或机构的零件的互换,如滚动轴承内、外圈滚道与滚珠的配合。

② 外互换。它是指标准部件或机构与其相配件的互换性,如滚动轴承内圈内径与轴的配合、外圈外径与轴承座孔的配合。

2. 互换性的作用

互换原则是现代化生产所必须遵循的基本原则之一,应用互换性原则已成为提高生产水平和促进技术进步的强有力的手段。

① 在设计上,采用具有互换性的标准零件和标准部件,将简化设计工作量,缩短设计周期,且便于应用计算机进行辅助设计。

② 在生产上,按互换性原则进行加工,各个零件可以同时分别加工,便于实现专业化、自动化生产;由于工件单一,因此易于保证加工质量;装配时,由于零部件具有互换性,使装配过程能够连续且顺利地进行,从而大大缩短了装配周期。

③ 在使用和修理上,具有互换性的备用零部件可以简单而迅速地替换磨损的或损坏的零部件,这将缩短修理时间,节约修理费用,尤其对重要设备和军用品的修复具有重大意义。

④ 在管理上,使管理更简化、更科学,产品质量也更容易保证。

⑤ 在经济上,缩小了生产规模,减少不必要的厂房、设备、操作人员等,大大降低生产成本。

互换性原则是机械工业生产的基本技术经济原则,是设计、制造中必须遵循的原理。具有高度互换性的产品是其具有较强市场竞争力的必要条件之一。

1.1.2 标准化

现代制造业生产的特点是品种多、规模大、分工细、协作单位多和互换性要求高。为使社会生产有序进行,必须有一种手段使分散的、局部的生产部门和生产环节相互协调和统一,以实现互换性生产。标准和标准化正是联系这种关系的主要途径和手段,实现标准化是广泛实现互换性生产的前提。

1. 标　准

所谓标准,是指为了取得国民经济最佳效果,在总结实践经验和充分协商的基础上,有计划地对人类生活和生产活动中具有多样性和重复性的事物,在一定范围内作出统一规定,并经一定的标准程序,以特定的形式颁发的技术法规。标准是评定一切产品质量的技术依据。

我国将标准分为国家标准、行业标准、地方标准和企业标准。

① 国家标准,代号GB(其中GB/T为推荐性国家标准代号),是指对全国经济、技术发展有重大意义,必须在全国范围内统一执行的标准,由国家质量监督检验检疫总局颁布。

② 行业标准,就是在没有国家标准,而又需要在全国某行业范围内有统一的技术要求时,由该行业的国家授权机构颁布的标准,如机械标准(JB)、航空标准(HB)等。

③ 地方标准,代号DB,就是在没有国家标准和行业标准,而又需要在省、自治区、直辖市范围内有统一的技术安全、卫生等要求时,由地方政府授权机构颁布的标准。

④ 企业标准,就是对企业生产的产品,在没有上述三种标准的情况下,由企业自行制定的标准,并以此标准作为组织生产的依据。

按标准的作用范围，可将标准分为国际标准、区域标准、国家标准、地方标准和试行标准。

按对象的特征，可将标准分为基础标准、产品标准、方法标准和安全、卫生与环境保护标准等。

① 基础标准，以标准化共性要求和前提条件为对象的标准，是通用性标准，也是制定其他标准时可依据的标准，如计量单位、术语、符号、优先数系、极限与配合、机械制图等标准。

② 产品标准，以产品及其构成部分为对象的标准，如规定机电设备、仪器仪表、工艺装备、零部件、毛坯、半成品及原材料等基本产品或辅助产品的质量、分类、形式、尺寸、检验方法等要求的标准。

③ 方法标准，以生产技术活动中的重要程序、规划及方法为对象的标准，如设计计算方法、工艺规程、测试方法、分析方法等标准。

④ 安全、卫生与环境保护标准，专门为了安全、卫生与环境保护目的而制定的标准。

为了使世界各国在技术上统一，在国际上成立了国际标准化组织(ISO)，负责制定国际标准。由于国际标准集中反映了许多国家的现代科学技术水平，并充分考虑了全球一体化经济中国际技术交流和国际贸易的需要，我国的国家标准已经或即将与国际标准接轨。

2. 标准化

标准化，是指制定标准、贯彻标准和修订标准的全部活动过程。其意义在于积极推动人类的进步和科学技术的发展。

标准化是组织现代化大生产的重要手段，是实现专业化协作生产的必要前提，是科学管理的重要组成部分。标准化同时是联系科研、设计、生产、流通和使用等方面的纽带，是使整个社会经济合理化的技术基础。标准化也是发展贸易、提高产品在国际市场上竞争能力的技术保证。搞好标准化，对于加速发展国民经济，提高产品和工程建设质量，提高劳动生产率，搞好环境保护和安全卫生，以及改善人民生活等都有着重要作用。

1.1.3　优先数与优先数系

工程上各种技术参数的协调、简化和统一是标准化的重要内容。

各种产品的性能参数和尺寸规格参数都需要用数值来表达，这些参数在生产和使用的各环节中，会按照一定规律向一切有关参数传播。例如，螺栓尺寸一旦确定，将影响螺母以及加工它们所使用的丝锥和板牙的尺寸，也会影响检验的量规的尺寸，甚至紧固螺母用的扳手的尺寸等。这种技术参数的传播扩散在实际生产中极为普遍，既发生在相同量值之间，也发生在不同量值之间，并且跨越行业和部门的界限，必然会造成尺寸规格的繁多杂乱，以致给组织生产、协作配套及使用维修等带来很大的困难。

因此，对于各种技术参数，必须从全局出发加以协调。优先数与优先数系就是对各种技术参数的数值进行协调、简化和统一的一种科学的数值制度。

优先数系由一系列十进制等比数列构成，其代号为 Rr(R 是优先数系创始人 Renard 的第一个字母，r 代表 5、10、20、40 和 80 等项数)。等比数列的公比 $q_r=\sqrt[r]{10}$，每一个优先数系列均含有 10 的整数幂，其中的各个项即为优先数。

我国标准 GB/T 321—2005 与国际标准 ISO 3—1973 相同，规定了 5 个系列，分别用系列符号 R5、R10、R20、R40、R80 表示。其中，前 4 个系列是常用的基本系列，而 R80 作为补充系列,仅用于分级很细的特殊场合。

表1-1是优先数的基本系列。只要知道一个十进段内的优先数值,其他十进段内的数值就可由小数点的前后移位得到,即优先数系中的数值可在表1-1所给定数值的基础上方便地向两端延伸。

由表1-1可知优先数系的特点为:优先数系中公比数值小的系列包含公比数值大的数系中的所有数值。例如,R20系列的数值包含了R10和R5系列的数值;同一系列优先数的商、积和整数幂运算结果仍为优先数;优先数疏密适中,选用方便。

表1-1 优先数的基本系列(GB/T 321—2005)

R5	R10	R20	R40	R5	R10	R20	R40	R5	R10	R20	R40
1.00	1.00	1.00	1.00			2.24	2.24		5.00	5.00	5.00
			1.06				2.36				5.30
		1.12	1.12	2.50	2.50	2.50	2.50			5.60	5.60
			1.18				2.65				6.00
	1.25	1.25	1.25			2.8	2.8	6.30	6.30	6.30	6.30
			1.32				3.00				6.70
		1.40	1.40		3.15	3.15	3.15			7.10	7.10
			1.50				3.35				7.50
1.60	1.60	1.60	1.60			3.55	3.55		8.00	8.00	8.00
			1.70				3.75				8.50
		1.80	1.80	4.00	4.00	4.00	4.00			9.00	9.00
			1.90				4.25				9.50
	2.00	2.00	2.00			4.50	4.50	10.0	10.0	10.0	10.0
			2.12				4.75				

按优先数的理论公比计算所得到的数值为优先数的理论值,该值大多为无理数,不便于工程中直接使用。而实际应用的数值都是经过化整处理后的近似值,根据取值的有效数字位数,优先数的近似值可以分为:计算值(取理论值的五位有效数字,主要用于工程上精确计算),常用值(即优先值,取三位有效数字,对计算值的最大相对误差为+1.26%~-1.01%),化整值(对部分常用值作进一步圆整)。我国标准尺寸(GB/T 2822—2005)就是依据优先数的常用值和部分化整值而制定的。

为了使优先数系有更大的适应性,可以从基本(或补充)系列中,每隔 p 项取一个优先数,组成一个新的优先数系列——派生系列,以符号 Rr/p 表示。派生系列的公比为

$$q_{r/p} = q_r^p = (\sqrt[r]{10})^p = 10^{p/r}$$

例如派生系列R10/3,就是从基本系列R10中,自1以后,每隔三项取一个优先数组成的,即1.00、2.00、4.00、8.00、16.0、32.0等。

在进行机械设计和制造时,应该使用优先数和标准尺寸。选用基本系列时,应遵守先疏后密的规则,即按R5、R10、R20、R40的顺序选用;当基本系列不能满足要求时,可选用派生系列,注意应优先选用公比较大和延伸项含有项值1的派生系列。通常,一般机械的主要参数采

用 R5 或 R10 系列，如立式车床主轴直径；专用工具的主要尺寸采用 R10 系列；通用型材、零件及工具的尺寸和铸件壁厚采用 R20 系列；锻压机床吨位采用 R5 系列。

1.2　极限与配合

为使零件具有互换性，必须保证零件的尺寸、表面粗糙度、几何形状及零件上有关要素的相互位置等技术要求的一致性。就加工的尺寸精度而言，并不是要求零件都准确地制成一个指定的尺寸，而只是限定其在一个合理的范围内变动。这个范围，要求在使用和制造上是合理、经济的；对于相互配合的零件，要求保证相互配合的尺寸之间形成一定的配合关系，以满足不同的使用要求。前者标准化为“极限制”，后者标准化为“配合制”，即“极限与配合”制度。尺寸精度设计是几何量精度设计的核心，是机械类工程技术人员最基本的技能之一。

涉及机械零件的尺寸精度和互换性要求的国家标准主要有以下几个：

- GB/T 1800.1—2009《产品几何技术规范(GPS)极限与配合　第 1 部分：公差、偏差和配合的基础》；
- GB/T 1800.2—2009《产品几何技术规范(GPS)极限与配合　第 2 部分：标准公差等级和孔、轴极限偏差表》；
- GB/T 1801—2009《产品几何技术规范(GPS)极限与配合　公差带和配合的选择》；
- GB/T 1804—2000《一般公差　未注公差的线性和角度尺寸的公差》。

1.2.1　基本术语及定义

结合极限与配合示意图(见图 1-1)，介绍相关的术语及定义。

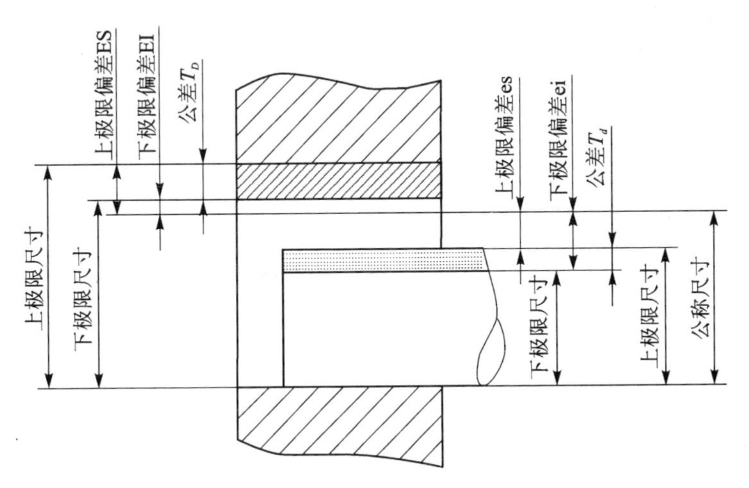

图 1-1　极限与配合示意图

1. 有关尺寸的术语及定义

(1) 尺寸要素

尺寸要素是指由一定大小的线性尺寸和角度尺寸确定的几何形状。分为外尺寸要素和内尺寸要素，可以是圆柱形、球形、两平行对应面、圆锥形或楔形等。

(2) 孔和轴

孔通常指工件的圆柱形内尺寸要素,也包括非圆柱形的内尺寸要素(由二平行平面或切面形成的包容面)。

轴通常指工件的圆柱形外尺寸要素,也包括非圆柱形的外尺寸要素(由二平行平面或切面形成的被包容面)。

从加工过程来看,随着余量的切除,孔的尺寸由小变大,轴则相反。

(3) 尺　寸

尺寸是指以特定单位表示线性尺寸值的数值。

它由数字和长度单位组成,包括直径、半径、长度、宽度、高度、厚度及中心距等。机械工程应用时规定以毫米(mm)为单位。它不包括用角度单位表示的角度尺寸。

(4) 公称尺寸

公称尺寸是指由图样规范确定的理想形状要素的尺寸。通过它应用上、下极限偏差可计算出极限尺寸。

它是根据强度、刚度或结构需要计算,并经圆整后得到的,一般按标准尺寸(GB/T2822—2005)选取。它并不是实际加工中所要求得到的尺寸,可以是一个整数或一个小数值。孔、轴的公称尺寸分别用 D、d 表示。

(5) 提取组成要素的局部尺寸

提取组成要素的局部尺寸是指一切提取组成要素上两对应点之间距离的统称。

为方便起见,可将提取组成要素的局部尺寸简称为提取要素的局部尺寸(以往标准中称为实际尺寸),用 D_a 和 d_a 分别表示孔、轴的提取要素的局部尺寸。常见的提取要素的局部尺寸有提取圆柱面的局部尺寸(局部直径)和两平行提取表面的局部尺寸。

由于存在测量误差,提取要素的局部尺寸并非尺寸的真值。同时,由于形状误差等影响,同一提取圆柱面的局部尺寸在不同部位往往并不相等。

(6) 极限尺寸

极限尺寸是指尺寸要素允许的尺寸的两个极端。提取要素的局部尺寸应位于极限尺寸之中,也可达到极限尺寸。

极限尺寸分为上极限尺寸和下极限尺寸。上极限尺寸为尺寸要素允许的最大尺寸,孔和轴的上极限尺寸分别以 D_{max} 和 d_{max} 表示;下极限尺寸为尺寸要素允许的最小尺寸,孔和轴的下极限尺寸分别以 D_{min} 和 d_{min} 表示。

2. 有关偏差与公差的术语及定义

(1) 偏　差

偏差是指某一尺寸减其公称尺寸所得的代数差。可以是正值、负值或零。

1) 极限偏差

极限偏差是指极限尺寸减其公称尺寸所得的代数差,分为上极限偏差和下极限偏差。

上极限偏差为上极限尺寸减其公称尺寸所得的代数差。孔、轴的上极限偏差代号分别为ES、es。

下极限偏差为下极限尺寸减其公称尺寸所得的代数差。孔、轴的下极限偏差代号分别为EI、ei。

上、下极限偏差与极限尺寸及公称尺寸的关系可表示为

$$ES = D_{max} - D \qquad es = d_{max} - d$$
$$EI = D_{min} - D \qquad ei = d_{min} - d$$

2）基本偏差

基本偏差是指在极限与配合制标准中，确定公差带相对零线位置的那个极限偏差。

基本偏差可以是上极限偏差或下极限偏差，一般为靠近零线的那个偏差，如图 1-2 所示，下极限偏差靠近零线，为此公差带的基本偏差。

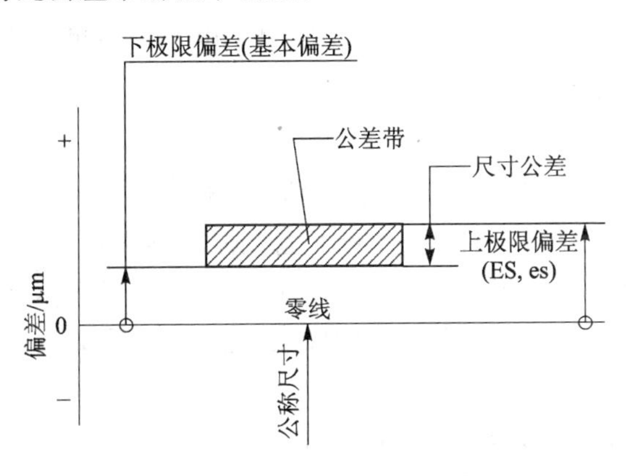

图 1-2　公差带图

(2) 尺寸公差(简称公差)

尺寸公差是指上极限尺寸减下极限尺寸之差，或上极限偏差减下极限偏差之差。它是允许尺寸的变动量，是一个没有符号的绝对值。公差以 T 表示，孔、轴的公差分别用 T_D 和 T_d 表示，有

$$T_D = D_{max} - D_{min} = ES - EI$$
$$T_d = d_{max} - d_{min} = es - ei$$

公差用于限制一批零件的尺寸误差，它是尺寸精度的一种度量。对于同一个公称尺寸来说，公差数值越小，则零件的精度越高，实际尺寸的允许变动量也越小；反之，公差数值越大，则尺寸的精度越低。

从工艺上看，对某一具体零件，公差大小反映加工的难易程度，而极限偏差则是调整机床、决定切削工具与工件相对位置的依据。

(3) 零线与公差带

为了直观地表示公称尺寸、偏差和公差的关系，常画出简图即公差带图表示。公差带图由零线和公差带构成，图 1-3 所示为一对孔、轴的公差带示意图。

1）零　线

在公差带图中，表示公称尺寸的一条直线，以其为基准确定偏差和公差。

通常，零线沿水平方向绘制，正偏差位于其上，负偏差位于其下。在绘制公差带图时，应注意绘制零线、标注零线的公称尺寸线、标注公称尺寸值和符号“0、+、−”。

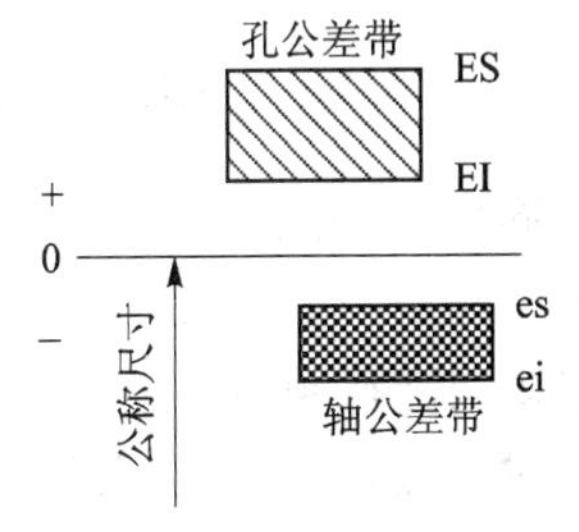

图 1-3　公差带图解

2）公差带

在公差带图解中，由代表上极限偏差和下极限偏差或上

极限尺寸和下极限尺寸的两条直线所限定的一个区域。它是由公差大小和其相对零线的位置来确定的。公差带的位置由基本偏差决定,公差带的大小(即公差带在垂直零线方向的宽度)由标准公差决定。

绘制公差带图时,应注意用不同的方式来区分孔、轴公差带:如用不同方向(或不同图案)的剖面线或标注“孔”、“轴”字样等方式区分;公差带位置和大小应按比例绘制;在代表上极限偏差和下极限偏差的两条直线的位置上标注出上极限偏差和下极限偏差的数值,并注明符号;尺寸单位为毫米(mm),偏差及公差的单位可用微米(μm)表示,单位省略不写。

3. 有关配合的术语及定义

(1) 配　合

配合是指公称尺寸相同的相互结合的孔和轴公差带之间的关系。由于孔和轴的实际尺寸不同,装配后可能获得不同的配合性质,产生“间隙”或“过盈”。

- 间隙——孔的尺寸减去相配合的轴的尺寸之差为正,用 X 表示。
- 过盈——孔的尺寸减去相配合的轴的尺寸之差为负,用 Y 表示。

(2) 配合的种类

根据孔和轴的公差带位置关系,将配合分为三类。

1) 间隙配合

间隙配合是指具有间隙(包括最小间隙等于零)的配合。此时,孔的公差带在轴的公差带上方,如图1-4所示。

对一批零件来说,每对孔、轴结合产生的间隙大小不同,其特征参数用最小间隙和最大间隙表示。孔的下极限尺寸减轴的上极限尺寸得到最小间隙,用 X_{min} 表示;孔的上极限尺寸减轴的下极限尺寸得到最大间隙,用 X_{max} 表示。

间隙配合常用于孔、轴间要求有相对运动的场合,包括旋转运动和轴向滑动。

2) 过盈配合

过盈配合是指具有过盈(包括最小过盈等于零)的配合。此时,孔的公差带在轴的公差带下方,如图1-5所示。

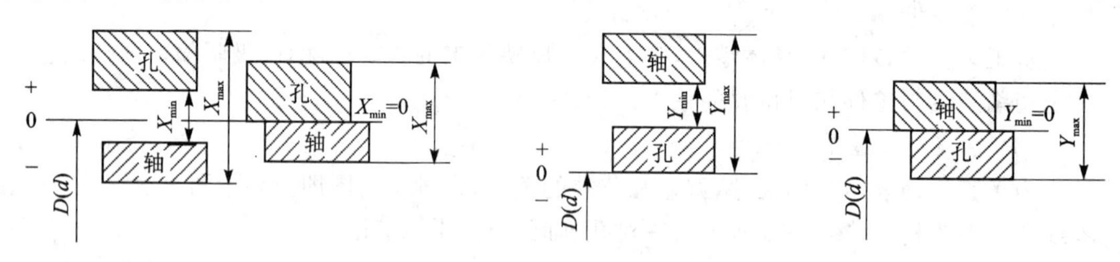

图1-4　间隙配合及其图解　　　图1-5　过盈配合及其图解

同样地,由于孔和轴尺寸不同,会形成不同的过盈量,其特征参数用最大过盈和最小过盈表示。孔的下极限尺寸减轴的上极限尺寸得到最大过盈,用 Y_{max} 表示;孔的上极限尺寸减轴的下极限尺寸得到最小过盈,用 Y_{min} 表示。

过盈配合时,轴装入孔内后,就与孔相对静止了。只要过盈足够大,孔与轴之间不加销、键等连接件,也能传递运动和扭矩。过盈配合拆装比较困难,一般要用压力机装配或采用加热孔件的“红套法”装配。

3) 过渡配合

过渡配合是指可能具有间隙或过盈的配合。此时,孔的公差带与轴的公差带相互交叠,如图 1-6 所示。

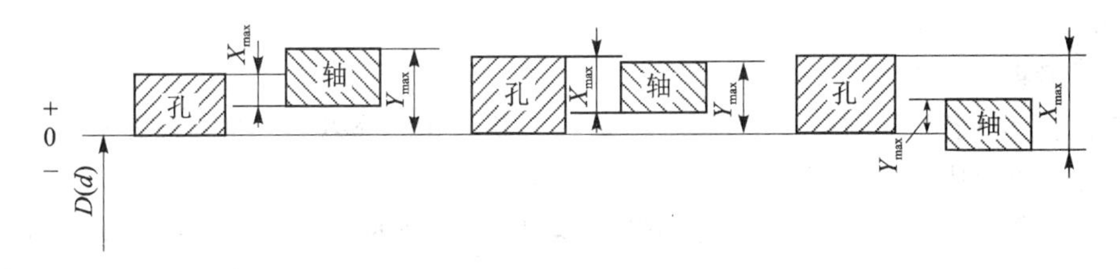

图 1-6　过渡配合及其图解

在过渡配合中,间隙或过盈的极限为最大间隙(X_{max})和最大过盈(Y_{max})。其配合究竟是出现间隙还是过盈,只有通过孔、轴实际尺寸的比较才能确定。对于具体的一对装配结合件,仅具有间隙或过盈二者状态之一。

过渡配合大多用于孔、轴间既要装拆方便,又要定位精确(对中性好)的相对静止的连接,若想传递运动或扭矩,则还需要辅助连接件的帮助。

对于一批配合件,三类配合的特征参数的计算式如下:

$$X_{max}(\text{或 } Y_{min}) = D_{max} - d_{min} = \mathrm{ES} - \mathrm{ei}$$

$$X_{min}(\text{或 } Y_{max}) = D_{min} - d_{max} = \mathrm{EI} - \mathrm{es}$$

对于过渡配合,只需按以上公式计算 X_{max} 和 Y_{max}。

(3) 配合公差

配合公差是指组成配合的孔与轴的公差之和。它是允许间隙或过盈的变动量,是反映装配精度的特征值,用 T_f 表示,是一个没有符号的绝对值。其计算式如下:

对于间隙配合,$T_f = |X_{max} - X_{min}| = X_{max} - X_{min}$;

对于过盈配合,$T_f = |Y_{max} - Y_{min}| = Y_{min} - Y_{max}$;

对于过渡配合,$T_f = |X_{max} - Y_{max}| = X_{max} - Y_{max}$。

将前述间隙、过盈的计算公式代入配合公差的计算公式,可得

$$T_f = (D_{max} - d_{min}) - (D_{min} - d_{max}) = (\mathrm{ES} - \mathrm{EI}) + (\mathrm{es} - \mathrm{ei}) = T_D + T_d$$

上式说明,配合公差反映了装配精度的高低,配合件的配合精度取决于相互配合的孔、轴的尺寸精度(公差)。配合公差是设计时对机器配合部位使用性能的要求,而孔和轴的公差是制造时允许尺寸变动范围的大小,它体现了加工难易的程度。所以,装配精度要求越高,孔和轴的加工就越困难,其制造成本也越高。

(4) 配合制

把公差和偏差标准化的制度是极限制,而配合制是同一极限制的孔和轴组成的一种配合制度,也称基准制。国标 GB/T 1800.1 规定了两种平行的配合制:基孔制配合和基轴制配合。此外,也允许选用非基准制配合。

1) 基孔制配合

基准偏差为一定的孔的公差带,与不同基本偏差的轴的公差带形成各种配合的一种制度,称为基孔制配合,如图 1-7(a)所示。

对于此标准极限与配合制,孔的公差带在零线上方,孔的下极限尺寸等于公称尺寸,即孔的

下极限偏差为基本偏差,其数值为零。在基孔制配合中选作基准的孔,称为基准孔,代号为 H。

当轴的基本偏差为上偏差,且为负值或零值时,是间隙配合;当轴的基本偏差为下偏差,且为正值时,若轴的公差带完全位于基准孔的公差带之上,即为过盈配合;若轴的公差带与孔的公差带相交叠,为过渡配合。

2) 基轴制配合

基本偏差为一定的轴的公差带,与不同基本偏差的孔的公差带形成各种配合的一种制度,称为基轴制配合,如图 1-7(b)所示。

对于此标准极限与配合制,轴的公差带在零线下方,轴的上极限尺寸等于公称尺寸,即轴的上极限偏差为基本偏差,其数值为零。在基轴制配合中选作基准的轴,称为基准轴,代号为 h。

与基孔制相似,随着基准轴与相配孔的公差带之间相互关系不同,可形成不同松紧程度的间隙配合、过渡配合和过盈配合。

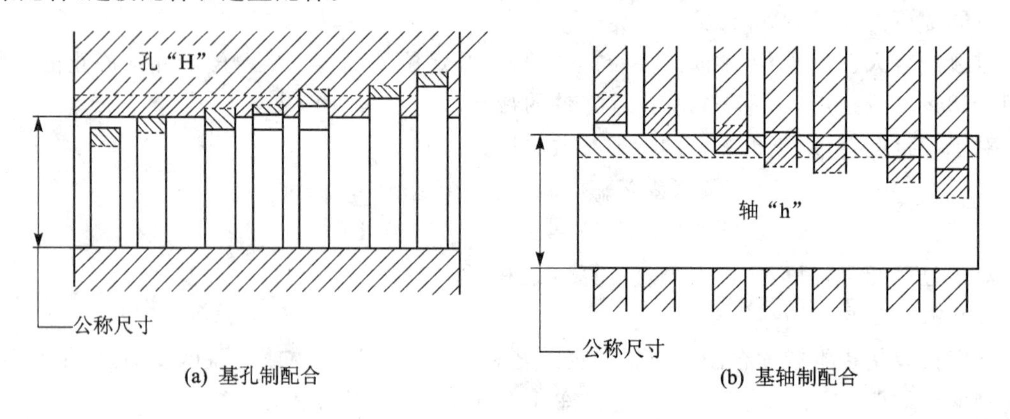

图 1-7 基孔制和基轴制配合

1.2.2 极限与配合的国家标准

由前所述,配合是孔和轴公差带的组合,而孔和轴的公差带由“公差带大小”和“公差带位置”这两个要素组成。公差带大小由标准公差确定,公差带位置由基本偏差确定,国家标准对二者都进行了标准化。同时,国标对配合也作出了相关规定。

1. 标准公差系列

在极限与配合制中,标准公差是国家标准规定的确定公差带大小的任一公差,“IT”是标准公差的代号。国家标准规定的机械制造行业常用尺寸(尺寸至 500 mm)的标准公差如表 1-2 所列,由公差等级、公差值和尺寸分段这三部分相互联系的内容组成。

(1) 标准公差等级及其代号

标准公差等级是标准公差确定尺寸精确程度的分级。规定与划分公差等级的目的是既简化和统一,又能满足广泛的不同的使用要求。

国家标准在公称尺寸至 500 mm 范围内规定了 20 个标准公差等级,用符号 IT 和数值表示:IT0、IT01、IT1、IT2、……、IT18,公差数值依次增大,即精度依次降低。在公称尺寸大于 500～3 150 mm 内规定了 IT1～IT18 共 18 个标准公差等级。当标准公差等级与代表基本偏差的字母一起组成公差带时,省略字母 IT,如 h8、F4 等。

同一公差等级(如 IT8)对所有公称尺寸的一组公差被认为具有同等精确程度。

表 1-2　标准公差数值(摘自 GB/T 1800.1—2009)

基本尺寸/mm		标准公差等级																	
		IT1	IT2	IT3	IT4	IT5	IT6	IT7	IT8	IT9	IT10	IT11	IT12	IT13	IT14	IT15	IT16	IT17	IT18
大于	至	公差值/μm											公差值/mm						
—	3	0.8	1.2	2	3	4	6	10	14	25	40	60	0.1	0.14	0.25	0.4	0.6	1	1.4
3	6	1	1.5	2.5	4	5	8	12	18	30	48	75	0.12	0.18	0.3	0.45	0.75	1.2	1.8
6	10	1	1.5	2.5	4	6	9	15	22	36	58	90	0.15	0.22	0.36	0.58	0.9	1.5	2.2
10	18	1.2	2	3	5	8	11	18	27	43	70	110	0.18	0.27	0.43	0.7	1.1	1.8	2.7
18	30	1.5	2.5	4	6	9	13	21	33	52	84	130	0.21	0.33	0.52	0.84	1.3	2.1	3.3
30	50	1.5	2.5	4	7	11	16	25	39	62	100	160	0.25	0.39	0.62	1	1.6	2.5	3.9
50	80	2	3	5	8	13	19	30	46	74	120	190	0.3	0.46	0.74	1.2	1.9	3	4.6
80	120	2.5	4	6	10	15	22	35	54	87	140	220	0.35	0.54	0.87	1.4	2.2	3.5	5.4
120	180	3.5	5	8	12	18	25	40	63	100	160	250	0.4	0.63	1	1.6	2.5	4	6.3
180	250	4.5	7	10	14	20	29	46	72	115	185	290	0.46	0.72	1.15	1.85	2.6	4.6	7.2
250	315	6	8	12	16	23	32	52	81	130	210	320	0.52	0.81	1.3	2.1	3.2	5.2	8.1
315	400	7	9	13	18	25	36	57	89	140	230	360	0.57	0.89	1.4	2.3	3.6	5.7	8.9
400	500	8	10	15	20	27	40	63	97	155	250	400	0.63	0.97	1.55	2.5	4	6.3	9.7

注：基本尺寸小于 1 mm 时，无 IT14～IT18。

(2) 标准公差数值

在机械制造业中，常用尺寸为小于或等于 500 mm 的尺寸，对于此尺寸段的标准公差数值，国家标准给出了计算公式，见表 1-3。

表 1-3　公称尺寸≤500 mm 标准公差的计算公式　　μm

公差等级	公　式	公差等级	公　式
IT01	$0.3+0.008D$	IT9	$40i$
IT0	$0.5+0.012D$	IT10	$64i$
IT1	$0.8+0.02D$	IT11	$100i$
IT2	$(IT1)(IT5/IT1)^{1/4}$	IT12	$160i$
IT3	$(IT1)(IT5/IT1)^{2/4}$	IT13	$250i$
IT4	$(IT1)(IT5/IT1)^{3/4}$	IT14	$400i$
IT5	$7i$	IT15	$640i$
IT6	$10i$	IT16	$1\ 000i$
IT7	$16i$	IT17	$1\ 600i$
IT8	$25i$	IT18	$2\ 500i$

注：D 为公称尺寸段的几何平均值，单位为 mm。

表 1-3 中的前三项高精度等级(IT01、IT0、IT1)主要是考虑测量误差的影响，标准公差与公称尺寸呈线性关系。IT2～IT4 是在 IT1 与 IT5 之间插入三级，使 IT1、IT2、IT3、IT4、

IT5成一等比数列。

IT5～IT18的标准公差数值为公差等级系数(a)和标准公差因子(i)的乘积,即

$$IT = a \cdot i$$

公差等级系数(a)是IT5～IT18各级标准公差所包含的公差单位数,它采用R5优先数系中的常用数值。a越大,精度越低,则公差等级越低;反之,公差等级越高。

标准公差因子(i)是用以确定标准公差的基本单位,它随公称尺寸变化而呈一定规律变化,是公称尺寸的函数。在长期实践和大量实验的基础上,对实际尺寸进行了统计分析,结果表明:加工误差具有随公称尺寸增加而呈立方抛物线分布的规律。根据这一客观规律,国家标准规定:当公称尺寸$D \leqslant 500$ mm,且公差等级在IT5～IT18内时,标准公差因子i的表达式为

$$i = 0.45\sqrt[3]{D} + 0.001D$$

式中,D为公称尺寸段的几何平均值,单位为mm。

等式右端第一项与加工误差吻合,后项则是考虑了测量时的温度变化、量具制造误差以及测量操作的正确程度对测量结果的影响。

(3) 尺寸分段

有不同的公称尺寸便存在不同的公差因子,若不加以限制,则必将大大增加公差因子的计算量,尺寸分段的目的在于减少这种计算量并使之标准化。经尺寸分段后,在同一尺寸段内的所有公称尺寸,公差等级相同,标准公差就相同。

国标规定:公称尺寸≤500 mm的尺寸分为13段,见表1-2。其中小于或等于180 mm的各段采用不均匀递增数列;大于180 mm的各段,采用R10系列优先数进行分段。

对于同一尺寸段中的所有公称尺寸,其标准公差因子均相同。在计算公差因子时,公称尺寸取相应段落的首尾两尺寸的几何平均值。

2. 基本偏差系列

在极限与配合制中,确定公差带相对零线位置的那个极限偏差称为基本偏差。它可以是上极限偏差或下极限偏差,一般为靠近零线的那个偏差。

(1) 基本偏差的种类及其代号

国家标准对孔和轴各规定了28个公差带位置,即孔、轴的基本偏差各为28个,用拉丁字母(一个或两个)及其顺序表示,小写代表轴,大写代表孔。在26个拉丁字母中,去掉易与其他含义相混淆的5个字母(I、i、L、l、O、o、Q、q、W、w),增加了7个双写字母(孔为CD、EF、FG、JS、ZA、ZB、ZC)。

图1-8所示为基本偏差系列图,图中只画出公差带的一端,此端即为基本偏差,开口的另一端表示公差带的延伸方向,它取决于相组合的标准公差等级。

由图1-8可看出,基本偏差系列具有以下特征。

① 对于轴:a～h的基本偏差为上极限偏差es,除h为零以外,其余全部是负值,对于同一公称尺寸,其绝对值依次减小;j～zc为下极限偏差ei,多数为正值,对于同一公称尺寸,绝对值依次增大。h为基准轴,基本偏差为上极限偏差,其值为零。js的公差带对称地分布于零线两侧,表明其上、下极限偏差各为标准公差的一半,即es=+IT/2,ei=-IT/2。

② 对于孔:A～H的基本偏差为下极限偏差EI,J～ZC的基本偏差为上极限偏差ES,其

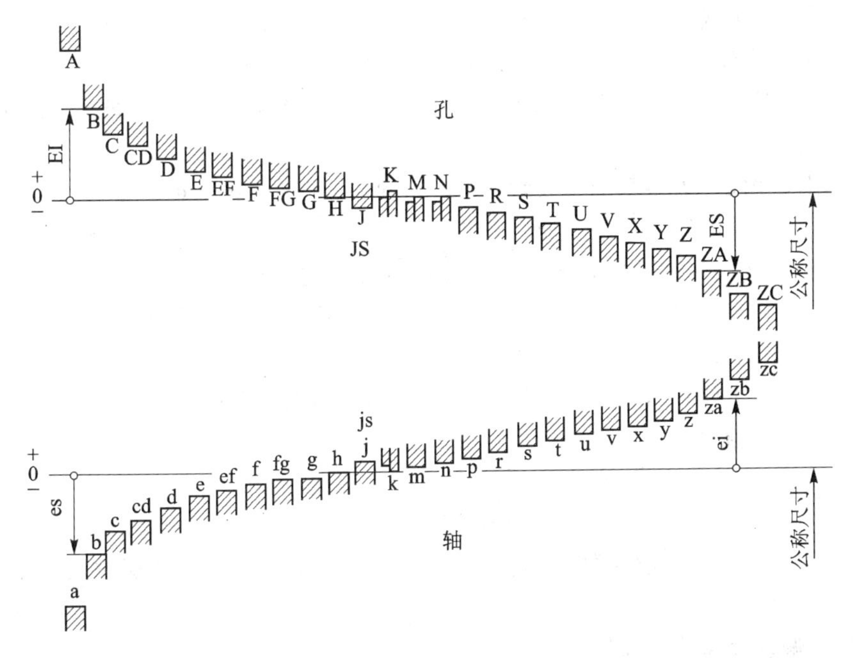

图1-8　基本偏差系列

正负号和绝对值的情况与轴的同名基本偏差情况基本相反。JS的公差带对称地分布于零线两侧，表明其上、下极限偏差各为标准公差的一半，即ES=+IT/2，EI=−IT/2。

(2) 基本偏差数值

1）轴的基本偏差数值

轴的基本偏差数值是以基孔制为基础，根据各种配合要求，从生产实践经验和有关统计分析的结果中整理出一系列公式计算得到的，国标GB/T 1800.1—2009给出了轴的基本偏差系列计算公式。计算结果按一定规则将尾数进行圆整，得出轴的基本偏差数值，可直接从表1-4中查得。另一个极限偏差数值按照轴的基本偏差数值与标准公差值计算求得。

2）孔的基本偏差数值

公称尺寸≤500 mm时，孔的基本偏差数值是从轴的基本偏差数值按一定的规则换算得来的。换算规则的确定是为了确保同名配合的配合性质相同。

用同一字母表示孔或轴的基本偏差所组成的公差带，在相应公差等级条件下，按照基孔制形成的配合和按照基轴制形成的配合，即为同名配合，例如ϕ40H9/d9与ϕ40D9/h9、ϕ80H7/m6与ϕ80M7/h6均为同名配合。

配合性质相同的意义在于：对于间隙配合，两同名配合的极限间隙的数值应相同；对于过盈配合，其极限过盈的数值应相同；对于过渡配合，其最大间隙与最大过盈的数值应相同。

基于以上原则，孔的基本偏差数值的换算规则有以下两种。

① 通用规则

对同一字母表示的孔、轴的基本偏差的绝对值相等，符号相反。孔的基本偏差与轴的基本偏差相对于零线呈对称分布。即

$$A \sim H \qquad EI = -es \tag{1-1}$$

$$J \sim ZC \qquad ES = ei \tag{1-2}$$

式(1-1)适用于同级或不同级孔、轴间隙配合。式(1-2)适用于标准公差大于IT8的J、K、M、N和标准公差大于IT7的P～ZC的公差等级相同的孔轴配合。

注意例外情况：当$D\geqslant 3\sim 500$ mm，标准公差大于8级时，N的基本偏差ES=0。

② 特殊规则

对于常用尺寸段中大多数配合及常用公差等级，考虑到孔比轴难加工，因此国标推荐孔比相配合的轴低一级公差等级的配合原则。例如，IT7的孔一般与IT6的轴相配合。在这种情况下，通用规则只能满足间隙配合的特殊需要，而过渡、过盈配合的换算需借助特殊规则。因此，当孔、轴不同级时，基本尺寸为3～500 mm，标准公差小于或等于IT8的J、K、M、N和标准公差小于或等于IT7的P～ZC应使用特殊规则。

应用特殊规则换算时，孔的上极限偏差ES与相应的轴的下偏差ei的符号相反，而数值的绝对值相差一个Δ值，即

$$\mathrm{ES}=-\mathrm{ei}+\Delta$$

$$\Delta=\mathrm{IT}_n-\mathrm{IT}_{n-1}$$

式中，IT_n为某一级孔的标准公差值；IT_{n-1}为比某一级孔高一级的轴的标准公差值，Δ称为修正值。

孔的基本偏差换算的特殊规则推导如下(见图1-9)：

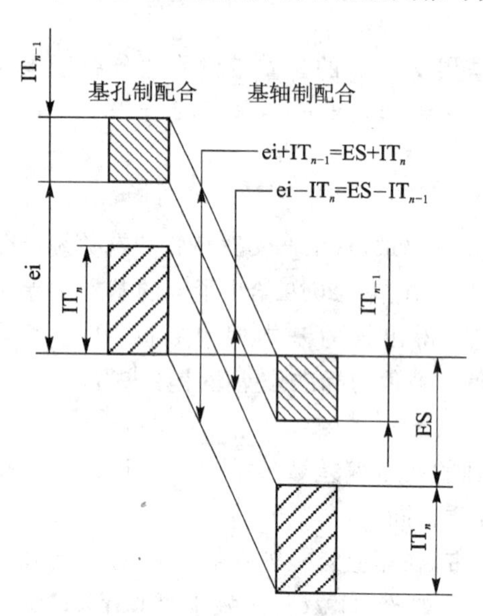

图1-9　过盈配合特殊规则的换算

对于过盈配合来说：

基孔制时，最小过盈$Y_{\min}=\mathrm{ES}-\mathrm{ei}=(+\mathrm{IT}_n)-\mathrm{ei}$；

基轴制时，最小过盈$Y'_{\min}=\mathrm{ES}-\mathrm{ei}=\mathrm{ES}-(-\mathrm{IT}_{n-1})$。

同名配合的配合性质相同，即有$Y_{\min}=Y'_{\min}$，代入上两式，得到

$$\mathrm{ES}=-\mathrm{ei}+\mathrm{IT}_n-\mathrm{IT}_{n-1}=-\mathrm{ei}+\Delta$$

过渡配合经过类似的证明，也可以得到相同的结果。

换算后孔的基本偏差数值，可直接从表1-5中查得。表1-5的最后几列为Δ的值，查表时需注意。

3. 公差带与配合的代号及标注

(1) 公差带的代号及标注

公差带代号由基本偏差字母和公差等级数字两部分组成，例如H8、F8、K7、P7等为孔的公差带代号，h7、f8、k6、p6等为轴的公差带代号。

根据产品设计与制造需要以及经济性要求和ISO的推荐，国标从由基本偏差和标准公差的不同组合所组成的大量公差带中，规定了一般用途的轴的公差带116种，孔的公差带105种；规定了轴的常用公差带59种，孔的常用公差带44种；进而规定了轴、孔的优先选用的公差带各13种，分别参见表1-6和表1-7。选择时，应优先选用圆圈中的公差带，其次选用方框中的公差带，最后选用其他的公差带。

表 1－4　公称尺寸≤500 mm 轴的基本偏差数值(GB/T 1800.1—2009)

基本尺寸/mm		基本偏差数值/μm																														
		上偏差 es												下偏差 ei																		
		所有标准公差等级												IT5和IT6	IT7	IT8	IT4至IT7	≤IT3 >IT7	所有标准公差等级													
大于	至	a	b	c	cd	d	e	ef	f	fg	g	h	js	j			k		m	n	p	r	s	t	u	v	x	y	z	za	zb	zc
—	3	−270	−140	−60	−34	−20	−14	−10	−6	−4	−2	0	偏差＝±IT/2	−2	−4	−6	0	0	+2	+4	+6	+10	+14	—	+18	—	+20	—	+26	+32	+40	+60
3	6	−270	−140	−70	−46	−30	−20	−14	−8	−6	−4	0		−2	−4	—	+1	0	+4	+8	+12	+15	+19	—	+23	—	+28	—	+35	+42	+50	+80
6	10	−280	−150	−80	−56	−40	−25	−18	−13	−8	−5	0		−2	−5	—	+1	0	+6	+10	+15	+19	+23	—	+28	—	+34	—	+42	+52	+67	+97
10	14	−290	−150	−95	—	−50	−32	—	−16	—	−6	0		−3	−6	—	+1	0	+7	+12	+18	+23	+28	—	+33	—	+40	—	+50	+64	+90	+130
14	18																									+39	+45	—	+60	+77	+108	+150
18	24	−300	−160	−110	—	−65	−40	—	−20	—	−7	0		−4	−8	—	+2	0	+8	+15	+22	+29	+35	—	+41	+47	+54	+63	+73	+98	+136	+188
24	30																							+41	+48	+55	+64	+75	+88	+118	+160	+218
30	40	−310	−170	−120	—	−80	−50	—	−25	—	−9	0		−5	−10	—	+2	0	+9	+17	+26	+34	+43	+48	+60	+68	+80	+94	+112	+148	+200	+274
40	50	−320	−180	−130																				+54	+70	+81	+97	+114	+136	+180	+242	+325
50	65	−340	−190	−140	—	−100	−60	—	−30	—	−10	0		−7	−12	—	+2	0	+11	+20	+32	+41	+53	+66	+87	+102	+122	+144	+172	+226	+300	+405
65	80	−360	−200	−150																		+43	+59	+75	+102	+120	+146	+174	+210	+274	+360	+480
80	100	−380	−220	−170	—	−120	−72	—	−36	—	−12	0		−9	−15	—	+3	0	+13	+23	+37	+51	+71	+91	+124	+146	+178	+214	+258	+335	+445	+585
100	120	−410	−240	−180																		+54	+79	+104	+144	+172	+210	+254	+310	+400	+525	+690
120	140	−460	−260	−200	—	−145	−85	—	−43	—	−14	0		−11	−18	—	+3	0	+15	+27	+43	+63	+92	+122	+170	+202	+248	+300	+365	+470	+620	+800
140	160	−520	−280	−210																		+65	+100	+134	+190	+228	+280	+340	+415	+535	+700	+900
160	180	−580	−310	−230																		+68	+108	+146	+210	+252	+310	+380	+465	+600	+780	+1 000
180	200	−660	−340	−240	—	−170	−100	—	−50	—	−15	0		−13	−21	—	+4	0	+17	+31	+50	+77	+122	+166	+236	+284	+350	+425	+520	+670	+880	+1 150
200	225	−740	−380	−260																		+80	+130	+180	+258	+310	+385	+470	+575	+740	+960	+1 250
225	250	−820	−420	−280																		+84	+140	+196	+284	+340	+425	+520	+640	+820	+1 050	+1 350
250	280	−920	−480	−300	—	−190	−110	—	−56	—	−17	0		−16	−26	—	+4	0	+20	+34	+56	+94	+158	+218	+315	+385	+475	+580	+710	+920	+1 200	+1 550
280	315	−1 050	−540	−330																		+98	+170	+240	+350	+425	+525	+650	+790	+1 000	+1 300	+1 700
315	355	−1 200	−600	−360	—	−210	−125	—	−62	—	−18	0		−18	−28	—	+4	0	+21	+37	+62	+108	+190	+268	+390	+475	+590	+730	+900	+1 150	+1 500	+1 900
355	400	−1 350	−680	−400																		+114	+208	+294	+435	+532	+660	+820	+1 000	+1 300	+1 650	+2 100
400	450	−1 500	−760	−440	—	−230	−135	—	−68	—	−20	0		−20	−32	—	+5	0	+23	+40	+68	+126	+232	+330	+490	+595	+740	+920	+1 100	+1 450	+1 850	+2 400
450	500	−1 650	−840	−480																		+132	+252	+360	+540	+660	+820	+1 000	+1 250	+1 600	+2 100	+2 600

注:(1) 基本尺寸小于或等于 1 mm 时,基本偏差 a 和 b 均不采用。

(2) 公差带 js7～js11,若 IT 值是奇数,则取偏差＝±$(IT_n-1)/2$。

表 1-5　公称尺寸≤500 mm 孔的基本偏差数值(GB/T 1800.1—2009)

基本尺寸/mm		基本偏差数值/μm																					
		下偏差 EI												上偏差 ES									
		所有标准公差等级												IT6	IT7	IT8	≤IT8	>IT8	≤IT8	>IT8	≤IT8	>IT8	≤IT7
大于	至	A	B	C	CD	D	E	EF	F	FG	G	H	JS	J			K		M		N		P至ZC
—	3	+270	+140	+60	+34	+20	+14	+10	+6	+4	+2	0	偏差=±IT/2	+2	+4	+6	0	0	−2	−2	−4	−4	在大于IT7的相应数值上增加一个Δ值
3	6	+270	+140	+70	+46	+30	+20	+14	+10	+6	+4	0		+5	+6	+10	−1+Δ	—	−4+Δ	−4	−8+Δ	0	
6	10	+280	+150	+80	+56	+40	+25	+18	+13	+8	+5	0		+5	+8	+12	−1+Δ	—	−6+Δ	−6	−10+Δ	0	
10	14	+290	+150	+95	—	+50	+32	—	+16	—	+6	0		+6	+10	+15	−1+Δ	—	−7+Δ	−7	−12+Δ	0	
14	18																						
18	24	+300	+160	+110	—	+65	+40	—	+20	—	+7	0		+8	+12	+20	−2+Δ	—	−8+Δ	−8	−15+Δ	0	
24	30																						
30	40	+310	+170	+120	—	+80	+50		+25	—	+9	0		+10	+14	+24	−2+Δ	—	−9+Δ	−9	−17+Δ	0	
40	50	+320	+180	+130																			
50	65	+340	+190	+140	—	+100	+60	—	+30	—	+10	0		+13	+18	+28	−2+Δ	—	−11+Δ	−11	−+20Δ	0	
65	80	+360	+200	+150																			
80	100	+380	+220	+170	—	+120	+72	—	+36	—	+12	0		+16	+22	+34	−3+Δ	—	−13+Δ	−13	−23+Δ	0	
100	120	+410	+240	+180																			
120	140	+460	+260	+200	—	+145	+85	—	+43	—	+14	0		+18	+26	+41	−3+Δ	—	−15+Δ	−15	−27+Δ	0	
140	160	+520	+280	+210																			
160	180	+580	+310	+230																			
180	200	+660	+340	+240	—	+170	+100	—	+50	—	+15	0		+22	+30	+47	−4+Δ	—	−17+Δ	−17	−31+Δ	0	
200	225	+740	+380	+260																			
225	250	+820	+420	+280																			
250	280	+920	+480	+300	—	+190	+110	—	+56	—	+17	0		+25	+36	+55	−4+Δ	—	−20+Δ	−20	−34+Δ	0	
280	315	+1 050	+540	+330																			
315	355	+1 200	+600	+360	—	+210	+125	—	+62	—	+18	0		+29	+39	+60	−4+Δ	—	−21+Δ	−21	−37+Δ	0	
355	400	+1 350	+680	+400																			
400	450	+1 500	+760	+440	—	+230	+135	—	+68	—	+20	0		+33	+43	+66	−5+Δ	—	−23+Δ	−23	−40+Δ	0	
450	500	+1 650	+840	+480																			

基本尺寸/mm		上偏差 ES(标准公差等级大于 IT7)												Δ值(标准公差等级)					
大于	至	P	R	S	T	U	V	X	Y	Z	ZA	ZB	ZC	IT3	IT4	IT5	IT6	IT7	IT8
—	3	−6	−10	−14	—	−18	—	−20	—	−26	−32	−40	−60	0	0	0	0	0	0
3	6	−12	−15	−19	—	−23	—	−28	—	−35	−42	−50	−80	1	1.5	2	3	6	7
6	10	−15	−19	−23	—	−28	—	−34	—	−42	−52	−67	−97	1	1.5	2	3	6	7
10	14	−18	−23	−28	—	−33	—	−40	—	−50	−64	−90	−130	1	2	3	3	7	9
14	18						—	−45	—	−60	−77	−108	−150						
18	24	−22	−28	−35	—	−41	—	−54	—	−73	−98	−136	−188	1.5	2	3	4	8	12
24	30				−41	−48	−55	−64	−75	−88	−118	−160	−218						
30	40	−26	−35	−43	−48	−60	−68	−80	−94	−112	−148	−200	−274	1.5	3	4	5	9	14
40	50				−54	−71	−81	−97	−114	−136	−180	−242	−325						
50	65	−32	−43	−53	−66	−87	−102	−122	−144	−172	−226	−300	−405	2	3	5	6	11	16
65	80		−53	−59	−75	−102	−120	−146	−174	−210	−274	−360	−480						
80	100	−37	−59	−71	−91	−124	−146	−178	−214	−258	−335	−445	−585	2	4	5	7	13	19
100	120		−71	−79	−104	−144	−172	−210	−254	−310	−400	−525	−690						
120	140	−43	−79	−92	−122	−170	−202	−248	−300	−365	−470	−620	−800	3	4	6	7	15	23
140	160		−92	−100	−134	−190	−228	−280	−340	−415	−535	−700	−900						
160	180		−100	−108	−146	−210	−252	−310	−380	−465	−600	−780	−1 000						
180	200	−50	−122	−122	−166	−236	−284	−350	−425	−520	−670	−880	−1 150	3	4	6	9	17	26
200	225		−130	−130	−180	−258	−310	−385	−470	−575	−740	−960	−1 250						
225	250		−140	−140	−196	−284	−340	−425	−520	−640	−820	−1 050	−1 350						
250	280	−56	−158	−158	−218	−315	−385	−475	−580	−710	−920	−1 200	−1 550	4	4	7	9	20	29
280	315		−170	−170	−240	−350	−425	−525	−650	−790	−1 000	−1 300	−1 700						
315	355	−62	−190	−190	−268	−390	−475	−590	−730	−900	−1 150	−1 500	−1 900	4	5	7	11	21	32
355	400		−208	−208	−294	−435	−532	−660	−820	−1 000	−1 300	−1 650	−2 100						
400	450	−68	−232	−232	−330	−490	−595	−740	−920	−1 100	−1 450	−1 850	−2 400	5	5	7	13	23	34
450	500		−252	−252	−360	−540	−660	−820	−1 000	−1 250	−1 600	−2 100	−2 600						

注：(1) 基本尺寸小于或等于 1 mm 时，基本偏差 A 和 B 及大于 IT8 的 N 均不采用。

(2) 公差带 JS7～JS11，若 IT 值是奇数，则取偏差$=\pm(IT_n-1)/2$。

(3) 对小于或等于 IT8 的 K、M、N 和小于或等于 IT7 的 P 至 ZC，所需 Δ 值从表内右侧选取。

例如：18～30 mm 段的 K7，$\Delta=8$ μm，所以 $ES=-2+8=+6$ μm；至于 30 mm 段的 S6，$\Delta=4$ μm，所以 $ES=-35+4=-31$ μm。

(4) 特殊情况：250～315 mm 段的 M6，$ES=-9$ μm(代替 −11 μm)。

表1-6　公称尺寸至500 mm的轴用公差带(GB/T 1801—2009)

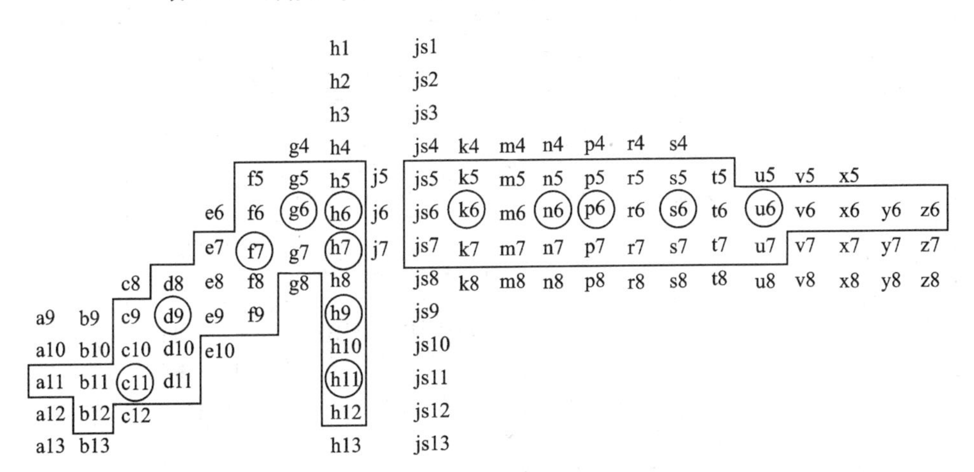

表1-7　公称尺寸至500 mm的孔用公差带(GB/T 1801—2009)

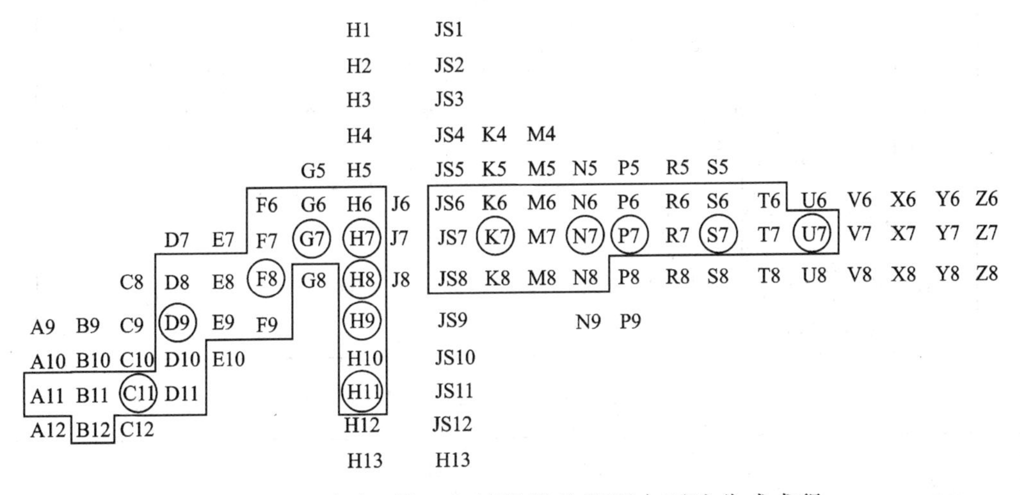

基本偏差和标准公差一经确定，另一个极限偏差即可由下述公式求得。

公差＝上极限偏差－下极限偏差

注有公差的尺寸用公称尺寸与公差带代号或(和)具体偏差值的组合表示，即可以用下列示例之一表示：

孔　ϕ50H8、$\phi 50_{0}^{+0.039}$、ϕ50H8($_{0}^{+0.039}$)；

轴　ϕ50f7、$\phi 50_{-0.050}^{-0.025}$、$\phi$50f7($_{-0.050}^{-0.025}$)。

其中，第一种形式常用于装配图和零件设计图中的尺寸标注；第二种形式常用于零件生产图、工序图的具体尺寸标注；第三种形式常用于装配图和零件图以及工序图中重要尺寸的标注。

(2) 配合代号及标注

配合用相同的公称尺寸后跟孔、轴公差带表示。孔、轴公差带写成分数形式，分子为孔公差带，分母为轴公差带，例如35H7/g6或35 $\frac{H6}{g6}$、60K7/h6或60 $\frac{K7}{h6}$。

国标从数量庞大的配合组合中，选出了常用的59种基孔制配合和47种基轴制配合，其中优先选用的配合各13种，见表1-8和表1-9。

表1-8 基孔制优先、常用配合(GB/T 1801—2009)

基准孔	轴																				
	a	b	c	d	e	f	g	h	js	k	m	n	p	r	s	t	u	v	x	y	z
	间隙配合								过渡配合			过盈配合									
H6						$\frac{H6}{f5}$	$\frac{H6}{g5}$	$\frac{H6}{h5}$	$\frac{H6}{js5}$	$\frac{H6}{k5}$	$\frac{H6}{m5}$	$\frac{H6}{n5}$	$\frac{H6}{p5}$	$\frac{H6}{r5}$	$\frac{H6}{s5}$	$\frac{H6}{t5}$					
H7						$\frac{H7}{f6}$	◤$\frac{H7}{g6}$	◤$\frac{H7}{h6}$	$\frac{H7}{js6}$	◤$\frac{H7}{k6}$	$\frac{H7}{m6}$	◤$\frac{H7}{n6}$	◤$\frac{H7}{p6}$	$\frac{H7}{r6}$	◤$\frac{H7}{s6}$	$\frac{H7}{t6}$	◤$\frac{H7}{u6}$	$\frac{H7}{v6}$	$\frac{H7}{x6}$	$\frac{H7}{y6}$	$\frac{H7}{z6}$
H8					$\frac{H8}{e7}$	◤$\frac{H8}{f7}$	$\frac{H8}{g7}$	◤$\frac{H8}{h7}$	$\frac{H8}{js7}$	$\frac{H8}{k7}$	$\frac{H8}{m7}$	$\frac{H8}{n7}$	$\frac{H8}{p7}$	$\frac{H8}{r7}$	$\frac{H8}{s7}$	$\frac{H8}{t7}$	$\frac{H8}{u7}$				
				$\frac{H8}{d8}$	$\frac{H8}{e8}$	$\frac{H8}{f8}$		$\frac{H8}{h8}$													
H9			$\frac{H9}{c9}$	◤$\frac{H9}{d9}$	$\frac{H9}{e9}$	$\frac{H9}{f9}$		◤$\frac{H9}{h9}$													
H10			$\frac{H10}{c10}$	$\frac{H10}{d10}$				$\frac{H10}{h10}$													
H11	$\frac{H11}{a11}$	$\frac{H11}{b11}$	◤$\frac{H11}{c11}$	$\frac{H11}{d11}$				◤$\frac{H11}{h11}$													
H12		$\frac{H12}{b12}$						$\frac{H12}{h12}$													

注1：$\frac{H6}{n5}$、$\frac{H7}{p6}$在公称尺寸小于或等于3 mm和$\frac{H8}{r7}$在小于或等于100 mm时，为过渡配合。

注2：标注◤的配合为优先配合。

表1-9 基轴制优先、常用配合(GB/T 1801—2009)

基准轴	孔																				
	A	B	C	D	E	F	G	H	JS	K	M	N	P	R	S	T	U	V	X	Y	Z
	间隙配合								过渡配合			过盈配合									
h5						$\frac{F6}{h5}$	$\frac{G6}{h5}$	$\frac{H6}{h5}$	$\frac{JS6}{h5}$	$\frac{K6}{h5}$	$\frac{M6}{h5}$	$\frac{N6}{h5}$	$\frac{P6}{h5}$	$\frac{R6}{h5}$	$\frac{S6}{h5}$	$\frac{T6}{h5}$					
h6						$\frac{F7}{h6}$	◤$\frac{G7}{h6}$	◤$\frac{H7}{h6}$	$\frac{JS7}{h6}$	◤$\frac{K7}{h6}$	$\frac{M7}{h6}$	◤$\frac{N7}{h6}$	◤$\frac{P7}{h6}$	$\frac{R7}{h6}$	◤$\frac{S7}{h6}$	$\frac{T7}{h6}$	◤$\frac{U7}{h6}$				
h7					$\frac{E8}{h7}$	◤$\frac{F8}{h7}$		◤$\frac{H8}{h7}$	$\frac{JS8}{h7}$	$\frac{K8}{h7}$	$\frac{M8}{h7}$	$\frac{N8}{h7}$									
h8				$\frac{D8}{h8}$	$\frac{E8}{h8}$	$\frac{F8}{h8}$		$\frac{H8}{h8}$													
h9				◤$\frac{D9}{h9}$	$\frac{E9}{h9}$	$\frac{F9}{h9}$		◤$\frac{H9}{h9}$													
h10				$\frac{D10}{h10}$				$\frac{H10}{h10}$													

续表 1-9

基准轴	孔																				
	A	B	C	D	E	F	G	H	JS	K	M	N	P	R	S	T	U	V	X	Y	Z
	间隙配合								过渡配合			过盈配合									
h11	$\frac{A11}{h11}$	$\frac{B11}{h11}$	◤$\frac{C11}{h11}$	$\frac{D11}{h11}$				$\frac{H11}{h11}$													
h12		$\frac{B12}{h12}$						$\frac{H12}{h12}$													
注：标注◤的配合为优先配合。																					

例 1-1　查出 $\phi30H7/m6$ 的孔与轴的极限偏差，画出公差带图，说明配合性质，并计算特征参数。(单位 mm)

解：① 查标准公差表，对于公称尺寸 $\phi30$ 有：IT7＝0.021，IT6＝0.013。

② 查基本偏差表：

轴 m 的基本偏差 ei＝＋0.008；

孔 H 的基本偏差 EI＝0。

③ 确定另一个极限偏差：

轴的另一极限偏差 es＝ei＋IT6＝＋0.021。

孔的另一极限偏差 ES＝EI＋IT7＝＋0.021。

④ 画公差带图，见图 1-10。

⑤ 配合性质为：基孔制，过渡配合。

⑥ 特征参数：$X_{max}=ES-ei=0.013$，$Y_{max}=EI-es=-0.021$。

例 1-2　查出 $\phi30M7/h6$ 的孔与轴的极限偏差，画出公差带图，说明配合性质，并计算特征参数。(单位 mm)

解：① 查标准公差表，对于公称尺寸 $\phi30$ 有：IT7＝0.021，IT6＝0.013。

② 查基本偏差表：

轴 h 的基本偏差 es＝0；

孔 M 的基本偏差 ES＝0。

③ 确定另一个极限偏差：

轴的另一极限偏差 ei＝es－IT6＝－0.013；

孔的另一极限偏差 EI＝ES－IT7＝－0.021。

④ 画公差带图，见图 1-11。

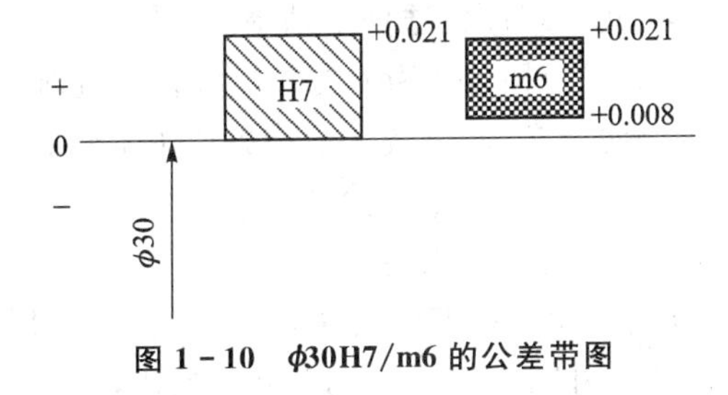

图 1-10　$\phi30H7/m6$ 的公差带图

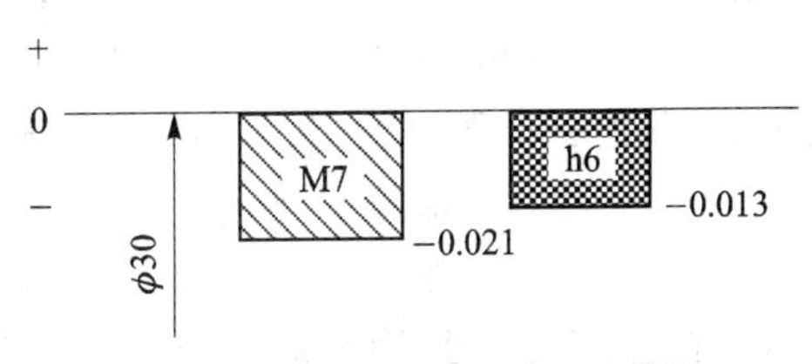

图 1-11　$\phi30M7/h6$ 的公差带图

⑤ 配合性质为：基轴制，过渡配合。

⑥ 特征参数：$X_{max}=ES-ei=0.013$，$Y_{max}=EI-es=-0.021$。

不难看出，以上两例为同名配合，基准制不同，但配合性质相同。

1.2.3 极限与配合的选择

极限与配合的选择，是在公称尺寸确定后进行的。作为机械设计与制造中必不可少的重要环节，极限与配合的选择是否恰当，对产品性能、质量、互换性及经济性有重要的影响。选择的原则是：在满足使用要求的前提下，确保获得最佳的技术经济效益。

极限与配合的选择包括基准制的选择、公差等级的选择及配合种类的选择三个方面。它们之间是相互联系的，以下介绍选择的一般规律和一些基本原则。

1. 基准制的选择

选择基准制应根据生产条件、结构要求和经济性综合考虑。

(1) 优先选用基孔制

在常用尺寸段(公称尺寸至500 mm)范围内的配合应优先选用基孔制。其原因是在常用尺寸段的孔一般较轴难加工，通常需使用定径刀具(钻头、铰刀、拉刀等)，每种规格刀具只能加工一种尺寸的孔。采用基孔制配合，可以减少孔的公差带的数量，从而减少孔的定值尺寸和定值刀具、量具的规格和数量，具有较高的经济性。

(2) 特殊情况下采用基轴制

当选用基孔制不能满足使用性能和在装配过程中难以保证设计要求时，则应选用基轴制。

① 在某些仪器仪表、农机、化工机械行业以及其他某些设备的个别零件，常用尺寸精确的具有一定精度(IT8～IT11)的冷拉棒材直接做轴，其表面不再进行切削加工，宜采用基轴制配合。

② 同一公称尺寸的轴上，同时有几个孔与之相配合，且要求具有不同种类的配合性质，应选用基轴制。例如，某活塞式发动机连杆活塞机构的活塞销与活塞孔之间无相对运动，采用M6/h5配合，活塞销与连杆衬套之间有相对运动，采用G6/h5配合，如图1-12所示。

此时，若选用基孔制，则活塞销必须加工成中凹的台阶轴以满足不同种类的配合要求，这不仅使活塞销加工困难，而且在装配过程中，活塞销的任一端均可能挤损衬套。

③ 与标准件或标准部件配合的孔或轴，必须以标准件为基准件来选择配合制。例如，孔件与销子、定位螺栓、键等标准件或标准规范尺寸(如滚动轴承外圈的外径)的零件配合时，应采用基轴制配合。

④ 在尺寸至18 mm范围内，较小的配合尺寸，特别是浅孔与细长轴的配合，小浅孔用研磨法精加工，精度相对容易控制，且生产率亦相对较高，此时应优先选用基轴制。

⑤ 在尺寸为500～3 150 mm及3 150～10 000 mm范围内，因为处在该尺寸段的孔加工条件与轴相比已无明显差别，而内孔的测量却较外圆方便得多，所以较多地优先选用基轴制。

(3) 必要时选用非基准制

在无法选用基孔制，又不能选用基轴制的情况下，应选用非基准制配合。

① 在生产大尺寸的单件时，为避免采用基孔制或基轴制可能产生的超差或报废而选用非基准制。对于生产大件的单件，一般没有成批或大量生产小件所相适应的互换性要求。

② 一个孔件与两个轴件配合，且已采用基轴制时，如图1-13所示，某滚动轴承与轴承座

安装孔的配合采用 J6/h5(基轴制)，这时如果端盖与箱体孔的配合也要坚持基轴制，则配合为过渡配合，不利于端盖的经常拆卸，则只能选用非基准制配合，即 J6/f8。

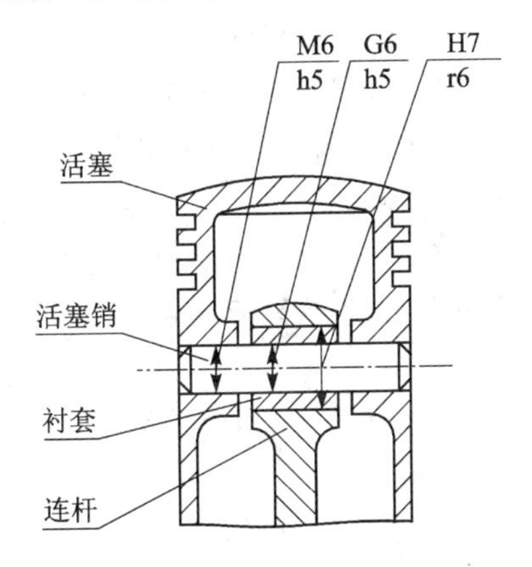

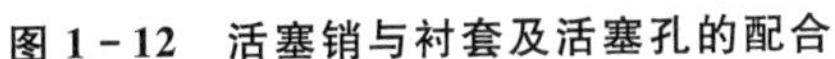

图 1－12　活塞销与衬套及活塞孔的配合

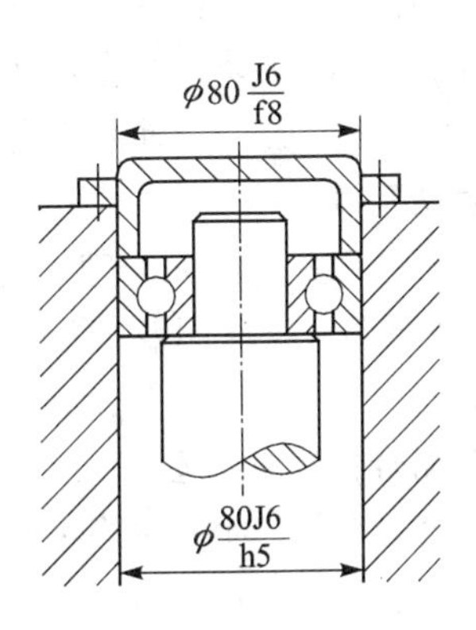

图 1－13　轴承与端盖和安装孔的配合

此外，电镀、浸涂、喷涂等增积加工后有一定配合要求的零件，在此工艺前的加工有时也可按非基准制配合加工。

2. 公差等级的选择

选择公差等级的基本原则：在满足产品使用性能要求或后续工序要求的前提下，尽量选择较低的公差等级，还应考虑生产类型、方式、工艺的可行性和生产的经济性等。

公差等级的应用范围可参考表 1－10。

表 1－10　公差等级的应用范围

应用 \ IT	01	0	1	2	3	4	5	6	7	8	9	10	11	12	13	14	15	16	17	18
块规																				
量规																				
特别精密零件配合																				
配合尺寸																				
非配合尺寸																				
原材料公差																				

表 1－10 所列的应用范围说明如下：

① IT01～IT1 可作为块规制造的公差等级，IT1 也用于控制高精度的量规或高精度的通用量具的重要尺寸。

② IT1～IT7 用于通用量具及专用量具的重要尺寸公差。较高精度通用量具的重要尺寸选用较高的公差等级，专用量具的重要尺寸的制造公差须与被测尺寸相对应。例如，工作量规要求比被测尺寸的公差等级高 4～8 级。

③ IT2～IT13 用于配合尺寸公差。其中，IT3 的轴与 IT4 的孔或 IT4 的轴与 IT5 的孔相配合时，用于特别精密的重要尺寸；IT5 的轴与 IT6 的孔相配合，可称作精密级配合，用于精密机械和精密仪器等装置的重要配合尺寸；IT6 的轴与 IT7 的孔是最常用的配合公差等级，对于

有一定精度要求的机械设备,其重要的配合均选用此公差等级,例如,机床中应用很广的传动轴与轴承的配合,齿轮或皮带轮孔与轴的配合等;IT7的轴和IT8的孔属于一般精度的配合公差等级,用于有一定精度要求的机械设备中的一般配合处,如速度不高的皮带轮孔与轴的配合,也广泛用于以传递动力为主的中型、重型设备的重要配合处;IT8和IT9用于配合精度要求不高,但要保证完成一定使用功能的机械,如一般重型机械的重要配合处;IT7、IT8、IT9常用于某些运动精度要求较低的滑动配合,也是一般冲压等模具制造的常用公差等级。

④ IT11～IT13用于大间隙且允许有很大波动的配合,广泛应用于机器上不重要的配合零件,例如盖、凸缘、隔离圈及冲压件、塑料件的配合。IT13属航空航天工业规定的未注公差的公差等级。

需根据配合性质选择公差等级。例如,过盈、过渡和较紧的间隙配合,公差等级不能过低;对于间隙配合,间隙小时公差等级较高,间隙大时公差等级较低。

此外,相关件和相配件的精度要匹配。例如,齿轮孔与轴的配合,它们的公差等级取决于相关件齿轮的精度等级;与标准件轴承相配合的轴承座孔和轴颈的公差等级受滚动轴承精度的制约。

3. 配合种类的选择

选择配合种类的目的是确定孔、轴结合的相互关系,以保证机器满足设计的使用要求。首先是选择合理的配合类别及基本偏差;其次是尽量选用优先、常用配合。

(1) 根据使用要求确定配合的类别

在选择配合类别时,应根据具体的使用要求来确定是采用间隙配合、过盈配合还是过渡配合。表1-11给出了配合类别选择的大体方向。

表1-11　配合类别的选择

<table>
<tr><td rowspan="4">无相对运动</td><td rowspan="3">要传递转矩</td><td rowspan="2">要精确同轴</td><td>永久结合</td><td>过盈配合</td></tr>
<tr><td>可拆结合</td><td>过渡配合或基本偏差为H(h)①的间隙配合加紧固件</td></tr>
<tr><td colspan="2">不要精确同轴</td><td>间隙配合加紧固件</td></tr>
<tr><td colspan="3">不需要传递转矩</td><td>过渡配合或过盈量较小的过盈配合</td></tr>
<tr><td rowspan="2">有相对运动</td><td colspan="3">只有移动</td><td>基本偏差为H(h)、G(g)等间隙配合</td></tr>
<tr><td colspan="3">转动或转动和移动形成的复合运动</td><td>基本偏差为A～F(a～f)等间隙配合</td></tr>
</table>

注:①指非基准件的基本偏差代号。

(2) 确定基本偏差的方法

确定了配合类别也就确定了基本偏差的大致范围(如,基孔制间隙配合时轴的基本偏差为a～h)。确定具体的基本偏差代号可按以下三种方法进行。

① 计算法。根据一定的理论和公式,计算出所需间隙或过盈的大小,进而确定基本偏差的方法。对于间隙配合种类,主要是依据流体力学中的润滑理论;对于过盈配合种类,则是依据材料力学和工程材料的弹性、塑性变形理论。当工作温度、测量温度或装配与标准温度(国标规定为20℃)相差到不可忽略的程度时,还要用到物理学中的热胀冷缩理论。

由于计算法难以全面考虑到工程应用中诸多复杂因素的影响,计算过程比较繁琐,过去应用并不广泛。但随着微型计算机的推广应用,为计算法选择极限与配合创造了有利条件。通过编制专用程序，输入必要参数，即可迅速准确地得出极限与配合的选择方案，并逐步实现配合选择最优化的目的。

② 试验法。根据模拟或真实的情况，经过长时间和复杂的试验而得出最合理的间隙值或过盈值。这是一种最可靠的方法，但费用高，历时长，只适用于特别重要的配合。

③ 类比法。这种方法的主要依据是参照经过实践证明业已成功的同类配合，确定所选择的配合。它方便、实用、经济、相对可靠，所以应用最为广泛。

采用类比法时，必须了解原机器或机构的实用情况，分析现机器或机构的功用、工作条件和技术要求。表 1－12 提供了基孔制配合时轴的各种基本偏差的特征和应用说明，供设计时选用基本偏差参考。当采用基轴制时，将表中轴的基本偏差改为孔的即可。

基准制、公差等级和配合种类都选定后，即可根据国标的“优先、常用配合”表确定合理的配合。

表 1－12　轴的基本偏差特征和应用说明

配　合	基本偏差	配合特性及应用
间隙配合	a、b	可得到特别大的间隙，应用很少
	c	可得到很大的间隙，一般适用于缓慢松弛的配合。用于工作条件较差（如农业机械）、受力变形，或为了便于装配而必须保证有较大的间隙时，推荐配合为 H11/c11，其较高等级的配合如 H8/c7 适用于轴在高温工作的紧密动配合，例如内燃机排气阀和导管
	d	配合一般用于 IT7～IT11，适用于松的转动配合，如密封盖、滑轮、空转带轮等与轴的配合，也适用于大直径滑动轴承配合，如透平机、球磨机、轧滚成型和重型弯曲机以及其他重型机械中的一些滑动支承
	e	多用于 IT7、IT8 和 IT9 级，通常适用于要求有明显间隙，易于转动的支承配合，如大跨距支承、多支点支承等配合。高等级的 e 轴适用于大的、高速、重载支承，如透平发电机组、大电动机的支承及内燃机主要轴承、凸轮轴支承、摇臂支承等配合
	f	多用于 IT6、IT7 和 IT8 级的一般转动配合。当温度影响不大时，被广泛用于普通润滑油（或润滑脂）润滑的支承，如齿轮箱、小电动机、泵等的转轴与滑动支承的配合
	g	配合间隙很小，制造成本高，除很轻负荷的精密装置外，不推荐用于转动配合。多用 IT5、IT6 和 IT7 级，最适合于不回转的精密滑动配合，也用于插销等定位配合，如精密连杆轴承、活塞及滑阀、连杆销等
	h	多用于 IT4～IT11。广泛用于无相对转动的零件，作为一般的定位配合。若没有温度、变形影响，也用于精密滑动配合
过渡配合	js	完全对称偏差（±IT/2），平均起来为稍有间隙的配合，多用于 IT4～IT7，要求间隙比 h 轴小，并允许略有过盈的定位配合，如联轴器，可用手或木锤装配
	k	平均起来没有间隙的配合，适用于 IT4～IT7。推荐用于稍有过盈的定位配合，例如为不消除振动用的定位配合。一般用木锤装配
	m	平均起来具有不大过盈的过渡配合，适用于 IT4～IT7。一般可用木锤装配，但在最大过盈时，要求相当的压入力
	n	平均过盈比 m 轴稍大，很少得到间隙，适用于 IT4～IT7。用锤或压力机装配，通常推荐用于紧密的组件配合。H6/n5 配合时为过盈配合

续表 1-12

配　合	基本偏差	配合特性及应用
过盈配合	p	与 H6 或 H7 孔配合时为过盈配合,与 H8 孔配合时则为过渡配合。对非铁类零件,为较轻的压入配合,当需要时易于拆卸。对钢、铸铁或铜、钢组件装配是标准压入配合
	r	对于铁类零件,为中等打入配合;对于非铁类零件,为轻打入配合,当需要时可以拆卸。与 H8 孔配合,直径在 100 mm 以上时为过盈配合,直径较小时为过渡配合
	s	用于钢和铁制零件的永久性和半永久装配,可产生相当大的结合力。当用弹性材料(如轻合金)时,配合性质与铁类零件的 p 轴相当,例如套环压装在轴上、阀座等配合。尺寸较大时,为了避免损伤配合表面,需用热胀或冷缩法装配
	t、u、v、x、y、z	过盈量依次增大,一般不推荐

下面用实例说明极限与配合的选择方法和过程。

例 1-3　已知某配合的公称尺寸为 $\phi50$,设计要求孔、轴配合间隙为 48～92 μm,试确定孔、轴的公差等级并选取合适的标准配合,画出公差带图并检验。

解:

① 确定基准制。若无特殊要求或限制,则优先选用基孔制(H)。

② 确定孔的公差带。

由已知条件可知　$T_f = X_{max} - X_{min} = 0.092 - 0.048 = 0.044\ \text{mm} = T_D + T_d$

即孔、轴公差之和应近似于 0.044 mm。

查标准公差表知,对于公称尺寸 $\phi50$,IT7=0.025 mm,IT6=0.016 mm,即有 IT7+IT6=0.041 mm≈0.044 mm。

因此,可取孔的标准公差为 7 级,轴为 6 级,即孔的公差带为 H7。

③ 确定轴的公差带。

由基孔制的间隙配合可知,轴的公差带在零线下方,且有如下关系:

$$X_{min} = 0 - es = -es$$

由已知 X_{min}=0.048 mm,可得 es≈-0.048 mm。

查表知 e 的基本偏差为 es=-0.050 mm,因此确定轴的公差带为 e6。

轴的另一个极限偏差为 ei=es-IT6=-0.066 mm。

所以,该配合确定为 H7/e6,公差带图如图 1-14 所示。

④ 检验。

通常规定:选用的配合的极限间隙(或过盈)与原设计要求之差的绝对值,与原设计要求的配合公差之比值应小于10%。如此规定是为了大批量生产条件下,既可以保证原设计要求的配合性能,又不过多增加生产成本。按上述规定校核

$$|\Delta_1|/T_f = |0.050 - 0.048|/0.044 \approx 0.045 < 10\%$$

$$|\Delta_2|/T_f = |0.091 - 0.092|/0.044 \approx 0.023 < 10\%$$

所以,选用 ϕ50H7/e6 是合理的。

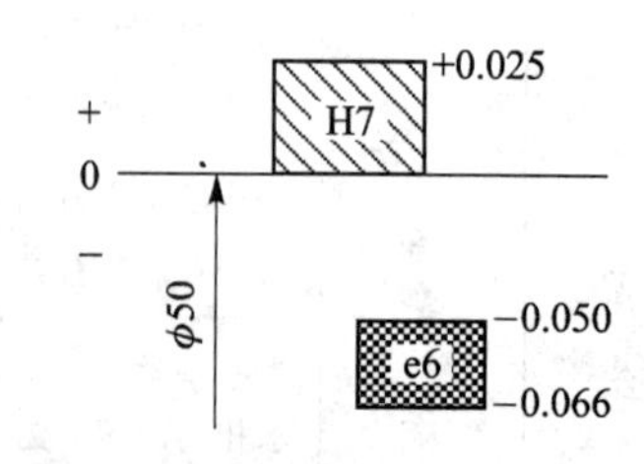

图 1-14　ϕ50H7/e6 的公差带图

1.2.4 线性尺寸的未注公差

零件上要素的尺寸、形状或要素之间的位置等要求，取决于它们的功能，无功能要求的要素是不存在的。因此，零件在图样上表达的所有要素都有一定的公差要求。对功能上无特殊要求的要素可给出一般公差。

一般公差是指在车间一般加工条件下可保证的公差。采用一般公差的尺寸，在图样上，该尺寸后不需单独注出公差代号(或极限偏差值)。

国家标准 GB/T 1804—2000 将一般公差(未注公差)规定了四个公差等级，分别为精密级 f、中等级 m、粗糙级 c、最粗级 v。线性尺寸的一般公差的极限偏差数值见表 1-13。

应用一般公差可带来以下好处：简化制图，使图样清晰易读；节省图样设计时间，设计人员只要熟悉和应用一般公差的规定，可不必逐一考虑其公差值；明确了哪些要素可由一般工艺水平保证，可简化对这些要素的检验要求而有助于质量管理；突出了图样上注出公差的要素，这些要素大多是重要的且需要控制的，以便在加工和检验时引起重视；由于明确了图样上要素的一般公差要求，便于供需双方达成加工和销售合同协议，交货时也可避免不必要的争议。

表 1-13　线性尺寸的一般公差的极限偏差数值(GB/T 1804—2000)　　mm

公差等级	线性尺寸的极限偏差数值								倒圆半径与倒角高度尺寸的极限偏差数值			
	尺寸分段								尺寸分段			
	0.5~3	>3~6	>6~30	>30~120	>120~400	>400~1000	>1000~2000	>2000~4000	0.5~3	>3~6	>6~30	>30
f(精密级)	±0.05	±0.05	±0.1	±0.15	±0.2	±0.3	±0.5	—	±0.2	±0.5	±1	±2
m(中等级)	±0.1	±0.1	±0.2	±0.3	±0.5	±0.8	±1.2	±2				
c(粗糙级)	±0.2	±0.3	±0.5	±0.8	±1.2	±2	±3	±4	±0.4	±1	±2	±4
v(最粗级)	—	±0.5	±1	±1.5	±2.5	±4	±6	±8				

线性尺寸的一般公差主要用于较低精度的非配合尺寸，既适用于金属切削加工的尺寸，也适用于一般的冲压加工的尺寸。非金属材料和其他工艺方法加工的尺寸可参照采用。

采用 GB/T 1804—2000 中规定的一般公差，应在图样标题栏附近或技术要求、技术文件(如企业标准)中注出此标准号及公差等级代号。例如，选取中等级时，表示为 GB/T 1804—m。

1.3 几何公差

受加工条件限制，经过加工的零件，不但会产生尺寸误差，而且会发生零件的形状及其构成要素之间的相互位置与理想的形状和位置存在一定的差异。这种差异即为形状和位置误差，简称几何误差。

零件存在的几何误差，将使机器装配产生困难，影响零件的功能和机器的质量。因此，对于精度要求较高的零件，除给出尺寸公差外，还应根据设计要求，合理地确定几何误差的最大允许值,将其误差控制在一个合理的范围内,即几何公差。为此,我国以国际标准为依据,制定了我国的几何公差国家标准。主要的几何公差国家标准包括:

- GB/T 1182—2008《产品几何技术规范(GPS)几何公差形状、方向、位置和跳动公差标注》;
- GB/T 1184—1996《形状和位置公差 未注公差值》;
- GB/T 13319—2003《产品几何量技术规范(GPS)几何公差 位置度公差注法》;
- GB/T 4249—2009《产品几何技术规范(GPS)公差原则》;
- GB/T 16671—2009《产品几何技术规范(GPS)几何公差 最大实体要求、最小实体要求和可逆要求》;
- GB/T 1958—2004《产品几何量技术规范(GPS)形状和位置公差 检测规定》;
- GB/T 18780.1—2002《产品几何量技术规范(GPS)几何要素 第一部分:基本属于和定义》;
- GB/T 18780.2—2002《产品几何量技术规范(GPS)几何要素 第二部分:圆柱面和圆锥面的提取中心线、平行平面的提取中心平面、提取要素的局部尺寸》;
- GB/T 17851—2010《产品几何技术规范(GPS)几何公差 基准和基准体系》。

1.3.1 基本术语及定义

几何要素 简称要素,为构成零件几何特征的点、线、面。

组成要素 构成零件外形的面或面上的线。由技术制图或其他方法确定的理论正确组成要素,为公称组成要素,是没有误差的理想的点、线、面。

导出要素 由一个或几个组成要素得到的中心点、中心线或中心面。如,球心是由球面得到的导出要素,该球面为组成要素;圆柱的中心线是由圆柱面得到的导出要素,该圆柱面为组成要素。由一个或几个公称组成要素导出的中心点、轴线或中心平面,为公称导出要素。

实际(组成)要素 由接近实际(组成)要素所限定的工件实际表面的组成要素部分。

提取组成要素 按规定方法,由实际(组成)要素提取有限数目的点所形成的实际(组成)要素的近似替代。它是通过测量得到的,受限于测量误差的客观存在,提取组成要素并非实际(组成)要素的真实体现。

提取导出要素 由一个或几个提取组成要素得到的中心点、中心线或中心面。为方便起见,提取圆柱面的导出中心线称为提取中心线;两相对提取平面的导出中心面称为提取中心面。

拟合组成要素 按规定的方法由提取组成要素形成的并具有理想形状的组成要素。

拟合导出要素 由一个或几个拟合组成要素导出的中心点、轴线或中心平面。

被测要素 图样上给出了几何公差要求、需要研究和测量的要素。

基准要素 图样上规定用来确定被测要素的方向或(和)位置的要素。

理论正确尺寸 在位置度公差标注中,确定各要素理想位置的尺寸。该尺寸不附带公差,在图样上应围以矩形框格标注,如[100]、[80°]、[ϕ90]等。

单一要素 仅对要素本身给出形状公差要求的要素。单一要素仅对本身有要求,而与其他要求没有功能关系。

关联要素　对其他要素有功能关系的要素。它是具有位置公差要求的要素，相对基准要素有图样上给定的功能关系要求。

1.3.2　几何公差的特征与标注

1. 几何公差的项目与符号

国家标准（GB/T 1182—2008）规定有 14 种几何公差，其中形状公差 4 个，轮廓公差 2 个，方向公差 3 个，位置公差 3 个，跳动公差 2 个。特征项目分类及符号见表 1－14。线或面轮廓度，既可能是形状公差，也可能是方向或位置公差，视其对基准有无要求而定。

表 1－14　几何公差特征项目与符号（GB/T 1182—2008）

公差类型	几何特征	符　号	有无基准	公差类型	几何特征	符　号	有无基准
形状公差	直线度	⏤	无	方向公差	垂直度	⊥	有
	平面度	⏥	无		倾斜度	∠	有
	圆度	○	无	位置公差	位置度	⌖	有或无
	圆柱度	⌭	无		同轴（同心）度	◎	有
轮廓度公差	线轮廓度	⌒	有或无		对称度	⌯	有
	面轮廓度	⌓	有或无	跳动公差	圆跳动	↗	有
方向公差	平行度	//	有		全跳动	⌰	有

2. 几何公差和几何公差带的特征

几何公差是指提取要素对图样上给定的理想形状、位置的允许变动量。而几何公差带用来限制提取要素变动的区域，它是由一个或几个理想的几何线或面所限定、由线性公差值表示其大小的区域。构成实际要素的点、线、面必须在此区域内，公差带是误差的最大允许值，它由大小、形状、方向和位置四个因素决定。这四个因素是由零件的功能和要素的特征确定的。

（1）几何公差带的大小

几何公差带的大小由图样中标注的公差值的大小来确定，它是指允许提取要素变动的全量，其大小表明形状或位置精度的高低。根据几何公差带形状的不同，公差值表示的是公差带的宽度或直径，当其表示公差带直径（公差带为圆形或圆柱形）时，公差值前应加注“ϕ”；若公差带为球形，则应加注“Sϕ”。

（2）几何公差带的形状

几何公差带的形状取决于被测要素的几何特征和设计要求。国家标准规定了如表 1－15 所列的 9 种几何公差带的形状。

表 1-15 几何公差带的形状

平面区域		空间区域	
两平行直线	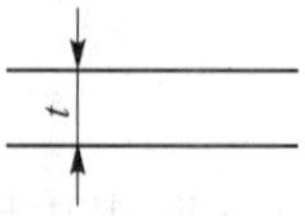	球	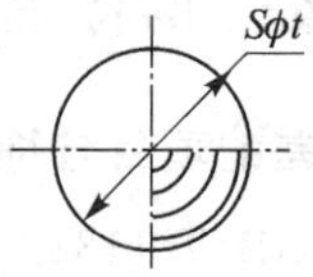
两等距曲线	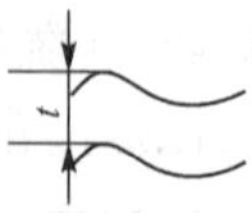	圆柱面	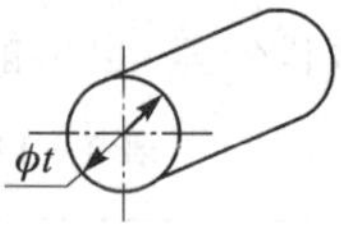
两同心圆	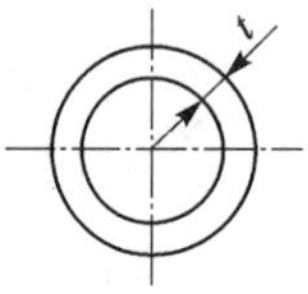	两同轴圆柱面	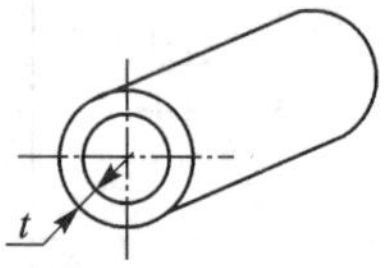
圆	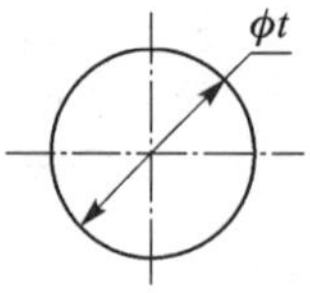	两平行平面	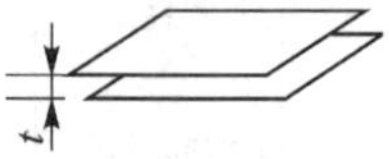
		两等距曲面	

(3) 几何公差带的方向和位置

几何公差带的方向和位置由几何公差项目所决定。对于形状公差带,用于限制被测要素的形状误差,其方向应符合最小条件(见几何误差的评定与检测),其本身不作位置要求;对于方向公差带,其方向决定于基准要素的方向,不作位置要求;对于位置公差带,其方向和位置由相对于基准的理论正确尺寸确定。

3. 几何公差的标注

(1) 公差框格

① 几何公差要求在矩形方框中给出,该方框由 2～5 格组成,自左至右分别标注内容:第 1 格标注公差特征符号;第 2 格标注公差值及有关符号,单位为 mm;第 3～5 格标注基准字母代号,用一个字母表示单个基准,用几个字母表示基准体系或公共基准。公差框格内容见图 1-15。

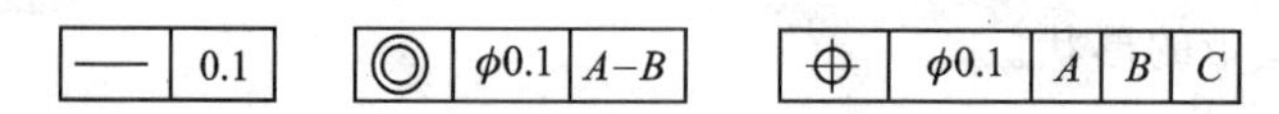

图 1-15 公差框格内容

② 公差值用线性值,如果公差带是圆形或圆柱形的,则在公差值前加注"φ";如果是球形,

则加注“Sϕ”，如图1－16(a)所示。

③ 当某项公差应用于几个相同要素时，应在公差框格的上方被测要素的尺寸之前注明要素的个数，并在两者之间加上符号“×”，如图1－16(b)所示。

④ 如果需要限制被测要素在公差带内的形状，则应在公差框格的下方注明附加符号，如图1－16(c)所示为限制公差带形状只能内凹不能突起。部分常用附加符号见表1－16。

⑤ 如果需要对某个要素给出几种几何特征的公差，则可将一个框格放在另一个的下边，如图1－16(d)所示。

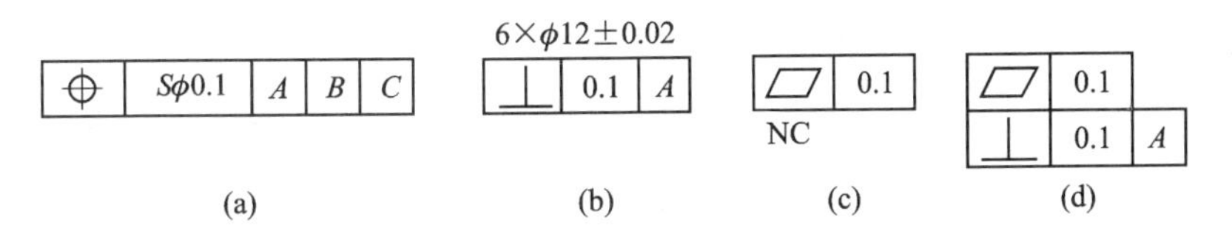

图1－16　公差值注法

表1－16　附加符号(摘自GB/T 1182—2008)

符　号	含　义	符　号	含　义
ϕ1/A1（圆内）	基准目标	CZ	公共公差带
Ⓟ	延伸公差带	LD	小径
Ⓜ	最大实体要求	MD	大径
Ⓛ	最小实体要求	PD	中径、节径
Ⓕ	自由状态条件	LE	线素
Ⓔ	包容要求	NC	不凸起
（全周符号）	全周(轮廓)	ACS	任意横截面

(2) 被测要素

用带箭头的指引线将公差框格与被测要素相连，指引线自公差框格的左端或右端引出(必须垂直于框格)，为简便起见，也允许自框格的侧边直接引出；指引线可以弯折，但不得多于两次，见图1－17。箭头应指向被测要素，箭头的方向为公差带的宽度方向或径向，如图1－18所示。

① 当公差涉及轮廓线或轮廓面(组成要素)时，箭头指向该要素的轮廓线或其延长线，并与尺寸线明显错开，见图1－19(a)。

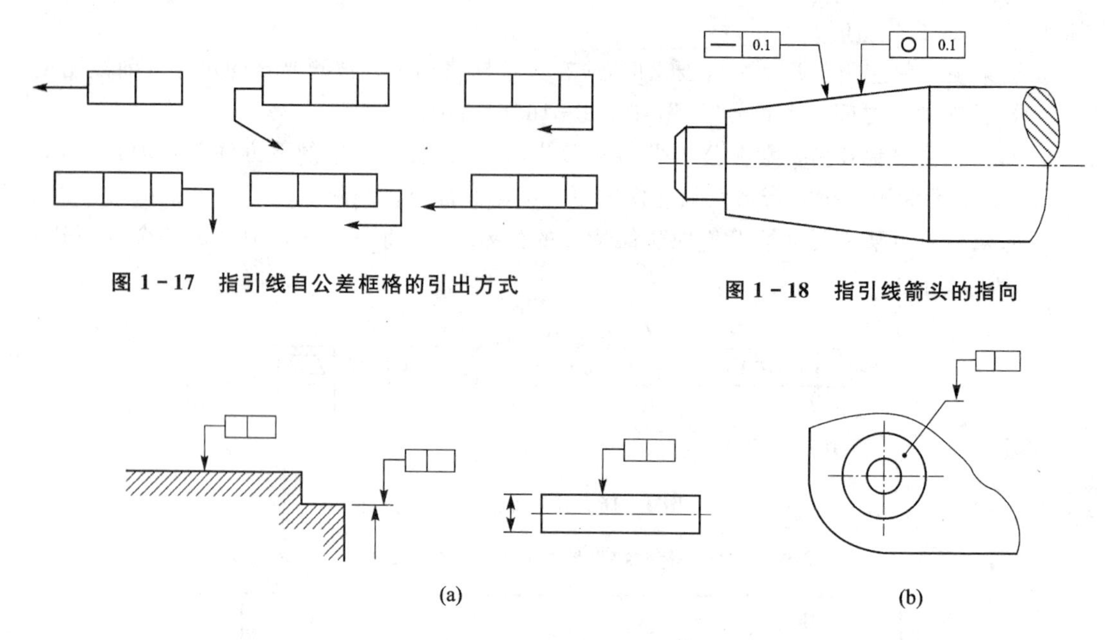

图1-17　指引线自公差框格的引出方式

图1-18　指引线箭头的指向

图1-19　组成要素的标注

② 当被测要素为视图上的局部表面时,箭头可置于带点的引出线的水平线上,引出线引自被测面,见图1-19(b)。

③ 当公差涉及被测要素的中心点、中心线或中心面(导出要素)时,则带箭头的指引线应与相应尺寸线的延长线重合;当箭头与尺寸线的箭头重叠时,可代替尺寸线箭头;指引线的箭头不允许直接指向中心线,见图1-20。

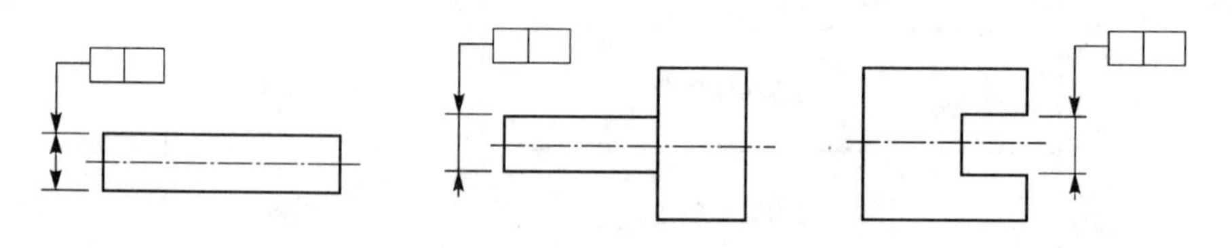

图1-20　导出要素的标注

(3) 公差带

① 除非另有说明,公差带的宽度方向为被测要素的法向,如图1-21所示。

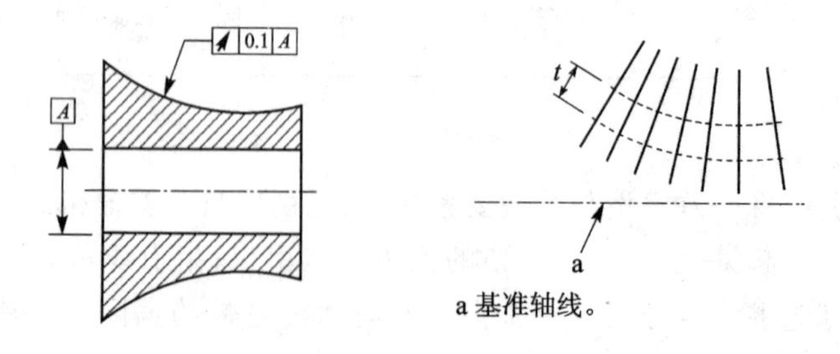

图1-21　公差带宽度方向为被测要素法向

② 当导出要素在某方向上给出公差时,除非另有说明,其方向公差带的方向为指引线箭头方向,如图1-22所示。

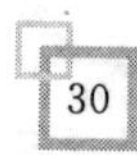

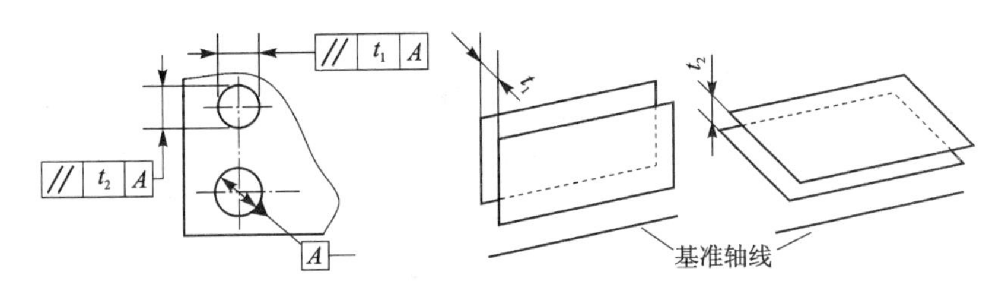

图 1-22　导出要素的公差带方向

③ 当若干个分离的被测要素有相同的几何特征和公差值时，可以用如图 1-23 所示的方式表示；当用同一个公差带控制这几个分离的被测要素时，应在公差框格内公差值的后面加注公共公差带的符号“CZ”，如图 1-24 所示。

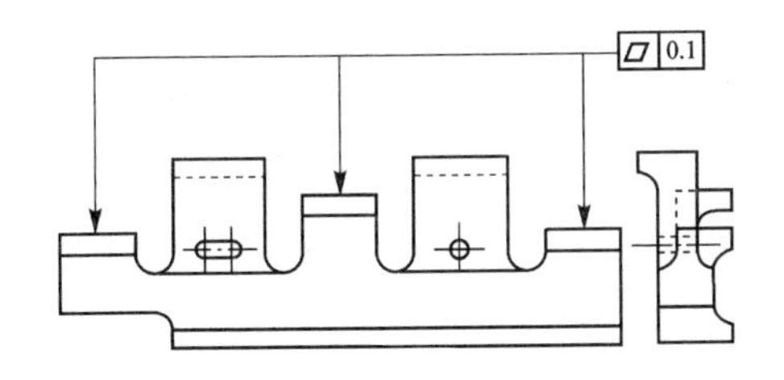

图 1-23　几个表面有相同公差要求

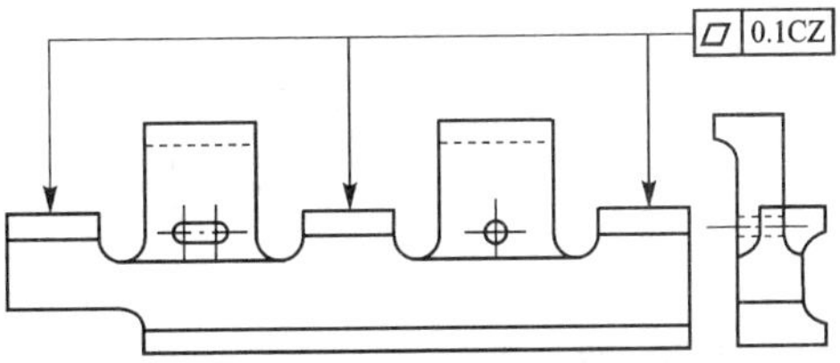

图 1-24　用一个公差带控制几个被测要素

(4) 基　准

与被测要素相关的基准用一个大写字母表示。字母标注在基准方格内，与一个涂黑的或空白的三角形(涂黑和空白意义相同)相连以表示基准。表示基准的大写字母还应标注在公差框格内。方格和基准字母均应水平放置，如图 1-25 所示。

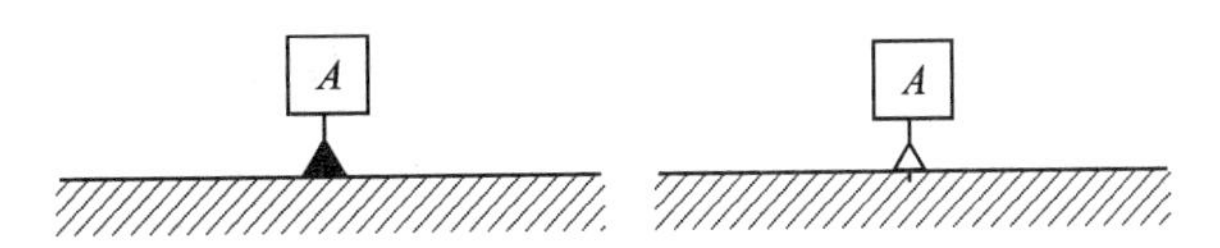

图 1-25　基准符号

① 当基准要素是轮廓线或轮廓面(组成要素)时，基准三角形放置在要素的轮廓线或其延长线上，应与尺寸线明显错开，见图 1-26(a)；基准三角形还可放置在该轮廓面引出线的水平线上，见图 1-26(b)。

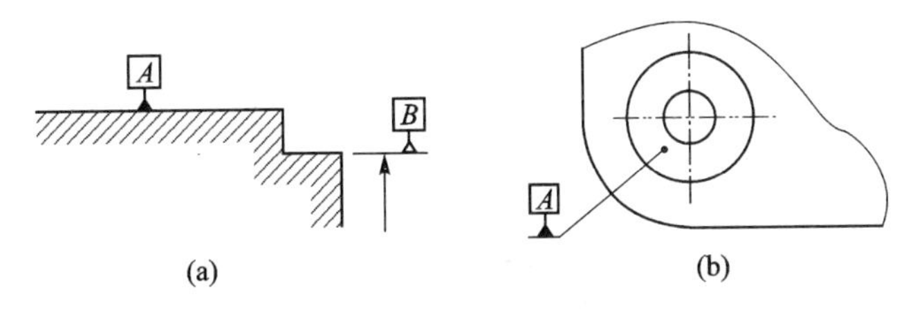

图 1-26　组成要素作为基准的标注

② 当基准是尺寸要素确定的轴线、中心平面或中心点(导出要素)时，基准三角形应放置在该尺寸线的延长线上。如果没有足够的位置标注基准要素尺寸的两个尺寸箭头，则其中一个箭头可用基准三角形代替，如图 1-27 所示。

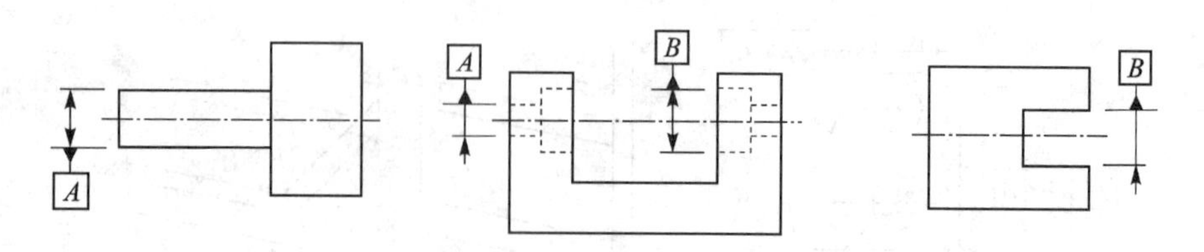

图 1-27　导出要素作为基准的标注

(5) 限定性规定

① 需要对整个被测要素上任意限定范围标注同样几何特征的公差时,可在公差值的后面加注限定范围的线性尺寸值,并在两者间用斜线隔开,见图 1-28(a)。如果标注的是两项或两项以上同样几何特征的公差,则可直接在整个要素公差框格的下方放置另一个公差框格,见图 1-28(b)。

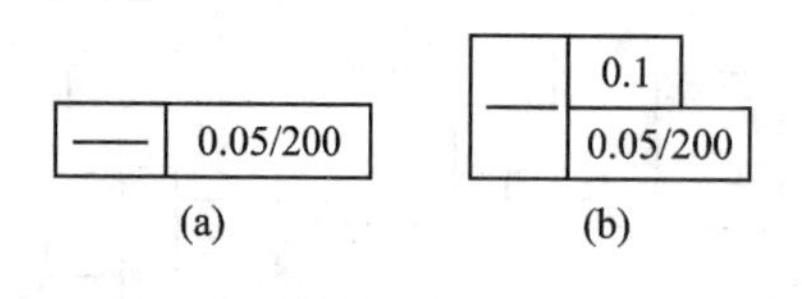

图 1-28　局部公差值注法

图 1-28(a)所示为,被测要素整个范围内的任意 200 mm 长度上的直线度公差值为 0.05 mm。图 1-28(b)所示为,被测要素整个范围应满足直线度公差 0.1 mm,而取其任意 200 mm 长度的直线度公差为 0.05 mm。

② 如果给出的公差仅适用于要素的某一指定局部,则应采用粗点画线示出该局部的范围,并加注尺寸,见图 1-29。

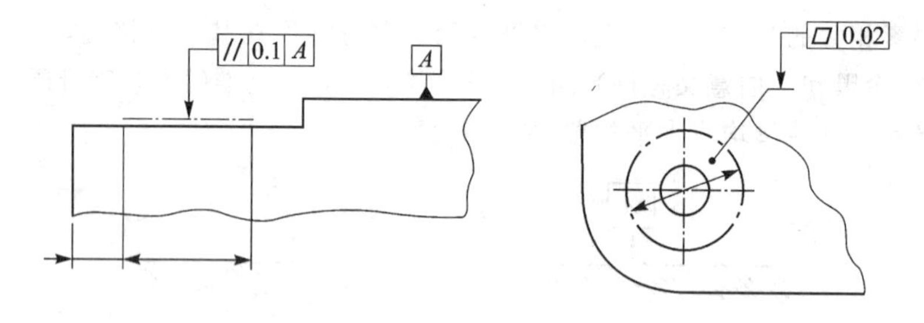

图 1-29　限定局部公差值的注法

③ 如果只以要素的某一局部作基准,则应以粗点画线示出该部分并加注尺寸,见图 1-30。

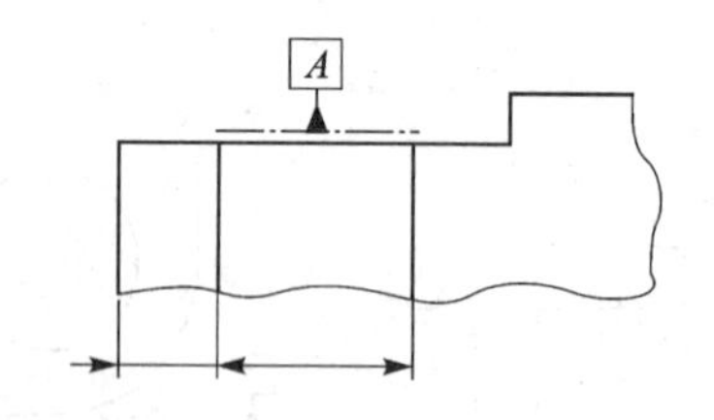

图 1-30　限定某一部分为基准的注法

1.3.3　几何公差的定义

表 1-17 列出了不同公差特征项目的几何公差带及其定义、图例和解释。"定义"的对象仅为公差带本身,"解释"的对象则为被测要素。熟悉并理解这些内容对设计及标注具有重要

意义。没有列入表中的定义可查阅 GB/T 1182—2008。

表 1－17　几何公差带的定义、图例和解释(GB/T 1182—2008)　　　　mm

分　类	项　目	公差带定义	标注示例和解释
形状公差	直线度公差	公差带为在给定平面内和给定方向上，间距等于公差值 t 的两平行直线所限定的区域 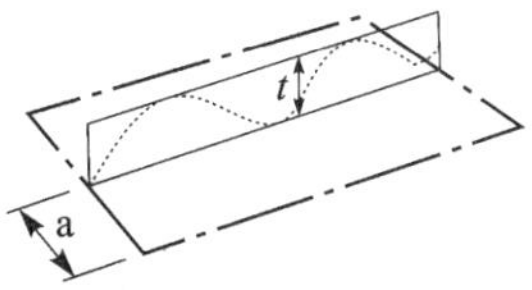 a 任一距离。	在任一平行于图示投影面的平面内，上平面的提取(实际)线应限定在间距等于 0.1 的两平行直线之间 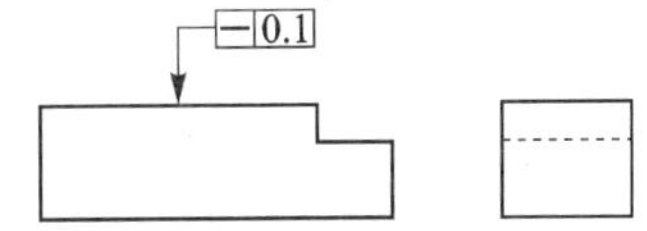
		在给定方向上，公差带为间距等于公差值 t 的两平行平面所限定的区域 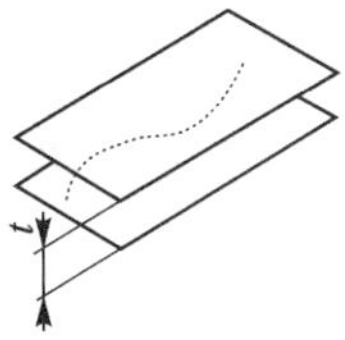	提取(实际)的棱边应限定在箭头所指方向间距等于 0.1 的两平行平面之间 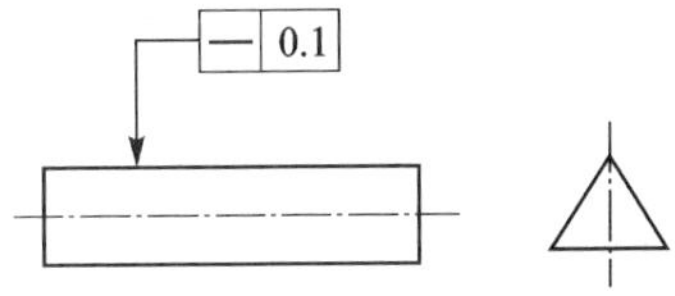
		在任意方向上，由于公差值前加注了符号 ϕ，公差带为直径等于公差值 ϕt 的圆柱面所限定的区域 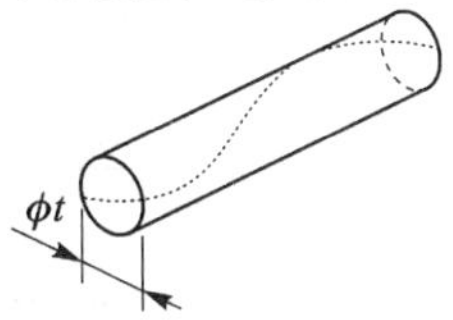	外圆柱面的提取(实际)中心线应限定在直径等于 ϕ0.08 的圆柱面内 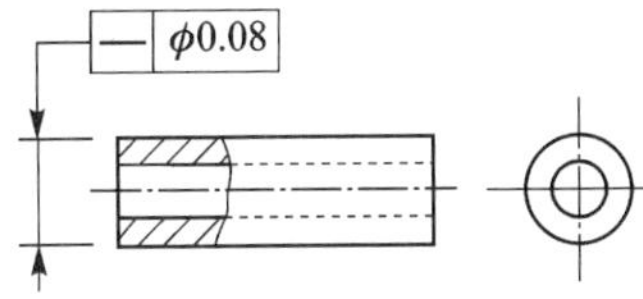
	平面度公差	公差带为间距等于公差值 t 的两平行平面所限定的区域 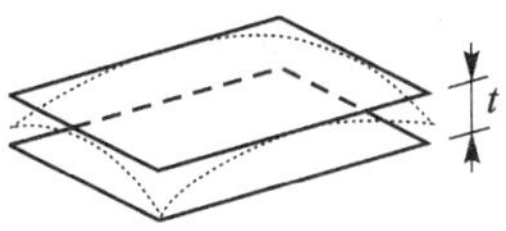	提取(实际)表面应限定在间距等于 0.08 的两平行平面之间 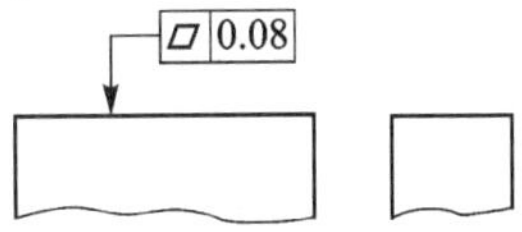
	圆度公差	公差带为在给定横截面内、半径差等于公差值 t 的两同心圆所限定的区域 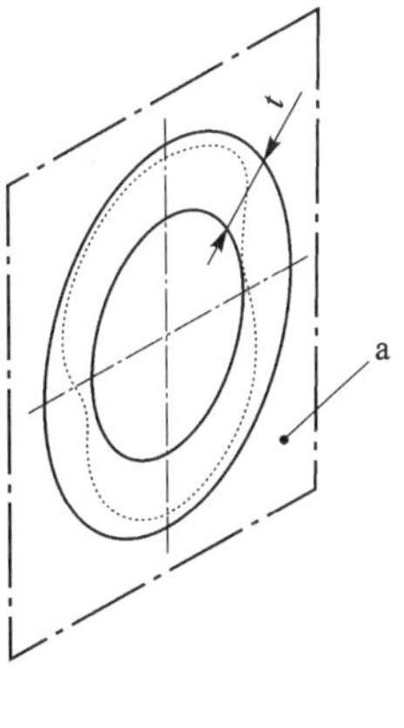 a 任一横截面。	被测圆柱面的任一横截面内，提取(实际)圆周应限定在半径差等于 0.02 的两同心圆之间 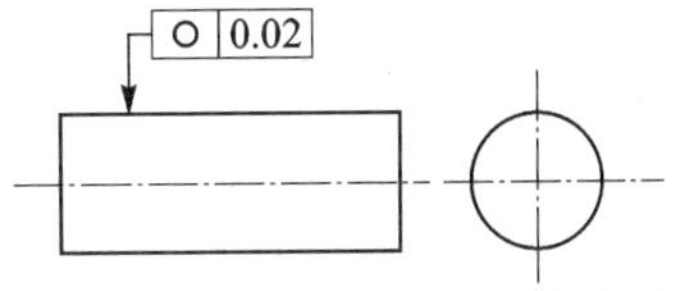 被测圆锥面的任一横截面内，提取(实际)圆周应限定在半径差等于 0.02 的两同心圆之间 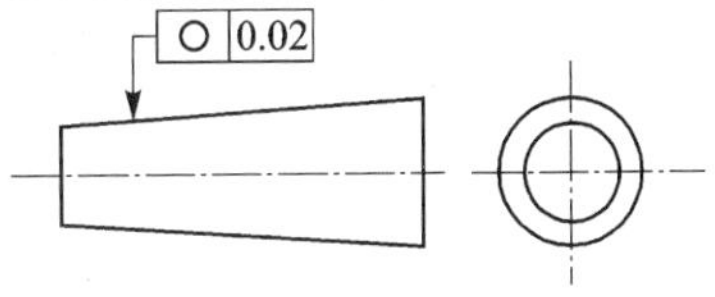 注：提取圆周的定义尚未标准化

续表 1-17

分 类	项 目	公差带定义	标注示例和解释
形状公差	圆柱度公差	公差带为半径差等于公差值 t 的两同轴圆柱面所限定的区域 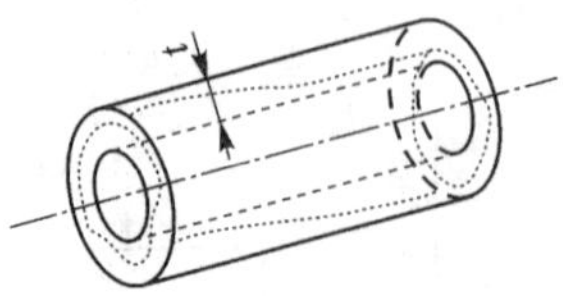	提取(实际)圆柱面应限定在半径差等于 0.1 的两同轴圆柱面之间 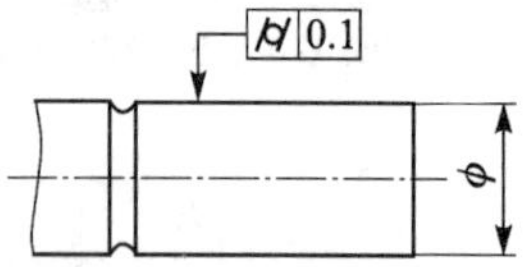
方向公差	平行度公差	若公差值前加注了符号 ϕ,则公差带为平行于基准轴线、直径等于公差值 ϕt 的圆柱面所限定的区域 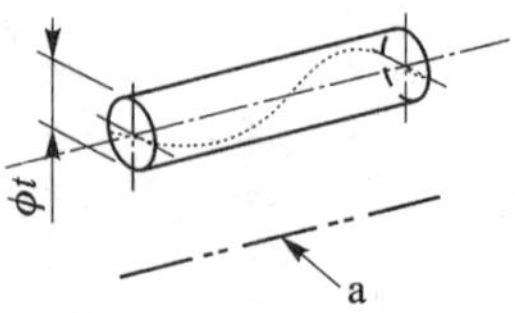 a 基准轴线。	提取(实际)中心线应限定在平行于基准轴线 A、直径等于 ϕ0.03 的圆柱面内 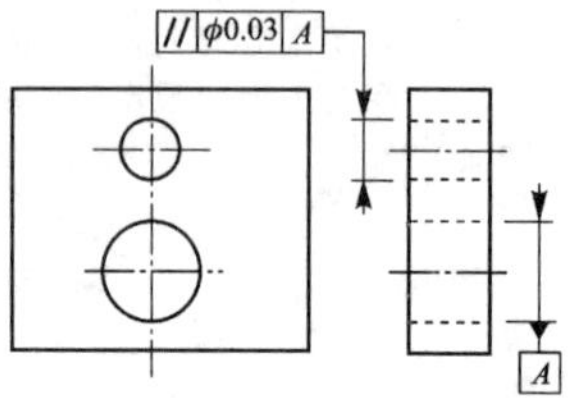
		公差带为平行于基准平面、间距等于公差值 t 的两平行平面所限定的区域 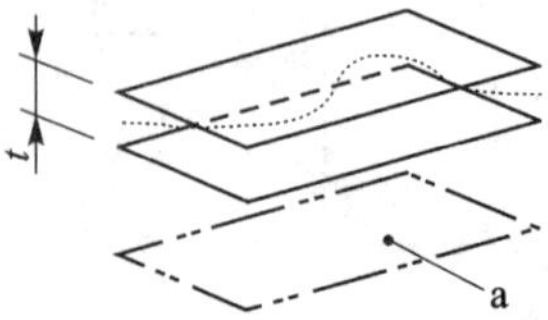 a 基准平面。	提取(实际)中心线应限定在平行于基准平面 B、间距等于 0.01 的两平行平面之间 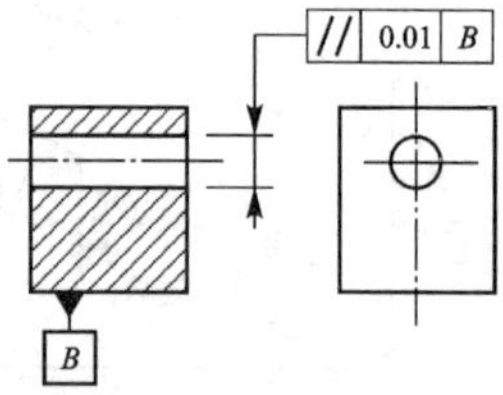
		公差带为间距等于公差值 t、平行于基准轴的两平行平面所限定的区域 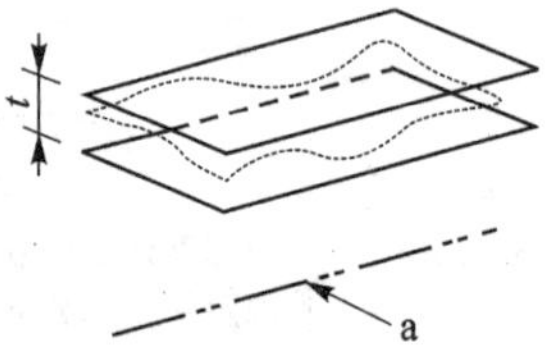 a 基准轴线。	提取(实际)表面应限定在间距等于 0.1、平行于基准轴线 C 的两平行平面之间 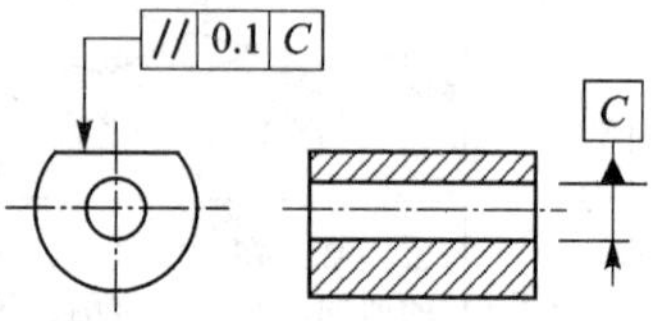
		公差带为间距等于公差值 t、平行于基准平面的两平行平面所限定的区域 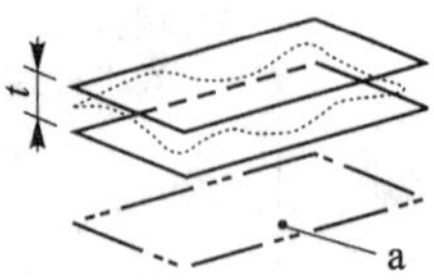 a 基准平面。	提取(实际)表面应限定在间距等于 0.01、平行于基准平面 D 的两平行平面之间 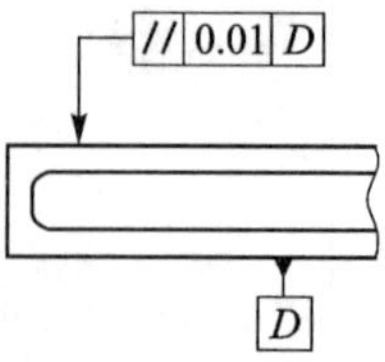

续表 1-17

分　类	项　目	公差带定义	标注示例和解释
方向公差	垂直度公差	公差带为间距等于公差值 t、垂直于基准线的两平行平面所限定的区域 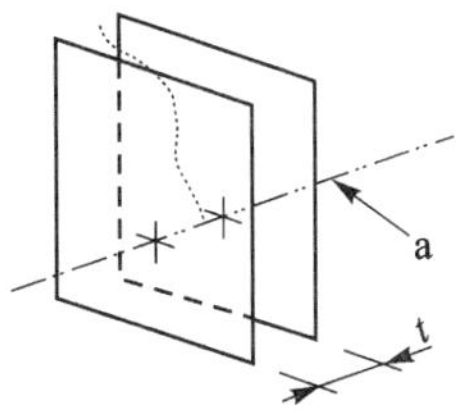 a 基准线。	提取(实际)中心线应限定在间距等于 0.06、垂直于于基准轴线 A 的两平行平面之间 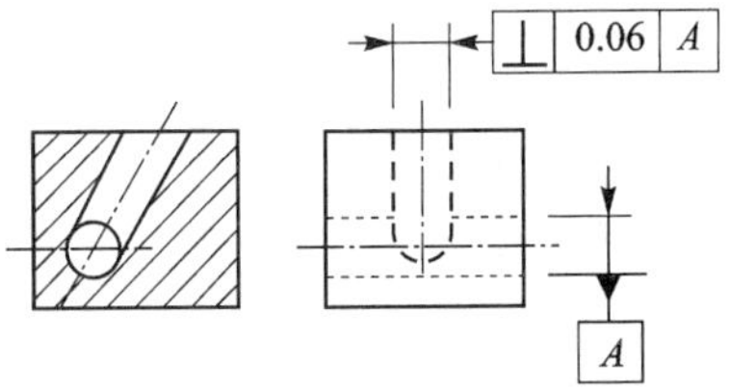 ⊥ 0.06 A
		若公差值前加注符号 ϕ，则公差带为直径等于公差值 ϕt、轴线垂直于基准平面的圆柱面所限定的区域 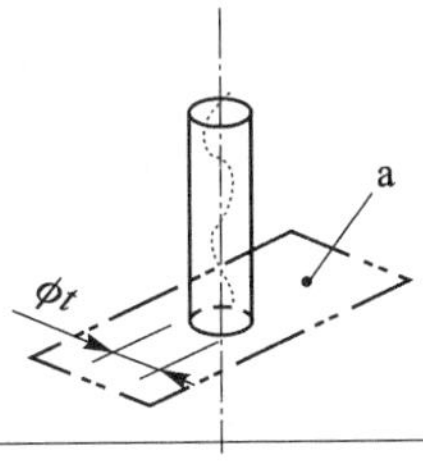	圆柱面的提取(实际)中心线应限定在直径等于 ϕ0.01、垂直于基准平面 A 的圆柱面内 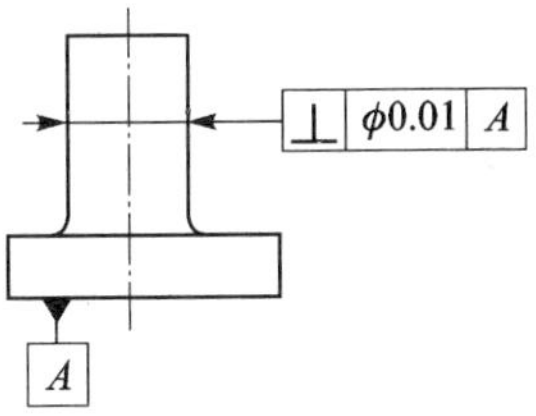 ⊥ ϕ0.01 A
		公差带为间距等于公差值 t、垂直于基准轴线的两平行平面所限定的区域 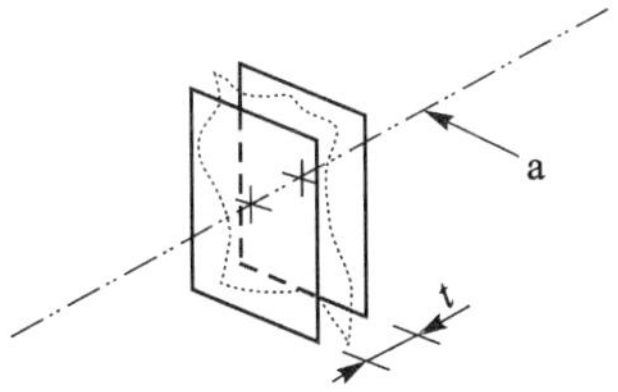 a 基准轴线。	提取(实际)表面应限定在间距等于 0.08、垂直于基准轴线 A 的两平行平面之间 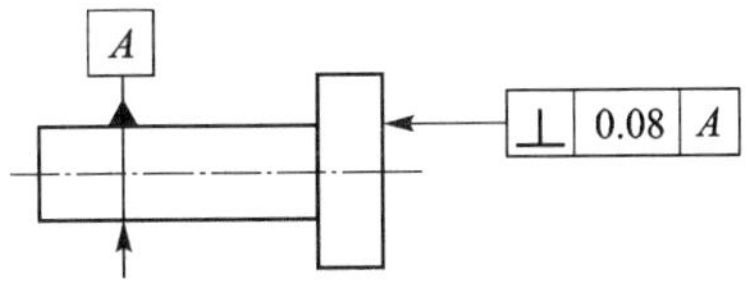 ⊥ 0.08 A
		公差带为间距等于公差值 t、垂直于基准平面的两平行平面所限定的区域 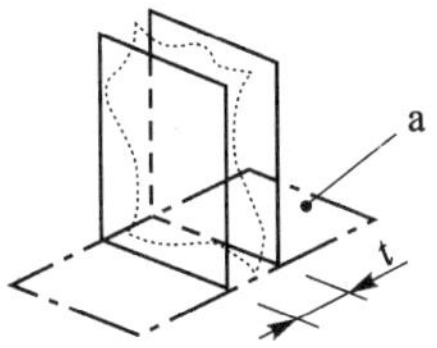 a 基准平面。	提取(实际)表面应限定在间距等于 0.08、垂直于基准平面 A 的两平行平面之间 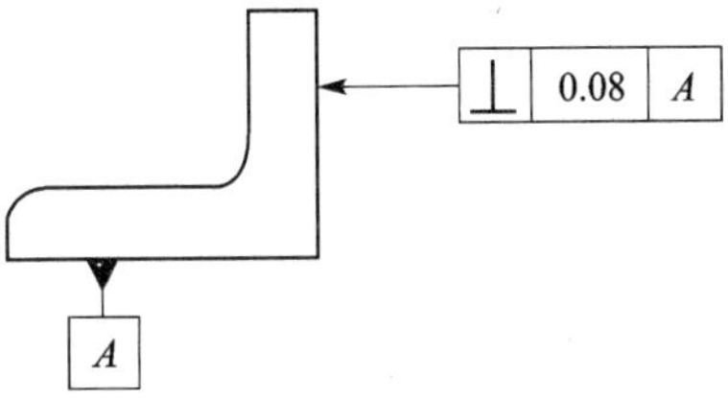 ⊥ 0.08 A

续表 1-17

分类	项目	公差带定义	标注示例和解释
方向公差	倾斜度公差	被测线与基准线在同平面内时,公差带为间距等于公差值 t 的两平行平面所限定的区域,该两平行平面按给定角度倾斜于基准轴线 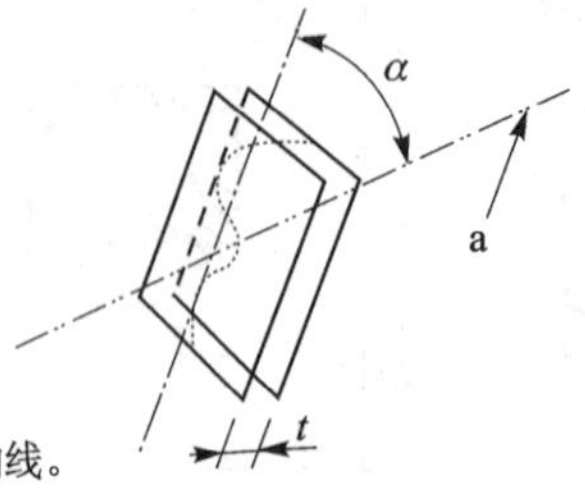 a 基准轴线。	提取(实际)线应限定在间距等于 0.08 的两平行平面之间,该两平行平面按理论正确角度 60°倾斜于公共基准轴线 $A—B$ 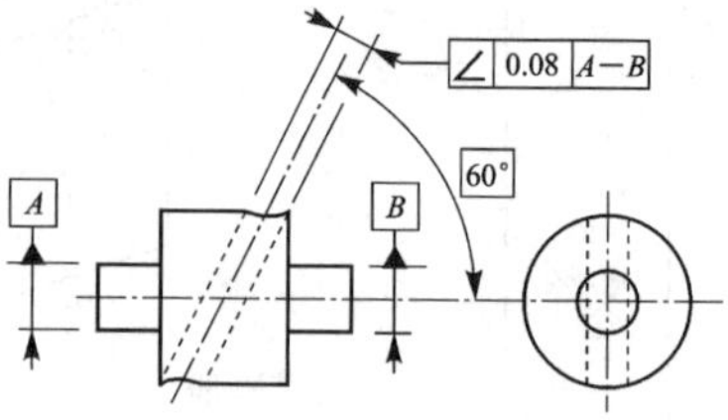
		公差带为间距等于公差值 t 的两平行平面所限定的区域,该两平行平面按给定角度倾斜于基准平面 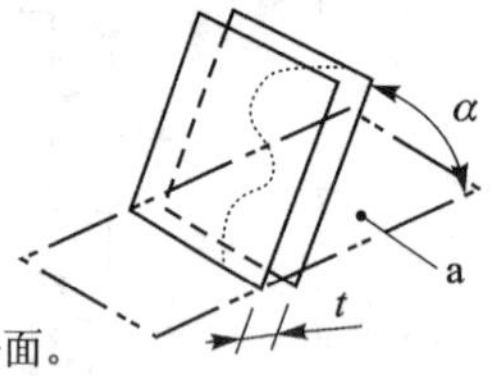 a 基准平面。	提取(实际)中心线应限定在间距等于 0.08 的两平行平面之间,该两平行平面按理论正确角度 60°倾斜于基准平面 A 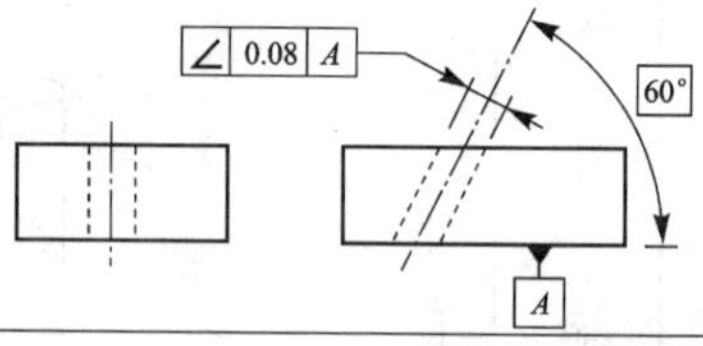
		若公差值前加注符号 ϕ,则公差带为直径等于公差值 ϕt 的圆柱面所限定的区域,该圆柱面公差带的轴线按给定角度倾斜于基准平面 A 且平行于基准面 B 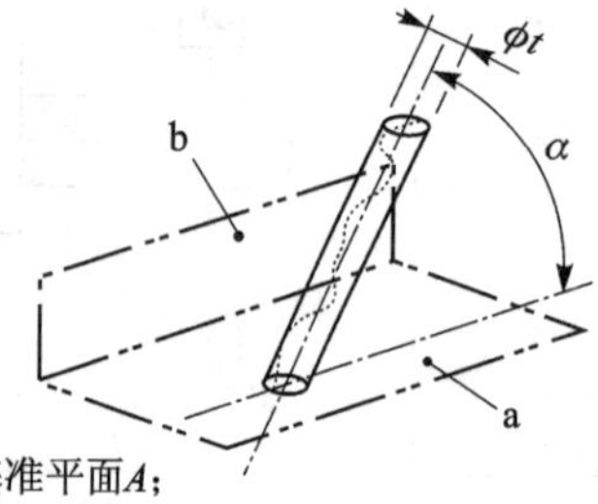 a 基准平面A; b 基准平面B。	提取(实际)中心线应限定在直径等于 ϕ0.1 的圆柱面内,该圆柱面的中心线按理论正确角度 60°倾斜于基准面 A 且平行于基准面 B 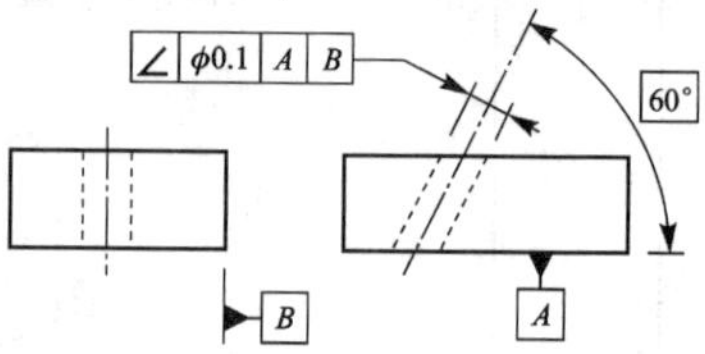
位置公差	位置度公差	若公差值前加注符号 ϕ,则公差带为直径等于公差值 ϕt 的圆柱面所限定的区域,该圆柱面的轴线的位置由基准平面 C、A、B 和理论正确尺寸确定 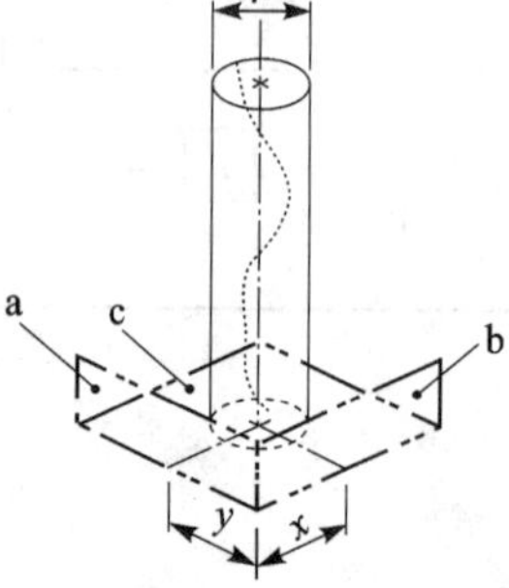 a 基准平面 A;b 基准平面 B;c 基准平面 C。	提取(实际)中心线应限定在直径等于 ϕ0.08 的圆柱面内,该圆柱面的轴线的位置应处于由基准平面 C、A、B 和理论正确尺寸 100、68 确定的理论正确位置上 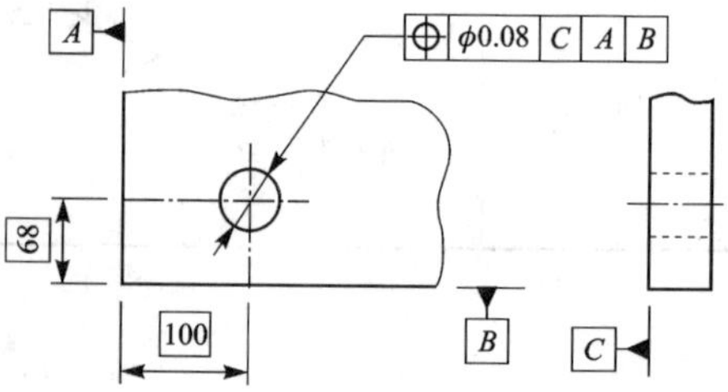

续表 1-17

分　类	项　目	公差带定义	标注示例和解释
位置公差	同轴度公差	公差值前标注符号 ϕ，公差带为直径等于公差值 ϕt 的圆柱面所限定的区域，该圆柱面的轴线与基准轴线重合 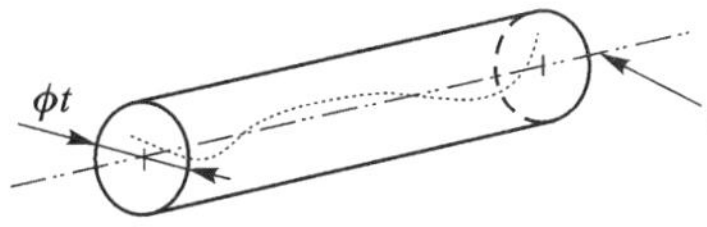 ϕt　a a 基准轴线。	大圆柱面的提取（实际）中心线应限定在直径等于 ϕ0.08、以公共基准轴线为轴线的圆柱面内 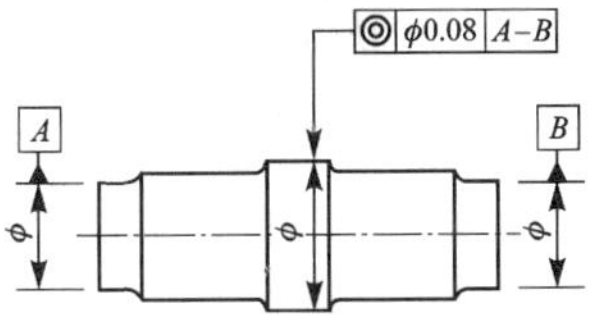 ◎ ϕ0.08 A-B　A　B 大圆柱面的提取（实际）中心线应限定在直径等于 ϕ0.1、以基准轴线 A 为轴线的圆柱面内 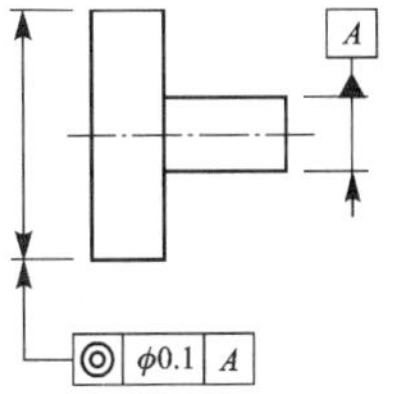 A　◎ ϕ0.1 A
	对称度公差	公差带为间距等于公差值 t、对称于基准中心平面的两平行平面所限定的区域 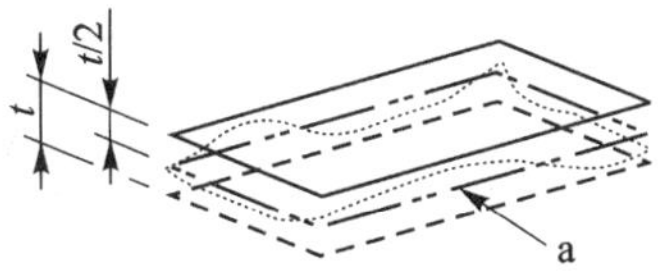 t　$t/2$　a a 基准中心平面。	提取（实际）中心面应限定在间距等于 0.08、对称于基准中心平面 A 的两平行平面之间 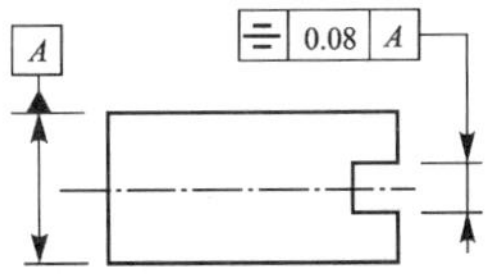 A　⌯ 0.08 A 提取（实际）中心面应限定在间距等于 0.08、对称于公共基准中心平面 A—B 的两平行平面之间 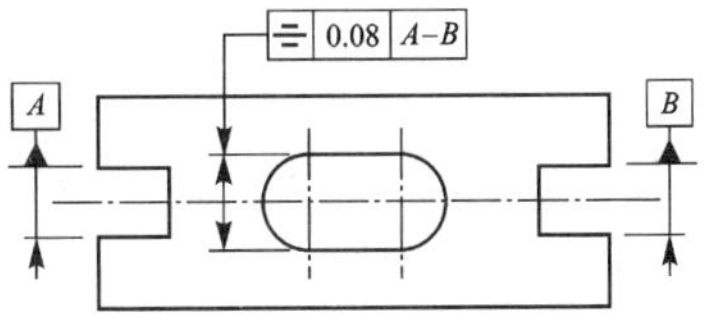 ⌯ 0.08 A-B　A　B
跳动公差	圆跳动公差	**径向圆跳动公差：** 公差带为在任一垂直于基准轴线的横截面内、半径差等于公差值 t、圆心在基准轴线上的两同心圆所限定的区域 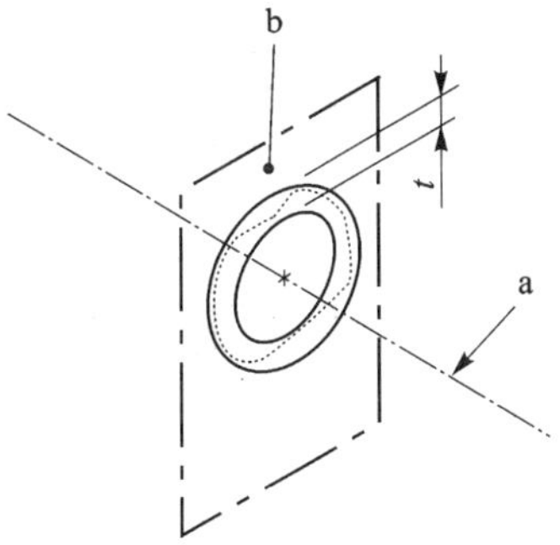 b　t　a a 基准轴线； b 横截面。	在任一垂直于基准轴线 A 的横截面内，提取（实际）圆应限定在半径差等于 0.1、圆心在基准轴线 A 上的两同心圆之间，见图（a） 在任一平行于基准平面 B、垂直于基准轴线 A 的截面上，提取（实际）圆应限定在半径差等于 0.1、圆心在基准轴线 A 上的两同心圆之间，见图（b） 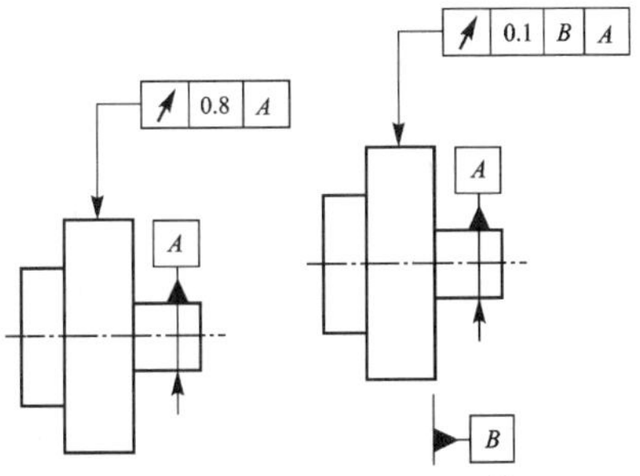 ↗ 0.8 A　A　↗ 0.1 B A　A　B (a)　(b)

续表 1-17

分　类	项　目	公差带定义	标注示例和解释
跳动公差	圆跳动公差	**轴向圆跳动公差**：公差带为与基准轴线同轴的任一半径的圆柱截面上、间距等于公差值 t 的两圆所限定的圆柱面区域 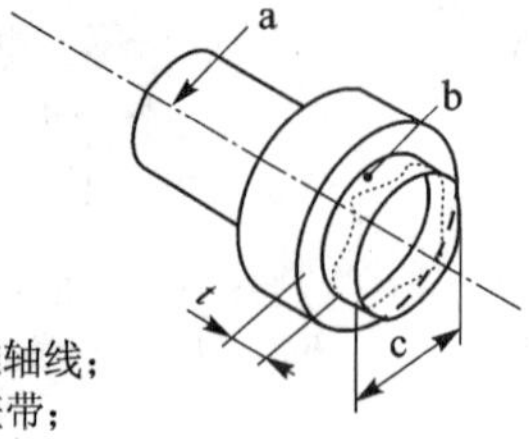 a 基准轴线； b 公差带； c 任意直径。	与基准轴线 D 同轴的任一圆柱形截面上，提取(实际)圆应限定在轴向距离等于 0.1 的两个等圆之间 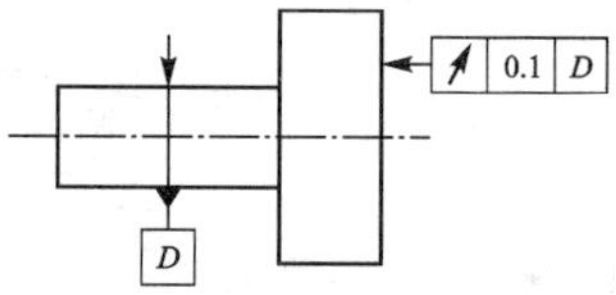
		斜向圆跳动公差：公差带为与基准轴线同轴的某一圆锥截面上、间距等于公差值 t 的两圆所限定的圆锥面区域。 除非另有规定，测量方向应沿被测表面的法向 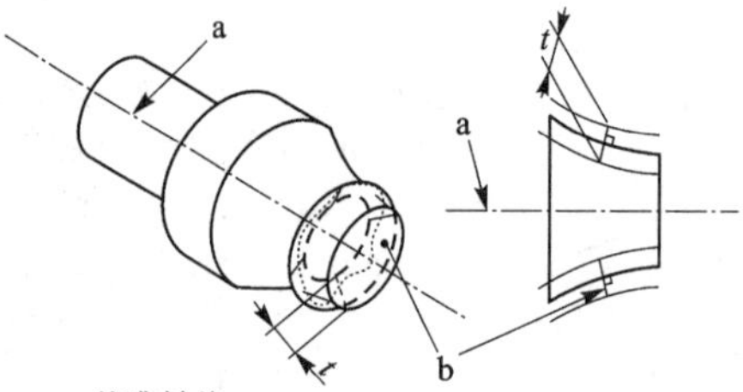 a 基准轴线； b 公差带。	在与基准轴线 C 同轴的任一圆锥截面上，提取(实际)线应限定在素线方向间距等于 0.1 的两不等圆之间 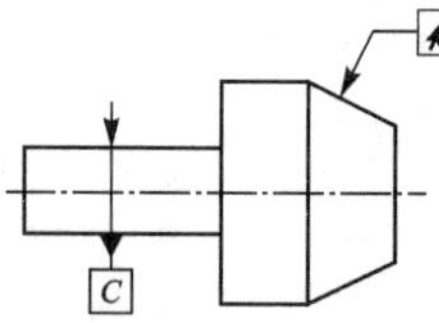 当标注公差的素线不是直线时，圆锥面的锥角要随所测圆的实际位置而改变 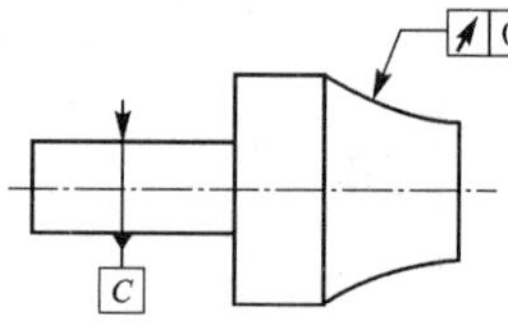
	全跳动公差	**径向全跳动公差**：公差带为半径差等于公差值 t、与基准轴线同轴的两圆柱面所限定的区域 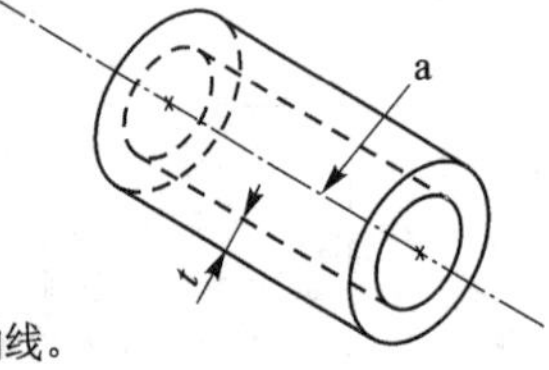 a 基准轴线。	提取(实际)表面应限定在半径差等于 0.1、与公共基准轴线 $A—B$ 同轴的两圆柱面之间 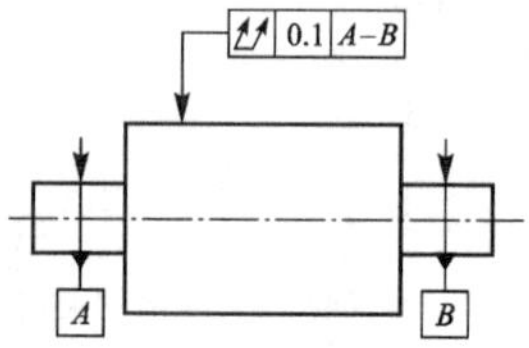
		轴向全跳动公差：公差带为间距等于公差值 t、垂直于基准轴线的两平行平面所限定的区域 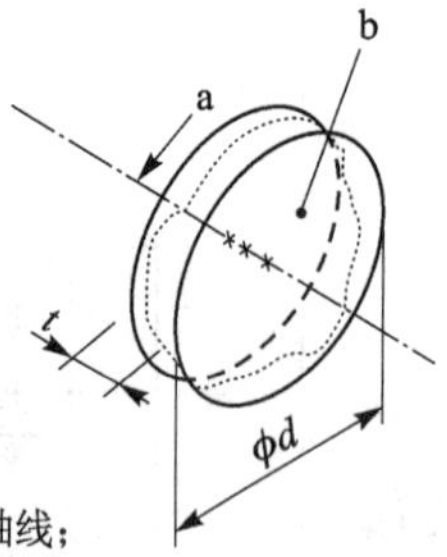 a 基准轴线； b 提取表面。	提取(实际)表面应限定在间距等于 0.1、垂直于基准轴线 D 的两平行平面之间 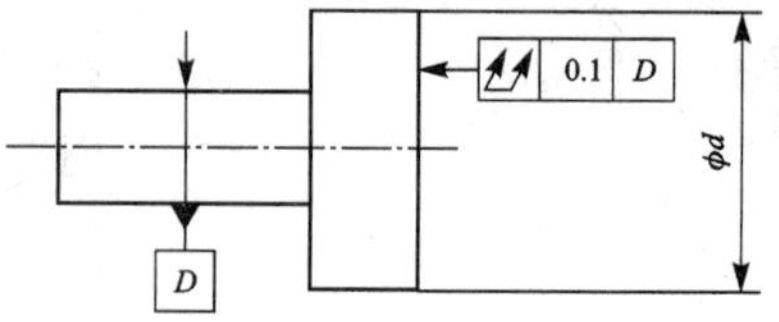

续表 1-17

分　类	项　目	公差带定义	标注示例和解释
轮廓度公差	线轮廓度公差	**无基准的线轮廓度公差：**公差带为直径等于公差值 t、圆心位于具有理论正确几何形状上的一系列圆的两包络线所限定的区域 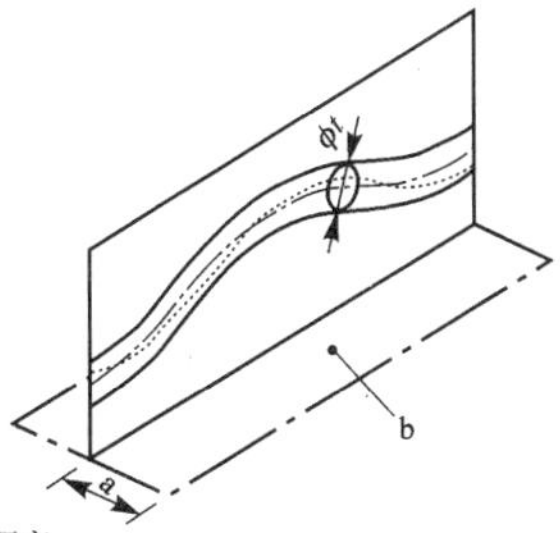 a 任一距离； b 垂直于视图所在平面。	在任一平行于图示投影面的截面内，提取（实际）轮廓线应限定在直径等于 0.04、圆心位于被测要素理论正确几何形状上的一系列圆的两包络线之间 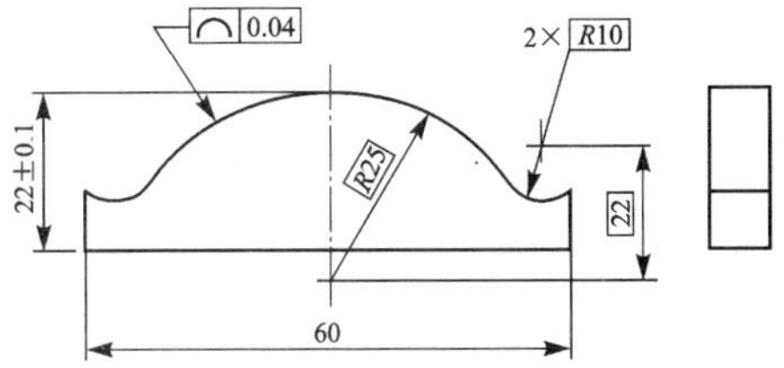
		相对于基准体系的线轮廓度公差：公差带为直径等于公差值 t、圆心位于由基准平面 A 和基准平面 B 确定的被测要素理论正确几何形状上一系列圆的两包络线所限定的区域 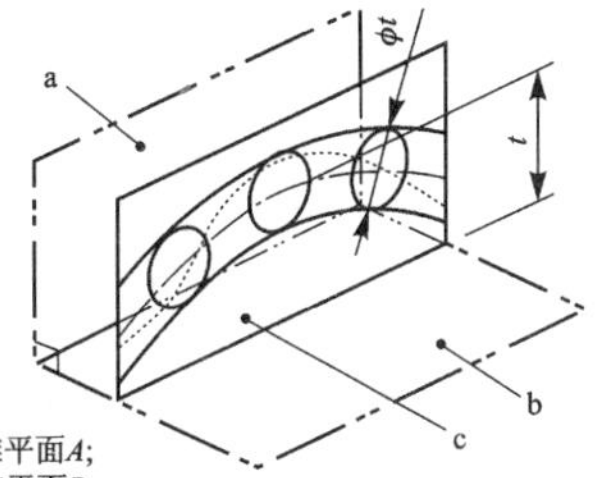 a 基准平面A； b 基准平面B； c 平行于基准A的平面。	在任一平行于图示投影面的截面内，提取（实际）轮廓线应限定在直径等于 0.04、圆心位于由基准平面 A 和基准平面 B 确定的被测要素理论正确几何形状上一系列圆的两等距包络线之间 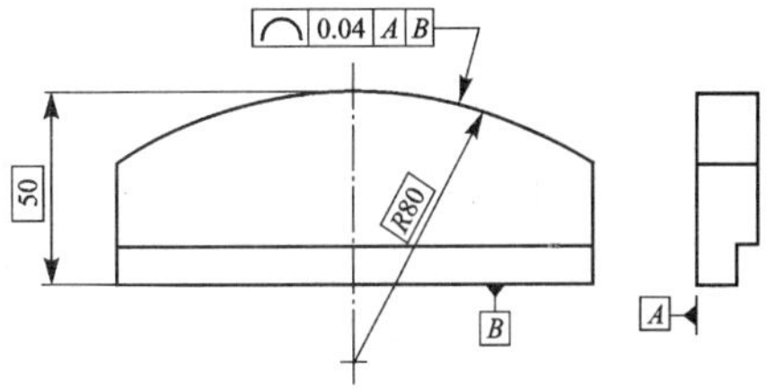
	面轮廓度公差	**无基准的面轮廓度公差：**公差带为直径等于公差值 t、球心位于被测要素理论正确形状上的一系列圆球的两包络面所限定的区域 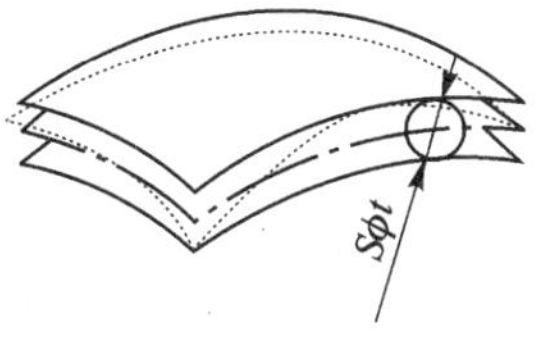	提取（实际）轮廓面应限定在直径等于 0.02、球心位于被测要素理论正确几何形状上一系列圆球的两等距包络面之间 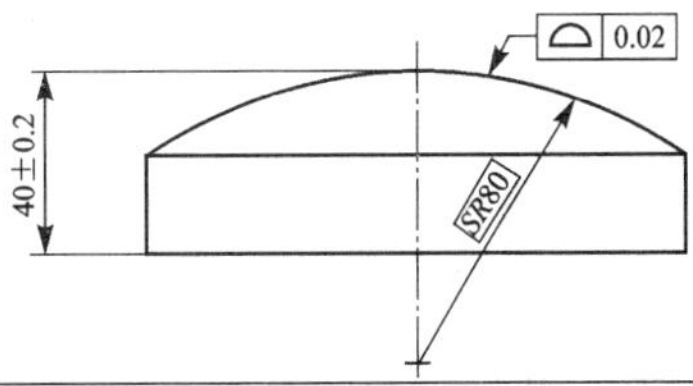
		相对于基准的面轮廓度公差：公差带为直径等于公差值 t、球心位于由基准平面 A 确定的被测要素理论正确几何形状上一系列圆球的两包络面所限定的区域 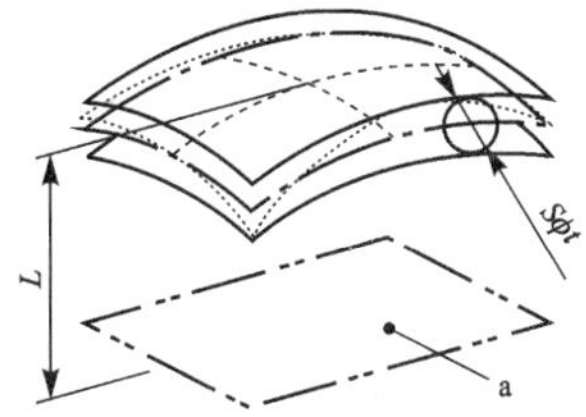 a 基准平面。	提取（实际）轮廓面应限定在直径等于 0.1、球心位于由基准平面 A 确定的被测要素理论正确几何形状上一系列圆球的两等距包络面之间 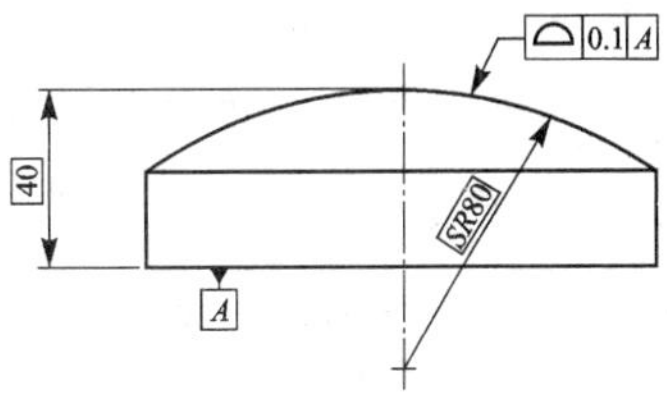

1.3.4 公差原则

图样上既要给出尺寸公差要求,也要给出几何公差要求,以使零件功能得到满足。对零件要素给出的尺寸公差和几何公差,它们之间存在着一定的关系,处理尺寸公差和几何公差关系的原则称为公差原则。公差原则不仅是正确处理几何公差与尺寸公差之间相互关系的准绳,而且是正确选用几何公差的前提。

GB/T 4249—2009 规定了两种公差原则:彼此无关,相互独立,称为独立原则;彼此有关,相互补偿,称为相关要求。相关要求又可分为包容要求、最大实体要求(及其可逆要求)和最小实体要求(及其可逆要求)。

本书仅简介独立原则及相关要求中的包容要求和最大实体要求。

1. 有关术语及定义

最大实体状态(MMC) 假定提取组成要素的局部尺寸处处位于极限尺寸且使其具有实体最大时的状态。

最大实体尺寸(MMS) 确定要素最大实体状态的尺寸。即对于外尺寸要素,$MMS=d_M=d_{max}$;对于内尺寸要素,$MMS=D_M=D_{min}$。

最小实体状态(LMC) 假定提取组成要素的局部尺寸处处位于极限尺寸且使其具有实体最小时的状态。

最小实体尺寸(LMS) 确定要素最小实体状态的尺寸。即对于外尺寸要素 $LMS=d_L=d_{min}$;对于内尺寸要素,$LMS=D_L=D_{max}$。

最大实体实效尺寸(MMVS) 尺寸要素的最大实体尺寸与其导出要素的几何公差(形状、方向或位置)共同作用产生的尺寸。对于外尺寸要素,$MMVS=d_{MV}=MMS+$几何公差;对于内尺寸要素,$MMVS=D_{MV}=MMS-$几何公差。

最大实体实效状态(MMVC) 拟合要素的尺寸为其最大实体实效尺寸时的状态。最大实体实效状态对应的极限包容面称为最大实体实效边界(MMVB)。当几何公差是方向公差时,最大实体实效状态和最大实体实效边界受其方向所约束;当几何公差是位置公差时,最大实体实效状态和最大实体实效边界受其位置所约束。

最小实体实效尺寸(LMVS) 尺寸要素的最小实体尺寸与其导出要素的几何公差(形状、方向或位置)共同作用产生的尺寸。对于外尺寸要素,$LMVS=d_{LV}=LMS-$几何公差;对于内尺寸要素,$LMVS=D_{LV}=LMS+$几何公差。

最小实体实效状态(LMVC) 拟合要素的尺寸为其最小实体实效尺寸时的状态。最小实体实效状态对应的极限包容面称为最小实体实效边界(LMVB)。当几何公差是方向公差时,最小实体实效状态和最大实体实效边界受其方向所约束;当几何公差是位置公差时,最小实体实效状态和最大实体实效边界受其位置所约束。

2. 独立原则

独立原则是指图样上给定的每一个尺寸和几何(形状、方向或位置)要求,如果不规定特有的相互关系,则均是独立的,应分别满足要求。

独立原则是图样上公差标注的基本原则,凡是对给出的尺寸公差和几何公差未用特定的有关符号或文字说明来规定它们之间的关系,就表示它们遵守独立原则。独立原则适用于零件上的一切要素。按独立原则标注尺寸公差和几何公差的提取要素，其各项要求在分别满足时才能判为合格。

独立原则主要应用于：

① 几何精度是主要功能要求，且尺寸公差与几何公差在功能上不会发生联系的要素。

例如，印染机械的滚筒，主要控制其圆柱度误差，以保证印刷时接触均匀，而圆柱体直径大小对印刷品质并无影响。此时应采用独立原则，给出较严格的圆柱度公差，而尺寸公差可较宽。又如，测量平板的功能是测量时模拟理想平面，主要控制其平面度误差。因此，对平板工作面规定较小的平面度公差，而其厚度的大小对模拟理想平面这一功能并无影响，应该采用独立原则分别加以控制。

② 除配合要求外，较高形状精度要求的要素。

例如，滚动轴承内外圈滚道与滚动体间的装配间隙有一定要求，因此，滚道和滚动体直径尺寸可以给出较大的公差。但轴承的旋转精度与滚道和滚动体的形状精度密切相关，因此需要对滚道和滚动体给出较高精度要求的形状公差。此时，应用独立原则来分别控制尺寸的变动量和形状误差。

③ 没有配合要求的结构尺寸和未注尺寸公差（一般公差）的要素，例如退刀槽、倒角和圆角等。

可见，独立原则主要用于限定形状和位置精度要求高的零件、部件或产品的面（线、点）的几何精度，是应用较多的一种公差原则。

必须指出，独立原则只是作为图样上公差标注的一项基本原则提出的，这并不意味着同一要素上的各项要求在功能上也都是彼此独立、相互无关的。恰恰相反，在不少场合下提取要素的功能要求往往取决于各项要求的综合作用。

3. 包容要求

包容要求用最大实体边界控制实际要素的轮廓，即提取组成要素应遵守其最大实体边界（MMB），其局部尺寸不得超出最小实体尺寸（LMS）。

包容要求适用于由圆柱面或两平行平面组成的单一要素，并应在其线性尺寸的极限偏差或公差带代号后加注符号Ⓔ，如图 1－31(a)所示。

包容要求的实质是，当要素的提取尺寸偏离最大实体尺寸，允许其形状误差增大。它反映了尺寸公差与形状公差之间的补偿关系，因此包容要求有以下特点：

① 被测要素的实际轮廓在给定的长度上处处不应超越最大实体边界，当提取要素处于最大实体状态时，必须具有理想形状，此时允许的形状误差为零。

② 当被测要素的局部尺寸由最大实体尺寸（MMS）向最小实体尺寸（LMS）偏离时，允许有形状误差，其允许量等于偏离量；当提取要素处于最小实体状态时，允许的形状误差可达最大值。

③ 提取要素的局部尺寸不应超出上极限尺寸和下极限尺寸。

图 1－31 为单一要素（轴）采用包容要求的示例。实际提取要素应满足如下要求：

- 轴的任一局部尺寸都应在极限尺寸 $\phi149.96 \sim \phi150$ 之内，见图 1－31(b)。
- 整个轴的轮廓都应在最大实体边界之内，见图 1－31(b)。
- 当所有的局部尺寸都处于最大实体尺寸 d_M（$=\phi150$）时，轴应是理想圆柱，即其形状误差（如中心线的直线度）为零，见图 1－31(c)；当所有的局部尺寸都处于最小实体尺寸 d_L（$=\phi149.96$）时，可获得形状误差的最大允许值，即等于尺寸公差 0.04 mm，见图 1－31(d)。

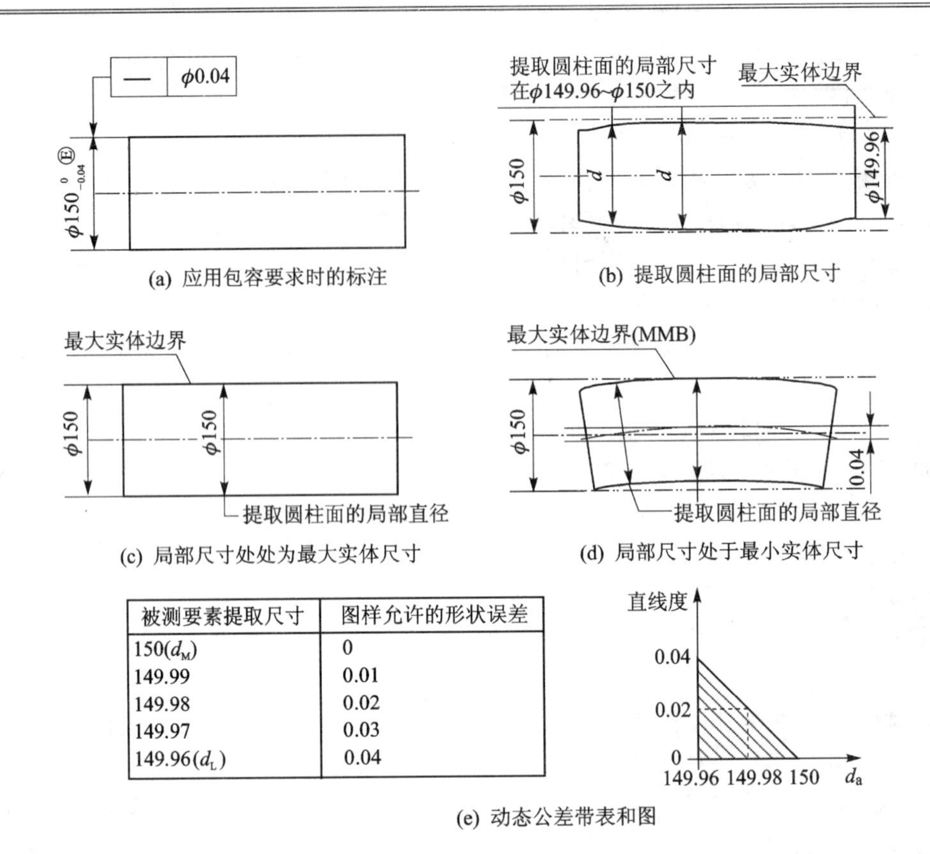

被测要素提取尺寸	图样允许的形状误差
150(d_M)	0
149.99	0.01
149.98	0.02
149.97	0.03
149.96(d_L)	0.04

图 1－31　包容要求

● 图1－31(e)通过图表和动态公差图的形式表示出允许的形状误差随局部尺寸的变化情况。

包容要求主要用于保证单一要素间的配合性质，用最大实体边界保证必要的最小间隙和最大过盈。对于精度或配合有严格要求的孔、轴系统(如齿轮孔和轴)应采用包容要求，其合格的轴与合格的孔结合时产生的实际间隙或过盈满足配合性质的要求。

4. 最大实体要求

最大实体要求是用最大实体实效边界控制被测要素的轮廓，即尺寸要素的非理想要素不得超越其最大实体实效边界(MMVB)，同时局部尺寸应遵守上、下极限尺寸。当局部尺寸从最大实体尺寸向最小实体尺寸方向偏离时，允许被测要素的几何误差值超出在最大实体状态下给出的公差值。

最大实体要求适用于(单一要素和关联要素的)导出要素。既可用于被测要素，也可用于基准要素。应用时，前者要在几何公差框格内的几何公差值之后加注符号Ⓜ，后者应在几何公差框格内的基准字母代号后加注符号Ⓜ。最大实体要求的特点为：

① 图样上几何公差值是在被测要素轮廓处于最大实体状态时给出的。对单一要素而言，MMVB边界是图样上给定的被测要素的最大实体尺寸与其中心要素的形状公差综合形成的极限边界，该边界具有理想形状；对关联要素而言，MMVB边界是图样上给定的被测要素的最大实体尺寸与其导出要素的位置公差综合形成的极限边界，该边界除具有理想形状外，还应满足图样上给定的几何关系。

最大实体实效尺寸(MMVS)按下式计算：

$$轴\ d_{MV}=d_M+t\ Ⓜ$$

$$孔\ D_{MV}=D_M-t\ Ⓜ$$

式中：d_{MV}和D_{MV}分别为轴和孔的最大实体实效尺寸；d_M和D_M分别为轴和孔的最大实体尺寸；t Ⓜ为图样上给定的导出要素的几何公差值。

② 被测要素的实际轮廓在给定长度上处处不应超越最大实体实效边界。若其局部尺寸偏离最大实体尺寸，则几何公差可获得偏离量的补偿值，其最大补偿值为该要素的最大实体尺寸与最小实体尺寸之差。

③ 提取要素的局部尺寸不应超出上极限尺寸和下极限尺寸。

图 1－32 为最大实体要求应用于单一要素的示例。

图样要求表示轴的轴线直线度公差采用最大实体要求，局部实际尺寸应在 $\phi12$～$\phi11.8$ mm 范围内，如图 1－32(a)所示。当轴处于最大实体尺寸 $\phi12$ mm 时，其轴线直线度误差应不大于图样上给出的直线度公差值 $\phi0.4$ mm。轴的轮廓应遵守最大实体实效边界，最大实体实效尺寸为 $\phi12.4$ mm，见图 1－32(b)。

当轴的局部尺寸偏离(小于)其最大实体尺寸时，允许直线度误差增大，条件是遵守最大实体实效边界和上、下极限尺寸。因此，当其局部尺寸处处为最小实体尺寸 D_L(＝$\phi11.8$ mm)

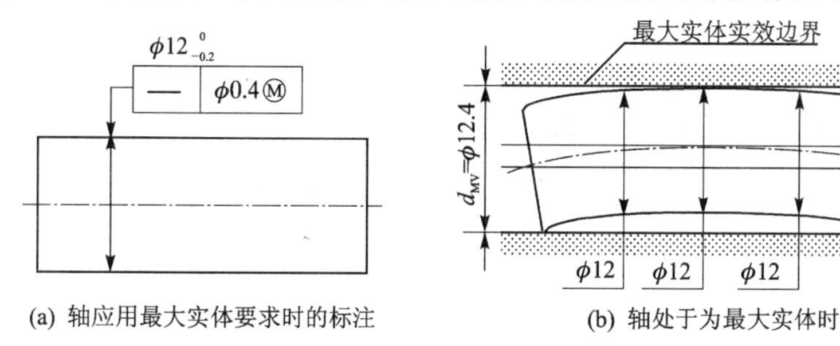

(a) 轴应用最大实体要求时的标注　　(b) 轴处于为最大实体时

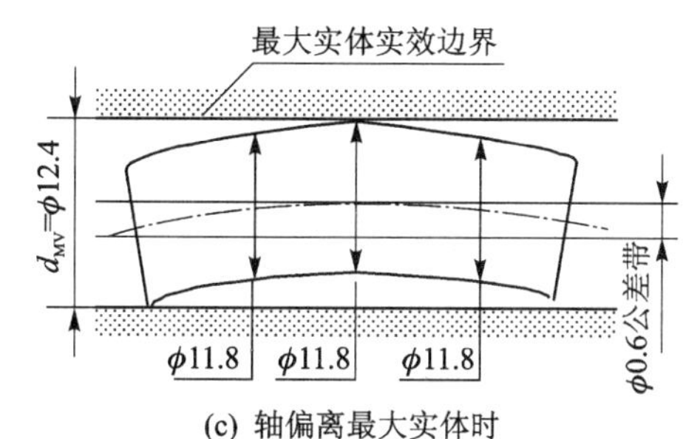

(c) 轴偏离最大实体时

被测要素提取尺寸	图样允许的形状误差
12(d_M)	0.4
11.95	0.45
11.90	0.50
11.85	0.55
11.80(d_L)	0.6

(d) 动态公差带表和图

图 1－32　最大实体要求

时，轴线直线度误差获得最大补偿值(0.2 mm)，这时允许的轴线直线度误差为最大值 ϕ0.6 (=0.2+0.4) mm，见图 1-32(c)。

图 1-32(d)用动态公差带图和表来描述几何公差随局部尺寸的变动情况，即采用最大实体要求时，图样上允许的形状误差值等于最大实体状态下给出的公差值与局部尺寸对最大实体尺寸的偏离量之和。

由上例可见，与包容要求相比，最大实体要求的实际尺寸精度更低一些，可得到较大的尺寸制造公差和几何制造公差，故具有良好的工艺性和经济性。

最大实体要求从材料外对非理想要素进行限制，使用的目的主要是保证可装配性，因此其主要用于仅要求保证自由装配且具有间隙配合的要素。如减速器输入轴和输出轴的两轴端盖的螺栓孔部位，这些孔轴线的位置度公差可应用最大实体要求，这样能保证螺栓顺利装配。

相关要求还包括最小实体要求和可逆要求，读者可查阅 GB/T 16671—2009。

1.3.5 几何公差的选择

几何误差直接影响着配合件的旋转精度、密封性和结构强度等，正确、合理地选择几何公差，对保证零部件的使用性能具有重要的意义。在选择几何公差时，主要涉及特征项目、公差值、基准和公差原则等的选择。

1. 几何特征项目的选择

选择几何特征项目时，应遵循的原则为，在保证零件使用要求的前提下，控制几何误差的方法简便，尽量减少图样上的几何特征项目。具体来说，可从以下几方面考虑：

① 零件的几何特征。例如，加工后的圆柱零件将产生圆柱度误差，圆锥零件将产生圆度误差；加工后的平面零件将产生平面度误差；阶梯轴、孔将存在同轴度误差等。

② 零件的功能要求。例如，圆柱度误差将影响回转精度，故机床主轴的轴径应规定圆柱度公差和同轴度公差；齿轮箱两对孔的轴线不平行，将影响齿轮正确啮合等，故应规定两孔轴线的平行度公差。

③ 检测方便。例如，齿轮箱中传动轴的轴径，按其几何特征和功能要求，应规定圆柱度公差和同轴度公差，但为了便于检测，可用径向圆跳动(或全跳动)公差代替。

④ 几何公差的项目特征。各类几何公差具有一定的关系，即，方向公差可同时控制要素的方向误差和形状误差，位置公差可同时控制要素的位置误差、方向误差和形状误差。例如，圆柱度公差可以控制圆度误差；跳动公差可以控制有关的形状、定向和定位误差。选用时，应充分考虑综合公差的功能，减少图样上几何特征项目；同时，只要能满足使用要求，则不要再给出第二公差项目，以免产生多余或矛盾的公差要求。

2. 几何公差值的确定

几何公差值选用的基本原则是满足零件的功能要求，同时还应兼顾经济性和检测方便，在允许的情况下尽量选用较低的公差等级。

除线轮廓度、面轮廓度的标准公差和公差等级尚在研究制定之外，其他几何特征项目的公差值均由 GB/T 1184—1996 给出了相关规定，见表 1-18～表 1-22。各种几何公差值分为 1～12 级，其中圆度和圆柱度公差值，增加了一个 0 级，以便适应精密零件的需要。

表1-18　直线度和平面度公差值(GB/T 1184—1996)

主参数 L/mm	公差等级											
	1	2	3	4	5	6	7	8	9	10	11	12
	公差值/μm											
≤10	0.2	0.4	0.8	1.2	2	3	5	8	12	20	30	60
>10~16	0.25	0.5	1	1.5	2.5	4	6	10	15	25	40	80
>16~25	0.3	0.6	1.2	2	3	5	8	12	20	30	50	100
>25~40	0.4	0.8	1.5	2.5	4	6	10	15	25	40	60	120
>40~63	0.5	1	2	3	5	8	12	20	30	50	80	150
>63~100	0.6	1.2	2.5	4	6	10	15	25	40	60	100	200
>100~160	0.8	1.5	3	5	8	12	20	30	50	80	120	250
>160~250	1	2	4	6	10	15	25	40	60	100	150	300
>250~400	1.2	2.5	5	8	12	20	30	50	80	120	200	400

表1-19　圆度和圆柱度公差值(GB/T 1184—1996)

主参数 d(D)/mm	公差等级												
	0	1	2	3	4	5	6	7	8	9	10	11	12
	公差值/μm												
≤3	0.1	0.2	0.3	0.5	0.8	1.2	2	3	4	6	10	14	25
>3~6	0.1	0.2	0.4	0.6	1	1.5	2.5	4	5	8	12	18	30
>6~10	0.12	0.25	0.4	0.6	1	1.5	2.5	4	6	9	15	22	36
>10~18	0.15	0.25	0.5	0.8	1.2	2	3	5	8	11	18	27	43
>18~30	0.2	0.3	0.6	1	1.5	2.5	4	6	9	13	21	33	52
>30~50	0.25	0.4	0.6	1	1.5	2.5	4	7	11	16	25	39	62
>50~80	0.3	0.5	0.8	1.2	2	3	5	8	13	19	30	46	74
>80~120	0.4	0.6	1	1.5	2.5	4	6	10	15	22	35	54	87
>120~180	0.6	1	1.2	2	3.5	5	8	12	18	25	40	63	100
>180~250	0.8	1.2	2	3	4.5	7	10	14	20	29	46	72	115
>250~315	1.0	1.6	2.5	4	6	8	12	16	23	32	52	81	130
>315~400	1.2	2	3	5	7	9	13	18	25	36	57	89	140
>400~500	1.5	2.5	4	6	8	10	15	20	27	40	63	97	155

表1-20　平行度、垂直度和倾斜度公差值(GB/T 1184—1996)

主参数 L、d(D)/mm	公差等级											
	1	2	3	4	5	6	7	8	9	10	11	12
	公差值/μm											
≤10	0.4	0.8	1.5	3	5	8	12	20	30	50	80	120
>10~16	0.5	1	2	4	6	10	15	25	40	60	100	150
>16~25	0.6	1.2	2.5	5	8	12	20	30	50	80	120	200
>25~40	0.8	1.5	3	6	10	15	25	40	60	100	150	250

续表 1-20

主参数 L、$d(D)$/mm	公差等级											
	1	2	3	4	5	6	7	8	9	10	11	12
	公差值/μm											
>40～63	1	2	4	8	12	20	30	50	80	120	200	300
>63～100	1.2	2.5	5	10	15	25	40	60	100	150	250	400
>100～160	1.5	3	6	12	20	30	50	80	120	200	300	500
>160～250	2	4	8	15	25	40	60	100	150	250	400	600
>250～400	2.5	5	10	20	30	50	80	120	200	300	500	800
>400～630	3	6	12	25	40	60	100	150	250	400	600	1 000
>630～1 000	4	8	15	30	50	80	120	200	300	500	800	1 200
>1 000～1 600	5	10	20	40	60	100	150	250	400	600	1 000	1 500
1 600～2 500	6	12	25	50	80	120	200	300	500	800	1 200	2 000
>2 500～4 000	8	15	30	60	100	150	250	400	600	1 000	1 500	2 500
>4 000～6 300	10	20	40	80	120	200	300	500	800	1 200	2 000	3 000
>6 300～10 000	12	25	50	100	150	250	400	600	1 000	1 500	2 500	4 000

注：主参数 L、$d(D)$分别指被测要素的长度、直径。

表 1-21　同轴度、对称度、圆跳动和全跳动公差值(GB/T 1184—1996)

主参数 $d(D)$、B、L/mm	公差等级											
	1	2	3	4	5	6	7	8	9	10	11	12
	公差值/μm											
≤1	0.4	0.6	1.0	1.5	2.5	4	6	10	15	25	40	60
>1～3	0.4	0.6	1.0	1.5	2.5	4	6	10	20	40	60	120
>3～6	0.5	0.8	1.2	2	3	5	8	12	25	50	80	150
>6～10	0.6	1	1.5	2.5	4	6	10	15	30	60	100	200
>10～18	0.8	1.2	2	3	5	8	12	20	40	80	120	250
>18～30	1	1.5	2.5	4	6	10	15	25	50	100	150	300
>30～50	1.2	2	3	5	8	12	20	30	60	120	200	400
>50～120	1.5	2.5	4	6	10	15	25	40	80	150	250	500
>120～250	2	3	5	8	12	20	30	50	100	200	300	600
>250～500	2.5	4	6	10	15	20	40	60	120	250	400	800

注：主参数 $d(D)$、B、L 分别指被测要素的直径、宽度、长度。

表 1-22　位置度数系(GB/T 1184—1996)　　μm

1	1.2	1.5	2	2.5	3	4	5	6	8
1×10^n	1.2×10^n	1.5×10^n	2×10^n	2.5×10^n	3×10^n	4×10^n	5×10^n	6×10^n	8×10^n

注：n 为正整数。

确定几何公差值的方法有类比法、试验法和计算法，常用的是类比法。类比法是根据现有经验和资料，参照经过生产验证的同类产品类似零件的要求，通过对比分析确定几何公差值。在确定几何公差值时，应注意以下问题：

① 所采用的公差原则。几何公差项目确定后，确定几何公差数值大小时，首先应根据零件的功能、配合要求等，确定所采用的公差原则。

② 在同一要素上给出的形状公差值应小于位置公差值，圆柱形零件的形状公差值(轴线的直线度除外)一般情况下应小于其尺寸公差值。几何公差、尺寸公差及粗糙度数值之间应满足以下关系：

尺寸公差＞位置公差＞方向公差＞形状公差＞表面粗糙度

例如，要求平行的两个表面，其平面度公差值应小于平行度公差值；同一被测圆柱面，其圆度公差值应小于其径向圆跳动公差值。

几何公差与尺寸公差等级、表面粗糙度数值的大致对应关系见表1－23。

③ 零件的结构特点。对于结构较复杂、刚性较差或表面尺寸较大的一些零件(细长轴、长槽等)，加工时容易产生较大的几何误差。确定这类零件的几何公差值时，可适当降低1～2级。

公差等级具体选用时要考虑多种因素，表1－24～表1－27列出了部分几何公差等级的应用举例，供选用时参考。

表1－23　几何公差与尺寸公差等级、表面粗糙度的对应关系

尺寸公差等级(IT)		01	0	1	2	3	4	5	6	7	8～9	10～12	13～18
○、⌭公差等级		0		1	2	3	4	5	6	(7)	8	9	10～12
一、□公差等级		1			2		3	4	5	(6)	7　8	9	10～12
◎、═、径向跳动公差等级		1			2		3	4	5	6	(7)　8	9	10～12
//、⊥、∠公差等级		1			2		3	4	5	(6)	7　8	9	10～12
线对线、线对面的//与⊥公差等级		1			2	3	4	5	(6)	7	8	9	10～12
端面、斜向跳动公差等级		1			2	3	4	5	6	(7)	8	9	10～12
表面粗糙度 Ra/μm	基本尺寸≤3	0.008			0.012～0.100		0.100～0.40			0.40	0.80～3.2	6.3	12.5
	＞3～18	0.008			0.012～0.100		0.100～0.40			0.40～0.80	0.80～3.2	6.3	12.5
	＞18～120	0.008			0.12～0.100		0.100～0.80			0.80～1.60	1.60～6.3	6.3～12.5	12.5～25
	＞120～800	0.008～0.012			0.012～0.200		0.100～1.60			0.80～3.2	1.60～6.3	12.5	12.5～50

注：框内为常用级，括号内为基本级。

表1－24　直线度、平面度公差等级的应用举例

公差等级	应用举例
1,2	用于精密量具、测量仪器和精度要求极高的精密机械零件，如0级样板平尺、0级宽平尺、工具显微镜等精密测量仪器的导轨面，喷油器针阀体端面等
3	1级宽平尺工作面、1级样板平尺工作面，测量仪器圆弧导轨，测量仪器的测杆
4	0级平板，测量仪器的V形导轨，高精度平面磨床的V形导轨和滚动导轨，轴承磨床及平面磨床的床身导轨

续表 1-24

公差等级	应用举例
5	1级平板,2级宽平尺,平面磨床的纵导轨、垂直导轨及工作台,液压龙门刨床和六角车床床身导轨,柴油机进气、排气阀门导杆,摩托车曲轴箱体,汽车变速器壳体
6	普通机床导轨面,卧式镗床、铣床的工作台,机床主轴箱的导轨,柴油机机体结合面
7	2级平板,机床的床头箱体,滚齿机床身导轨,摇臂钻底座工作台,液压泵盖结合面,减速器壳体结合面,0.02游标卡尺尺身的直线度
8	机床传动箱体,柴油机汽缸体,连杆分离面,缸盖结合面,曲轴箱结合面,法兰连接面
9	3级平板,自动车床床身底面,摩托车曲轴箱体,汽车变速箱壳体,手动机械的支承面

表 1-25 圆度和圆柱度公差等级的应用举例

公差等级	应用举例
0,1	高精度量仪主轴,高精度机床主轴,滚动轴承的滚珠和滚柱
2	精密测量仪主轴、外套、套阀,纺锭轴承,精密机床主轴轴颈,针阀圆柱表面,喷油泵柱塞及柱塞套
3	高精度外圆磨床轴承,磨床砂轮主轴套筒,喷油嘴针、阀体,高精度轴承内外圈等
4	较精密机床主轴、主轴箱孔,高压阀门、活塞、活塞销、阀体孔高压油泵柱塞,较高精度滚动轴承配合轴,铣削动力头箱体孔
5	一般计量仪器主轴、测杆外圆柱面,陀螺仪轴颈,一般机床主轴轴颈及主轴轴承孔,柴油机、汽油机活塞、活塞销,与6级滚动轴承配合的轴颈
6	仪表端盖外圆柱面,一般机床主轴及箱体孔,泵、压缩机的活塞、汽缸,汽车发动机凸轮轴,纺机锭子,减速传动轴轴颈,拖拉机曲轴主轴颈,与6级滚动轴承配合的外壳孔
7	大功率低速柴油机曲轴轴颈、活塞、活塞销、连杆、汽缸,高速柴油机箱体轴承孔,千斤顶或压力油缸活塞,机车传动轴,水泵及通用减速器转轴轴颈
8	低速发动机、减速器、大功率曲柄轴轴颈,内燃机曲轴轴颈,柴油机凸轮轴承孔
9	空气压缩机缸体,液压传动筒,通用机械杠杆与拉杆用套筒销子,拖拉机活塞环、套筒孔等

表 1-26 平行度、垂直度、倾斜度和轴向圆跳动公差等级的应用举例

公差等级	应用举例
1	高精度机床,测量仪器、量具等主要工作面和基准面
2,3	精密机床、测量仪器、量具、夹具的工作面和基准面,精密机床的导轨,精密机床主轴轴向定位面,滚动轴承座圈端面,普通机床的主要导轨,精密刀具、量具的工作面和基准面,光学分度头心轴端面
4,5	普通机床导轨,重要支承面,机床主轴孔对基准的平行度,精密机床重要零件,计量仪器、量具、模具的工作面和基准面,床头箱体重要孔,通用减速器壳体孔,齿轮泵的油孔端面,发动机轴和离合器的凸缘,汽缸支承端面,安装精密滚动轴承壳体孔的凸肩
6,7,8	一般机床的工作面和基准面,压力机和锻锤的工作面,中等精度钻模的工作面,机床一般轴承孔对基准的平行度,变速器箱体孔,主轴花键对定心直径部位表面轴线的平行度,一般导轨、主轴箱体孔、刀架、砂轮架、汽缸配合面对基准轴线,活塞销孔对活塞中心线的垂直度,滚动轴承内、外圈端面对轴线的垂直度
9,10	低精度零件,重型器型滚动轴承端盖,柴油机、曲轴颈、花键轴和轴肩端面,带式运输机法兰盘等端面对轴线的垂直度,减速器壳体平面

表1-27　同轴度、对称度和径向跳动公差等级的应用举例

公差等级	应用举例
1,2	旋转精度要求很高、尺寸公差高于1级的零件,如精密测量仪器的主轴和顶尖
3,4	机床主轴轴颈,砂轮轴轴颈,汽轮机主轴,测量仪器的小齿轮轴,安装高精度齿轮的轴颈
5	机床主轴轴颈,机床主轴箱孔,计量仪器的测杆,涡轮机主轴,柱塞油泵转子,高精度滚动轴承外圈,一般精度轴承内圈
6,7	内燃机曲轴,凸轮轴轴颈,柴油机机体主轴承孔,水泵轴,油泵柱塞,汽车后桥输出轴,安装一般精度齿轮的轴颈,涡轮盘,普通滚动轴承内圈,印刷机传墨辊的轴颈,键槽
8,9	内燃机凸轮轴孔,水泵叶轮,离心泵体,汽缸套外径配合面对工作面,运输机机械滚筒表面,棉花精梳机前、后滚子,自行车中轴

3. 基准的选择

在给定方向公差和位置公差时,需要正确选用基准。基准可以是单一基准、由两个或多个要素表示的公共基准或由两个或三个要素建立的基准体系。基准选用时主要考虑以下几点:

① 考虑零件各要素的功能要求。一般应以主要配合表面如旋转轴的轴颈、轴承孔、安装定位面、重要的支承表面和导向表面等作为基准。这些表面本身的尺寸精度与形状精度均要求较高,符合作为基准的条件。

② 考虑零件的安装定位和测量。以工艺基准作为位置公差的基准,有利于加工时保证位置精度;为便于测量,如能与测量基准统一起来,则应尽可能使其统一。

③ 基准的适用性。单一基准一般用于在定向或定位要求上比较单一的零件,只采用一个平面或一条直线作为基准要素即可,如平行度公差、垂直度公差、对称度公差等的标注;公共基准一般用于以两孔或两轴颈作为支承的圆柱形零件,并要求给定同轴度或跳动公差的情况;基准体系大多用于给定位置度公差,以确定孔系的位置精度的标注。

4. 公差原则的选择

选择公差原则应根据被测要素的功能要求,综合考虑各种公差原则的应用场合,充分发挥公差的职能和所采用公差原则的可行性和经济性。

前文已介绍各公差原则的适用范围。从特点上讲,按独立原则给出的几何公差是固定的,不允许几何误差值超出图样上标注的几何公差值;而相关要求给出的几何公差是可变的,在遵守给定边界的条件下,允许几何公差值增大。

有时独立原则、包容要求和最大实体要求都能满足某种功能要求,在选用时应注意经济性和合理性,以及测量的方便性。

5. 未注几何公差

零件所要求的几何公差若用一般机床加工能保证,则不必在图纸上注出,通常不需要检查,但不注出几何公差并非表示没有几何公差要求。GB/T 1184—1996对未注公差作出了规定,对未注直线度、平面度、垂直度、对称度和圆跳动各规定了H、K、L三个公差等级,另外对其他几何公差作出了一些相关规定,具体内容请查阅国家标准。

1.3.6 几何误差的评定

几何误差是指被测提取要素对其拟合要素(理想要素)的变动量。只有当被测提取要素全部位于几何公差带内时,才能被判为合格。几何误差包括形状误差、方向误差、位置误差和跳动误差。

1. 形状误差的评定

形状误差是指被测提取要素对其拟合要素(理想要素)的变动量,拟合要素的位置应符合最小条件。

在被测提取要素与拟合要素作比较以确定其变动量时,由于拟合要素所处的位置不同,所以得到的变动量也会不同。因此,评定被测要素的形状误差时,必须有一个统一的评定准则,这个准则就是最小条件。所谓最小条件,就是被测提取要素对其拟合要素的最大变动量为最小。

最小条件可分为组成要素和导出要素两种情况。

(1) 组成要素

对于组成要素,最小条件就是用与被测组成要素相同几何特征的拟合组成要素包容被测要素,并使被测组成要素对该拟合要素的最大变动量为最小,如图1-33所示。h_1、h_2和h_3是对应于拟合要素处于不同位置时得到的最大变动量,且$h_1<h_2<h_3$,h_1为最小值,则拟合要素A_1-B_1符合最小条件。

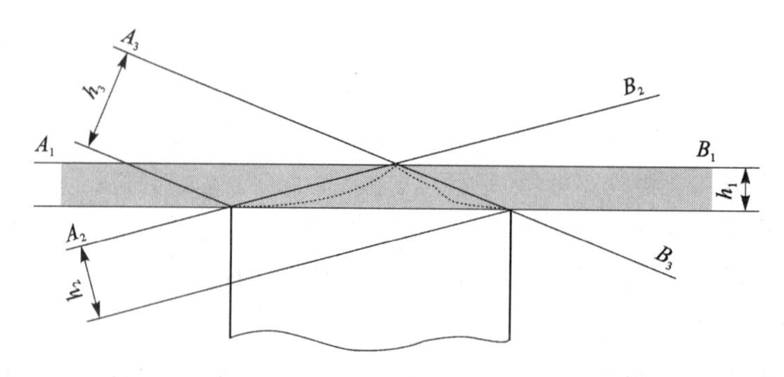

图1-33 组成要素的最小条件(直线度)

(2) 导出要素

对于导出要素(如轴线),最小条件是用与被测导出要素相同几何特征的拟合导出要素(如理想圆柱面)包容被测要素,并使被测导出要素的最大变动量为最小。如图1-34所示,ϕd_1和ϕd_2都为最大变动量,但$\phi d_1<\phi d_2$。若ϕd_1为最大变动量中之最小,则拟合轴线L_1符合最小条件。

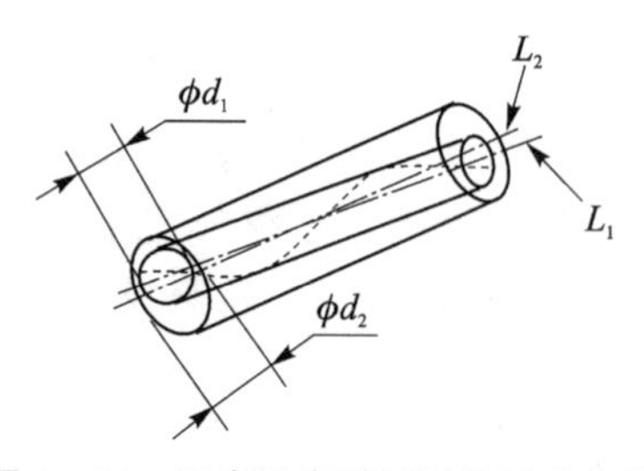

图1-34 导出要素(轴线)的最小条件

可见,组成要素的拟合要素位置处于实体之外,而导出要素的拟合要素位置处于实体之中。

最小条件是评定形状误差的基本准则。但在实际测量时,也允许根据具体条件,采用近似的方法来评定形状误差。

2. 方向误差的评定

方向误差是指被测提取要素对一具有确定方向的

拟合要素的变动量，拟合要素的方向由基准确定。

评定方向误差的基本原则是定向最小包容区域，简称定向最小区域，即方向误差值用定向最小区域的宽度或直径表示。定向最小区域是指按拟合要素的方向包容被测提取要素时，具有最小宽度或最小直径的包容区域。定向最小区域的形状与方向公差带的形状相同。

3. 位置误差的评定

位置误差是指被测提取要素对一具有确定位置的拟合要素的变动量。拟和要素的位置由基准和理论正确尺寸确定。

评定位置误差的基本原则是定位最小包容区域，简称定位最小区域，即位置误差值用定位最小区域的宽度或直径表示。定位最小区域是指以基准和理论正确尺寸所确定的理想位置为中心，包容被测提取要素时，具有最小宽度或直径的包容区域。对于对称度和同轴度来说，理论正确尺寸为零。定位最小区域的形状与位置公差带的形状相同。

评定位置误差的基准，理论上应是理想基准要素。由于实际基准要素存在形状误差，因此就应以该基准要素的拟合要素作为基准，该拟合要素的位置应符合最小条件。也即，评定位置误差时要排除基准要素的形状误差。因此，位置误差中包含被测提取要素的形状误差（特殊指明或规定者除外），而不包含基准要素的形状误差。

评定方向、位置误差时，既要排除基准要素的形状误差，又应符合零件实际使用的要求，并且要使测量方便，因此实际测量方向、位置误差时常常采用模拟法来体现基准。例如，用平板工作面模拟基准平面，如图 1－35 所示；用心轴轴线模拟基准轴线，如图 1－36 所示。

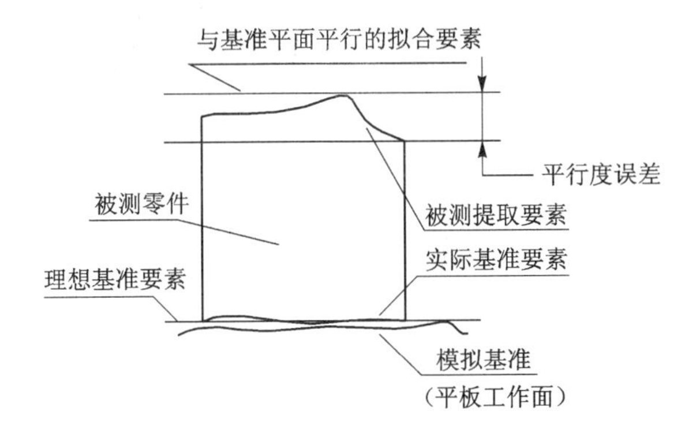

图 1－35　模拟法测量平行度误差

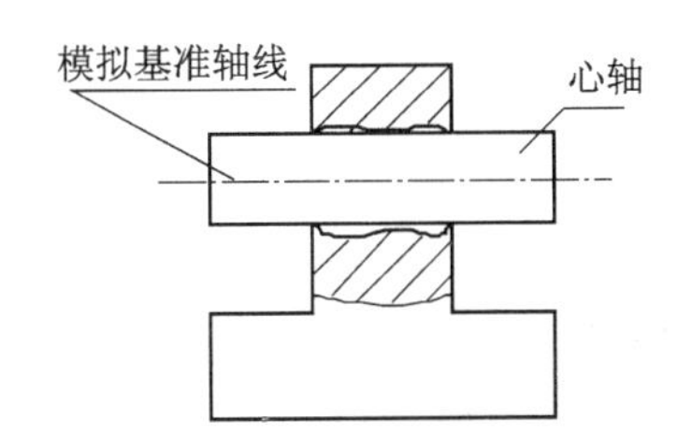

图 1－36　用心轴轴线模拟基准轴线

应注意最小包容区域、方向最小包容区域和位置最小包容区域三者之间的差异。最小包容区域的方向、位置一般随被测提取要素的状态变动；方向最小包容区域的方向是固定不变的，而其位置可随被测提取要素的状态变动；位置最小包容区域，除个别情况外，其位置是固定不变的。故评定形状、方向和位置误差的最小包容区域的大小一般具有如下关系：

$$f_{形状}<f_{方向}<f_{位置}$$

当零件上某要素同时有形状、方向和位置精度要求时，则设计中对该要素所给定的 3 种公差的公差值应符合：$T_{形状}<T_{方向}<T_{位置}$。

4. 跳动误差的评定

跳动误差是被测提取要素绕基准轴线做无轴向移动的转动时，指示器在给定方向上测得的最大与最小示值之差。跳动误差测量方法与误差定义一致，不需要再用最小区域的概念进行评定。

对于全跳动误差,检测时应使指示器沿理想素线移动,对被测要素进行测量。该理想素线是指相对于基准轴线为理想位置的直线,即径向全跳动为平行于基准轴线的直线;端面全跳动为垂直于基准轴线的直线。

1.4 表面粗糙度

零件经切削加工或其他方法所形成的表面,由于加工中的材料塑性变形、机械振动、摩擦等原因,总是存在着几何形状误差。表面粗糙度是指零件加工表面上具有的由较小间距和峰谷所组成的微观几何形状特征。它是一种微观几何形状误差。

有关表面粗糙度的主要国家标准有:

- GB/T 3505—2009《产品几何技术规范(GPS) 表面结构 轮廓法:术语、定义及表面结构参数》;
- GB/T 1031—2009《产品几何技术规范(GPS) 表面结构 轮廓法:表面粗糙度参数及其数值》;
- GB/T 131—2006《产品几何技术规范(GPS) 技术产品文件中表面结构的表示法》。

国际标准化组织近年来加强了表面滤波方法和技术的研究,对复合表面特征采用软件或硬件滤波的方式,获得与使用功能相关联的表面特征评定参数。

表面粗糙度对零件的摩擦和磨损、疲劳强度、抗腐蚀性、配合性质的稳定性、密封性、外观及检测精度等均有重要的影响,因此在保证零件尺寸、形状和位置精度的同时对表面粗糙度也必须加以控制。

1.4.1 表面粗糙度的评定

国标 GB/T 3505—2009 规定了用轮廓法来确定表面结构(表面粗糙度、波纹度和原始轮廓度)的术语、定义和参数。标准中根据轮廓波长的长短,将实际表面轮廓分成原始轮廓、粗糙度轮廓及波纹度轮廓,本书仅对粗糙度轮廓进行介绍,以下术语及参数定义如无特别说明,均是指粗糙度轮廓的术语及参数。

1. 一般术语与定义

(1) 表面轮廓

为研究零件的表面结构,特引进轮廓的概念。零件的实际表面是指零件与周围介质分离的表面,而表面轮廓是指一个指定表面与实际表面相交所得的轮廓。通常用垂直于零件实际表面的平面与该零件实际表面相交所得的轮廓,如图 1-37 所示。按照相截方向的不同,它又可分为横向表面轮廓和纵向表面轮廓。在评定和测量表面粗糙度时,除特殊指明,通常均按横向表面轮廓,即与加工纹理方向垂直的截面上的轮廓。

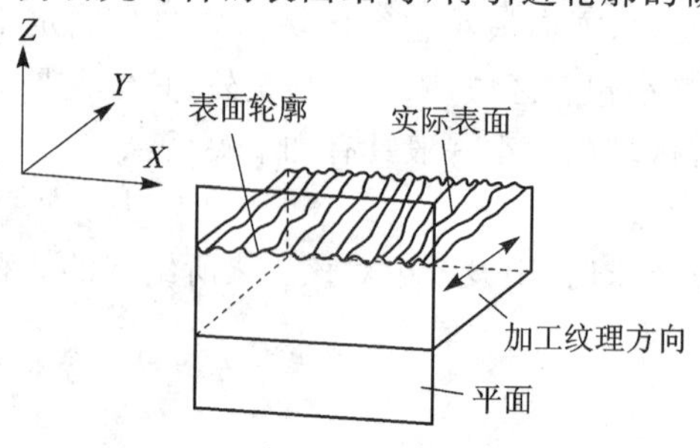

图 1-37 零件的表面轮廓

(2) 坐标系

定义表面结构参数的坐标体系。

通常采用一个直角坐标体系，其轴线形成一个右旋笛卡尔坐标系，X 轴与中线方向一致，Y 轴也处于实际表面中，而 Z 轴则在从材料到周围介质的外延方向上。以下所述表面结构参数均是在此坐标系中定义的。

(3) 取样长度 lr

在 X 轴方向判别被评定轮廓不规则特征的长度，如图 1-38 所示。表面越粗糙，取样长度就应越大。规定取样长度是为了限制和减弱其他几何形状误差对表面粗糙度测量结果的影响。取样长度选用值见表 1-28。

(4) 评定长度 ln

用于评定被评定轮廓的 X 轴方向上的长度。它包括一个或几个取样长度，见图 1-38。由于零件表面加工存在不均匀性，为了充分合理地反映被测表面的粗糙度特征，需要用几个取样长度来评定。评定长度的选用值参考表 1-28。

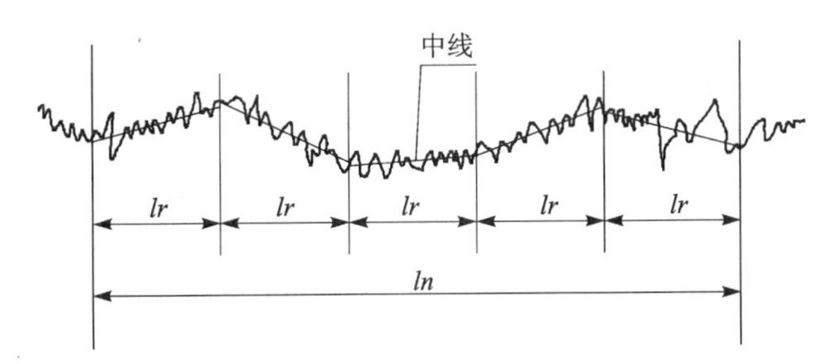

图 1-38　取样长度和评定长度示意图

表 1-28　取样长度和评定长度选用值(GB/T 1031—2009)

Ra/μm	Rz/μm	lr/mm	ln/mm(=5×lr)
≥0.008～0.02	≥0.025～0.10	0.08	0.4
>0.02～0.1	>0.1～0.5	0.25	1.25
>0.1～2.0	>0.5～10.0	0.8	4.0
>2.0～10.0	>10.0～50.0	2.5	12.5
>10.0～80.0	>50～320	8.0	40.0

(5) 中　线

具有几何轮廓形状并划分轮廓的基准线。粗糙度轮廓中线为评定表面粗糙度参数数值大小的一条参考基准线。此基准线有两种：轮廓最小二乘中线和轮廓算术平均中线。

轮廓最小二乘中线，是在取样长度内，使实际被测轮廓上各点到该线的平方和为最小的线，见图 1-39。

轮廓算术平均中线，是在取样长度内，划分实际轮廓为上、下两部分，且使上、下面积相等的线，见图 1-40。即

$$\sum_{i=1}^{n} F_i = \sum_{i=1}^{n} F_i'$$

由于求出最小二乘中线比较困难,通常用算术平均中线代替最小二乘中线。

2. 表面轮廓参数

国家标准 GB/T 3505—2009 定义了五类用于评定表面轮廓的参数,GB/T 1031—2009 规定了其中几种评定参数的数值,包括两种幅度参数——轮廓最大高度(Rz)、轮廓的算术平均偏差(Ra),两种附加评定参数——轮廓单元的平均宽度(Rsm)、轮廓支承长度率($Rmr(c)$)。

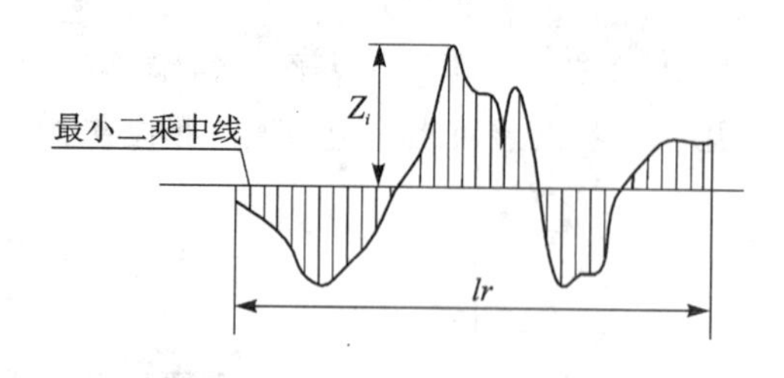

Z_i—轮廓上第 i 点至最小二乘中线的距离

图 1-39 轮廓最小二乘中线

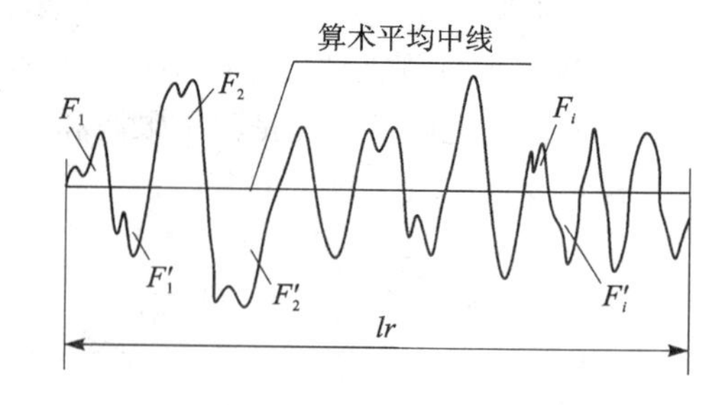

图 1-40 轮廓算术平均中线

(1) 轮廓最大高度(Rz)

在一个取样长度内,最大轮廓峰高与最大轮廓谷深之和。粗糙度轮廓的轮廓最大高度用 Rz 表示,见图 1-41 。参数 Rz 测量简单,当被测表面很小,不适宜采用其他参数评定时,多采用 Rz。

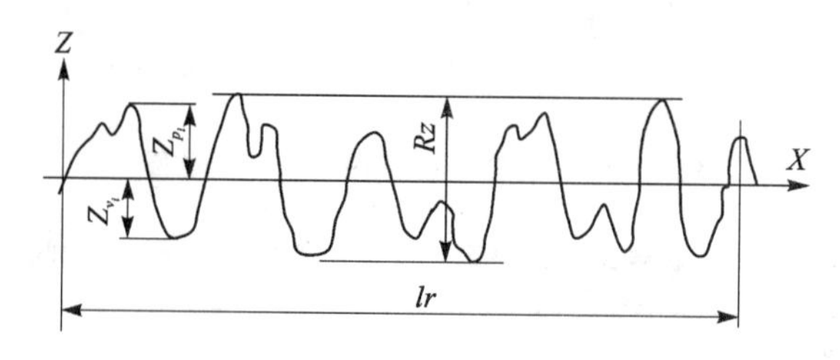

Z_{p_i}—轮廓峰高;Z_{v_i}—轮廓谷深

图 1-41 粗糙度轮廓的轮廓最大高度(Rz)

(2) 轮廓的算术平均偏差(Ra)

在一个取样长度内,纵坐标值 $Z(x)$绝对值的算术平均值,见图 1-42。

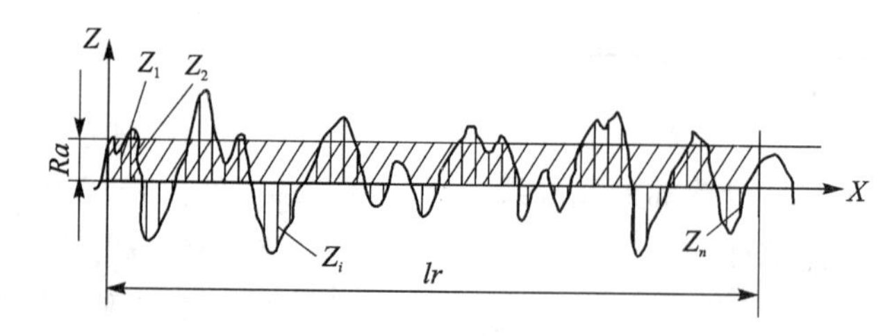

图 1-42 轮廓的算术平均偏差(Ra)

其计算公式为

$$Ra = \frac{1}{lr}\int_0^{lr} |Z(x)| \, dx$$

或近似为

$$Ra = \frac{1}{n}\sum_{i=1}^{n} Z_i$$

Ra 的值越大,表面越粗糙。Ra 能客观地反映被测轮廓的几何特征。Ra 值可用电动轮廓仪直接测量,但不够直观。

(3) 轮廓单元的平均宽度(Rsm)

在一个取样长度内,轮廓单元宽度 Xs 的平均值,如图 1-43 所示。所谓轮廓单元宽度,是指一个轮廓峰与相邻轮廓谷所组成的轮廓单元与 X 轴相交线段的长度。轮廓单元平均宽度计算公式为

$$Rsm = \frac{1}{m}\sum_{i=1}^{m} Xs_i$$

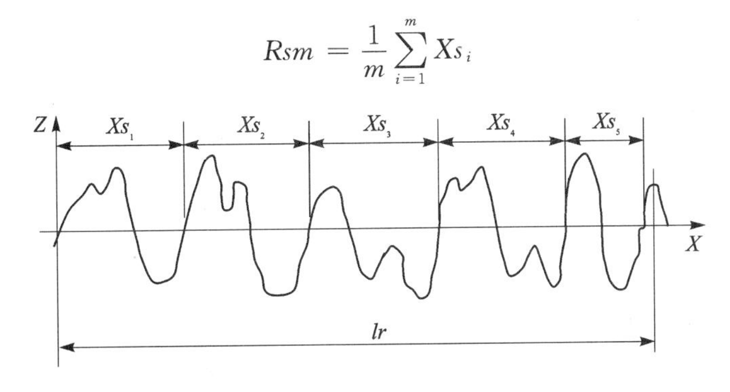

图 1-43　轮廓单元的宽度

(4) 轮廓支承长度率($Rmr(c)$)

在一个给定水平截面高度 c(距离轮廓的峰顶线)上用一条平行于 X 轴的线与轮廓单元相截所获得的各段截线长度之和,称为实体材料长度($Ml(c)$),见图 1-44。在一个评定长度内,轮廓的实体材料长度 $Ml(c)$与评定长度的比率,即为轮廓支承长度率($Rmr(c)$),其计算公式为

$$Rmr(c) = \frac{ml(c)}{ln}$$

$Rmr(c)$与表面轮廓形状有关,是反映表面耐磨性能的指标,其数值越大,表面越耐磨。

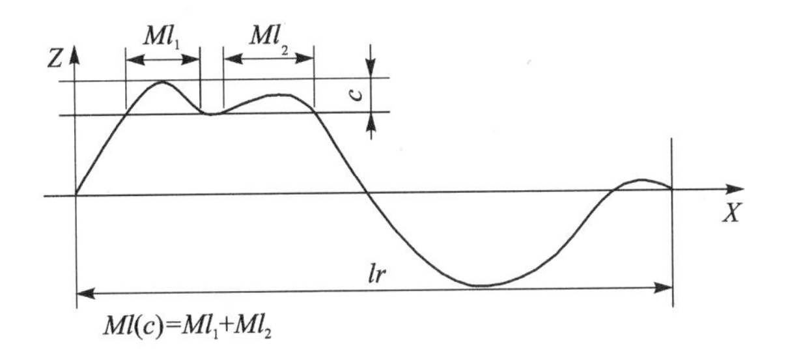

图 1-44　实体材料长度 $Ml(c)$

1.4.2　表面粗糙度的选用

零件表面粗糙度的选择包括评定参数及其数值的选择。表面粗糙度的选择既要满足零件表面的使用功能要求,又要考虑加工的经济性。

一般情况下,表面粗糙度的评定参数应从幅度参数 Ra、Rz 和间距参数 Rsm 和相关参数 $Rmr(c)$中选取。前两项为主参数,且能较完整地反映零件表面微观几何形状;Rsm 和 $Rmr(c)$ 为辅助参数,根据表面功能的需要(如抗疲劳强度、接触强度等),可作为附加参数选用,一般不单独使用。

GB/T 1031—2009 提出,在常用数值范围内(Ra=0.025～6.3 μm,Rz=0.1～25 μm)推荐优先选用 Ra,这主要受测量仪器的测量范围限制。通常采用电动轮廓仪测量零件表面值 Ra,当超出电动轮廓仪的测量范围(0.025～6.3 μm)时,就需要选用评定参数 Rz。

GB/T 1031—2009 对表面粗糙度参数作了规定,应根据国标选用表面粗糙度参数允许值,Ra 和 Rz 的允许值见表 1-29 和表 1-30,附加参数 Rsm 和 $Rmr(c)$的允许值从略。

表 1-29 Ra 的数值(GB/T 1031—2009)

μm

0.012	0.2	3.2	50
0.025	0.4	6.3	100
0.05	0.8	12.5	
0.1	1.6	25	

表 1-30 Rz 的数值(GB/T 1031—2009)

μm

0.025	0.4	6.3	100
0.05	0.8	12.5	200
0.1	1.6	25	400
0.2	3.2	50	800

通常用类比法确定表面粗糙度值,对幅度参数一般按如下原则选择:

① 同一零件上,工作表面的表面粗糙度值应小于非工作表面。

② 摩擦表面的表面粗糙度值应小于非摩擦表面;滚动摩擦表面的表面粗糙度值应小于滑动摩擦表面;运动速度高、单位压力大的表面粗糙度值应小。

③ 受循环载荷的表面及易引起应力集中的部位(如圆角、沟槽),其表面粗糙度值应选得小些。

④ 配合性质要求高的结合表面,配合间隙小的配合表面,以及要求连续可靠、受重载的过盈配合表面等都应取较小的表面粗糙度值。

⑤ 配合性质相同,零件尺寸越小,其表面粗糙度值应越小。同一精度等级,小尺寸比大尺寸以及轴比孔的表面粗糙度值要小。

⑥ 对于配合表面,其尺寸公差、形状公差、表面粗糙度应当协调,一般情况下有一定的对应关系。设尺寸公差为 IT,形状公差为 T,它们的对应关系推荐如下:

- 若 $T \approx 0.6IT$,则 $Ra \leqslant 0.05IT$,$Rz \leqslant 0.2IT$;
- 若 $T \approx 0.4IT$,则 $Ra \leqslant 0.025IT$,$Rz \leqslant 0.1IT$;
- 若 $T \approx 0.25IT$,则 $Ra \leqslant 0.012IT$,$Rz \leqslant 0.051IT$;
- 若 $T < 0.25IT$,则 $Ra \leqslant 0.15T$,$Rz \leqslant 0.6T$。

但是,也有例外情况。例如,机床的手柄尺寸精度、几何精度并不高,但为了美观和操作舒适,其表面粗糙度值一般都较小。

用类比法选择表面粗糙度 Ra 时,可参考表 1-31。

表 1-31 表面粗糙度选用实例

表面粗糙度 Ra/μm	表面形状特征		应用举例
50～100	粗造	明显可见刀痕	粗糙的加工面,一般很少采用。铸、锻、气割毛坯可达到此要求
25		可见刀痕	
12.5		微见刀痕	粗加工表面比较精确的一级,应用范围较广,例如轴端面、倒角、螺钉孔和铆钉孔的表面、垫圈的接触面等

续表 1-31

表面粗糙度 $Ra/\mu m$	表面形状特征		应用举例
6.30	半光	可见加工痕迹	半粗加工面，支架、箱体、离合器、皮带轮侧面、凸轮侧面等非接触的自由表面，与螺栓头和铆钉头相接触的表面，所有轴和孔的退刀槽，一般遮板的结合面等
3.20		微见加工痕迹	半精加工面，箱体、支架、盖面、套筒等与其他零件连接而没有配合要求的表面，需要发蓝的表面，需要滚花的预先加工面，主轴非接触的全部外表面等，是车削等基本切削加工方法较为经济地达到的表面粗糙度值
1.60		看不清加工痕迹	表面质量要求较高的表面，中型机床工作台面（普通精度），组合机床主轴箱和盖面的结合面，中等尺寸平皮带轮和三角皮带轮的工作表面，衬套滑动轴承的压入孔，一般低速转动的轴颈，航空、航天产品的某些重要零件的非配合表面
0.80	光	可辨加工痕迹的方向	中型机床（普通精度）滑动导轨面，导轨压板，圆柱销和圆锥销的表面，一般精度的刻度盘，需镀铬抛光的外表面，中速转动的轴颈，定位销压入孔等。是配合表面常用数值，应用于中、重型设备的重要配合表面处，是磨削加工可经济达到的表面粗糙度值
0.40		微辨加工痕迹的方向	中型机床（提高精度）滑动导轨面，滑动轴承的工作表面，夹具定位元件和钻套的主要表面，曲轴和凸轮轴的工作轴颈，分度盘表面，高速工作下的轴颈及衬套的工作面等
0.20		不可辨加工痕迹的方向	精密机床主轴锥孔、顶尖圆锥面，直径小的精密心轴和转轴的结合面，活塞的活塞销孔，要求气密的表面和支承面，航空发动机叶片的叶盆和叶背面
0.100	最光	暗光泽面	精密机床主轴箱与套筒配合的孔，仪器在使用中要承受摩擦的表面，如导轨、槽面等，液压传动用的孔的表面，阀的工作面，汽缸内表面，活塞销的表面等。是一般机械设计界限值，用磨削加工很不经济
0.050		亮光泽面	特别精密的滚动轴承套圈滚道、滚珠及滚柱表面，量仪中中等精度间隙配合零件的工作表面，工作量规的测量表面等
0.025		镜状光泽面	特别精密的滚动轴承套圈滚道、滚珠及滚柱表面，高压油泵中柱塞和柱塞套的配合表面，保证高度气密的结合表面等
0.012		雾状镜面	仪器的测量表面，量仪中高精度间隙配合零件的工作表面，尺寸超过 100 mm 的量块工作表面等
0.008		镜面	量块工作表面，高精度测量仪器的测量面，光学测量仪器中的金属镜面等

注：当 $Ra<0.10\ \mu m$ 时，油膜的附着力急剧变小而导致干摩擦。当 $0.04\ \mu m>Ra>0.01\ \mu m$ 时，须采用某些精密加工与光整加工工艺方能达到。

1.4.3 表面粗糙度的标注

当表面粗糙度参数确定后，须按 GB/T 131—2006 的规定，在零件图上正确标出。

1. 表面粗糙度的符号与代号

GB/T 131—2006 规定的表面粗糙度符号、代号及其意义见表 1-32。

表 1－32　表面粗糙度符号、代号及其意义

符号	基本图形符号		表示未指定工艺方法的表面,仅用于简化代号标注或加工工艺的图样中,无补充说明不能单独使用,即当通过一个注释解释时才可单独使用
	扩展图形符号		表示指定表面是用去除材料的方法获得,如车、铣、钻、磨、剪切、抛光等。仅当其含义是“被加工表面”时才可单独使用
			表示指定表面是用不去除材料的方法获得;也可用于表示保持上道工序形成的表面,不管这种状况是否通过去除材料获得
	完整图形符号		表示用任何工艺获得表面,在报告和合同中用字母“APA”表达
			表示用去除材料的方法获得表面,在报告和合同中用字母“MRR”表达
		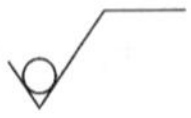	表示用不去除材料的方法获得表面,在报告和合同中用字母“NMR”表达
		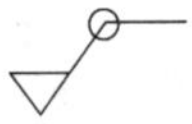	表示图样某个视图上构成封闭轮廓的各表面有相同的表面结构要求,标注在图样中工件的封闭轮廓线上
代号		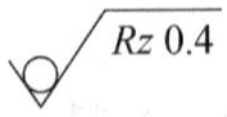 *Rz* 0.4	表示不允许去除材料,单向上限值,默认传输带,R(粗糙度)轮廓,粗糙度的最大高度0.4 μm,评定长度为5个取样长度①,“16%规则”②
		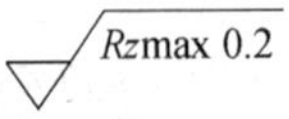 *Rz*max 0.2	表示去除材料,单向上限值,默认传输带,R轮廓,粗糙度的最大高度的最大值0.2 μm,“最大规则”③
		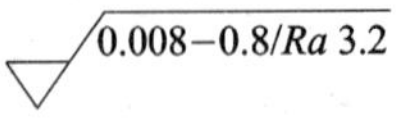 0.008－0.8/*Ra* 3.2	表示去除材料,单向上限值,传输带0.008～0.8 mm,R轮廓,算术平均偏差3.2 μm
		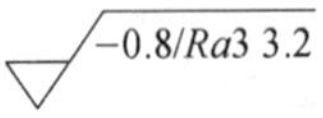 －0.8/*Ra*3 3.2	表示去除材料,单向上限值,传输带:根据GB/T 6062,取样长度0.8 mm,R轮廓,算术平均偏差3.2 μm,评定长度包括3个取样长度
		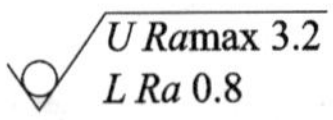 *U Ra*max 3.2 *L Ra* 0.8	表示不允许去除材料,双向极限值,两极限值均使用默认传输带,R轮廓,上限值—算术平均偏差3.2 μm,“最大规则”;下限值—算术平均偏差0.8 μm

注:① 若无说明,默认评定长度为5个取样长度。

② 若无说明,默认采用“16%原则”:当参数的规定值为上(下)限值时,如果所选参数在同一评定长度上的全部实测值中,大于(小于)图样或技术产品文件中规定值的个数不超过实测值总数的16%,则该表面合格。

③ “最大规则”:若参数的规定值为最大值,则在被检表面的全部区域内测得的参数值一个也不应超过图样或技术产品文件中的规定值。

为了明确表面结构要求,除了标注表面结构参数和数值外,必要时应标注补充要求,包括传输带、取样长度、加工工艺、表面纹理及方向、加工余量等。为了保证表面的功能特征,应对表面结构参数规定不同要求。在完整图形符号的周围,对表面结构的单一要求和补充要求应注写在图1－45所示的指定位置。

① 位置a,注写表面结构单一要求。为了避免误解,在参数代号(表面粗糙度轮廓代号为

R)和极限值间应插入空格。传输带(两个定义的滤波器之间的波长范围,检测时的一个重要准则)或取样长度后应有一“/”,之后是表面结构参数代号,最后是数值。例:0.002 5～0.8/*Rz*6.3(传输带标注),－0.8/*Rz*6.3(取样长度标注)。对图形法,应标注“传输带/取样长度/参数代号数值”,例如0.008～0.5/16/*R*10。

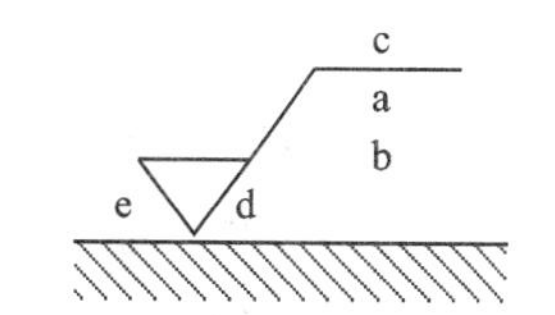

图1-45　完整表面粗糙度符号组成和补充要求的注写位置

② 位置a和b,注写两个或多个表面结构要求。在位置a注写第一个表面结构要求,方法同①;在位置b注写第二个表面结构要求;如果要注写第三个或更多个表面结构要求,图形符号应在垂直方向扩大,以空出足够空间。

③ 位置c,注写加工方法、表面处理、涂层或其他加工工艺要求等,如车、磨、镀等加工方法。

④ 位置d,注写所要求的表面纹理和纹理的方向,如“＝”、“X”、“M”等,见表1-33。

⑤ 位置e,注写所要求的加工余量,以毫米为单位给出数值。

表1-33　表面纹理的标注

符　号	说　明	示意图	符　号	说　明	示意图
＝	纹理平行于视图所在的投影面	纹理方向	C	纹理呈近似同心圆且圆心与表面中心相关	
⊥	纹理垂直于视图所在的投影面	纹理方向	R	纹理呈近似放射状且与表面圆心相关	
×	纹理呈两斜向交叉且与视图所在的投影面相交	纹理方向	P	纹理呈微粒、凸起,无方向	
M	纹理呈多方向				

2. 表面粗糙度的标注示例

表面粗糙度要求对每一表面一般只标注一次,并尽可能注在相应的尺寸及其公差的同一视图上。除非另有说明,所标注的表面结构要求是对完工零件表面的要求。

(1) 表面粗糙度一般标注

表面粗糙度标注的总原则是使表面结构的注写和读取方向与尺寸的注写和读取方向一致,如图1-46所示。表面结构要求可标注在轮廓线上,其符号应从材料外指向并接触表面。必要时,表面结构符号也可用带箭头或黑点的指引线引出标注,见图1-47。

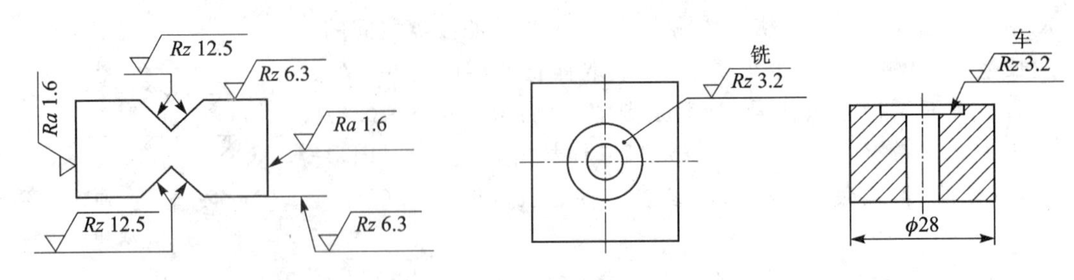

图1-46　表面粗糙度要求的注写方向　　图1-47　用指引线引出标注表面结构要求

在不致引起误解时,表面结构要求可以标注在给定的尺寸线上,如图1-48所示。表面结构要求还可以标注在几何公差框格上方,如图1-49所示。

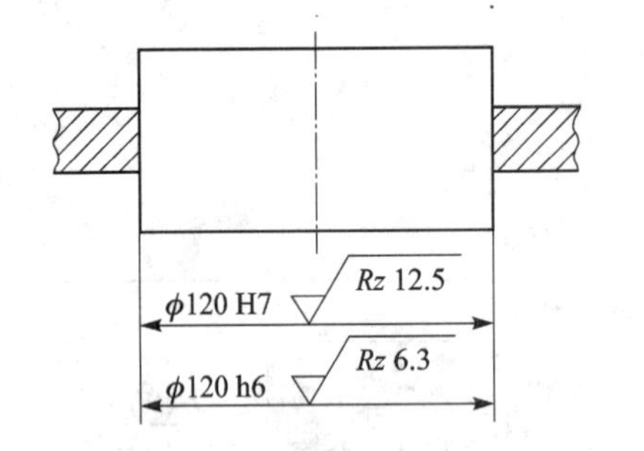

图1-48　表面结构要求标注在尺寸线上

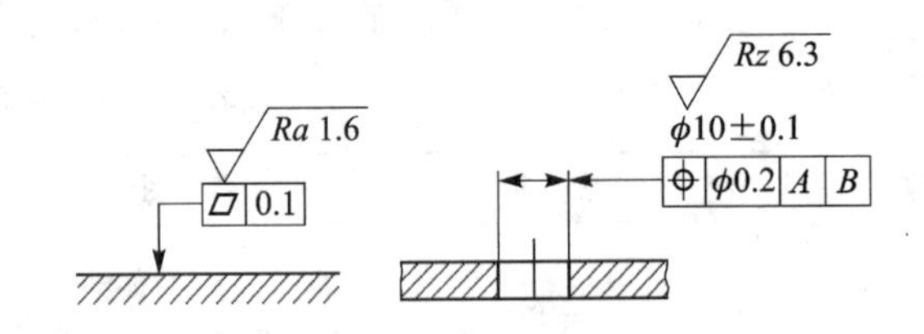

图1-49　表面结构要求标注在几何公差框格上方

圆柱和棱柱的表面结构要求可直接标注在轮廓线或轮廓的延长线上,或用带箭头的指引线引出标注,如图1-50(a)、(b)所示。圆柱和棱柱的表面结构要求只标注一次,如果每个棱柱表面有不同的表面结构要求,则应分别单独标注,如图1-50(c)所示。

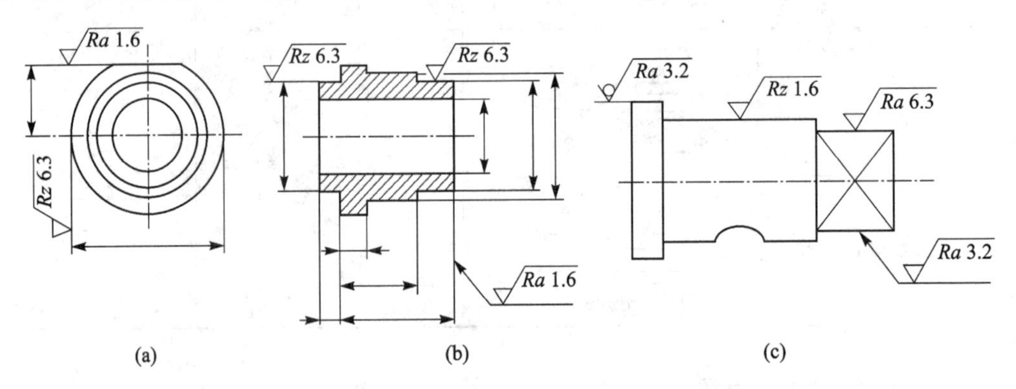

图1-50　圆柱和棱柱的表面结构要求的注法

(2) 表面粗糙度的简化注法

如果在工件的多数(包括全部)表面有相同的表面结构要求,则其表面结构要求可统一标注在图样的标题栏附近(旧标准规定标注在图样的右上角)。此时除全部表面有相同要求的情况外,还应在表面粗糙度符号后面的圆括号中给出无任何其他标注的基本符号,如图1-51(a)所示;或者在圆括号内给出图形中已标注的不同的表面结构要求,如图1-51(b)所示。圆括号与其内的标注形式取代了旧标准用“其余”的文字说明。

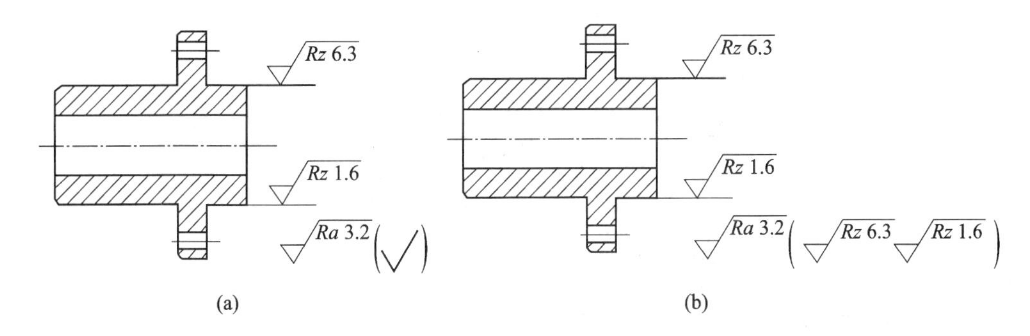

图 1-51　大多数表面有相同表面结构要求的简化注法

当多个表面的表面结构要求的具体内容相同或图纸空间有限时，可采用以下两种简化注法：① 用带字母的完整符号，以等式的形式，在图形或标题栏附近，对有相同表面结构要求的表面进行简化标注，如图 1-52 所示；② 用表面结构基本符号或扩展符号，以等式的形式，给出对多个表面共同的表面结构要求，如图 1-53 所示。

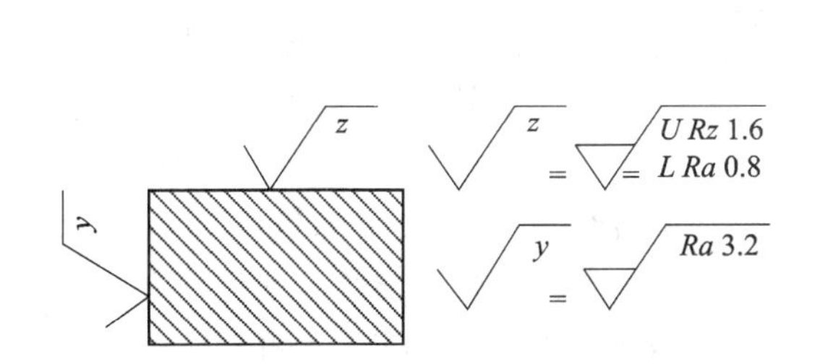

图 1-52　在图纸空间有限时的简化注法

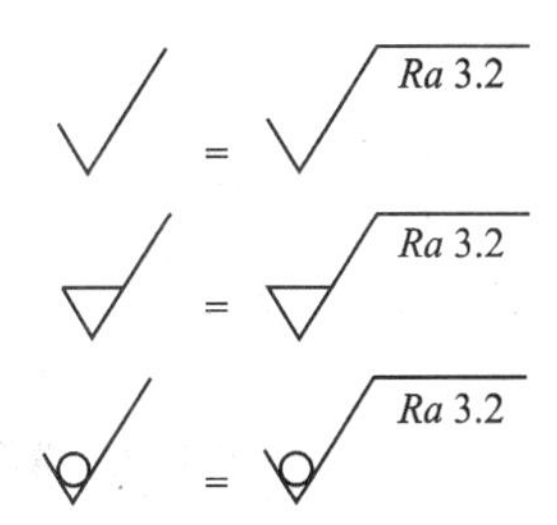

图 1-53　多个表面结构要求的简化注法

1.5　螺纹与圆柱齿轮的精度标注

螺纹与齿轮齿形的几何形状及结构远比外圆、内圆、锥面及平面复杂，加工精度要求所涉及的因素也就更多。国家对螺纹的公差与配合和齿轮精度，各自单独规定了公差标准及检测方法。如有所需，可查阅有关的标准文件。

1.5.1　螺纹的公差等级及标记

在机械零件中，螺纹的种类很多，应用广泛。螺纹由牙型（牙型角 α 和牙型半角 $\alpha/2$）、中径 $D_2(d_2)$、螺距 P（多螺纹线时为导程 L）、线数 n 和旋向（左或右）五个要素组成，如图 1-54 所示。

普通螺纹公差也是从公差带的大小和位置入手进行标准化的，同时还考虑到旋合长度对螺纹精度的影响，因此，螺纹公差结构是由公差带和旋合长度两个要素构成的。

GB/T 197—2003（《普通螺纹　公差》）规定：普通螺纹的中径和顶径公差等级常用的为 4、5、6、7、8、9 级，一般 4、5 级用于较高精度螺纹，6、7 级用于中等精度螺纹，8、9 级用于较低精度螺纹；内螺纹的基本偏差仅规定有 G、H 两个位置（位于零线以上），外螺纹的基本偏差规定有 e、f、g、h 四个位置（位于零线以下）；螺纹的旋合长度分为短、中、长三组，分别用代号 S、N、L

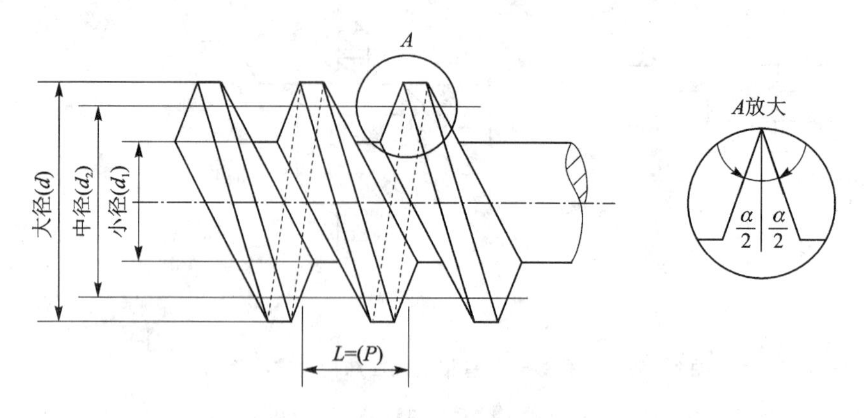

图1-54　组成螺纹的五个要素

表示。一般情况下选用中等旋合长度。左旋螺纹代号使用英文缩写字母“LH”。

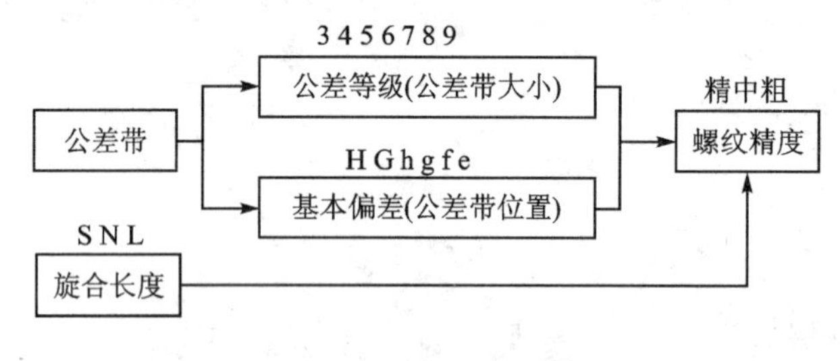

图1-55　普通螺纹精度结构

GB/T 14971—1993(《螺纹术语》)规定：螺纹精度是由螺纹公差带和旋合长度共同组成的衡量螺纹质量的综合指标。这就是说螺纹的公差等级已不再是决定精度高低的唯一指标，它和旋合长度共同决定螺纹的精度等级。公差等级仅代表螺纹公差值的大小，而精度等级的高低才代表着螺纹的质量。普通螺纹的精度结构见图1-55。

普通螺纹的完整标记由螺纹代号、螺纹公差带代号和旋合长度代号三部分组成。螺纹公差带代号包括中径公差带代号和顶径(外螺纹大径、内螺纹小径)公差带代号，标注方式为：公差等级在前，基本偏差在后；内螺纹的基本偏差符号用大写，外螺纹用小写。

普通螺纹的标记示例如图1-56所示。

GB/T 197—2003中规定了普通螺纹的推荐公差带。内螺纹和外螺纹的推荐公差带见表1-34，除特殊情况外，表以外的其他公差带不宜选用。公差带优先选用顺序为：粗字体公差带、一般字体公差带、括号内公差带。带方框的粗字体公差带用于大量生产的紧固件螺纹。

表1-34　内螺纹的推荐公差带(GB/T 197—2003)

		内螺纹推荐公差带			外螺纹推荐公差带		
旋合长度		S	N	L	S	N	L
公差精度	精密	4H	5H	6H	(3h4h)	**4h** (4g)	(5h4h) (5g4g)
	中等	**5H** (5G)	**6H** **6G**	**7H** (7G)	(5g6g)(5h6h)	**6e 6f** **6g** 6h	(7e6e)(7g6g) (7h6h)
	粗糙	—	7H (7G)	8H (8G)	—	(8e) 8g	(9e8e) (9g8g)

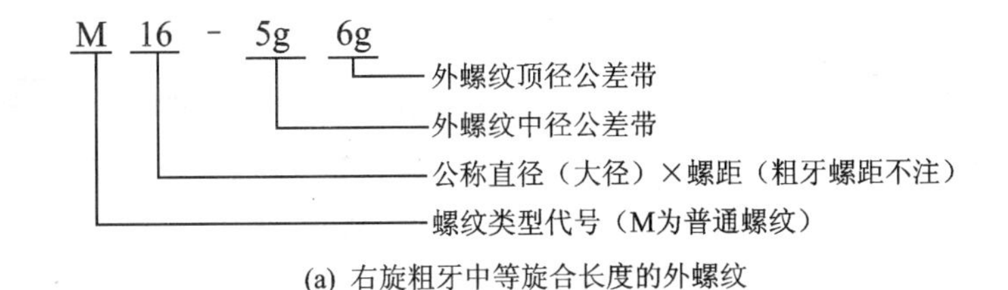

(a) 右旋粗牙中等旋合长度的外螺纹

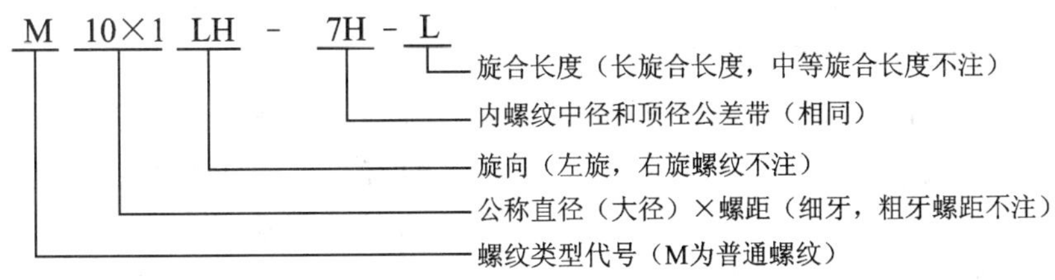

(b) 左旋细牙长旋合长度的内螺纹

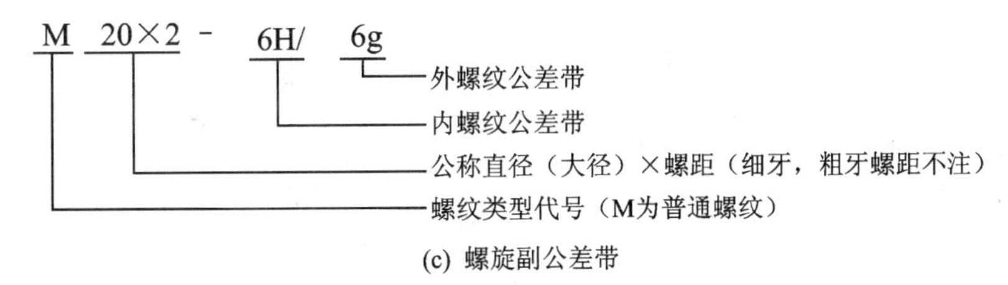

(c) 螺旋副公差带

图 1－56　普通螺纹的标记

普通螺纹的图纸标注示例见图 1－57。

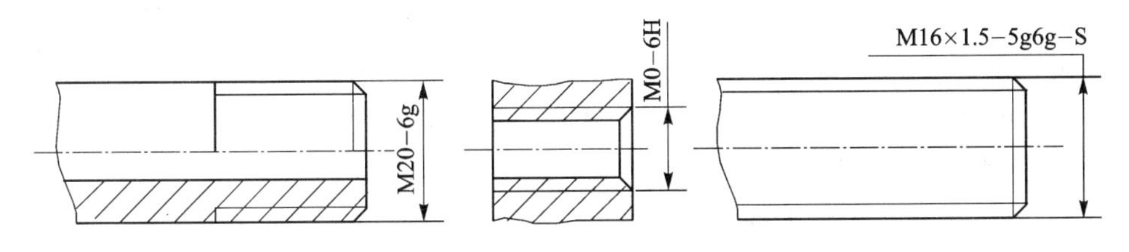

图 1－57　普通螺纹的图纸标注

1.5.2　圆柱齿轮的精度标注

渐开线圆柱齿轮精度国家标准 GB/T 10095.1—2001 和 GB/T 10095.2—2001，将齿轮规定了 13 个精度等级，0 级精度最高，依次递降，12 级精度最低。其中 0～2 级精度，由于目前工艺水平和测量手段尚难达到，主要是为机械制造业发展前景而规定的。3～5 级属于高精度，6～8 级属于中精度，9～12 级属于低精度。齿轮的公差项目多达 14 项，如切向综合公差（F_i'）、一齿切向综合公差（f_i'）等。根据对传动性能影响的情况，标准将各公差项目分为三个组别：第Ⅰ公差组，影响传动性能的准确性；第Ⅱ公差组，影响传动的平稳性；第Ⅲ公差组，影响载荷分布的均匀性，详见表 1－35。

表 1-35 齿轮各公差项目的分组

公差组	公差与极限偏差项目	误差特性	对传动性能的主要影响
Ⅰ	F_i',F_i'',F_p,F_r,F_w	以齿轮一转为周期的误差	传递运动的准确性
Ⅱ	f_i',f_i'',f_f,f_{pt},f_{pb},$f_{f\beta}$	以齿轮一转内,多次周期地重复出现的误差	传动的平稳性
Ⅲ	接触斑点,F_β,F_{px}	齿向线的误差	载荷分布的均匀性

齿轮的精度等级应根据传动的用途、使用条件、传动功率、圆周速度等条件选择,齿轮的公差项目一般每组中只选出1~2项作为检测项目。同组内的公差项目应选择相同的精度等级;一般情况下,三个公差组也应选择相同的精度等级,在有特殊要求时,允许选用不同的精度等级;齿轮副的两个齿轮一般取相同的精度等级,也允许取不同的等级。常用齿轮精度等级应用范围见表1-36。

表 1-36 常用齿轮精度等级应用范围

应用范围	精度等级	应用范围	精度等级
测量齿轮、透平齿轮	3~5(高精)	一般减速器、载重汽车	6~9
金属切削机床	3~8	拖拉机、轧钢机	6~10
航空发动机	4~7	起重机械	7~10
内燃机车、电气机车	5~8(中精)	矿山铰车	8~10
轻型汽车	5~8	农业机械	8~11

为使齿轮副转动灵活,一对齿轮啮合时,在非工作齿面间必须保留一定的齿侧间隙,而齿侧间隙(侧隙)是通过减薄理论齿厚得到的。为保证获得合理的实际齿厚,国家标准中规定了齿厚极限偏差(上偏差E_{ss}和下偏差E_{si}),并规定了C、D、E、F、G、H、J、K、L、M、N、P、R、S这14个偏差代号,其中D的偏差值为零,由E至S均为负值,绝对值依次增大。根据所需齿侧间隙大小,可分别选取适当的齿厚上、下偏差,并使用偏差代号进行图样标注。

在齿轮工作图上,应标注齿轮的精度和齿厚极限偏差值的代号。标注示例如图1-58所示。

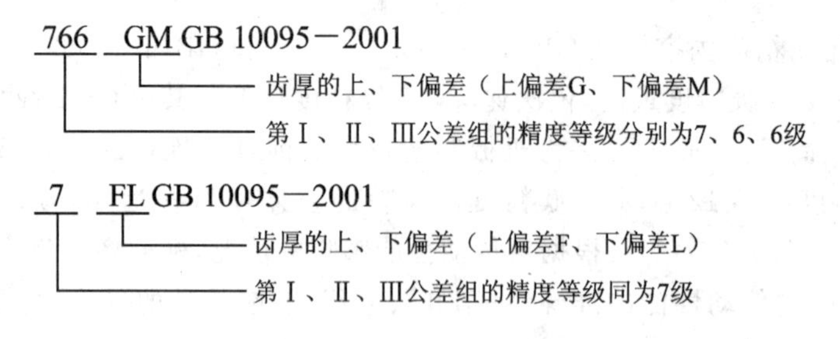

图 1-58 齿轮标注示例

渐开线圆柱齿轮的图纸标注示例见图1-59。

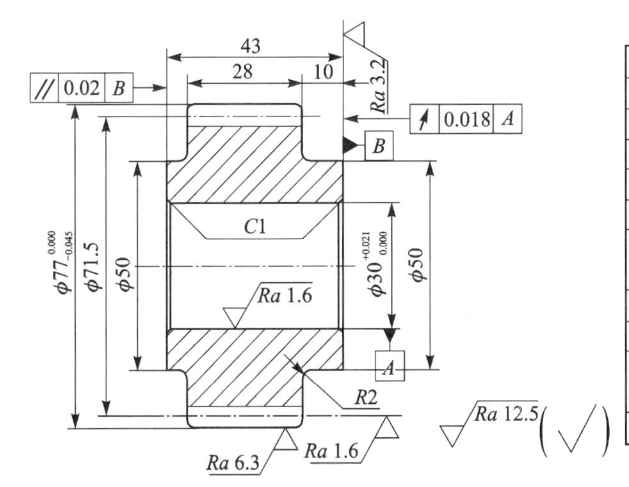

大端端面模数	m_e	2.75
齿数	Z	26
齿形角	α	20°
切向变位系数	x_i	0
径向变位系数	x_t	0
精度等级	877FJ	
配对齿轮　图号		
配对齿轮　齿数		
Ⅰ	F_i''	0.090
Ⅱ	f_i''	0.028
Ⅲ	F_B	0.011
	F_{px}	0.011
齿厚(上、下偏差)	Ess / Esi	−0.056/−0.140

图 1－59　渐开线圆柱齿轮零件图

思考与练习题

1. 什么是互换性？为什么应按互换性原则指导与组织现代化生产？

2. 按优先数基本系列确定优先数。

① 自 10 以后，按 R5 系列确定后 5 项优先数。

② 自 100 以后，按 R20 系列确定后 10 项优先数。

③ 自 1 以后，按 R10/2 系列确定后 5 项优先数。

3. 电动机转速(单位 r/min)为 375、750、1 500、3 000、……，试判断其属于那种优先数系列。

4. 公差带由哪两个要素组成？各起什么作用？

5. 最大、最小实体尺寸和上、下极限尺寸之间有什么关系？

6. 什么是基孔制(或基轴制)配合？在公差与配合的代号表示方法中或公差带图中，如何区别基孔制与基轴制？

7. 为什么要优先选用基孔制？什么情况下必须选用基轴制？什么情况下允许选用非基准制配合？

8. 间隙配合、过渡配合及过盈配合各在何种工作条件下应用？在公差带图中，其公差带分布各有何特征？

9. 根据表 1－37 中孔、轴配合已知数据计算出其余位置数据。

表 1－37　题 9 表

	一		二		三	
	孔	轴	孔	轴	孔	轴
公称尺寸 $D(d)$	φ50	φ50	φ80			
上极限尺寸 $D_{max}(d_{max})$	50.039	49.975				
下极限尺寸 $D_{min}(d_{min})$	50	49.950				

续表 1-37

	一		二		三	
	孔	轴	孔	轴	孔	轴
上极限偏差 ES(es)			+0.046	+0.089	+0.006	
下极限偏差 EI(ei)			0	+0.059		
公差 T_D(T_d)					0.021	
最大间隙					+0.019	
最小间隙						
最大过盈						
最小过盈						
配合公差					0.034	
配合类别						

10. 确定表 1-38 中孔、轴的上、下极限偏差。

表 1-38 题 10 表

序　号	1	2	3	4	5	6	7	8
代　号	ϕ50H6	ϕ8Js8	ϕ90U8	ϕ20h6	ϕ120f5	ϕ60m6	100js7	40H12
上极限偏差								
下极限偏差								

11. 画出下列配合的公差带图。

(1) ϕ60H9/d9　(2) ϕ30H8/f7　(3) ϕ120H7/g6　(4) ϕ50K7/h6　(5) ϕ180M7/h6

12. 试选择相近的标准配合,并确定孔、轴的公差等级及上、下极限偏差(画公差带图并检验)。

(1) 公称尺寸为 ϕ25 mm,要求配合间隙为 20～86 μm。

(2) 公称尺寸为 ϕ60 mm,要求 X_{max} 为 10 μm,Y_{max} 为 −23 μm。

(3) 公称尺寸为 ϕ100 mm,要求过盈量控制在 0.035～0.095 mm 之间。

13. 简述几何公差与几何误差的区别要点。

14. 比较对同一被测要素进行测量时,下列公差项目间的区别和联系:① 圆度公差与圆柱度公差;② 圆度公差与径向圆跳动公差;③ 圆柱度、同轴度与径向全跳动公差;④ 圆柱端面的平面度、端面对基准轴线的垂直度与端面全跳动公差。

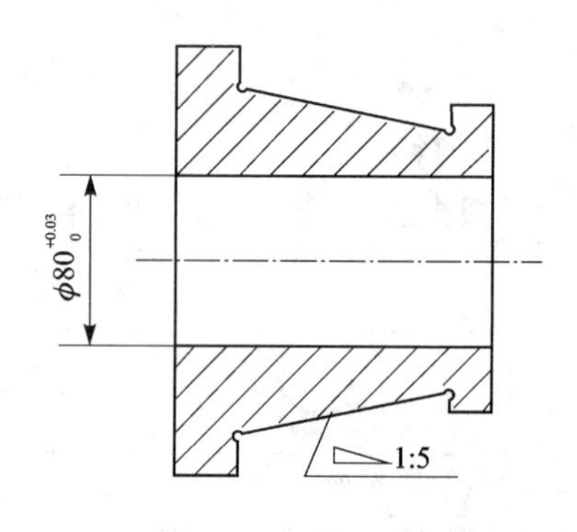

图 1-60　题 15 图

15. 将下列几何公差要求标注在图 1-60 中。

(1) 外圆锥面的圆度公差为 0.006 mm;

(2) 圆锥素线直线度公差为 7 级(L=50 mm),并且只允许材料向外凸起;

(3) 左端面对 ϕ80 mm 轴线的垂直度公差

0.015 mm；

(4) ϕ80 mm 遵守包容要求，其表面的圆柱度公差为 0.005 mm；

(5) 右端面对左端面的平行度公差 0.005 mm；

(6) 外圆锥面对 ϕ80 mm 轴线的圆跳动公差为 0.02 mm。

16. 依据图 1-61 和表 1-39 中给定的已知数值，填写未知数值。

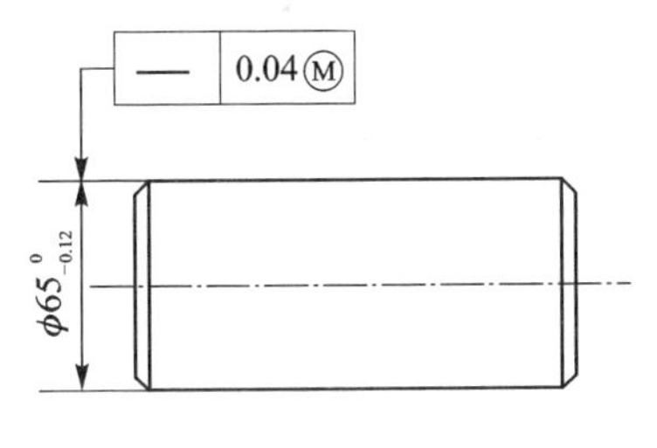

图 1-61　题 16 图

表 1-39　题 16 表

提取尺寸	实效尺寸	轴线直线度	
		补偿值	允许的误差值
ϕ65			
ϕ64.90			
ϕ64.88			

17. 依据图 1-62 和表 1-40 中给定的已知数值，填写未知数值。

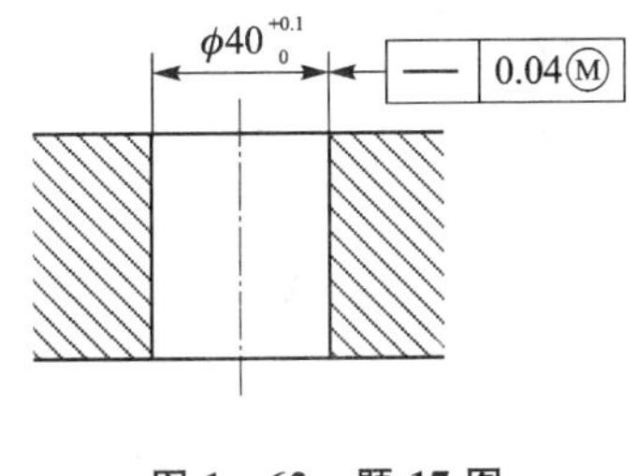

图 1-62　题 17 图

表 1-40　题 17 表

提取尺寸	实效尺寸	轴线直线度	
		补偿值	允许的误差值
ϕ40			
ϕ40.05			
ϕ40.10			

18. 用文字表达图 1-63 中各几何公差的要求（公差读法和公差带解释）。

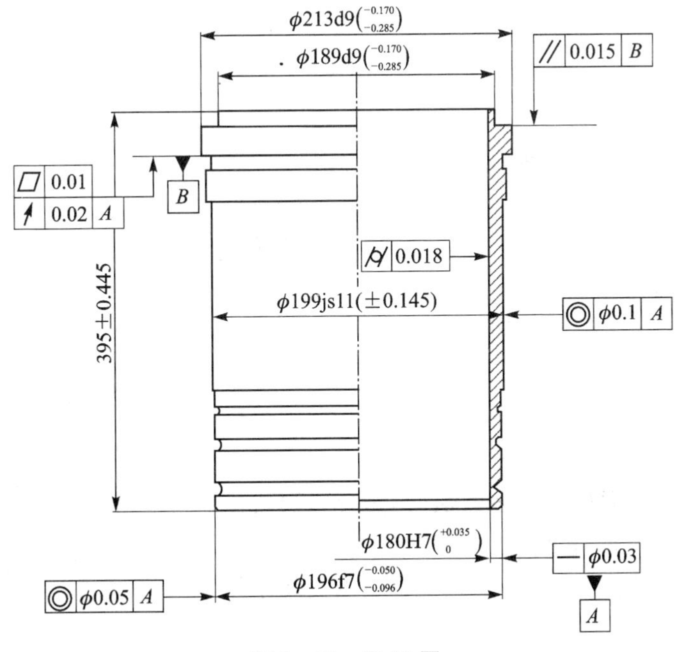

图 1-63　题 18 图

19. 确定图1-64中各零件的几何公差项目与数值。

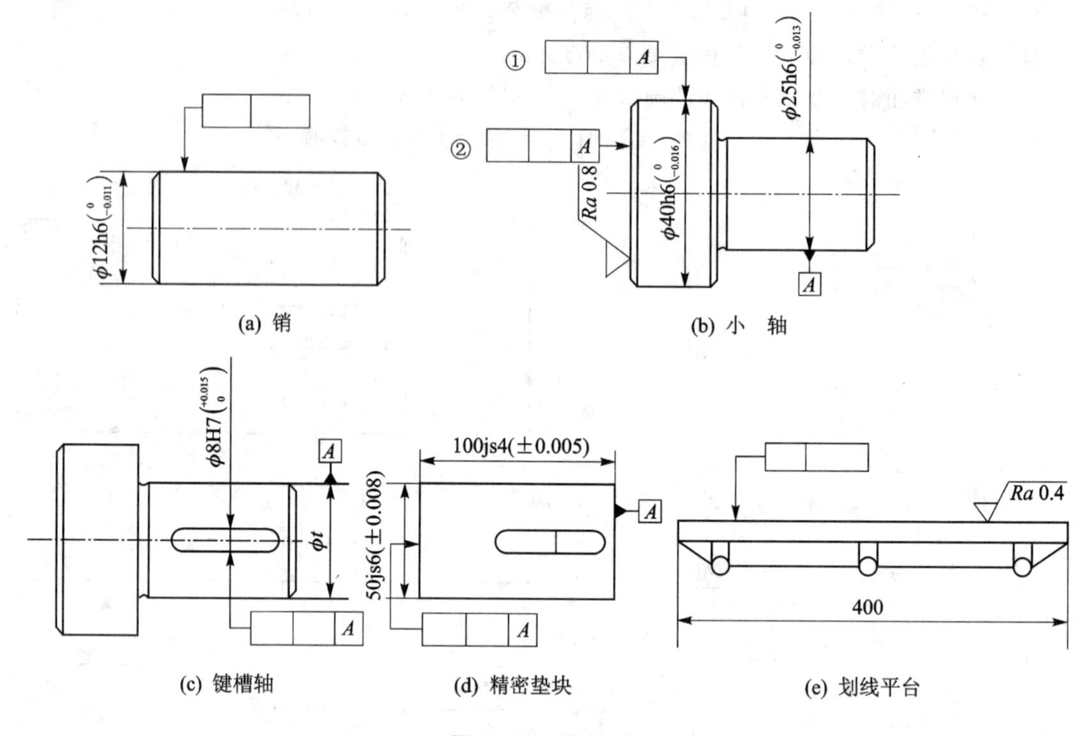

图1-64 题19图

20. 表面粗糙度的含义是什么?对零件的使用性能有何影响?

21. 表面粗糙度的评定参数有哪些?含义各是什么?

22. 试确定下列表面应选用的 Ra 值。

(1) ϕ50H7;

(2) ϕ30h5;

(3) 金属反射镜;

(4) 飞机起落架作动筒内筒;

(5) 机床操作手柄;

(6) 航空发动机压气机转子叶片的叶盆面与叶背面;

(7) 与齿轮配合的齿轮轴(一般切削机床传动轴)的外圆面;

(8) 车削螺纹(用于紧固连接)的螺纹表面;

(9) 一尺寸为 $\phi48^{+0.018}_{+0.002}$ mm、圆柱度公差为 7 μm 的轴的外圆面。

23. 测量或评定表面粗糙度参数值时,为什么要规定取样长度和评定长度?两者之间有何关系?

24. 将下列要求标注在图1-65上,各加工面均采用去除材料法获得。

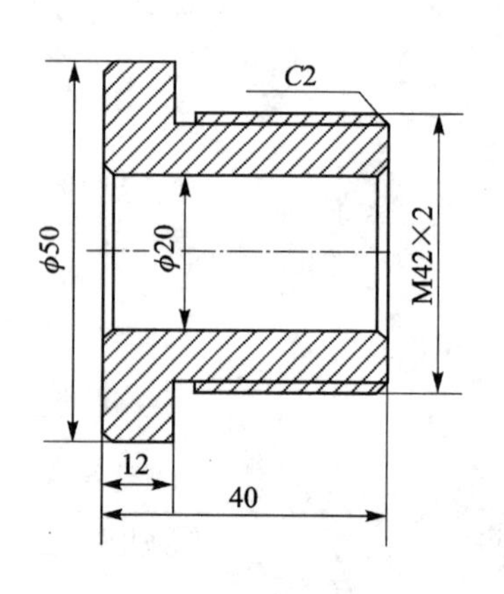

图1-65 题24图

(1) 直径为 ϕ50 mm 的圆柱外表面粗糙度 Ra 的允许

值为 3.2 μm；

(2) 左端面的表面粗糙度 Ra 的允许值为 1.6 μm；

(3) 直径为 ϕ50 mm 的圆柱的右端面的表面粗糙度 Rz 的最大值为 1.6 μm；

(4) 内孔表面粗糙度 Ra 的允许值为 0.4 μm；

(5) 螺纹工作面的表面粗糙度 Rz 的最大值为 1.6 μm，最小值为 0.8 μm；

(6) 其余各加工面的表面粗糙度 Ra 的允许值为 25 μm。

第 2 章　热加工工艺

2.1　铸　造

铸造是将液态金属浇铸到铸型中，冷却凝固后获得毛坯或零件的一种成形方法。

铸造的主要优点是适应性强、成本低。铸件的大小、质量几乎不受限制(质量可从几克到几百吨)；可制造形状复杂或具有复杂内腔的毛坯或零件(如箱体、机架、缸体、床身等)。铸造所用的设备相对比较简单并且原材料来源广泛，因而铸件成本比较低。

但是铸造成形过程工艺较多，比如铸型材料准备、型(芯)砂处理、造型(芯)、熔炼、浇注、凝固及冷却、清理等都会影响铸件质量，所以铸件很易出现浇不足、缩孔、夹渣、气孔、裂纹、晶粒粗大等缺陷，降低了其力学性能。

铸造通常可分为砂型铸造和特种铸造两大类。

2.1.1　液态成形基础

1. 合金的铸造性能

合金的铸造性能是指合金在铸造成形的整个过程中，为获得外形正确、内部无缺陷的铸件而表现出来的性能。

(1) 合金的流动性

合金的流动性是指液态金属本身的流动能力。合金的流动性好，易充满型腔，便于浇注出轮廓清晰、薄而复杂的铸件；有利于非金属夹杂物和气体的上浮与排出，还有利于对合金的冷凝过程所产生的收缩进行补缩，防止铸件产生冷隔、浇不足、气孔、夹杂等缺陷。

合金的流动性通常用“螺旋形流动性试样”(见图 2-1)的长度来衡量。在同样的浇注条件下，获得的螺旋形试样越长，合金的流动性越好。不同种类的合金其流动性不同，常用铸造合金中，铸铁和硅黄铜的流动性最好，铝硅合金次之，铸钢最差；同类合金中，纯金属及共晶成分合金流动性最好。

影响合金流动性的因素很多，但主要是合金的化学成分。

合金的化学成分不同，合金的凝固温度范围(液相线和固相线温度之差)不同，如图 2-2所示，对应纯金属或共晶成分合金的流动性出现最大值，随着合金凝固温度范围增加，合金的流动性下降，在最大凝固温度范围的合金附近出现最小值。这主要是因为纯金属或窄凝固温度范围的合金结晶时，是从表层逐层向中心凝固，已结晶的固体层内表面比较光滑，对金属液的流动阻力小，故其流动性好；而宽凝固温度范围的合金，是在一定的温度范围内进行结晶，即存在液、固并存的两相区，初生的树枝状晶体使已结晶固体层表面粗糙，故其流动性差。

(2) 合金的收缩

铸造合金从液态冷却到室温的过程中，其体积和尺寸缩小的现象，称为收缩。它包括以下三个阶段：

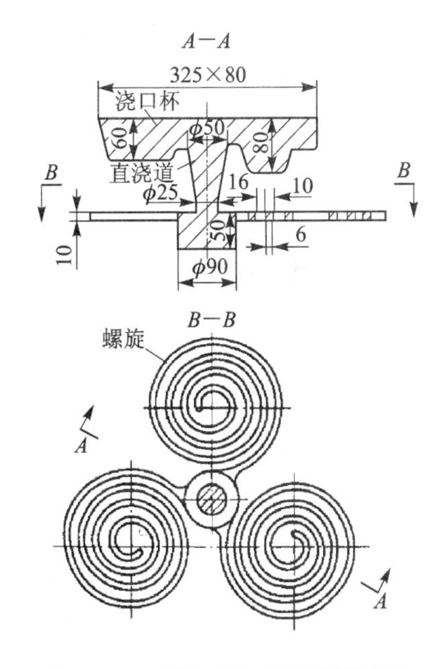

图 2-1　螺旋形流动性试样示意

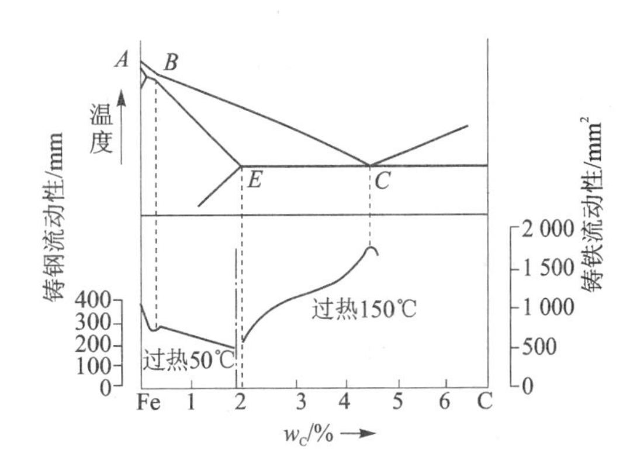

图 2-2　Fe-C 合金流动性与含碳量关系

① 液态收缩——从浇注温度到凝固开始温度(即液相线温度)间的收缩；

② 凝固收缩——从凝固开始温度到凝固终止温度(即固相线温度)间的收缩；

③ 固态收缩——从凝固终止温度到室温间的收缩。

其中，液态收缩和凝固收缩过程中，若得不到金属液的及时补充，则铸件内会形成缩孔或缩松；固态收缩会直接影响铸件的形状和尺寸精度，若收缩受阻，则铸件内会形成应力、变形、裂纹等。

影响收缩的因素有：

① 化学成分。合金成分越接近纯金属或共晶合金，该合金的收缩越小。

② 浇注温度。浇注温度愈高，合金的液态收缩率愈大，氧化吸气能力强，产生缩孔、缩松及气孔等缺陷的倾向越大。一般将浇注温度控制在高于液相线温度 50～150 ℃。

③ 铸件结构和铸型条件。实际生产中，铸件的尺寸、壁厚等结构不同，会导致其各部分的冷却速度不同，使它们的收缩互相受阻；同时，铸型和型芯材料的退让性也影响合金的收缩。

2. 合金的充型能力

液态合金充满型腔，形成轮廓清晰、形状完整的铸件的能力，称作液态合金的充型能力。若合金的充型能力差，铸件将产生浇不足、冷隔等缺陷。

影响合金充型能力的因素包括：

① 合金的流动性。凡是能提高合金流动性的因素都可使合金的充型能力得到改善。

② 铸型材料和铸型结构。铸型材料的导热系数和比热大，铸型温度低和铸型排气能力差，都会降低充型能力。铸件的壁厚越薄和铸件结构越复杂，金属液充型时的阻力就越大。

③ 浇注条件：

a. 浇注温度。随着浇注温度高，金属液的表面张力和粘度降低，合金的充型能力增加，能防止浇不足和冷隔等缺陷。但浇注温度过高，金属液的收缩增大，吸气量增大，氧化严重，容易导致缩孔、缩松、粘砂、气孔、晶粒粗大等缺陷,因此,在保证充型能力足够的条件下,浇注温度不宜过高。

b. 充型压力。提高浇注时的液体压力可使充型能力增加。如采用低压铸造、压力铸造、真空吸铸和离心铸造等可改善铸件质量。

3. 铸造性能对铸件质量的影响

铸造性能对铸件的质量的影响很大。收缩使铸件易产生缩孔、缩松、变形、应力和裂纹等缺陷;合金流动性差,易使铸件产生浇不足、冷隔等缺陷。

(1) 缩孔和缩松

1) 缩孔和缩松的形成

在合金的结晶过程中,金属液态收缩和凝固收缩得不到金属液的及时补充时,铸件在其最后凝固部位或厚壁部位将形成表面粗糙、形状极不规则的孔洞,容积较大的孔洞称其为缩孔;若孔洞在铸件截面积上弥散分布,呈细小或裂隙状,则称其为缩松。

铸件内产生缩孔或是缩松,主要取决于铸造合金的凝固温度范围的大小。一般来说,纯金属、共晶成分合金和窄凝固温度范围的合金,形成缩孔的倾向性大;宽凝固温度范围的合金形成缩松的倾向性大。缩孔和缩松的形成过程如图2-3、图2-4所示。

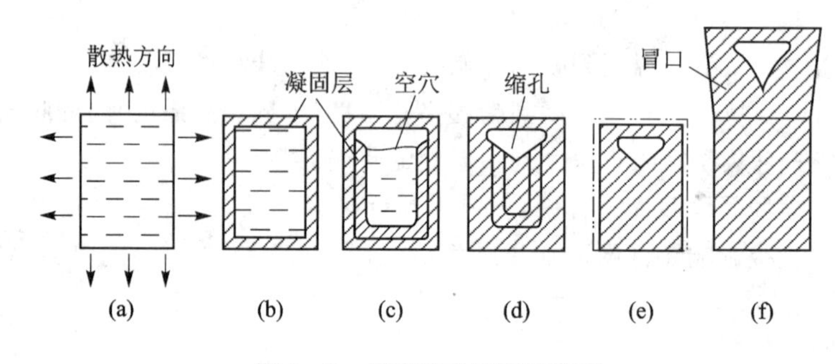

图2-3 缩孔形成过程示意图

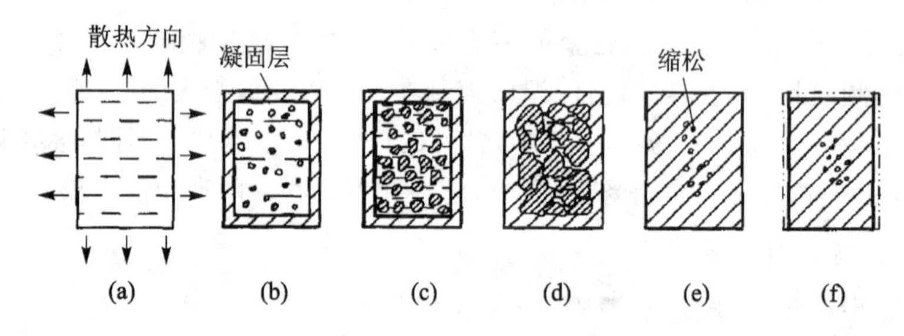

图2-4 缩松形成过程示意图

2) 缩孔和缩松的防止措施

缩孔和缩松是铸件的重要缺陷,会导致铸件力学性能、气密性和物理化学性能大大降低,因此应采取适当措施加以防止。

对共晶成分或窄凝固温度范围的合金来说,只要能使铸件实现向着冒口的"顺序凝固",一般都可获得没有缩孔的致密铸件。

顺序凝固是指在铸件可能出现缩孔的厚大部分通过安放冒口、冷铁等工艺措施,使远离冒口部位率先凝固,然后向着冒口方向逐点先后有序地凝固,冒口则是最后凝固(见图2-5)。

这样，缩孔移至冒口之中，在铸件清理时将其去除。

为了实现顺序凝固，在安放冒口的同时，还可采取在铸件上某些厚大部位放置冷铁。

(2) 铸件的应力、变形

1) 铸造应力

凝固完成后，铸件继续冷却时发生的固态收缩受到阻碍，在其内部产生的应力称铸造应力。这些应力在冷却过程中有些是暂存的，有些则一直保留到室温，后者称为残余应力。按其形成原因，铸造应力可分为以下两种：

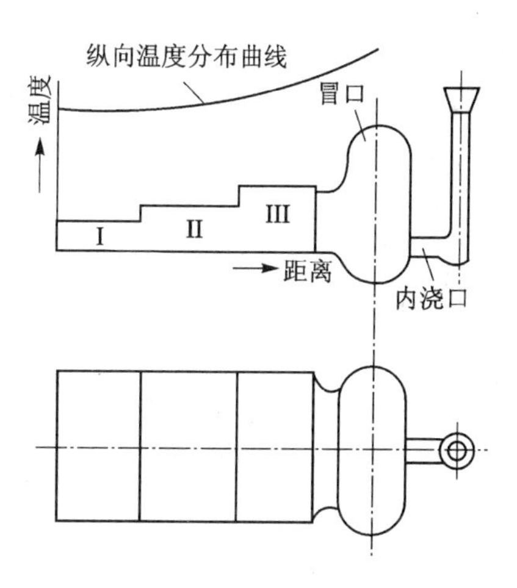

图 2-5　顺序凝固原则示意图

① 热应力。由于铸件壁厚不均匀，各处的冷却速度有差异，致使铸件各部固态收缩不一致而相互制约，从而产生的铸造应力，称作热应力。通常热应力使铸件的厚壁或心部受拉伸，薄壁或表层受压缩，如图 2-6 所示。

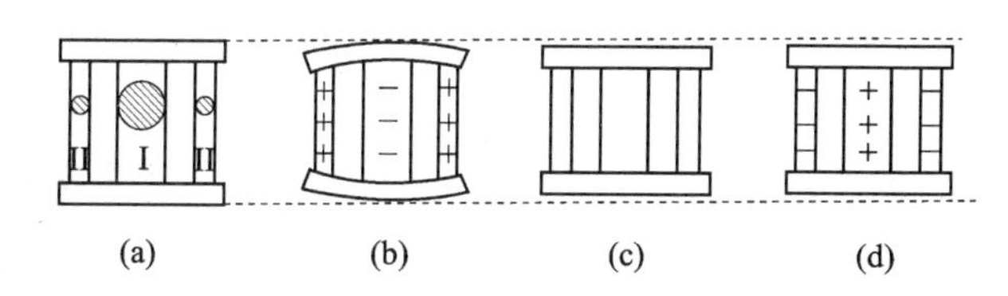

图 2-6　热应力的形成(+表示拉应力，-表示压应力)

② 机械应力。铸件在铸型中冷却时，其固态线收缩受到来自铸型、型芯的阻碍而产生的铸造应力，称作机械应力。一般都是拉应力(见图 2-7)。这种应力是暂时的，在铸件落砂后，便可自行消除。

预防及减少铸造应力的主要方法是采用“同时凝固”原则，即尽量减小铸件各部位间的温度差，保证其均匀地冷却，同时凝固(见图 2-8)。

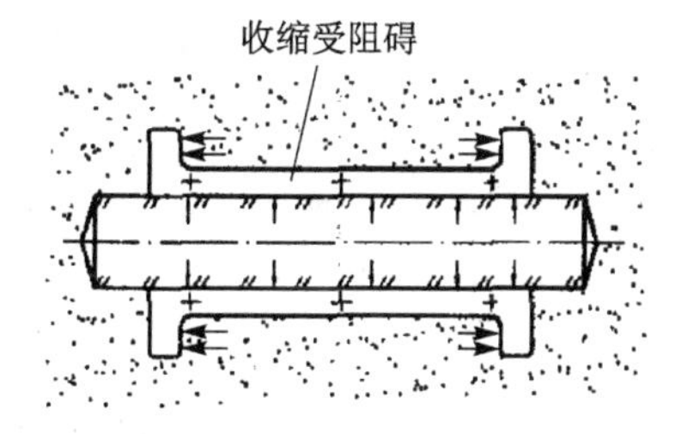

图 2-7　受砂型和砂芯机械阻碍的铸件

2) 铸件的裂纹

当铸造内应力超过金属的强度极限时，铸件将产生裂纹。裂纹是铸件的严重缺陷，多使铸件报废。裂纹可分为热裂和冷裂两种。

热裂是在铸件凝固末期高温下形成的，主要出现在铸件最后凝固的中心部位、尖角等处。凝固温度范围宽的合金如铸钢、铸铝、可锻铸铁(白口铸铁)的热裂的倾向性较大。铸型的退让性好，机械应力小，形成热裂的可能性就小。

冷裂是在低温下形成的裂纹，主要出现在形状复杂的大工件的受拉部位，特别是应力集中处，如尖角、缩孔、气孔、夹渣等缺陷附近。塑性较差的合金如灰口铸铁、白口铸铁、高锰钢等的冷裂倾向较大。控制钢、铸铁中的含磷量有助于减少冷裂。

3) 铸件的变形

由于铸件内存在残余应力，使铸件厚大部位受拉伸、薄的部位受压缩，引起铸件的几何形状与图样不符，称作变形。如图2-9所示，T形梁铸钢件，当板1厚、板2薄时，若铸钢件刚度不够，将发生板1内凹、板2外凸的变形；反之，当板1薄、板2厚时，将发生反向翘曲。

从工艺上采用"反变形"法和时效处理等，可以降低残余应力和减少变形。

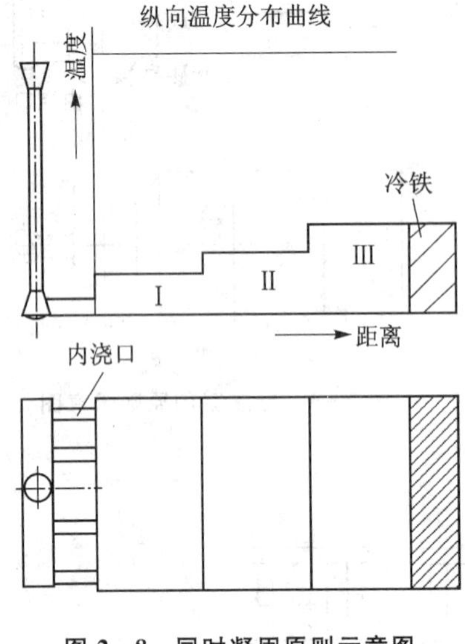

图2-8 同时凝固原则示意图

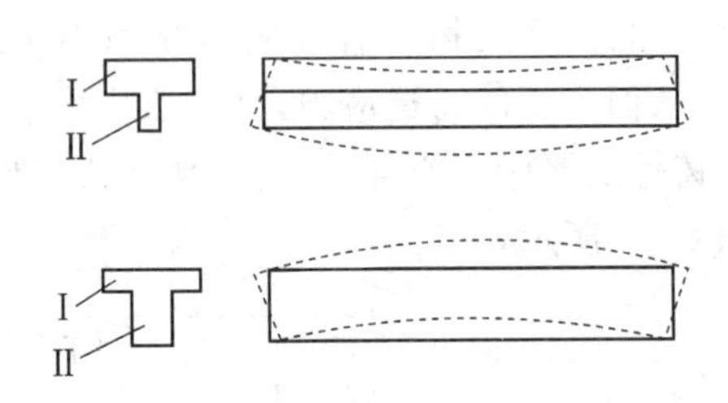

图2-9 T形梁铸钢件变形示意图

4. 铸件其他缺陷

(1) 气　孔

在浇注过程中，液态金属和铸型中的气体，如果来不及排出而残留在铸件中所形成的孔洞，称为气孔。

气孔是铸件中最常见的一种缺陷，它不仅减小铸件的有效截面积，降低力学性能，还会产生局部的应力集中，成为零件断裂的裂纹源，使冲击韧性和疲劳强度显著降低。生产中防止气孔的主要途径有：

- 减少金属液的含气量，如熔炼时使金属液与空气隔离，对金属液进行除气处理，降低浇注温度等。
- 降低造型材料的发气量，如控制铸型中的水份，清除冷铁等表面的锈蚀、油污等。
- 增加铸型的排气能力，如控制型砂的干湿程度和紧实度，降低浇注速度等。

(2) 偏　析

铸件中化学成分不均匀的现象称为偏析。偏析会造成铸件性能不均匀，影响铸件质量。可采用扩散退火、加大冷却速度和增加冒口等方法减少铸件偏析。

2.1.2 砂型铸造

砂型铸造是指用型砂紧实成形的铸造方法。砂型铸造因适应性强，几乎不受铸件材料、尺寸、质量和生产批量的限制而被广泛应用。目前，世界各国砂型铸件大约占铸件总产量的80%以上。其基本工艺过程如图2-10所示。

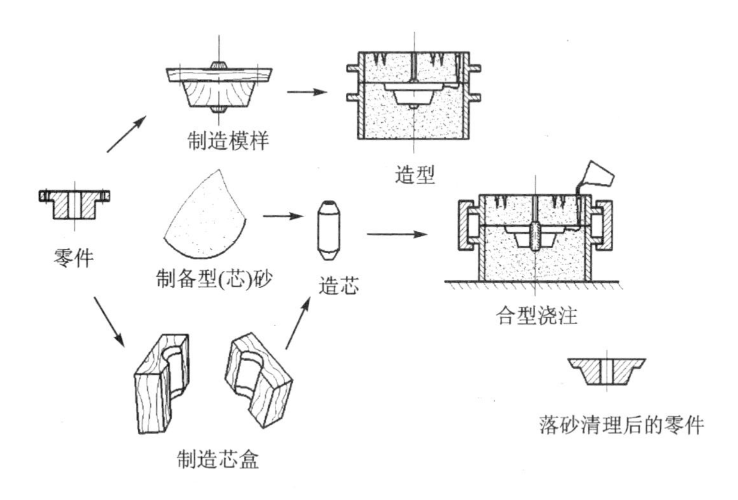

图 2-10 砂型铸造工艺过程

1. 浇注位置的选择

浇注位置是指浇注时铸件在铸型中所处的空间位置。选择时主要考虑以下原则：

① 铸件的重要表面应朝下或处于侧面。因为砂眼、气孔、夹渣等缺陷集中在铸件上表面附近；另外，铸件底部是在直浇道静压力作用下结晶的，组织比上表面的致密，力学性能要好，见图 2-11 和图 2-12。

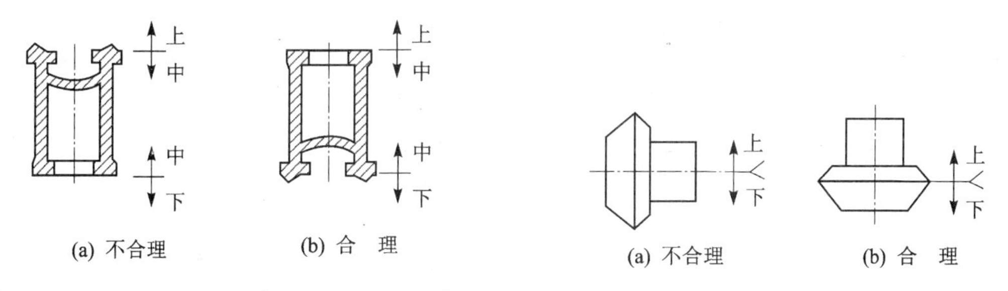

图 2-11 床身铸件浇注位置

图 2-12 伞齿轮浇注位置

② 铸件的宽大平面应朝下。朝上放置除易产生砂眼、气孔、夹渣等缺陷外，还因在整个浇注过程中，金属液辐射热的作用，使大平面受到强烈的烘烤而易出现夹砂、结疤等缺陷(见图 2-13)。

③ 铸件的薄壁部分朝下或处于侧面。可防止因充型条件差而产生浇不足、冷隔缺陷。

④ 铸件的厚大部分应朝上。铸件的厚大部分易形成缩孔，朝上放置便于安放冒口，实现顺序凝固，使缩孔移至冒口中，保证铸件的质量(见图 2-14)。

2. 分型面的选择

分型面是指上、下铸型的结合面。分型面的选择原则是：

① 分型面应选择在铸件的最大截面处，以便于取模；且要求其尽量平直，避免挖砂。

② 尽量减少分型面的数目。分型面的数目增多，铸型误差就增加，使铸件的精度降低。图 2-15 所示的三通铸件其内腔必须采用一个 T 字型芯来形成，但不同的分型方案，其分型数量不同。

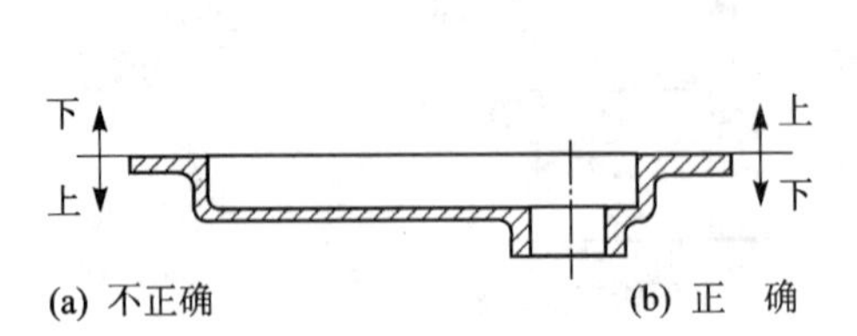

图 2-13　曲轴箱的浇注位置

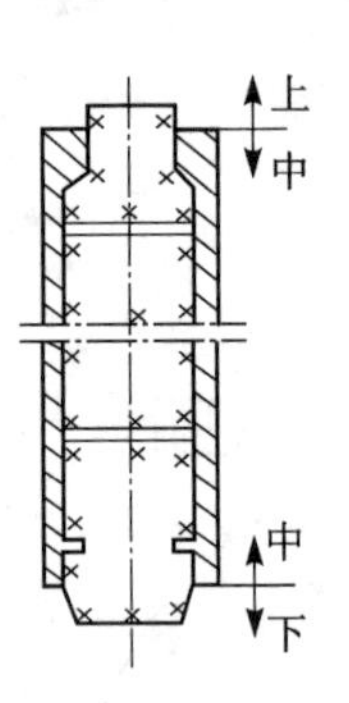

图 2-14　卷扬筒的浇注位置

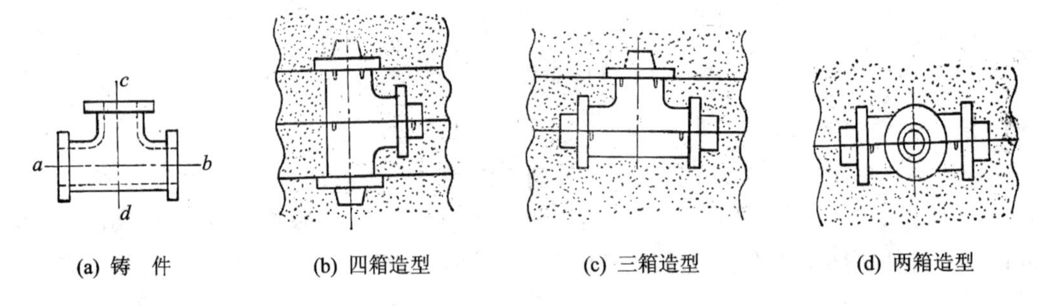

图 2-15　三通铸件的分型面

③ 尽量将铸件全部或大部分,特别是应使加工面和基准面放在同一砂箱内。这样合箱时不会错箱,易清理飞边或毛刺,保证铸件的加工精度(见图 2-16)。

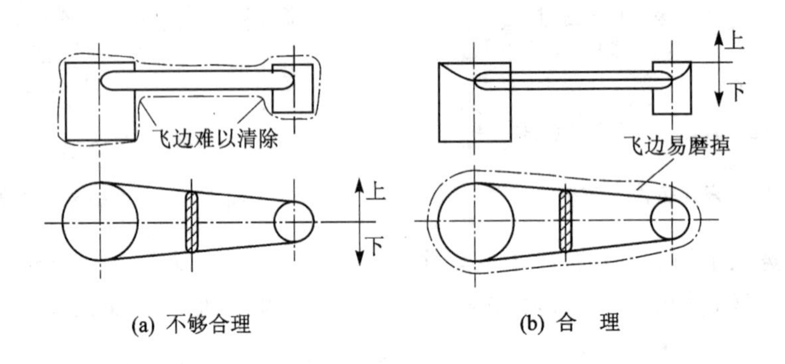

图 2-16　曲柄的分型面

④ 尽量使型腔和主要型芯位于下箱。便于造型、下芯、合箱和检验,尽量避免使用吊芯(见图 2-17)。

3. 工艺参数的选择

选择工艺参数的目的是为了绘制出铸造工艺图,以便指导模型设计、生产准备、铸型制造和铸件检验。

绘制铸件图的工艺参数如下:

① 机械加工余量。指预先在铸件上为切削加工而加大的尺寸。加工余量的大小取决于铸件生产批量、合金种类、铸件的大小和造型方法等。机械加工余量一般取 3～7 mm。

② 铸造余块。铸件上较小的孔、槽等不必铸出，这部分多出的金属就称为铸造余块。对零件图上无技术要求的孔、槽，无论大小，一般均要铸出。

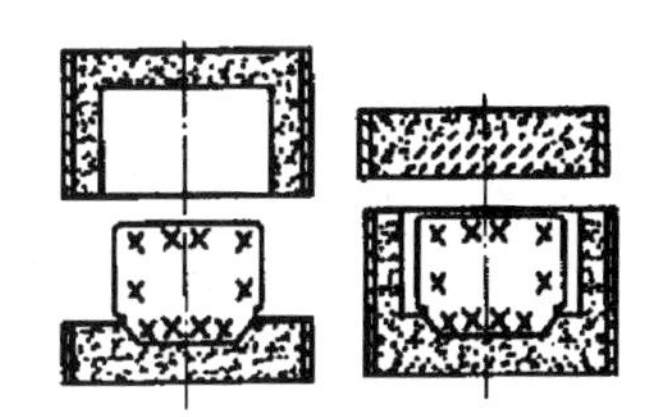

图 2-17　型腔和型芯位于下型

③ 起模斜度。指为了使模型或型芯易于从砂型或芯盒中取出，制作模型时，在垂直于分型面的立壁上给出的一定斜度。其值与模型的高度、材料及造型方法有关，通常取15′～3°。

④ 铸造圆角。为减少应力集中，避免产生冲砂、缩孔和裂纹，制作模型时，壁与壁连接及转角处应圆滑过渡，即铸造圆角。一般小型铸件，外圆角半径为 2～8 mm；内圆角半为径 4～16 mm。

分型面和上述工艺参数确定之后，便可绘制铸件图(见图 2-18(c))。

在零件图基础上，用各种工艺符号和文字将铸件的分型面、型芯、加工余量、起模斜度等工艺参数等表示出来的用以指导铸造工艺的图形叫铸造工艺图，如图 2-18(b)所示。

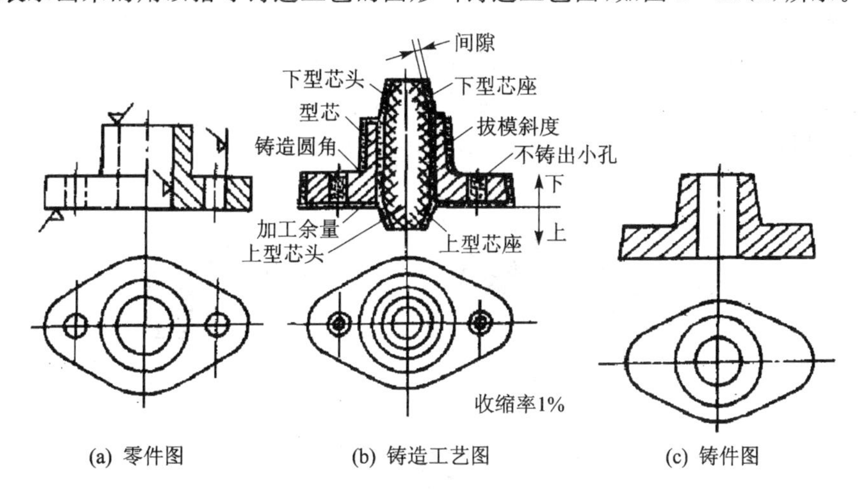

图 2-18　零件图、铸造工艺图、铸件图

2.1.3　特种铸造

与砂型铸造有显著区别的铸造方法称为特种铸造。

1. 常用的特种铸造方法

(1) 熔模铸造

用易熔材料(如蜡料及添加剂等)制成模样，在模样上包覆多层耐火材料，然后将模样熔去，制成无分型面的型壳，经高温焙烧、浇注而获得铸件的方法，又称失蜡铸造。熔模的铸造工艺过程见图 2-19。

熔模铸造一般应用于高熔点合金精密铸件的成批、大量生产和形状复杂、难以机械加工的小零件。

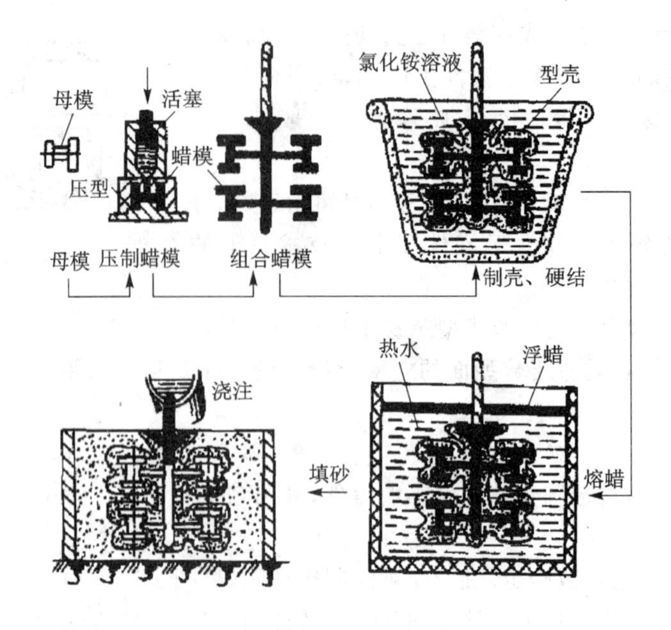

图2-19 熔模铸造工艺流程

(2) 金属型铸造

在重力作用下,把金属液浇入金属铸型中,冷却成形而获得铸件的方法,又称永久型铸造(见图2-20)。金属型铸造可以用金属芯或砂芯形成铸件的内腔,金属型芯用于有色金属件。金属铸型可采用铸铁、铸钢或其他金属材料制成。

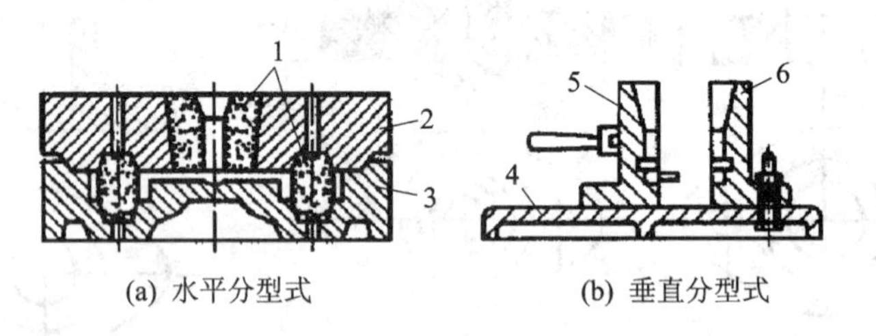

1—型芯;2—上型;3—下型;4—模底板;5—动型;6—定型

图2-20 金属型结构简图

金属型铸造主要适用于有色合金铸件的大批量生产,如铝活塞、气缸盖、油泵壳体、铜瓦、衬套和轻工业品等;有时也可浇注小型铸铁件。

(3) 压力铸造

液态金属在高压(比压为30~70 N/cm^2)作用下,以极高的速度(充型速度为0.5~70 m/s,充型时间为0.001~0.2 s)被压入金属铸型型腔中,并在压力作用下快速凝固而获得铸件的方法称为压力铸造。压力铸造主要适用于中小型精度要求高的有色合金铸件的大批量生产。

2. 常用铸造方法的比较

表2-1总结了几种常用铸造方法的特点,供参考。

表 2-1　常用铸造方法综合比较

铸造方法 比较项目	砂型铸造	熔模铸造	金属型铸造	离心铸造	压力铸造	低压铸造	
						砂　型	金属型
铸件材料	各种铸造合金	以铸钢为主	以有色合金为主	各种铸造合金	有色铸造合金	常用铸造合金	有色铸造合金
铸件大小	几乎不限	中小铸件	中小铸件	不限	小铸件	大中件	中小件
铸件复杂程度	复杂	复杂	一般	较简单	较复杂	较复杂	较复杂
铸件最小壁厚/mm	≥3	0.3 (孔 ϕ0.5)	铝合金＞3;铸铁＞5		铜合金 2;其他 1.0	2～3	1.5～2.0
铸件尺寸精度	CT11～7	CT7～4	CT10～8	与材料有关	CT8～4	CT9～8	CT8～6
表面粗糙度 Ra	50～12.5	12.5～1.6	12.5～3.2	同上	3.2～0.8	～12.5	12.5～3.2
铸件内部质量	晶粒粗、组织松、力学性能差、铸造缺陷较多	采用重力浇注时与砂型铸造相近	晶粒细、组织致密、力学性能高、气密性好	组织致密、力学性能较高	晶粒细、力学性能较高、但易产生气孔且不能热处理	组织致密、力学性能较高	晶粒细、组织致密、力学性能较高、气密性好
生产批量	各种批量	成批大量	成批大量	批量	大量	批量	成批大量
生产率	低	低	较高	较高	很高	一般	较高

2.1.4　铸件结构设计

合理的铸件结构设计能够简化铸造工艺过程，减少和避免产生铸造缺陷，降低生产成本和提高生产率。

1. 砂型铸造工艺对铸件结构设计的要求

在满足使用性能的前提下，铸件结构应尽量有利于简化制模、造型(芯)、合型和清理等铸造生产工序。

(1) 铸件外形力求简单

尽量将铸件设计成简单的几何形状，如用圆柱体、圆套、圆锥体、立方体和球体，而避免用曲面，内凹或外部侧凹形状。这是因为：

① 可减少分型面的数量，且使分型面为平面。分型面的数量少，可相应减少砂箱数量，以避免因错型而造成的尺寸误差，提高铸件精度。分型面为平面可省去挖砂等操作，简化造型工序，提高生产率(见图 2-21)。

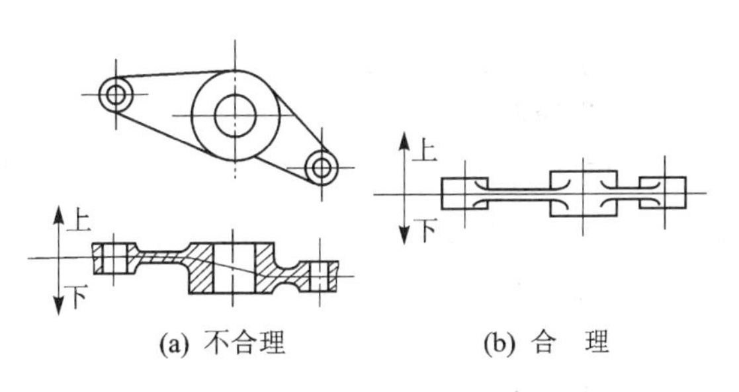

(a) 不合理　　(b) 合　理

图 2-21　摇臂铸件的结构设计

② 可减少型芯和活块数量。减少型芯和活块数量可简化造型(芯)、起模等工序，防止由于偏芯等引起的铸造缺陷，并可降低成本，提高生产率，有利于实现机械化生产。

悬臂支架的原设计如图 2-22(a)所示，必须采用难以固定的悬臂型芯，改为图 2-22(b)

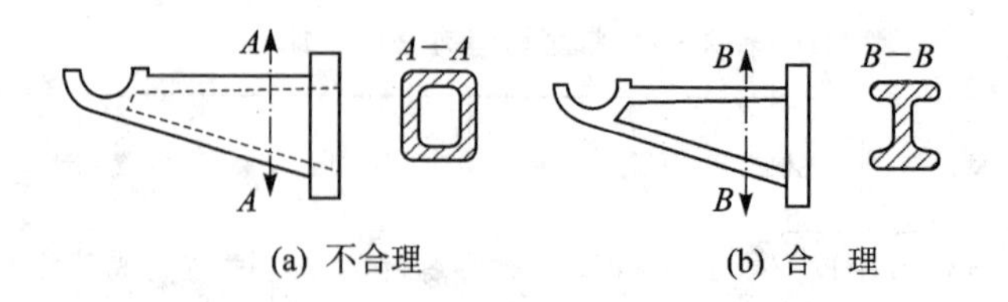

图 2-22　悬臂支架的结构设计

的结构可省去型芯。

铸件内腔有时可用砂垛(在上型的称吊砂,在下型的称自带型芯)来获得。铸件内腔的设计由图 2-23(a)改为图 2-23(b)的开口式内腔后,由于长径比(H/D)< 1,可采用自带型芯。

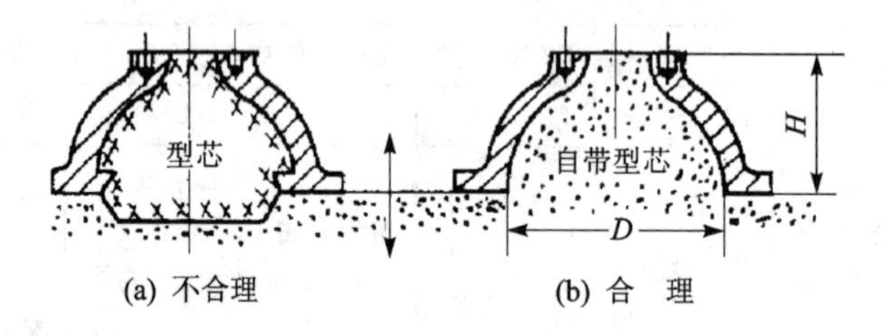

图 2-23　铸件内腔的结构设计

铸件上垂直于分型面的侧壁上的凸台(见图 2-24(a))会妨碍起模,必须采用活块或型芯,如将凸台延伸至分型面处(见图 2-24(b))可简化造型工艺。

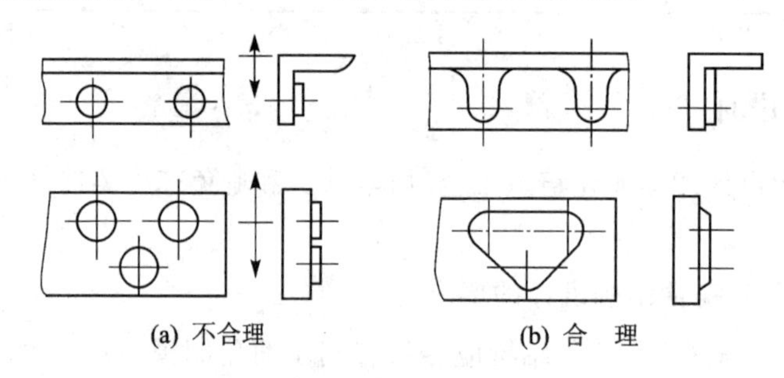

图 2-24　凸台的设计

(2) 有利于型芯固定、排气和清理

盲套管的原设计如图 2-25(a)所示,在结构上不需要做出孔,型芯只能用型芯撑来支承,因型芯稳定性不够且型芯撑表面氧化会产生气体,且排气不好,再者芯撑和铸件金属有时也不能完全熔合,影响铸件的质量和生产率;若改变单侧支承为双侧支承(见图 2-25(b)),或开设芯子支承工艺孔(见图 2-25(c)),都可使型芯稳定的牢靠的支承。

(3) 结构斜度

铸件上凡垂直于分型面的非加工表面均应设计出斜度,即结构斜度。结构斜度可使起模方便,不易损坏型腔表面,延长模具使用寿命;起模时模样松动小,铸件尺寸精度高;有利于采用吊砂或自带型芯;还可以使铸件外形美观。

结构斜度的大小与壁厚的高度、造型方法、模样的材料等很多因素有关。

铸件的结构斜度与拔模斜度不同。前者直接在零件图中示出,且斜度值较大;后者是在绘制铸造工艺图或模型图时,对零件图上垂直于分型面的加工面给予很小的角度(0.5°~3.0°)。

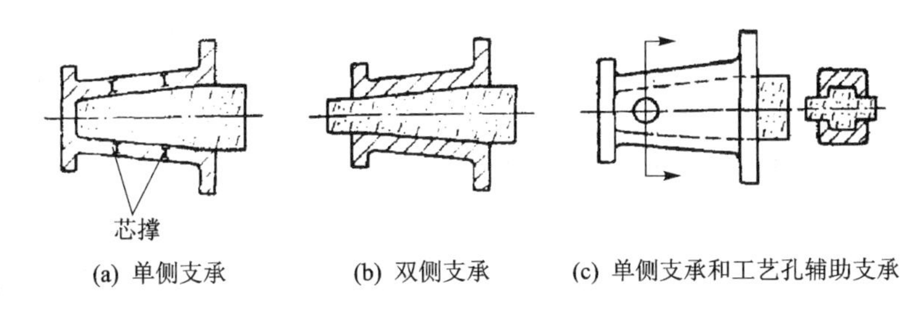

图 2-25　盲套管的设计方案

2. 合金铸造性能对铸件结构设计的要求

为避免铸造缺陷的产生，在设计铸件结构时，应考虑合金铸造性能对铸件结构的要求。

(1) 选择适宜的铸造合金

普通灰口铸铁的缩孔、缩松、热裂倾向均小，对铸件壁厚的均匀性、壁间的过渡、轮辐形式等要求均不像铸钢那样严格，但其壁厚对力学性能的敏感性大，故最适宜薄壁结构。灰口铸铁的牌号愈高，铸造性能愈差，故对铸件结构的要求也愈高，但孕育铸铁可设计成较厚铸件。

钢的铸造性能差，要严格注意铸钢件的结构工艺性。因其流动性差、收缩又大，所以，铸件的壁厚不能过薄，热节要小，要求铸件结构符合顺序凝固原则，以利于补缩，为防止热裂，筋、辐的布置也要合理。

(2) 壁厚合理且均匀

① 合理设计铸件壁厚。不同的合金具有不同的流动性，因此，每种铸造合金在规定的铸造条件下所浇注铸件的最小壁厚均不相同；相应地，各种铸造合金也有一个最大的临界壁厚，超过此厚度，铸件承载能力不再按比例地随壁厚的增加而增加。通常，最大临界壁厚约为最小壁厚的 3 倍。为使铸件各部分均匀冷却，一般外壁厚度大于内壁，内壁大于筋，外壁：内壁：筋 = 1：0.8：0.6。

为了既能保证铸件的强度和刚度，又能避免过大的截面，一般可根据载荷的性质，将铸件截面设计成丁字形、工字形、槽形或箱形等结构，在脆弱处设置加强筋(见图 2-26)。

② 铸件壁厚要均匀。指尽量使铸件各壁的冷却速度相近，而不是要求所有的壁厚完全相同。铸件各部位壁厚若相差过大，由于各部位冷却速度不同，易形成热应力而使厚壁与薄壁连接处产生裂纹，还会在厚壁处形成热节而产生缩孔缩松等缺陷(见图 2-27(a))。若壁厚均匀，则可避免上述缺陷(见图 2-27(b))。

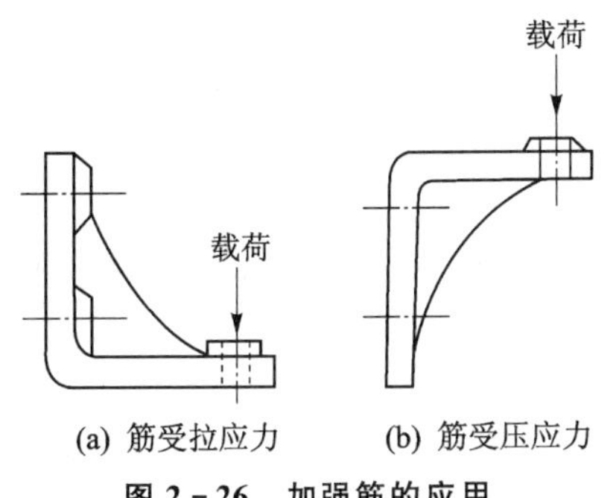

图 2-26　加强筋的应用

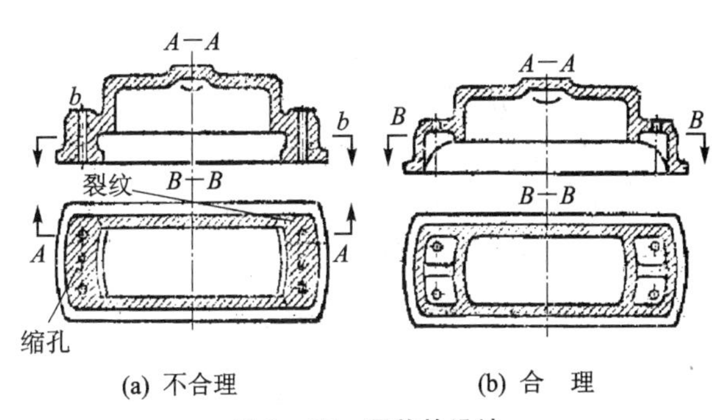

图 2-27　顶盖的设计

(3) 铸件壁之间逐步过渡连接

① 铸件壁的转角处应有结构圆角。图2-28(a)为无圆角结构,转角处金属积聚,内侧散热条件差,不但易产生缩孔和缩松,还会产生应力集中,故将其改为图2-28(b)的圆角结构。圆角是铸件结构的基本特征,圆角的大小与铸件壁厚有关。

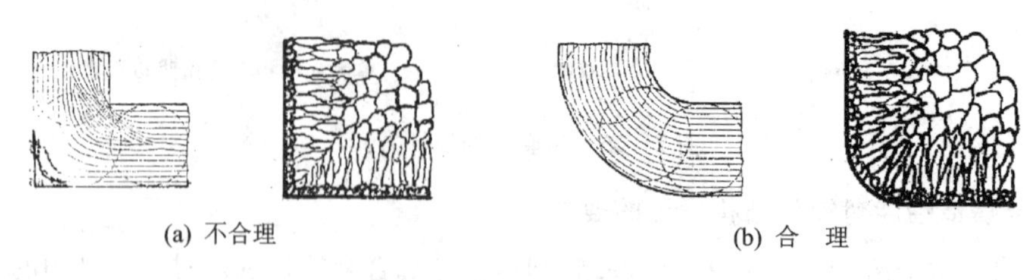

图2-28　铸件的转角结构

② 铸件壁的连接应避免交叉和锐角。目的是减小热节和热应力,避免产生缩孔、缩松、裂纹等缺陷,如图2-29(a)、(b)所示。交错接头适用于中小型铸件;环形接头适用于大型铸件;若为锐角连接,可采用图2-29(c)中的过渡形式。

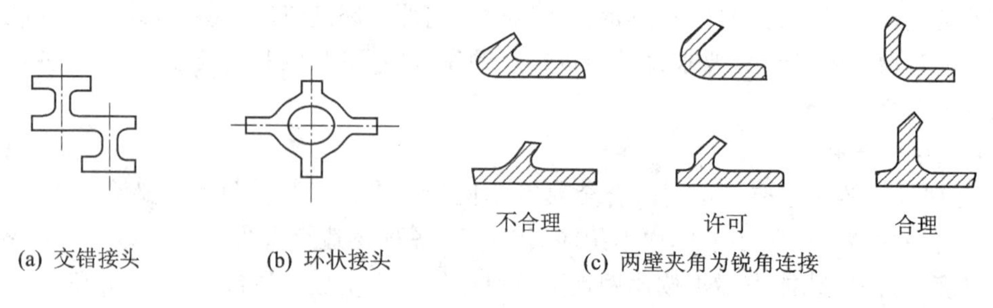

图2-29　铸件接头结构

③ 铸件的不同壁厚之间应逐步过渡。如图2-30所示,可以避免应力集中。

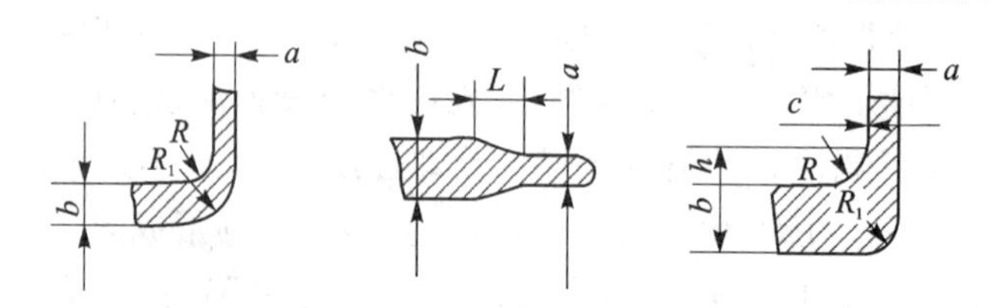

图2-30　不同壁厚之间的过渡

(4) 避免铸件收缩受阻

铸件收缩受到阻碍时将产生应力,当应力超过合金的强度时,将产生裂纹。因此,设计铸件时应尽量使其自由收缩。图2-31(a)所示轮形铸件的轮辐为偶数直线形设计,易于模型制作,但对收缩很大的合金,会因轮辐、轮缘、轮毂比例不当,产生的应力过大而产生裂纹。如将其改为奇数轮辐,或如图2-31(b)、(c)所示的带孔辐板和弯曲轮辐,则可借轮辐或轮缘的微量变形来减小应力,防止裂纹。

(5) 防止铸件翘曲变形

为防止刚度差的细长类的零件产生变形,应将其截面设计成对称结构(见图2-32),利用对称截面的相互抵消作用减小变形。对大而薄的平板铸件,可设置加强筋以提高其刚度,防止变形(见图2-33)。

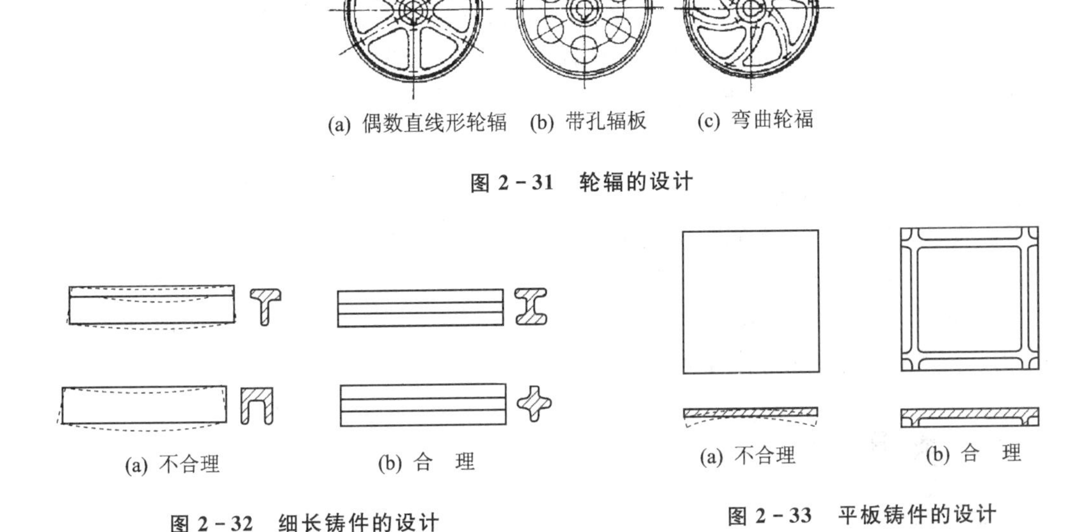

图 2－31　轮辐的设计

图 2－32　细长铸件的设计

图 2－33　平板铸件的设计

2.1.5　铸造新技术

1. 铸造凝固新工艺

(1) 半固态铸造

在普通铸造的条件下，半液相中的固相组分虽只占20%～30%，已凝固的固相构成的空间网架，阻碍了合金整体的流动，使其宏观流动性基本消失。若在金属凝固的过程中，对其进行剧烈的搅拌，则可得到固液混合浆料，其固相组分高达50%～60%，但仍具有很好的流动性，故其充型能力高。

半固态铸造充型平稳，温度低，卷入气体少，凝固时间短、收缩小，减少或消除了气孔、缩孔、偏析等缺陷，因而铸件内部组织致密，晶粒细小，力学性能好；且表面粗糙度低，尺寸精度高，可实现少、无切削加工，有利于节约原材料，减少能耗，延长铸型使用寿命，提高生产率，降低生产成本。半固态铸造应用范围广，适用于具有较宽固液两相区的合金体系，如铝合金、镁合金、锌合金、铜合金及铁合金等。

(2) 快速凝固

所谓快速凝固，就是让液态金属在100～109 K/s的高冷却速度下凝固，而使金属和合金获得超常性能的技术。一般凝固过程中的冷却速度大概小于1 K/s。

快速凝固能均匀和细化合金微观组织，可在很大程度上消除偏析，可生产各种产品如粉末、鳞片、线材、带材等，甚至可以是最终产品，简化了工序，还能用于材料表面改性，是一种很有前途的加工技术。

(3) 定向凝固

定向凝固又称定向结晶，是在金属或金属液凝固过程中，严格控制热量按单一方向强烈地传出，使金属液中定向生长晶体的一种工艺方法。用定向凝固获得的铸件可减少偏析、疏松等，可明显地使高温合金的高温强度、热疲劳性能等大幅度地得到改善，其中以单晶铸件的性能最优。

2. 铸件凝固过程的数值模拟技术

凝固是一个非常复杂的物理化学过程,它是由包括热量传输、动量传输、质量传输及相变的一系列过程综合而成。在满足实际要求的前提下,为使问题简化,应就某一特定要求,对主要过程温度场计算和进行凝固过程温度场模拟。

3. 微观组织的模拟

金属凝固过程的微观领域,包括金属结晶过程的自发成核、非自发成核、晶粒长大、结晶界面形态(平面生长、胞状生长、枝晶生长)、定向结晶、非平衡结晶、一次枝晶间距、二次枝晶间距、成分过冷、溶质再分配等,这些微观过程决定了铸件凝固后的组织和性能。近10年来,微观组织的模拟发展较快,已经出现了确定性模型和概率模型,并做了大量的研究,但目前模拟的对象都是几何形状简单的小试样,离实际应用还有一段距离。

2.2 塑性成形

塑性成形又称压力加工。它是利用金属在外力作用下产生的塑性变形,以获得具有一定形状、尺寸和力学性能的型材、毛坯或零件的生产方法。

压力加工可使金属坯料获得较细的晶粒,同时消除铸造组织内部的某些缺陷,如微小裂纹、气孔、缩松等。因此,压力加工件的力学性能优于同材质的铸件。

压力加工分为自由锻造、模型锻造、冲压、轧制、挤压、拉拔等。

2.2.1 塑形成形基础

塑性成形不仅能改变金属材料的形状和尺寸,而且还会引起其组织和性能的变化。

1. 金属塑性变形的实质

(1) 单晶体塑性变形

单晶体的塑性变形是在切应力作用下晶体的一部分相对于另一部分沿着一定晶面和晶向发生相对滑动的结果,如图2-34所示。若晶体中没有任何缺陷,原子排列得十分整齐,如图2-34所示,晶体的上下两部分沿滑移面作整体刚性滑移,此时滑移所需的切应力与实际测得的相差上千倍,十分悬殊。对这一矛盾现象的研究,导致了位错学说的诞生。理论和实践都已经证明,在实际晶体中存在着位错。晶体的滑移不是晶体的一部分相对于另一部分同时做整体的刚性移动,而是通过位错在切应力的作用下沿着滑移面逐步移动的结果,如图2-35所示。

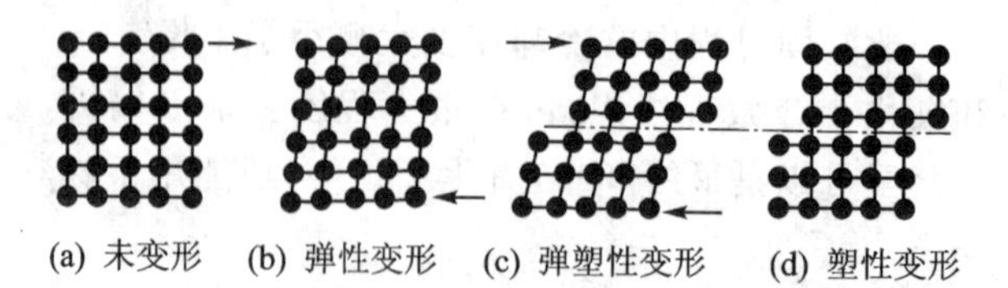

图2-34 单晶体的滑移变形示意图

(2) 多晶体塑性变形

实际使用的金属材料大多数是多晶体,多晶体是由许多小的单晶体——晶粒构成的。其变形

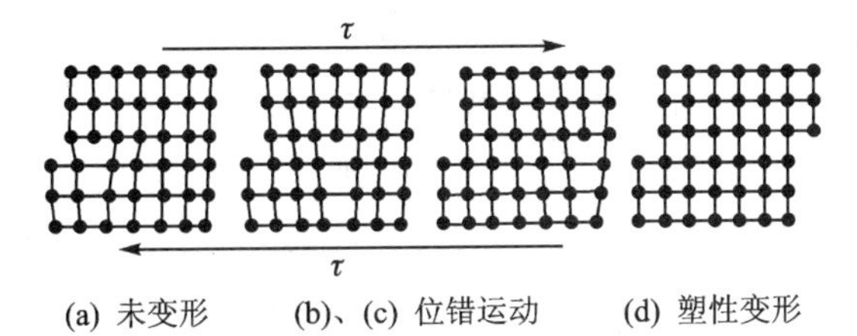

图2-35　位错运动引起塑性变形示意图

抗力远远高于单晶体。多晶体塑性变形的基本方式仍然是滑移，但是由于多晶体中各个晶粒的空间取向互不相同，以及晶界的存在，这就使多晶体的塑性变形过程比单晶体更为复杂。

多晶体塑性变形首先在取向最有利的晶粒中进行，随着滑移程度的增大，位错运动将受到晶界阻碍，使滑移不能直接延续到相邻晶粒。为了协调相邻晶粒之间的变形，使滑移能够继续进行，晶粒间将会发生相对移动和转动，因此多晶体的塑性变形既有晶内变形又有晶粒间的滑移和转动。

另外，由于各晶粒的取向不同及晶界的存在，多晶体中各个晶粒之间的变形和每一个晶粒内的变形都是不均匀的。

2. 塑性成形后金属的组织和性能

根据塑性变形时的温度不同，金属的塑性变形分为冷变形和热变形两种。冷变形是指金属在再结晶温度以下进行的塑性变形；热变形是指在再结晶温度以上进行的塑性变形。通常$T_{再}=0.4T_{熔}$。

(1) 冷变形后金属的组织和性能

① 晶粒沿变形最大方向伸长，形成纤维组织，使金属的性能具有明显的方向性.

② 晶粒的择优取向使金属具有各向异性，致使金属在过程中的变形量分布不均。

③ 晶粒碎化和亚晶粒，通常留有残余内应力，将导致材料及工件的变形、开裂等。

④ 产生加工硬化，随着变形程度的增加，金属的强度、硬度升高，而塑性、韧性下降，这一现象称为加工硬化，如图2-36所示。

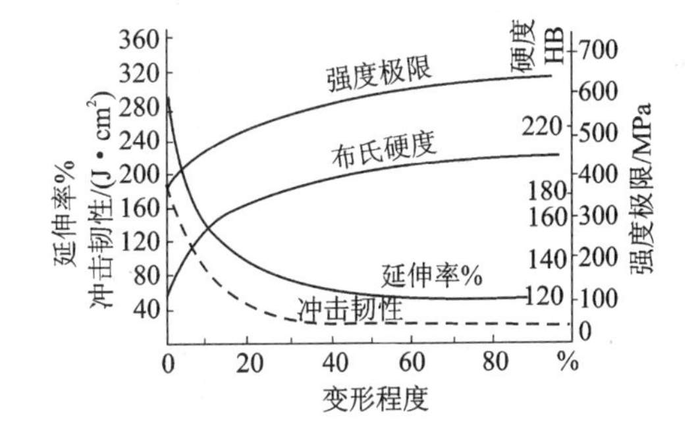

图2-36　常温下塑性变形对低碳钢力学性能的影响

在实际生产中，可利用加工硬化使金属获得较高的强度和硬度，但它使金属的变形抗力增加，甚至丧失继续变形的能力，使压力加工难以继续进行，应加以消除。

(2) 回复和再结晶

将变形后的金属加热到一定温度，原子获得一定扩散能力而使晶格扭曲程度减轻，并使内应力下降，部分地消除加工硬化现象，即强度、硬度略有下降，而塑性略有提高，这一过程称为“回复”。

如果对变形后的金属进一步加热，金属原子获得足够高的动能，因塑性变形而被拉长及碎晶将重新生核、结晶，形成新的细小均匀的等轴晶粒，金属强度、硬度显著下降，塑性、韧性显著提高，内应力和加工硬化完全消除，这一过程称为再结晶。

(3) 热变形后金属的组织和性能

① 改善组织，力学性能提高。热变形后可改善钢中的组织缺陷，如气孔和缩松被焊合，使金属材料的致密度增加，铸态组织中粗大的柱状晶和树枝晶、粗大的夹杂物及某些合金钢中的大块初晶或碳化物都可被破碎，使晶粒细化，并较均匀的分布；因在温度和压力作用下原子扩散速度加快，可部分消除偏析，使化学成分较均匀，从而使材料的性能得到提高。

② 形成纤维组织。在热变形过程中,基体金属的晶粒和杂质的形状都被改变,它们将沿着变形方向呈现一条条细线,称为“流线”,具有流线的组织就称为纤维组织(见图2-37)。

纤维组织的稳定性很高,不能用热处理方法加以消除。只有经过锻压使金属变形,才能改变其方向和形状。因此,在设计和制造零件时,为使零件具有最好的力学性能,应根据零件的工作条件,正确控制金属的变形流动和流线在锻件中的分布。对于受力比较简单的零件,如螺钉、立柱、曲轴等,在锻造时,应尽量使零件工作时的最大拉应力与流线一致,控制流线分布与零件外形轮廓相符合而不被切断,如图2-38所示。

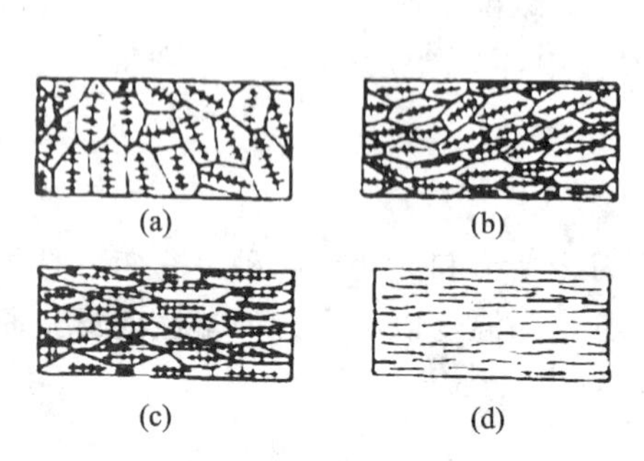

图2-37 钢锭锻造过程中纤维组织形成示意图

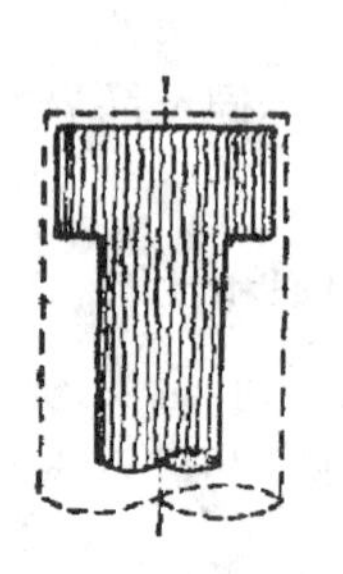

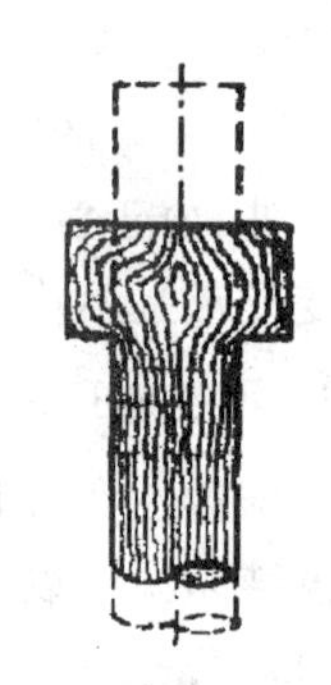

(a) 切削加工的螺钉 (b) 局部镦粗制造的螺钉

图2-38 不同工艺方法对纤维组织形状的影响

3. 锻造比

锻造比是衡量金属变形程度大小的参数。拔长时的锻造比为拔长前后坯料横截面积的比值。锻造比越大,说明金属在拔长时的变形程度越大,反之则越小。金属在锻造过程中由于纤维组织的形成,使金属的力学性能呈现各向异性,随着锻造比的提高,形成的纤维组织越来越明显,金属的组织与性能得到改善,但锻造比太大,不仅增加能耗,降低生产率,而纵向性能并没有继续得到改善,反而使横向性能明显下降,如图2-39所示。

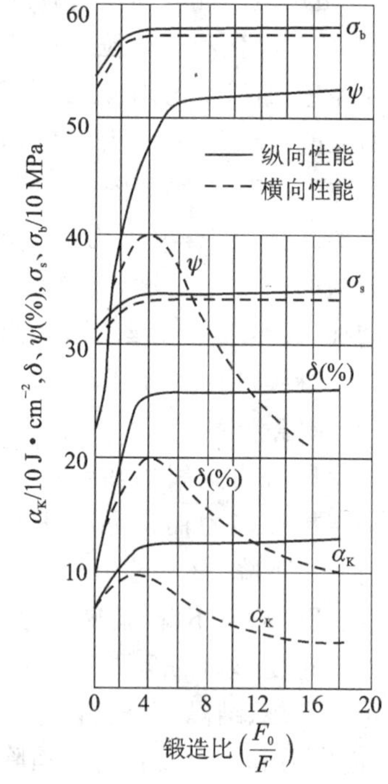

图2-39 不同锻造比对中碳钢锭力学性能的影响

通常碳钢的锻造比为2～3,合金钢为3～4,高合金钢、高速钢为5～12,不锈钢为2～6。

4. 金属的锻造性能

金属的锻造性能是衡量金属材料经受压力加工时获得优质锻件的难易程度。它常用金属的塑性和变形抗力来综合衡量。塑性越大,变形抗力越小,金属的锻造性能越好;反之则越差。

金属的锻造性能主要取决于以下几个方面:

(1) 金属的化学成分及组织

1) 化学成分

金属的化学成分不同,内部晶体结构有差异,其锻造性能也不同。通常,纯金属的锻造性能比合金的好；碳钢的锻造性能优于合金钢。低合金钢的锻造性能高于高合金钢。碳钢中，随含碳量的增加，其塑性降低，锻造性能变差；若在其中加入使其强度增高的难合金元素，如硅、锰、硫、磷等，则碳钢的塑性将降低，锻造性能变差。

2）金属组织

化学成分相同但组织不同的金属具有不同的锻造性能。单相固溶体（如奥氏体）合金比多相合金的锻造性能好；碳化物（如渗碳体）的锻造性能差；同一种金属或合金处于铸态柱状组织或粗晶组织状态时，其锻造性能比晶粒细小而均匀的组织状态时差。

（2）工艺条件

工艺条件是指金属塑性变形时所处的环境状况，如变形时的温度、速度、应力状态等。

1）变形温度

金属在高温下，原子处于高能状态，原子间的结合力削弱，变形抗力减小，塑性提高，即金属的锻造性能增加。图 2－40 为低碳钢在不同温度下的力学性能变化曲线。从图中可看出，当低碳钢被加热到 300 ℃以上时，其塑性上升，变形抗力下降，锻造性能变好。但是金属的加热温度不能过高，以免产生过热、过烧、氧化、脱碳等缺陷。所以，在生产中应选择合适的锻造温度范围。

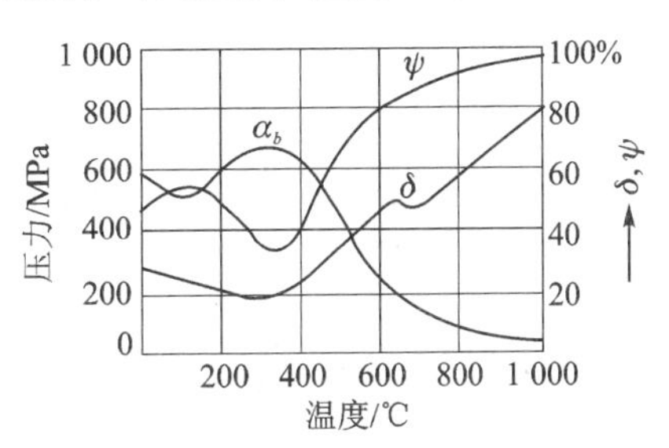

图 2－40　低碳钢力学性能与温度变化的关系

锻造温度范围是指始锻温度（开始锻造的温度）和终锻温度（停止锻造的温度）间的温度范围。

一般始锻温度要高，使锻件获得更好的锻造性能，并使锻造时间增长，但不能太高，否则会使晶粒粗大，甚至晶界氧化，出现过热、过烧等现象；终锻温度不能太低，以保证结束锻造前，锻件具有足够的塑性和低的变形抗力，并可获得再结晶组织。对碳钢而言，其锻造温度范围如图 2－41 所示，其始锻温度比熔点低 200 ℃左右，为 1 050～1 250 ℃，随含碳量增高，始锻温度逐渐下降；碳钢的终锻温度约为 800 ℃。

2）变形速度

单位时间内的变形量称变形速度，变形速度对金属锻造性能的影响如图 2－42 所示。从图中知，当变形速度低于临界值 C 时，变形速度增加，一是因形变热效应显著，使金属温度升高，塑性增加；二是加工硬化使金属的塑性降低，变形抗力增大。当变形速度超过临界值 C 时，因高速变形时间短，锻件热量散失少，热效应大，锻件的塑性提高，变形抗力降低，金属的锻造性能得到改善。但是，除高速锤锻造和高能成形外，常用的锻压加工设备都不能使锻件的变形速度超过临界值 C，所以，对塑性差的金属锻件坯料宜用较小的变形速度，以防锻造速度过快而导致锻裂。如合金钢和高碳钢锻件因塑性差，用压力机而不用锻锤锻造。

3）应力状态

如图 2－43 所示，金属在不同变形方式下，其各个方向上承受的应力不同，所呈现的塑性和变形抗力也不相同。主应力的数量、方向对塑性的影响很大。压应力使金属密实，可防止裂纹扩展，提高塑性，压应力数量越多，塑性越好。拉应力使金属内部微孔及微裂纹处产生应力集中，使其扩展，加速晶界的破坏，塑性下降，导致金属断裂。拉应力数量越多，塑性越差。故挤压比拉拔能够使金属显示出较大的变形抗力和较高的塑性。

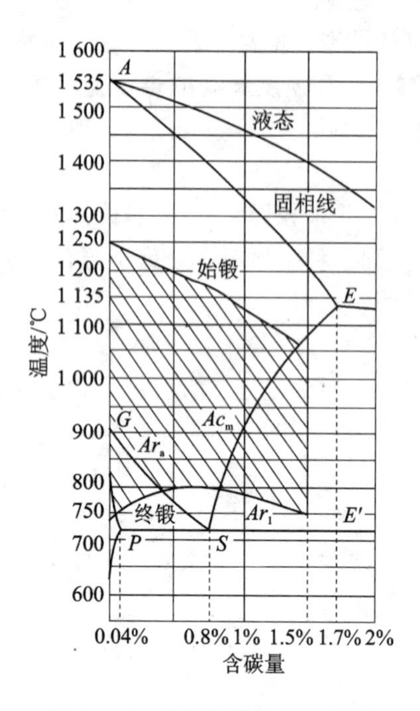

图 2-41 碳钢的锻造温度范围

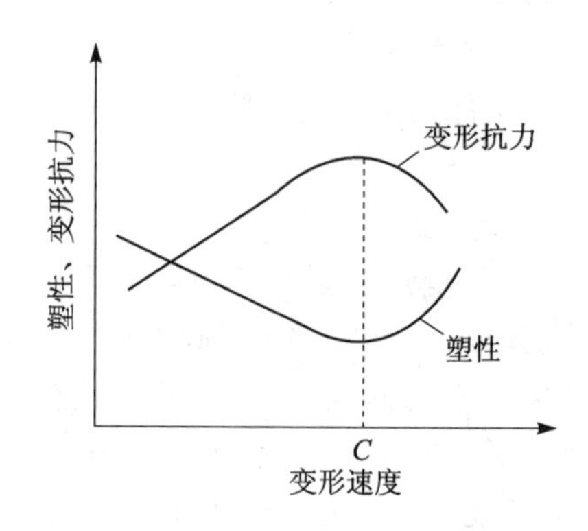

图 2-42 变形速度对金属锻造性能的影响

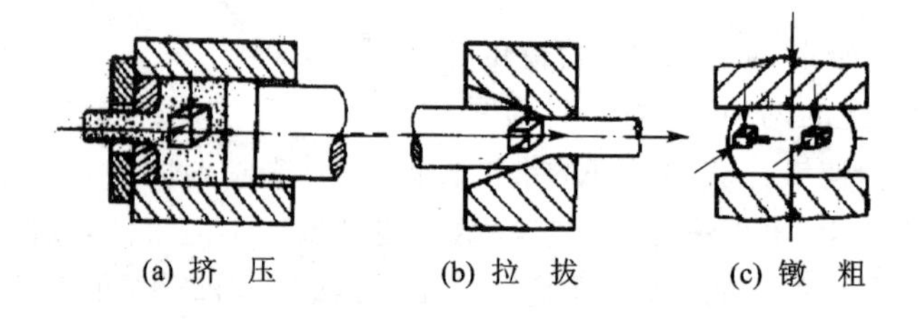

图 2-43 金属变形时的应力状态

2.2.2 塑性成形方法

1. 自由锻

自由锻是指利用冲击力或静压力使坯料在上、下砧面间变形的加工方法。自由锻分为手工自由锻和机器自由锻。手工自由锻是指主要依靠人力，利用简单的工具(如砧铁、手锤、冲子、摔子等)对毛坯进行锻打，主要用于生产小型工件或用具。机器自由锻造是指主要依靠自由锻设备和简单工具对坯料进行锻造。

机器自由锻根据其所使用的设备类型不同，可分为锤锻、水压机锻等。锻锤自由锻所使用的设备有空气锤和蒸气-空气锤，前者只适于锻造小型锻件，后者用于生产质量小于 1 500 kg 的锻件。水压机自由锻主要用于锻造大型自由锻件(数吨到数百吨)。

自由锻所用原材料为初锻坯、热轧坯、冷轧坯、铸锭坯等。对于碳钢和低合金钢的中小型锻件，采用经过锻轧的坯料；大型锻件和高合金钢锻件，多数是利用初锻坯或铸锭坯。

自由锻的优点是，所用工具简单，通用性强、灵活性大，因此适合单件和小批锻件特别是特大型锻件的生产，如水轮发电机机轴、轧辊等重型锻件的生产。也可为某些模锻件提供制坯。但自由锻锻件精度低，加工余量大，生产率比较低。

（1）自由锻工序

自由锻工序一般分为基本工序、辅助工序和精整工序三类。

① 基本工序。指能够较大幅度地改变毛坯形状和尺寸的工序，是自由锻造过程中的主要变形工序，如镦粗、拔长、冲孔等，如表 2－2 所列。

② 辅助工序。指毛坯进入基本工序前预先变形的工序，如倒棱、压肩、压痕等。

③ 精整工序。指为精整锻件尺寸和形状，消除表面不平，校正弯曲、歪扭等，使其符合锻件图要求的工序，如滚圆、平整、校直等。一般在终锻温度以后进行。

表 2－2 自由锻基本工序的作用和简图

名 称	镦 粗		
分类及简图	平砧镦粗	垫环镦粗	局部镦粗
	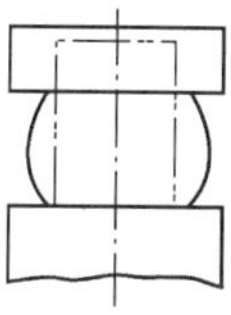	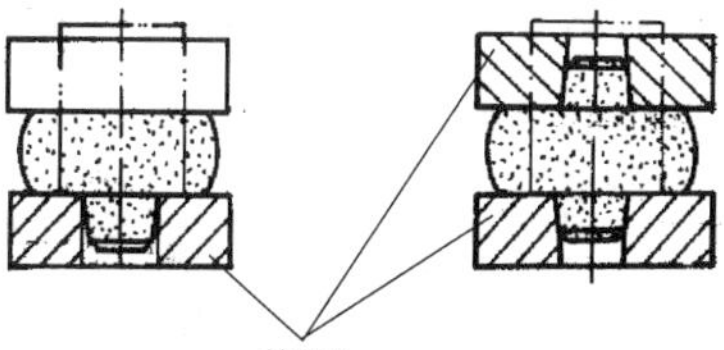 垫环 (a) 单个垫环镦粗 (b) 两个垫环镦粗	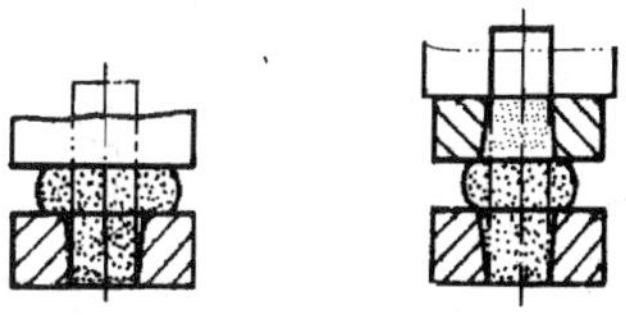 (a) 端部镦粗 (b) 中间镦粗
作 用	① 将横截面积小的坯料变成横截面积较大而高度较小的锻件；② 冲孔前增大坯料横截面积，为冲孔和冲孔后端面平整做准备；③ 破碎合金钢中碳化物，并之其均匀分布；④ 提高锻件横向力学性能，使锻件的力学性能各向同性。		
名 称	拔 长		
分类及简图	平砧拔长	型砧拔长	空心件拔长
	① 方截面→方截面拔长 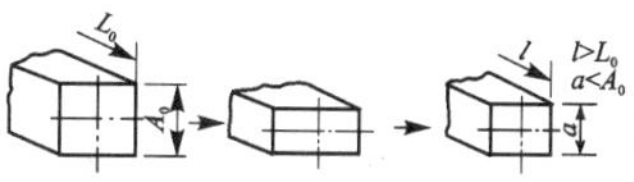 ② 圆截面→方截面拔长 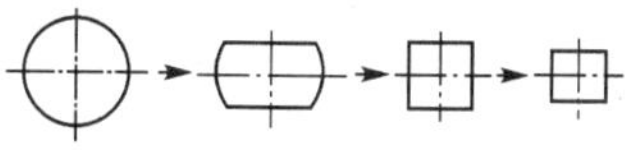 ③ 圆截面→圆截面拔长 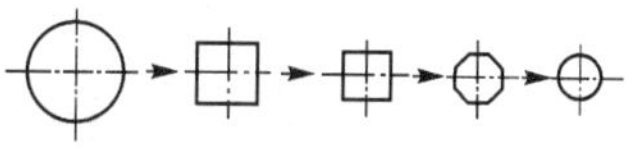	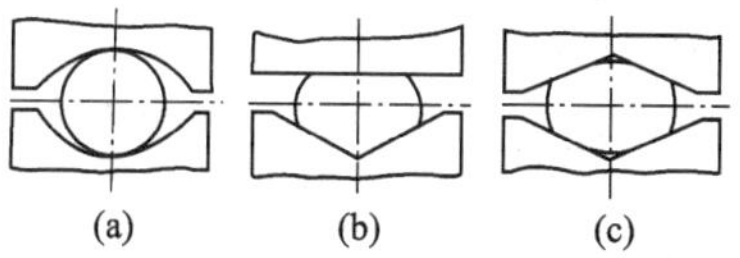 (a) (b) (c) (a) 圆弧型砧； (b) 上平下 V 型砧； (c) 上下 V 型砧	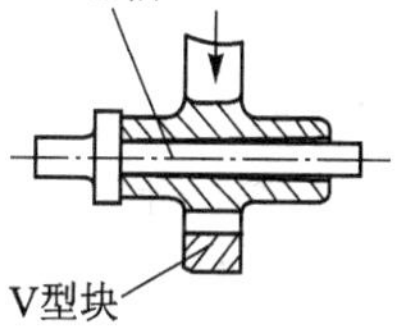 芯轴 V型块
作 用	① 将横截面积较大的坯料变成横截面积较小而轴向较长的轴类锻件；② 作为辅助工序进行局部变形；③、④ 同镦粗		

续表 2-2

名　称	冲　孔		
分类及简图	实心冲子冲孔	空心冲子冲孔	垫环上冲孔
	(a) 单面冲孔　(b) 双面冲孔 1—坯料；2—冲垫；3—冲子； 4—芯料	1—坯料；2—冲垫；3—冲子； 4—芯料	1—冲子；2—坯料；3—垫环； 4—芯料
作　用	① 冲出锻件上 $D \geqslant \phi 30$ mm 以上的通孔或盲孔；② 为需扩孔的锻件预先冲出通孔；③ 为需拔长的空心件预先冲出通孔		

名　称	扩　孔	
分类及简图	冲子扩孔	芯轴扩孔
	d　d'　H_0	
作　用	使坯料的孔扩大，锻造各种带孔锻件和圆环锻件	
名　称	弯　曲	切　割
作　用	使坯料弯成一定角度或形状	① 分割坯料；② 切除锻件余料
名　称	扭　转	错　移
作　用	使坯料的一部分相对于另一部分旋转一定角度	使坯料的一部分相对于另一部分平行错开

(2) 自由锻工艺规程的制订

工艺规程是指导生产、保证生产工艺可行性和经济性的技术文件，也是生产管理和质量检验的依据。工艺规程的主要内容和制订步骤如下：

1) 绘制锻件图

锻件图是根据零件图绘制的，它是计算坯料、确定锻造工序、设计工具和检验锻件等的依据。在绘制锻件图时应考虑以下因素：

① 加工余量。一般锻件的尺寸精度和表面粗糙度不能直接满足零件图的要求，锻后工件需进行机械加工，故锻件的加工表面应留有一定金属余量，即加工余量。零件的基本尺寸与加工余量之和即为锻件的公称尺寸。加工余量的大小与锻件形状、尺寸及生产条件、操作技术水平等有关，其数值可根据锻工手册确定。非加工表面无需加工余量。

② 锻件公差。在实际生产中，考虑到操作水平和锻压设备、工具的精度等的影响，允许锻件的实际尺寸与其公称尺寸有一定的偏差，即锻造公差。锻造公差通常为加工余量的 1/4～

1/3。

③ 锻造余块。对于零件上较小的孔(d<30 mm)、狭窄的凹槽、较小的台阶等很难锻造出的部位,通常填满金属,以简化锻件形状,这部分金属称为锻造余块。

典型锻件图如图 2－44 所示。在锻件图上,用双点划线画出零件的主要轮廓形状。锻件的尺寸和公差标注在尺寸线上面,零件的公称尺寸加括号后标注在尺寸线下面。对有特殊要求的如锻件带有试样、热处理夹头等时,在锻件图上应标明其位置和尺寸。

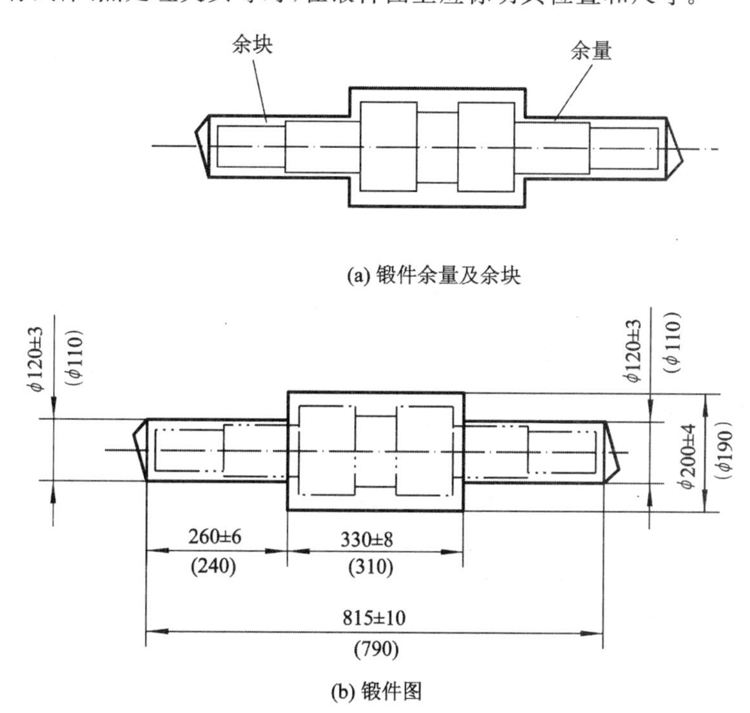

图 2－44　典型自由锻锻件图

② 计算坯料的质量和尺寸

坯料的质量大致可按下式计算:

锻坯质量＝锻件质量×烧损率

其中,钢料加热时的烧损率,与所选用的加热设备和加热火次有关,一般油炉每加热一次的烧损率约为 3%,煤气炉为 2.5%,电阻炉为 1.5%,高频加热炉为 1.0%。

坯料尺寸与锻件成形的第一道工序有关,同时还要考虑锻造比和修整量等的要求来确定。

当第一道工序采用镦粗法时,为避免产生弯曲和便于下料,坯料的高径比(H/D)应小于 3,一般在 1.25～2.5 之间。因此,坯料的直径或边长便可由坯料质量及密度计算得到。

3) 确定锻造工序

锻件工序的选择,应根据锻件的形状、尺寸和技术要求,结合各工序的变形特点来确定。

自由锻的锻件尽管复杂多样,但根据其形状特征和成形方法大致可分为 6 类:饼块类、空心类、轴杆类、曲轴类、弯曲类和复杂形状类。它们的部分分类简图及一般成形工序见表 2－3。

表 2-3　锻件的特点、分类简图及其所需锻造工序

分类及特点	简　图	锻造工序
饼块类锻件：锻件外形横向尺寸大于高度尺寸或两者相近	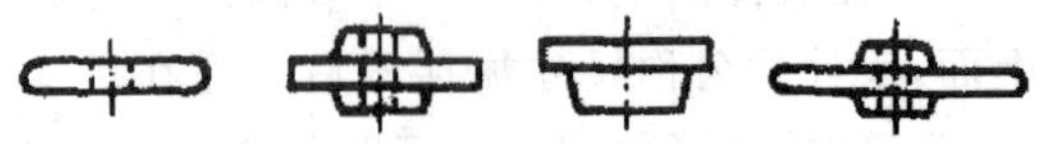	基本工序：镦粗(局部镦粗)、冲孔 辅助工序和修整工序：倒棱、滚圆、平整
空心类锻件：锻件有中心通孔，一般为等壁厚圆环，轴向可有阶梯变化	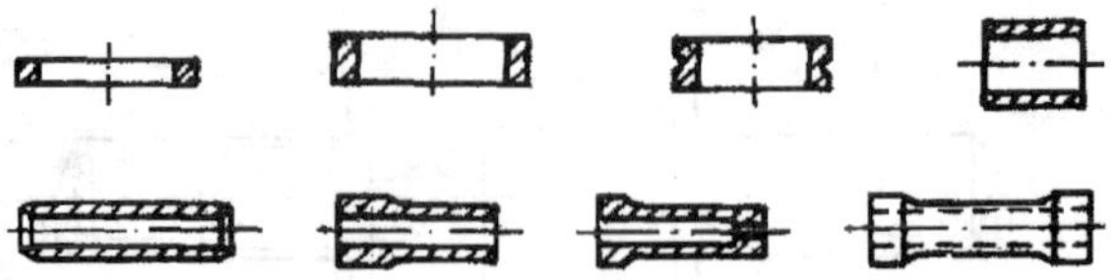	基本工序：镦粗(局部镦粗)、冲孔、扩孔或芯轴拔长 辅助工序和修整工序：倒棱、滚圆、校正等
轴杆类锻件：锻件为实心轴杆，轴向尺寸远远大于横截面尺寸，可以是直轴或阶梯轴	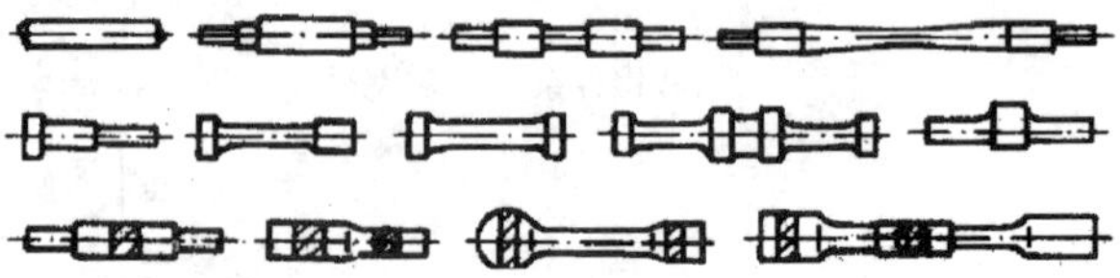	基本工序：拔长 辅助工序和修整工序：倒棱、滚圆

工艺规程的内容还包括确定所用锻造设备、工夹具、加热设备、锻造温度范围、加热火次、冷却规范、锻件的后续处理等。典型自由锻件的锻造工艺卡如表 2-4 所列。

表 2-4　阶梯轴自由锻工艺卡

锻件名称		阶梯轴	工艺类别	自由锻
材　料		45	锻造设备	150 kg 空气锤
加热火次		2	锻造温度范围	1 200～800 ℃
锻件图			坯料图	
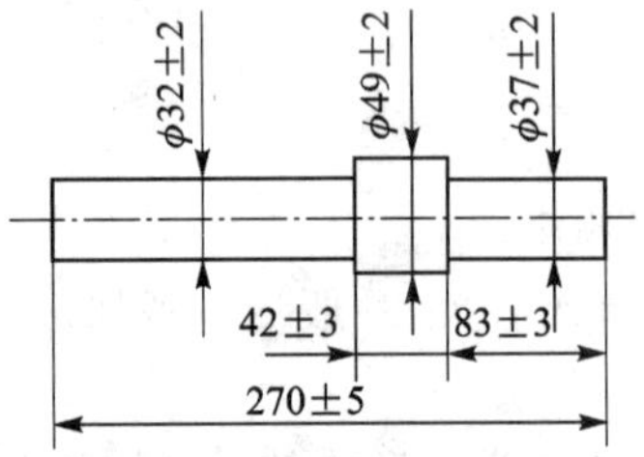 ϕ32±2　ϕ49±2　ϕ37±2　42±3　83±3　270±5			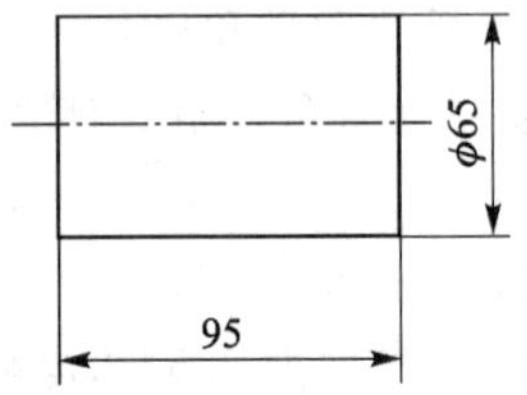 ϕ65　95	
序　号	工序名称	工序简图	使用工具	备　注
1	拔长	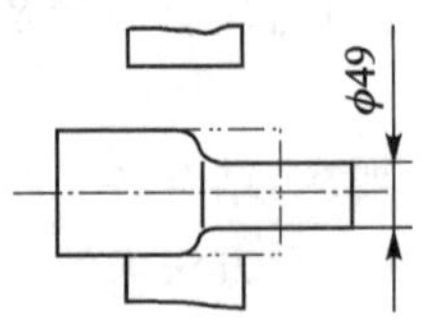 ϕ49	火钳	整体拔长至 ϕ49±2 mm

续表 2－4

序　号	工序名称	工序简图	使用工具	备　注
2	压肩	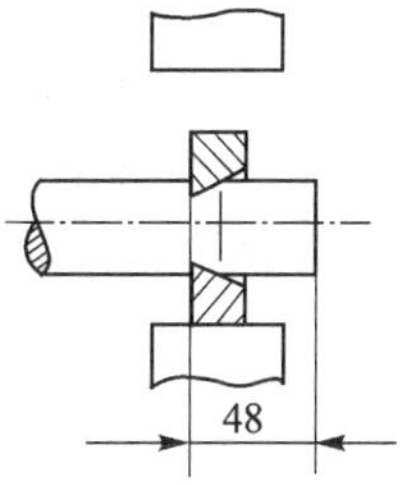	火钳 压肩摔子	边轻打边旋转锻件
3	拔长一端	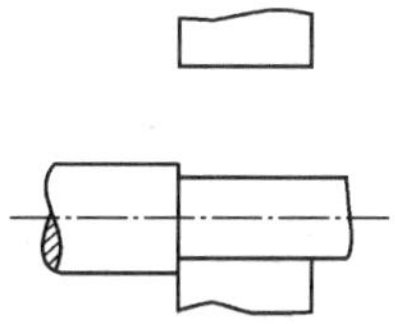	火钳	将压肩一端拔长至直径略大于 37 mm
4	摔圆	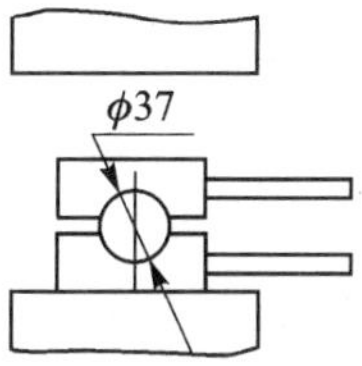	火钳 摔圆摔子	将拔长部分摔圆至 $\phi 37 \pm 2$ mm
5	压肩	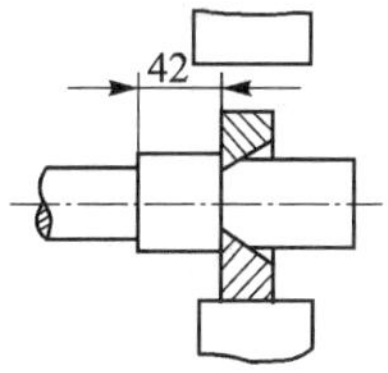	火钳 压肩摔子	截出中段 42 mm 后，将另一端压肩
6	拔长		火钳	将压肩一端拔长至略大于 32 mm
7	摔圆		火钳、摔圆摔子	将拔长部分摔圆至 $\phi 32 \pm 2$ mm
8	修整		火钳、卡钳、钢板尺	修整轴向弯曲、检查各部尺寸

2. 模　锻

模锻指金属坯料在具有与锻件形状一致的锻模模膛内受冲击力或压力而变形，获得所需锻件的加工方法。

相对自由锻而言，模锻件的尺寸和形状精度高，表面粗糙度低，机械加工余量小，材料利用率高，生产率高，纤维组织分布合理，力学性能高，可提高锻件的使用寿命。

但模锻生产是坯料的整体变形，坯料在模膛内承受三向压应力状态，其变形抗力增大，因此，模锻时所需的设备吨位大，模锻件的质量一般小于 150 kg；另外，锻模模具材料要求较高，且制造模具的周期长，成本高，所以，模锻只适合于中、小型锻件的大批量生产。

按照所使用的设备不同，模锻可分为锤上模锻、压力机和液压机上模锻等。下面仅简要介绍锤上模锻。

(1) 锤上模锻特点

锤上模锻是上、下模块分别紧固在锤头与砧座上,将加热透的金属坯料放入下模膛中,利用上模向下的冲击作用,迫使金属在锻模摸膛内塑性流动,而获得与模膛形状一致的锻件。

锤上模锻可实现多种工步,锤头行程和打击速度可调,能实现轻重缓急不同的打击,适合加工各类形状复杂的零件;在冲击力作用下,金属充填模膛的能力强,锤头运动速度快,生产率高。

(2) 模锻设备

锤上模锻所用设备有蒸气-空气模锻锤、无砧座锤、高速锤等,其中最常用的是蒸气-空气模锻锤。

(3) 锻模结构

锤上模锻的锻模结构如图 2-45 所示。

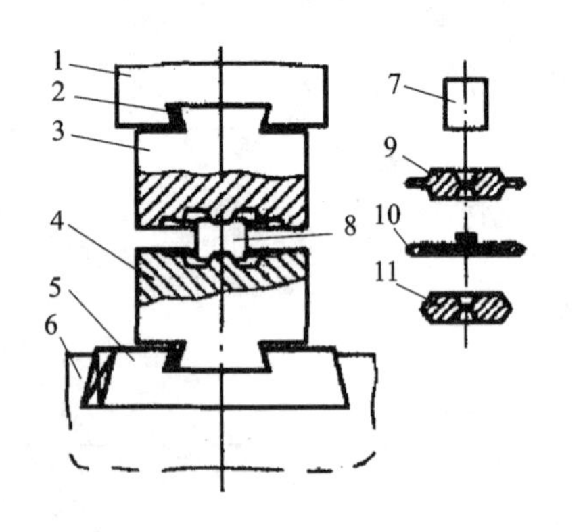

1—锤头;2—楔铁;3—上模;4—下模;5—模座;6—砧铁;7—坯料;8—锻造中的楔铁;9—带飞边和连皮的锻件;10—飞边和连皮;11—锻件

图 2-45 锤上模锻的锻模结构

(4) 模锻工艺规程的制定

模锻工艺规程的内容包括模锻件图的设计、变形工步的确定、坯料尺寸的计算、锻模设计及确定锻造设备、修整工序等。

1) 绘制模锻件图

在设计时主要考虑以下几个问题。

① 确定分模面。模锻件是在可分的模膛中成形,组成模膛的各模块的分合面,称分模面。确定分模面的位置要考虑下列因素:

a. 确保锻件能从模膛内取出,一般选在具有最大水平投影面的位置上,如图 2-46 所示。

b. 避免错模,应选在锻件侧面的中部,使上、下模膛轮廓相同。如图 2-47 所示,应选 $A—A$ 线,而不选 $B—B$ 线。

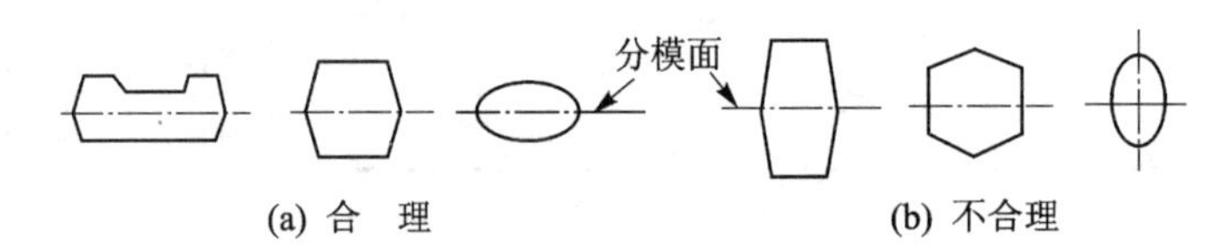

图 2-46 分模面在最大水平投影位置上

c. 尽量简化锻模结构,分模面应尽可能采用平面。如图 2-48 所示,选 $A—A$,同时可防止错模。

d. 尽可能使上下模膛的深度大致相等,如图 2-49 所示的头部较大的长轴类锻件,为保证尖角处易充满金属,不宜采用直线分模。

e. 减少工艺余块,节约金属消耗。如图 2-50 所示为高径比(H/D)不同的圆饼类锻件,分模面的选择。当 $H/D \leqslant 2.5 \sim 3$ 时,采用径向分模,以锻出内孔,节约金属;当 $H/D > 3$ 时,为了容易出模,减低模具高度,应采用轴向分模。

f. 对锻造流线有要求的锻件,应尽可能沿锻件截面外形分模,如图 2-51 所示。

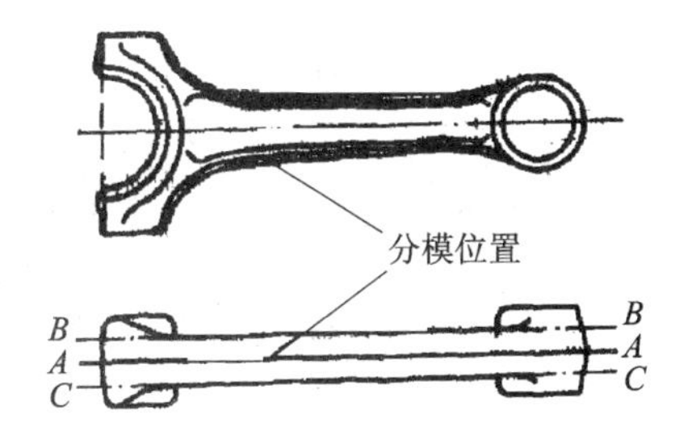

图 2-47　分模面在锻件侧面的中部

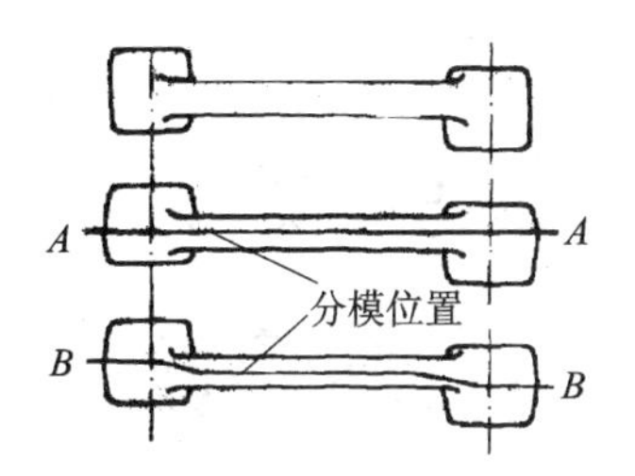

图 2-48　分模面应采用平面

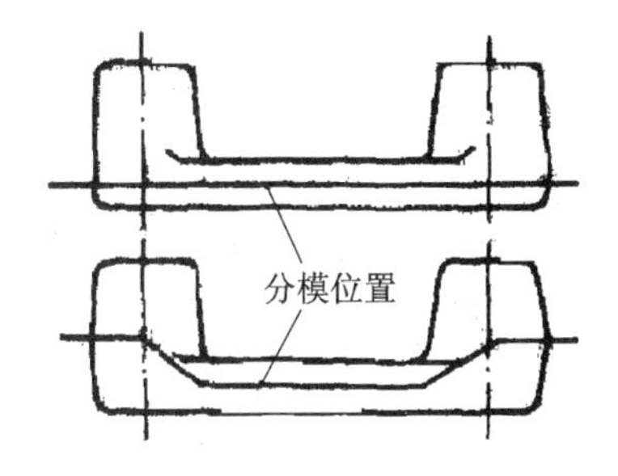

图 2-49　分模面应使模膛深度大致相等

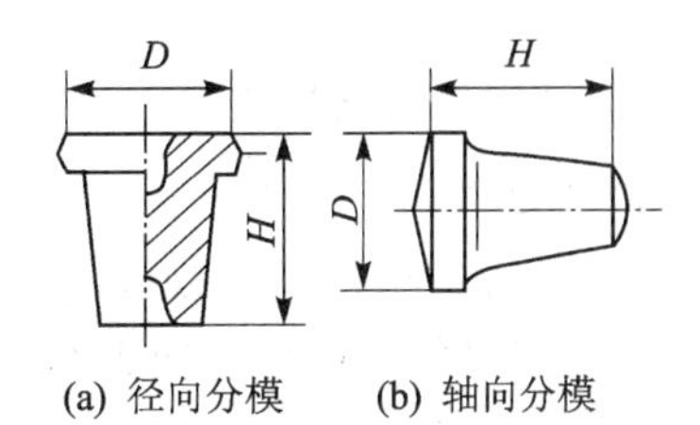

图 2-50　圆饼类锻件的分模

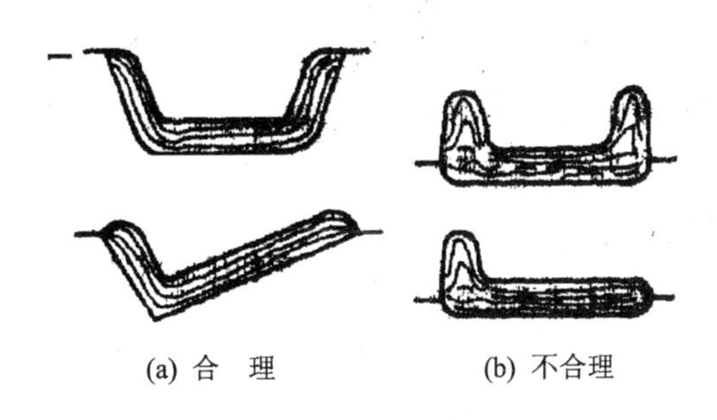

图 2-51　沿锻件截面外形分模

② 确定机械加工余量和公差。一般情况下，余量为 1～4 mm，公差在 ±0.3～3 mm 范围内。

③ 模锻斜度。为便于从模膛内取出锻件，模膛壁沿出模方向做成一定的斜度，该斜度称为模锻斜度或出模角。

④ 模锻圆角。模锻件上所有交接处要用圆弧连接(见图 2-52)。其目的是使金属易于流动和充满模膛，提高锻件质量并延长锻模寿命。

⑤ 冲孔连皮。锤上模锻件不能直接锻出通孔，防止锻锤冷击，损坏锻锤或模具。必须在孔内保留一层金属，即冲孔连皮(见图 2-53)。锻后在切边压力机上除掉。

⑥ 飞边。为了防止锻件尺寸不足及上、下锻模直接撞击，模锻件周边常设计成飞边(见图 2-52)。在终锻模膛边缘相应加工出飞边槽，其作用为容纳多余金属和增加金属沿分模面的流动阻力以利于金属充填模膛，在锻造过程中，多余的金属即存留在飞边槽内形成飞边，锻后再用切边模将其切除。

上述参数确定后即可绘制模锻件图。图 2-53 所示为齿轮坯模锻件图。

2) 确定模锻工步

根据锻件形状、尺寸，确定模锻工步。

3) 修整工序

修整工序包括切边、冲连皮、表面清理、热处理、校正、精压及检验。

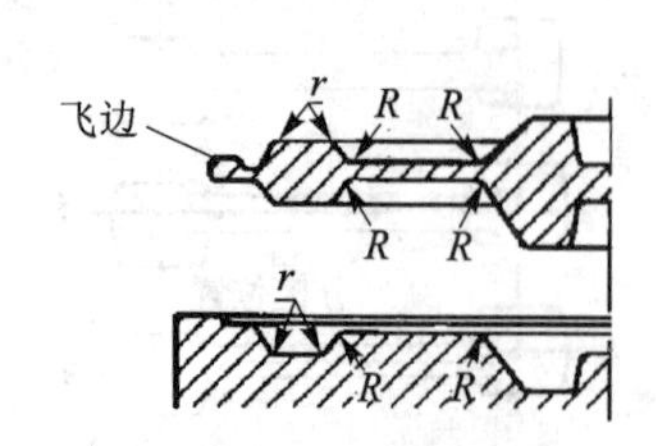

图 2-52　模锻圆角及飞边

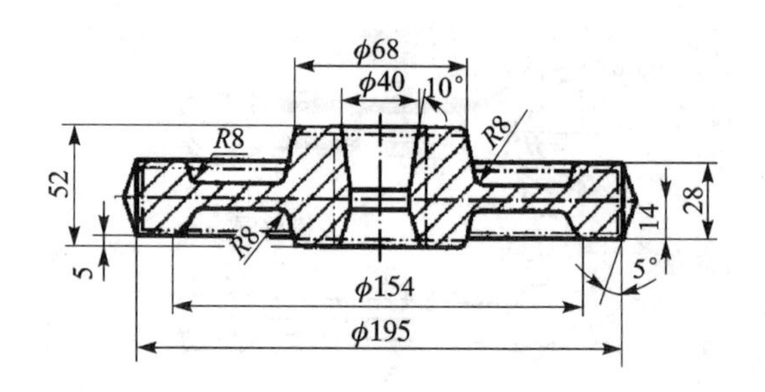

图 2-53　齿轮坯模锻件图

2.2.3　板料冲压

1. 板料冲压的特点与应用

板料冲压是借助于冲压设备对板料施加外力，并使其在模具内分离或变形，从而获得一定形状、尺寸的零件的一种加工方法。冲压一般在冷态下进行，故又称冷冲压。其特点是：

- 产品质量好、强度高。冲压件精度主要由模具精度来保证，一般不需再进行机械加工。冲压时金属产生的加工硬化，能提高零件的强度。
- 生产率很高。一般冲压设备的行程次数为每分钟几十次以上，每个行程就有可能得到一个产品零件。
- 板料冲压适于大批量生产。

2. 板料冲压的基本工序

板料冲压的基本工序有分离工序和变形工序两大类。

(1) 分离工序

分离工序包括剪切和冲裁。剪切即使坯料沿不封闭的轮廓分离的工序，通常在剪床(又称剪板机)上进行。冲裁是使坯料沿封闭的轮廓分离的工序，它包含落料和冲孔。

落料和冲孔如图 2-54 所示。冲孔是在板料上冲出所需要的孔，冲孔后的板料本身是成品，而冲下的部分是废料；落料时，从板料上冲下的部分是成品，而板料本身是废料或余料。

冲裁时板料的变形和分离过程可分为三个阶段，如图 2-55 所示。

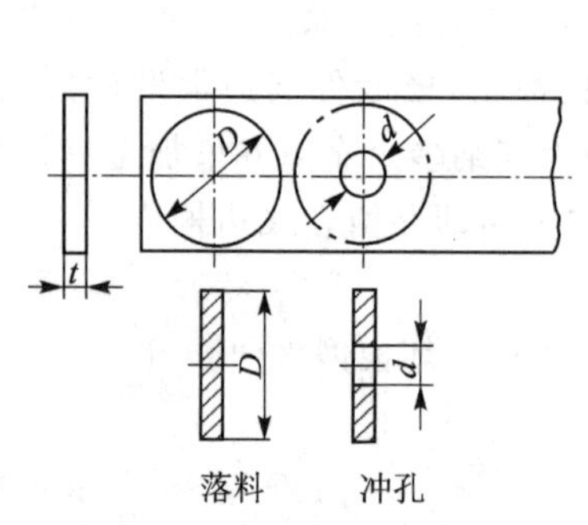

图 2-54　垫圈冲裁中的落料与冲孔

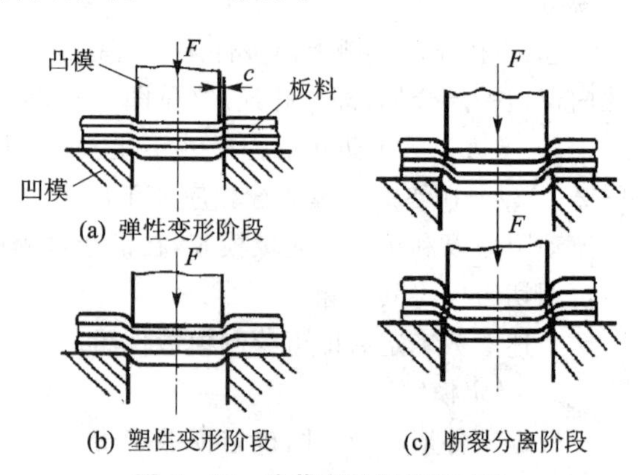

图 2-55　冲裁变形与分离过程

(2) 变形工序

变形工序包括拉深、弯曲、翻边、局部变形等。

1) 拉　深

图 2-56 所示为拉深过程示意图。在冲头作用下，毛坯的环形部分(D_0-d)(变形区 A)在切向压应力和径向拉应力的作用下，其圆周方向产生压缩变形，径向产生伸长变形，并在传力区 B 的作用下，使变形区移动，使圆周的方向尺寸减小，进而形成零件的壁部，使直径为 D_0 的原始坯料由平状逐渐变成立体空心零件。

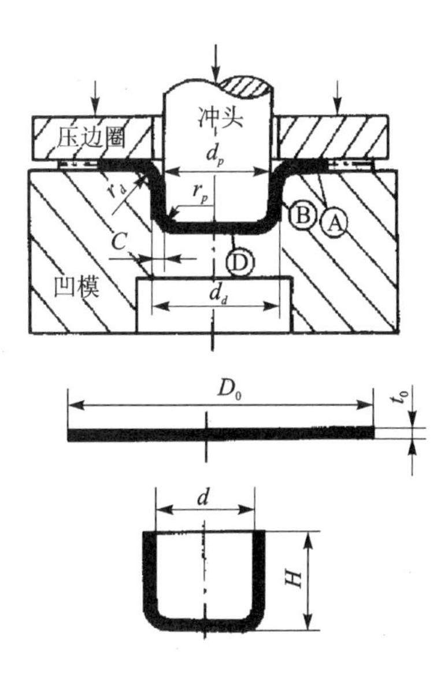

A—变形区；B—传力区；D—不变形区

图 2-56　拉深过程示意图

成形后其壁部厚度改变，以筒形的口部边缘增厚最大，而在冲头转角处且靠近侧壁一侧的地方减为最薄，此处是拉深件易破裂部分。

拉深件的缺陷主要有拉裂和起皱(见图 2-57)两种。

2) 弯　曲

它是通过弯曲模将板料、型材或管材弯成一定的曲率或角度的变形工序。如图 2-58 所示。影响弯曲件质量的主要有两个因素：最小弯曲半径和弹复角。在外力作用下，坯料在模具中弯曲成形的角度要比取出后的弯曲角度小，此现象为弹复现象，其弹复的方向为反弯曲变形方向，其差值称弹复角。

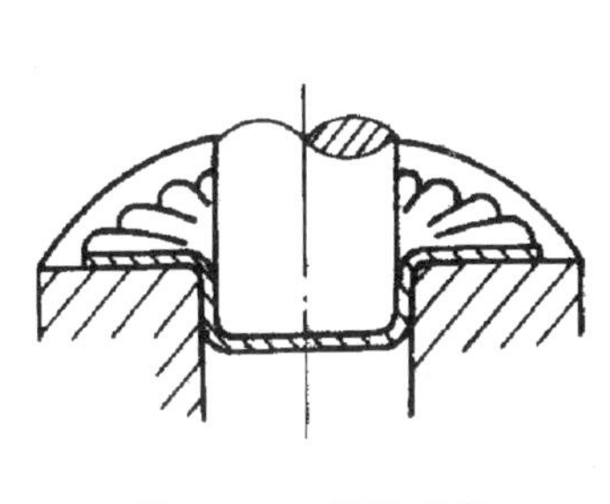

图 2-57　起皱现象

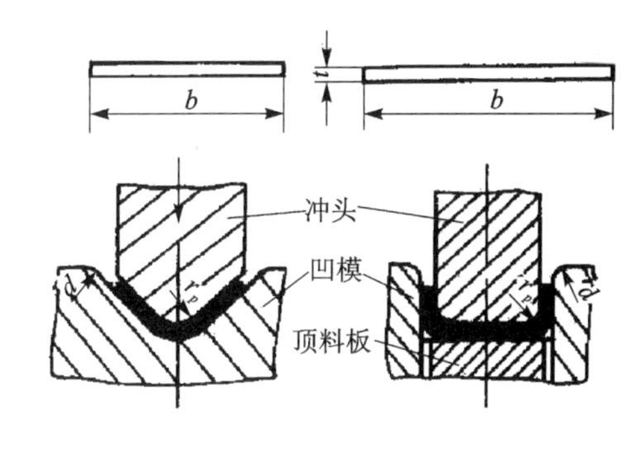

图 2-58　弯曲加工示意图

2.2.4　锻压件结构工艺性

1. 自由锻锻件的结构工艺性

自由锻使用简单、通用的工具成形，在设计锻件时，除满足使用性能外，应考虑其特点，使锻件结构符合自由锻的工艺性要求。对自由锻锻件的结构工艺性要求见表 2-5。

表2-5 自由锻锻件的结构工艺性

工艺要求	不合理结构	合理结构
1.锻件形状力求简单	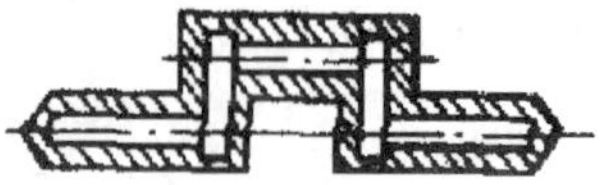	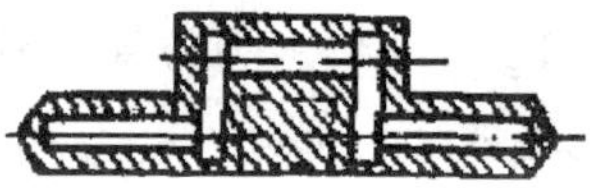
2.锻件上尽量避免锥体和斜面结构	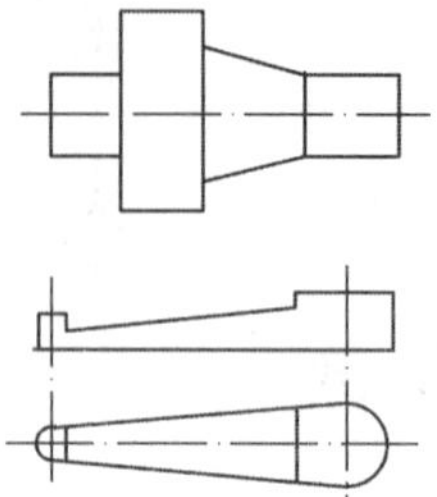	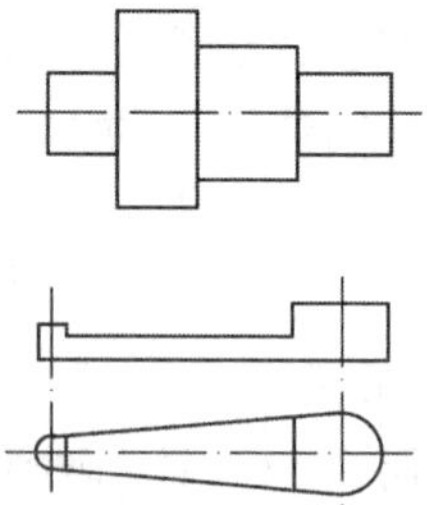
3.锻件上应避免产生空间曲线。如有圆柱面与圆柱面相交,应改为平面与圆柱或平面与平面相交	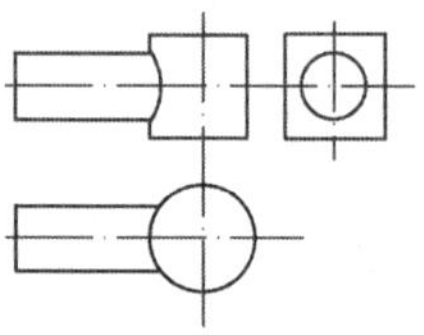	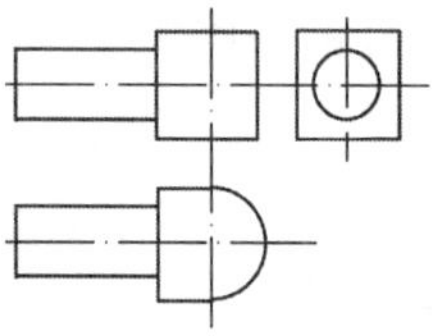
4.避免椭圆形、工字形或其他非规则形状截面及弧线、曲线形表面	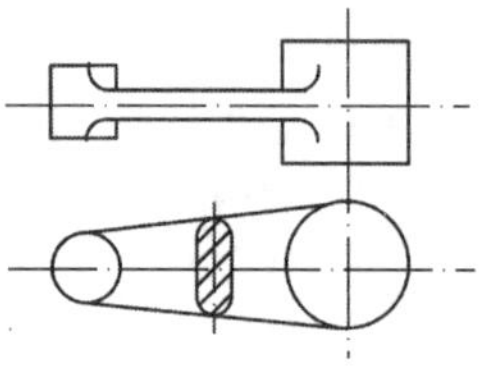	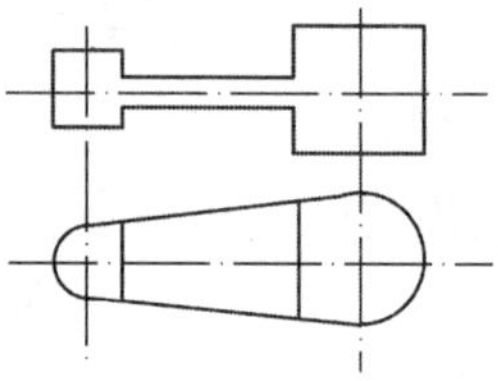
5.避免加强筋和凸台等结构,用小孔或凹槽代替,然后进行切削加工	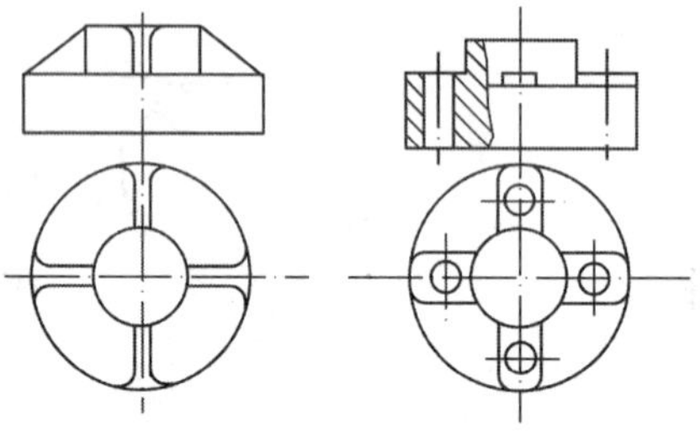	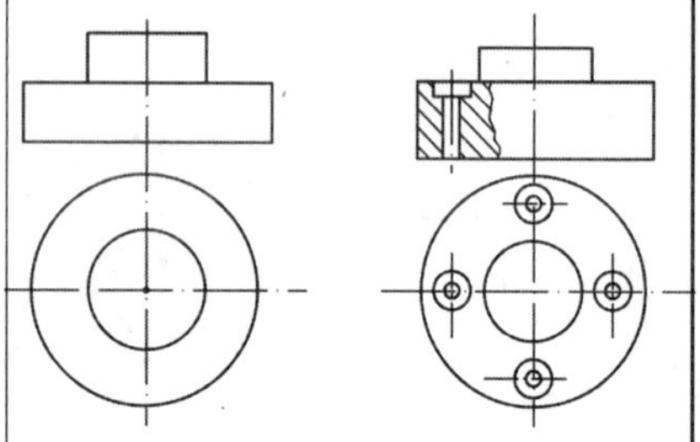
6.复杂件或横截面急剧变化的锻件,采用锻件与连接方式进行组合	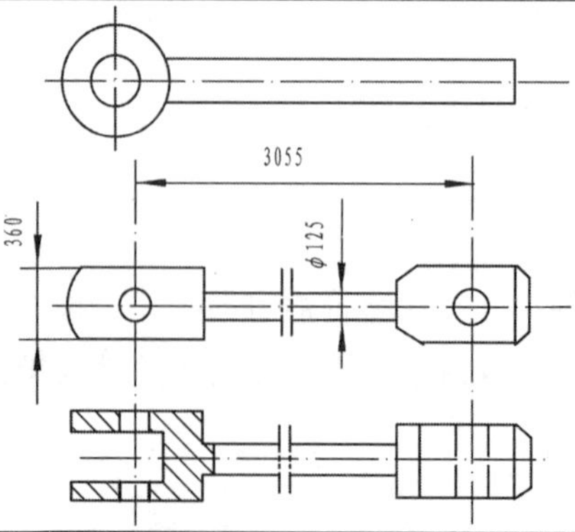 3055 360 $\phi125$	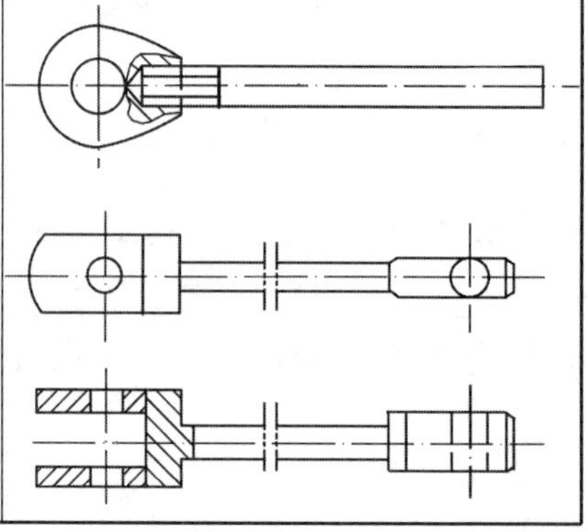

2. 模锻件的结构工艺性

模锻件的结构应符合下列原则：

① 模锻件应具有合理分模面和模锻斜度以及模锻圆角。

② 零件外形力求简单，平直和对称，应避免零件截面间尺寸急剧变化，避免具有薄壁、高筋、凸起等结构，以利于金属充满模膛和减少工序。图 2-59(a)所示零件的最小与最大截面之比若小于 0.5，就不宜采用模锻。此外，该零件的凸缘薄而高，中间凹下很深也难于用模锻方法锻制。图 2-59 所示零件扁且薄，模锻时薄的部分冷却快，不易充满模膛。

③ 模锻件应尽量避免窄沟、深槽和深孔、多孔结构，以便于模具制造和延长锻模寿命。

④ 形状复杂的模锻件应采用锻焊结构(见图 2-60)，以减少工艺余块，简化模锻工艺。

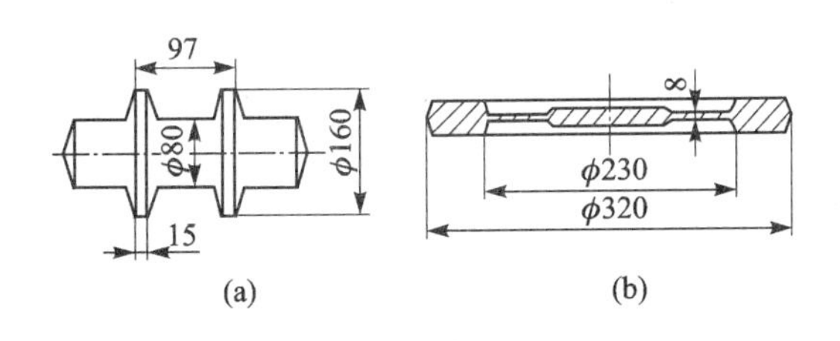

图 2-59 模锻件形状

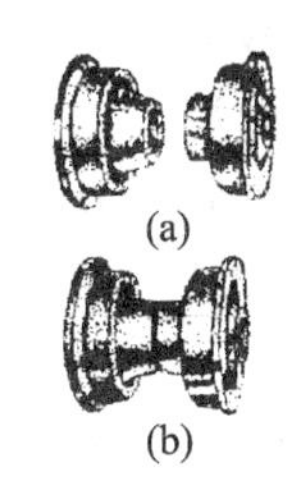

图 2-60 锻焊结构模锻件

3. 板料冲压件结构工艺性

① 形状尽量简单。最好由规则的几何形状或由圆弧与直线所组成。在不影响零件功能的条件下，可用剪切下料代替落料模落料，以改善零件的工艺性能，如图 2-61 所示。

② 避免过长的悬臂与狭槽。一般槽宽应大于料厚的 2 倍，如图 2-62 所示的 $b>2t$。

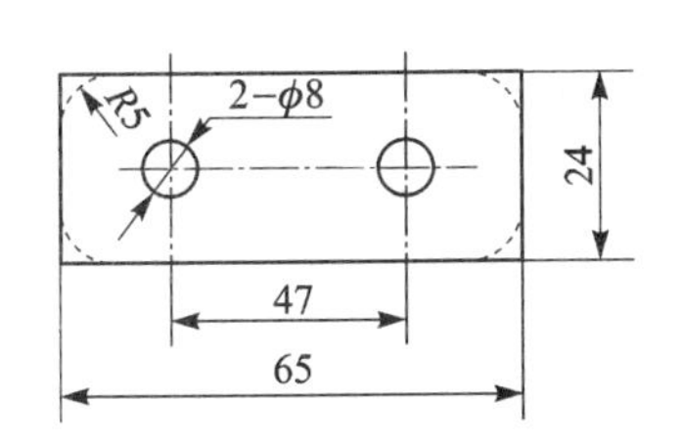

图 2-61 以剪切代落料的冲裁件

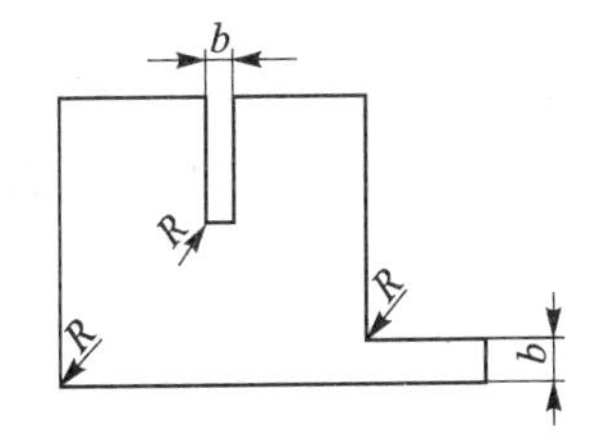

图 2-62 有悬臂、狭槽的冲裁件

③ 尽量采用圆角($R>0.5t$)过渡，避免因应力集中。

④ 冲孔尺寸不宜过小，孔间距、孔边距也不宜过小。一般冲孔的最小尺寸(直径或方孔边长)应大于或等于板料厚度。

⑤ 冲裁件的形状应有利于进行合理排样，提高材料的利用率。采用如图 2-63 所示的多行错开直排比单行直排或双行直排省料。但也有无搭边的排样方式，如图 2-64 所示。

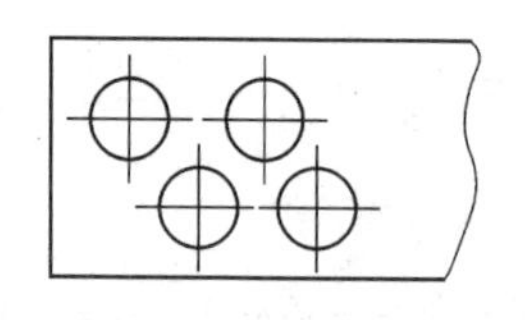

图2-63 错开直排

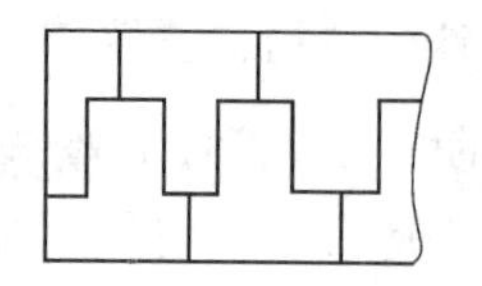

图2-64 无搭边排样

2.2.5 其他塑性成形方法和成形新工艺

1. 轧制成形

轧制成形是金属坯料在两个旋转轧辊的压力作用下,产生连续塑性变形,获得所需的截面形状、尺寸的锻件或原材料的加工方法(见图2-65)。在轧制过程中,靠轧辊和坯料间的摩擦力实现坯料连续通过轧辊孔隙而受压变形,使得坯料的截面减小,长度增加。通过合理地设计轧辊上的各种不同的孔型(与产品截面轮廓相似),便可轧制出不同截面的原材料,如钢板、型材和无缝管材等。另外,也可直接轧制出零件。

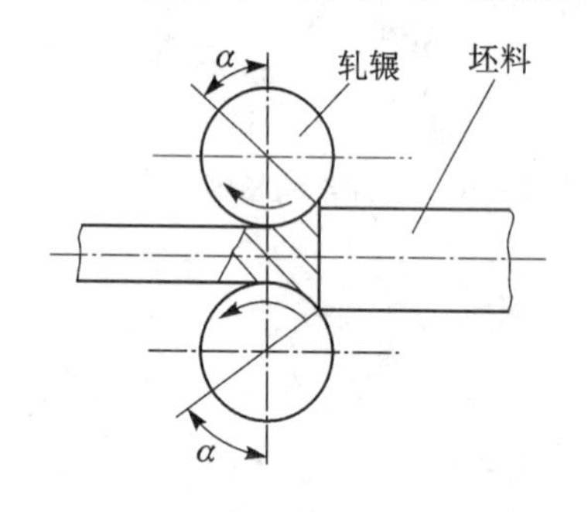

图2-65 轧制示意图

2. 挤压成形

挤压是将金属毛坯放入挤压模具模腔内,使金属在较大的压力和一定的速度下,从模腔中挤出,而获得所需形状、尺寸和一定力学性能的挤压件的一种成形方法。由图2-43(a)可见,挤压成形是靠模具来控制金属流动,靠金属体积的大量转移来成形零件的。

在冷挤压中,毛坯金属处于三向压应力状态,有利于提高金属材料的塑性且经挤压后金属材料的晶粒组织细小而密实;产生加工硬化,可提高冷挤压件的力学性能;挤压件表面粗糙度低($Ra=1.6\sim0.2\ \mu m$);尺寸精度较高(IT6~IT7)。可减少切削加工量,可成形形状复杂、变形程度很大的零件,对形状简单的零件可一次成形。

目前,挤压已在机械、汽车、仪表、电器、轻工、宇航、船舶、军工等工业部门得到较为广泛的应用。

3. 超塑性成形

在特定组织结构和变形条件下,金属和合金呈现出异常高的塑性,延伸率可达百分之几百,甚至达百分之一千或二千以上,变形抗力也很小,这种现象称为超塑性。

超塑成形的特点是:材料塑性特别高,可一次精密成形;变形抗力小,使难变形材料易塑性成形;成形零件质量好。超塑成形的零件的组织无各向异性,不存在由于硬化引起的回弹现象,故零件尺寸稳定、不变形。对钛合金等零件更能显示其优点。

由于超塑成形时的载荷低、速度慢,故其生产率低;另外,在一定条件下,超塑变形后的材料,随着超塑变形时的应变增加,将会由韧性逐渐变成脆性,从而影响零件使用性能。

4. 高能成形

高能成形又称高速率成形,其特点有两个:一是能量释放时间短,仅为微秒级;二是毛坯主要靠获得的动能,在惯性力作用下成形。主要应用于冲压生产。

① 爆炸成形。爆炸成形是利用炸药或火药在爆炸瞬间释放出的巨大化学能，通过介质(或直接)传递能量，而使金属毛坯成形的方法。传递爆炸作用的介质常用水、空气和砂等。所以爆炸成形模具简单，无需冲压设备，生产率低并具有一定的危险性，一般适合于小批量或试制特大型零件。

② 电磁成形。电磁成形是利用电流通过线圈时产生的磁场力，对金属毛坯进行加工的一种成形方法。电磁成形中毛坯表面不受损伤，零件精度高，但加工能力受到设备容量限制，目前只用于加工厚度不大的小型零件。

2.3　焊　接

焊接是用加热或加压等手段，借助于金属原子的结合与扩散作用，使分离的金属材料产生连接的一种工艺方法。

焊接可将小而简单的坯料，连接成大而复杂的零件如桥梁、船体、各种容器等。相对于其他连接方法如铆接、螺栓连接等，焊接具有节约金属、气密性好等特点，被广泛应用于机械、汽车、船舶、石油化工、电力、建筑、原子能、海洋工程、宇航工程及电子技术等工业部门。

按其工艺过程的特点，焊接可分为熔焊、压焊和钎焊三大类。

2.3.1　熔　焊

熔焊是将焊件连接部位局部加热至熔化状态，冷却凝固后形成一体的焊接方法。其方法很多，如手工电弧焊、埋弧焊、气体保护焊等，其中手工电弧焊最常用。

1. 手工电弧焊

手工电弧焊(简称手弧焊)是利用电弧产生的热量来熔化母材和焊条的一种手工操作的焊接方法。

手弧焊所用设备简单，操作灵活，不受场地和焊接位置的限制，适应性强；大部分工业用的金属材料都能焊接，如碳钢、低合金钢、不锈钢、耐热钢、铜、铝及铝合金、铸铁、高强度钢等。但焊接过程的稳定性差，操作难以控制，造成焊缝质量不稳，对焊工操作技术水平要求较高；焊接过程中需更换焊条，影响焊接速度，焊后需要清渣等，故生产率较低。因此手弧焊适宜单件、小批生产和修理。用于焊接工件厚度在 3～40 mm 之间的结构复杂件，特别是具有很多短或不规则的、各种空间位置都有焊缝的结构件。

2. 焊接接头的组织性能

焊接接头由焊缝和热影响区两部分组成(见图 2－66)。焊缝两侧的母材受焊接加热的影响，会引起金属内部组织和力学性能变化的区域，称为焊接热影响区。焊缝和热影响区的分界线称为熔合线。

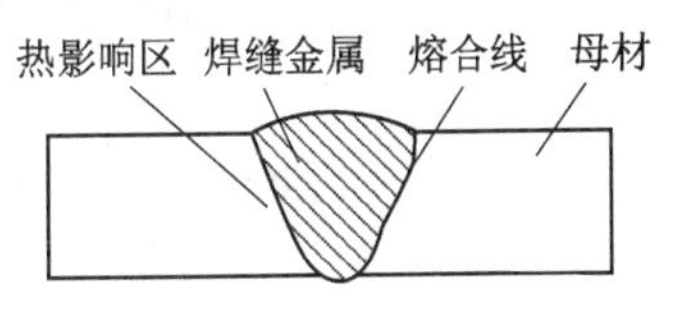

图 2－66　熔焊焊接接头

焊接时，热源(电弧)局部加热并沿焊件移动，焊件某点的温度随时间由低而高，当达到最高值时，又由高而低的变化过程，称为该点的焊接热循环，其关系曲线称为焊接热循环曲线，如图 2－67 所示。它反映了焊接过程中，热源对该点的加热、冷却过程。距焊缝中心线远近不同的点，其焊接热循环也不同。距焊缝中心线越近的各点，被很快加热并达到最高温度，且其值越高;越远的各点被加热达到最高温度所需的时间越长,其值越低。这样必然造成热影响区的组织和性能作相应的变化。

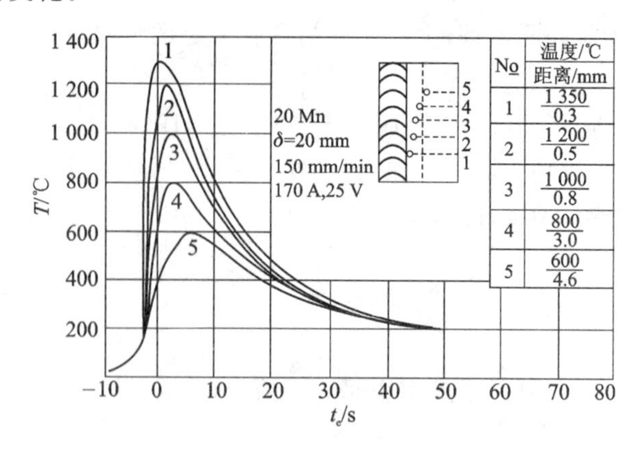

No	温度/℃ / 距离/mm
1	1 350 / 0.3
2	1 200 / 0.5
3	1 000 / 0.8
4	800 / 3.0
5	600 / 4.6

图 2-67 焊接热循环曲线

所以,焊件的焊接部位一般都要经历加热、冶金和金属的结晶、相变三个过程。现以低碳钢为例来说明焊接热循环对焊接接头的组织和性能的影响。

(1) 焊缝组织和性能的变化

熔池凝固时,晶体首先在与其相邻的半熔化状态的母材晶粒表面上形成柱状晶,并向熔池中心成长;因焊缝凝固是在热源不断移动的情况下进行的,随着熔池向前推进,各点的最大的温度梯度方向在不断地变化,晶体的成长方向也随之变化。

一般情况下,熔池呈椭圆形,柱状晶垂直于熔池边缘弯曲地长大,如图 2-68 所示。对钢材来说,焊缝常温下的组织大部分是呈柱状的、粗大的铁素体加少量的珠光体。

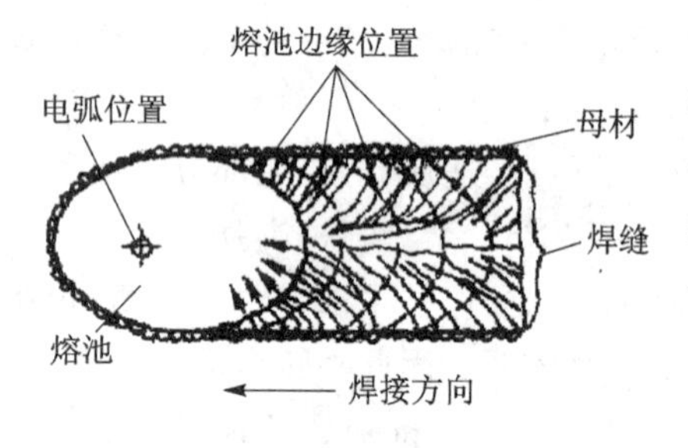

(熔池中的箭头表示最大温度梯度方向)

图 2-68 椭圆形熔池柱状晶长大形态

由于冷却速度快,熔池的化学成分来不及扩散,合金元素分布不均匀,有害元素碳、硫、磷及氧化物杂质易偏析并集中出现在焊缝中部,导致气孔、热裂纹和冷裂纹、耐蚀性下降、力学性能不均匀和断裂韧度降低等。

(2) 热影响区组织和性能的变化

低碳钢焊接热影响区按其组织基本相同而性能相近分为熔合区、过热区(粗晶区)、重结晶区(细晶区)、不完全重结晶区(部分相变区),如图 2-69 所示。

① 熔合区。在焊缝与母材相邻部位,又称半熔化区。温度处于固相线和液相线之间。该区晶粒粗大,化学成分和组织极不均匀,冷却后为过热组织和新结晶的铸造组织,塑性、韧性很差,是焊接接头的危险地带,常产生裂纹和脆性破坏。

② 过热区。该区温度在固相线以下和 1 100 ℃之间。形成特殊的过热组织(魏氏组织),其晶粒粗大,晶内有大量铁素体片,易产生粗晶脆化,塑性、韧性很差。

③ 重结晶区。该区各点的最高加热温度范围在 Ac3 至晶粒开始急剧长大以前的温度之间,低碳钢为 900～1 100 ℃。因加热速度快,高温停留时间短,冷却后获得均匀细小的铁素体+珠光体,其塑性、韧性都较好,甚至优于母材。

另外,焊接热影响区还与母材焊前的热处理有关,如图 2-70 所示。

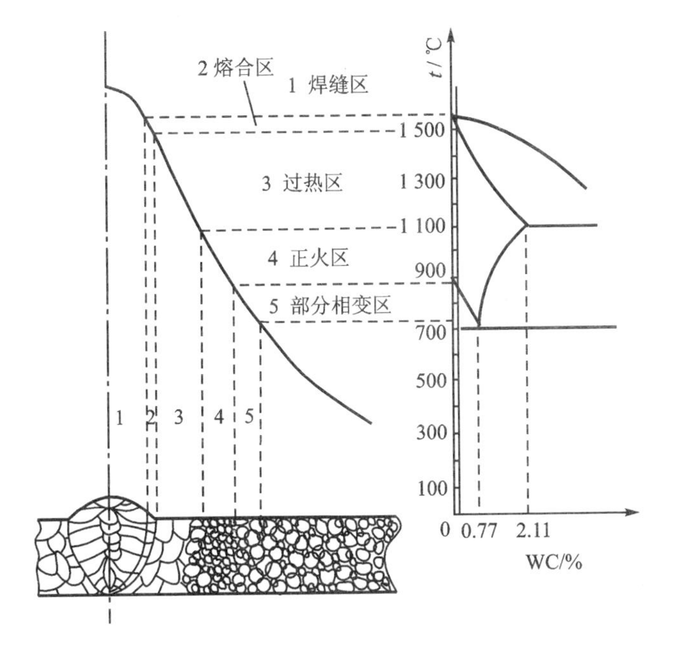

图 2－69　低碳钢焊接热影响区组织变化示意图

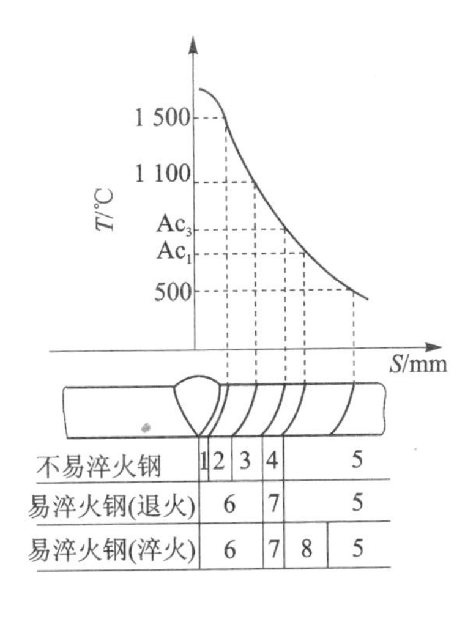

1—熔合区；2—过热区；3—正火区；4—不完全重结晶区；5—母材；6—完全淬火区；7—不完全淬火区；8—回火区

图 2－70　钢焊接热影响区的分布特征

④ 不完全重结晶区。该区各点的最高加热温度范围在 Ac3～Ac1 线之间，低碳钢为 750～900 ℃。只有部分金属重结晶后变为细小的铁素体＋珠光体组织，其余仍为原来的粗晶铁素体组织。该区晶粒大小不均，力学性能也不均匀。

影响焊接热影响区大小和组织性能变化的因素有焊接方法、焊接规范、接头形式和焊后冷却速度等。

用不同的焊接方法焊接低碳钢时，焊接热影响区的宽度不同。如埋弧自动焊、手工钨极氩弧焊、手弧焊、电渣焊，其热影响区的宽度依次增大。

焊接规范主要是指焊条直径、焊接电流、电弧电压及焊接速度等。一般来说，在保证焊接质量的条件下，提高焊接速度、减小焊接电流都可使焊接热影响区减小。

对重要钢结构、合金钢构件或用电渣焊焊接的构件，焊后须采用热处理，使焊缝和焊接热影响区获得均匀细化的组织，以改善焊接接头性能。

3. 焊接的应力与变形

焊接是一个不均匀的加热过程，它必然引起焊接应力和变形，影响焊件的质量和使用性能。

(1) 焊接应力和焊接变形

焊件在加热过程中，焊缝和近缝区将产生不同程度的拉伸变形，但因受到来自其周围母材的约束，其拉伸受阻而受到压应力；焊件完全冷却后，焊缝和近缝区因不能自由收缩，而受拉应力，远离焊缝的部位则受压应力，如图 2－71 所示的钢板对接时的焊接应力分布图。

由于焊缝和近缝区的纵向收缩，引起焊件的纵向变形，表现为纵向尺寸缩短；同样，近缝高温区金属在横向的热膨胀受到附近温度较低金属阻碍，被挤压而产生横向压缩塑性变形，冷却后使焊缝产生横向收缩变形，若沿厚度方向上温度分布不均匀，横向收缩变形沿厚度上也不均匀，这也将产生两头向焊缝一侧翘起的角变形，如图 2－72 所示。

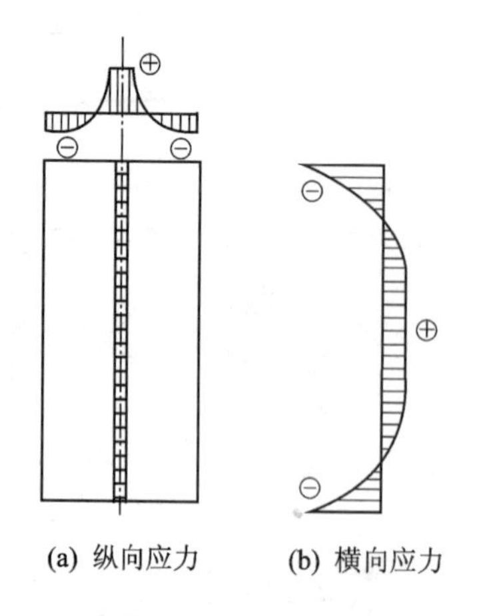

(a) 纵向应力　(b) 横向应力

图 2-71　平板对接时的纵向和横向应力分布

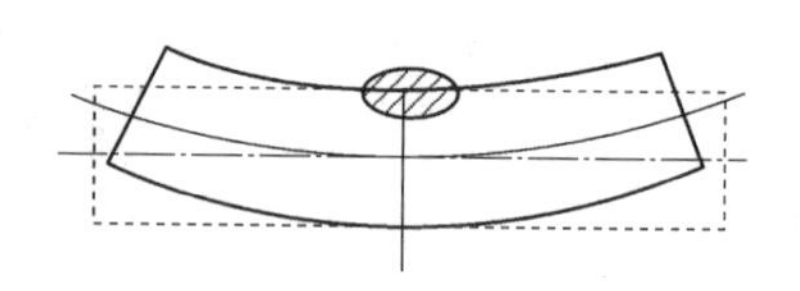

图 2-72　平板焊接时的横向变形

(2) 减小焊接应力和变形的措施

焊接应力会降低焊件的承载能力,甚至产生裂纹,若与外力同时作用,甚至会产生断裂;焊件机械加工时,其内应力将重新分布以达到新的平衡,焊件也会随着产生变形。

1) 减小焊接应力和变形的设计措施

① 尽量减少焊缝的数量和焊缝尺寸。如图 2-73 所示的箱形结构,用平板拼焊时需用四条焊缝,改用槽钢拼焊后只需要两条焊缝,这样既可减少焊接应力和变形,又可提高生产率。

② 避免焊缝过分集中或交叉。焊缝间应保持足够的距离,以避免焊缝过分集中引起的焊接应力分布不均匀,产生变形甚至开裂,如图 2-74 所示。

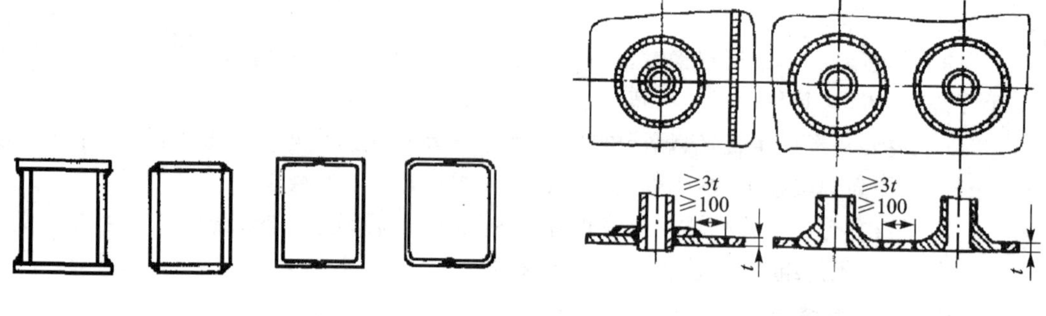

图 2-73　减少焊缝数量示例

图 2-74　容器接管焊缝

③ 尽量使焊缝对称布置。如图 2-75 所示箱形结构,图(a)中焊缝集中在中性轴一侧,弯曲变形大,图(b)、(c)中的焊缝安排合理。

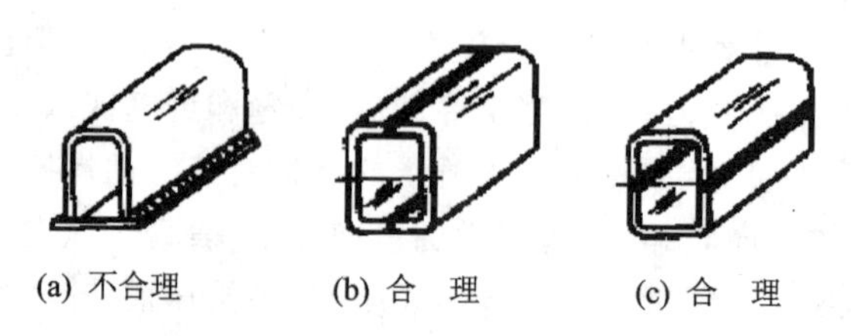

(a) 不合理　(b) 合　理　(c) 合　理

图 2-75　对称布置焊缝示例

④ 采用刚性较小的接头形式，使焊缝自由收缩。如图 2－76 所示的管间焊接，采用插入式焊接后，焊缝将产生较高的纵向和横向拉应力；而翻边式焊接，焊缝主要是纵向应力，其伸缩性比插入式好。

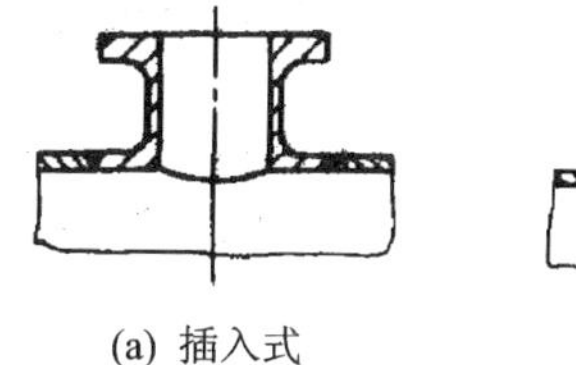

(a) 插入式

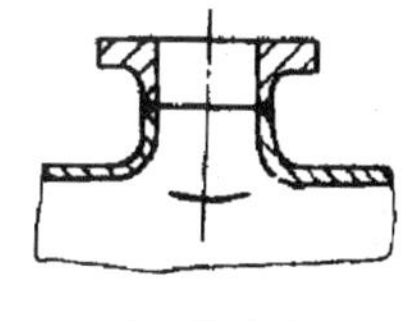

(b) 翻边式

图 2－76　焊接管连接

2）减小焊接应力和变形的工艺措施

① 采用合理的焊接顺序。其原则是减少拘束，尽量使每条焊缝能自由地收缩。多种焊缝时，应先焊收缩量大的焊缝，如图 2－77 所示。对接焊缝 1 的横向收缩大，必须先焊，后焊角焊缝 2；反之，若先焊角焊缝 2，则在焊接对接焊缝 1 时，其横向收缩将受到限制，易产生裂纹。

② 加热减应区法。选择阻碍焊接区自由膨胀或收缩的部位（称减应区），对其加热，使之与焊接区同时膨胀和收缩，以减小焊接应力的作用。图 2－78 所示为加热减应区法原理图。修复图中断裂处时，若直接焊接，则焊缝横向收缩受阻，焊缝内将有相当大的横向应力；若焊前在图 2－78(a) 所示的阴影区（减应区）同时加热，使其受热膨胀，断裂处间隙增大，此时对断口处焊接，焊后减应区也停止加热，焊缝和两侧加热区同时冷却收缩（见图 2－78(b) 阴影区），最终减小了焊接应力。

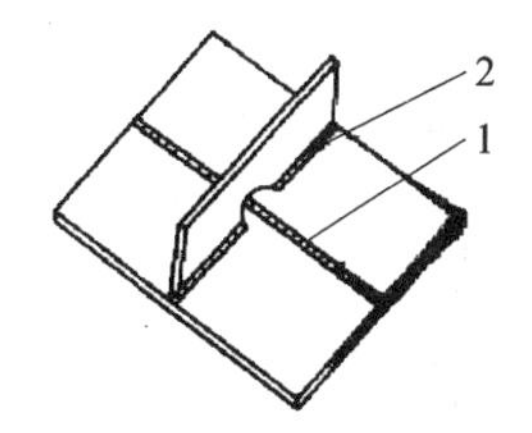

图 2－77　对接焊缝与角焊缝交叉

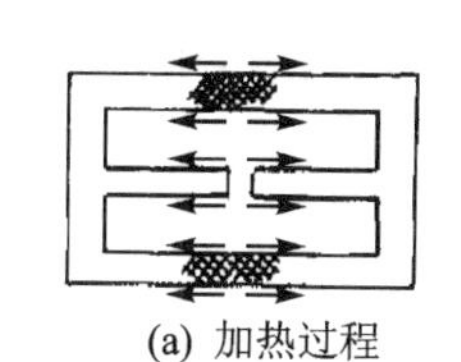

(a) 加热过程

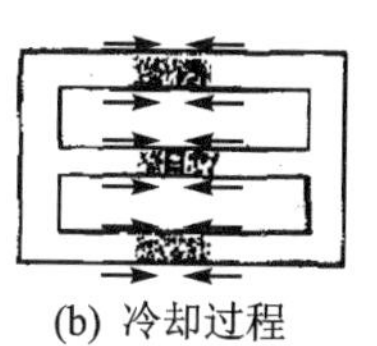

(b) 冷却过程

图 2－78　加热减应区法原理图

③ 锤击法。焊件冷却，开始形成拉应力时，在其塑性较好的热态下，及时用圆头小锤锤击焊缝，使焊缝金属的表面薄层延展，抵消焊缝区的一些收缩，降低焊接应力。

④ 热处理法。将焊件整体或局部进行去应力退火，可减小焊缝区产生脆性断裂的可能性，改善焊缝的显微组织等。

⑤ 反变形法。焊前使焊件具有一个与焊后变形方向相反、大小相当的变形，以便恰好能抵消焊接时产生的变形，见图 2－79。

⑥ 刚性固定法。利用简单夹具把焊件夹到与之相适应的胎具或工作台上，焊件在不能自由变形的条件下进行焊接，以减小焊后变形，如图 2－80 所示的 T 形梁焊接。

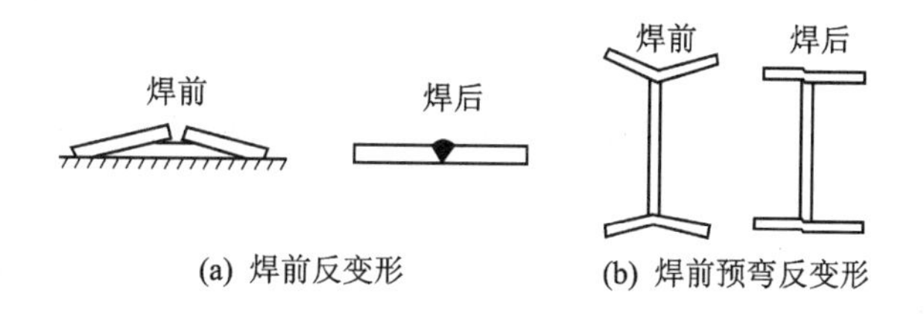

(a) 焊前反变形　　(b) 焊前预弯反变形

图 2－79　反变形法

⑦ 矫正法。在实际生产中，若采取上述措施后，仍存在变形并超过技术要求，则应采用矫

正法对其进行矫正。目前使用的变形矫正方法有机械矫正法(见图 2－81)和火焰矫正法(见图 2－82)。

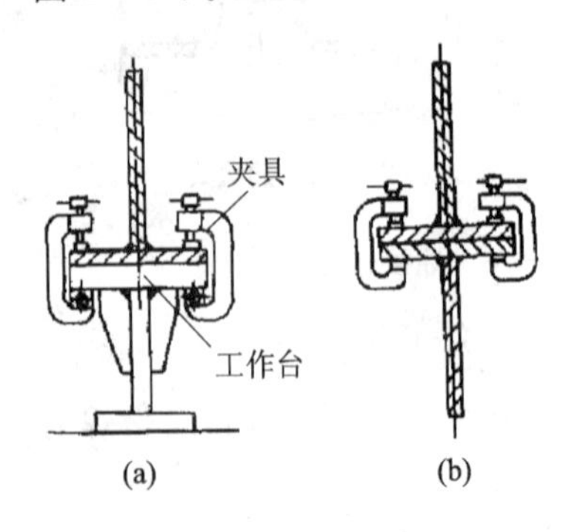

图 2－80　刚性固定法焊接 T 形梁

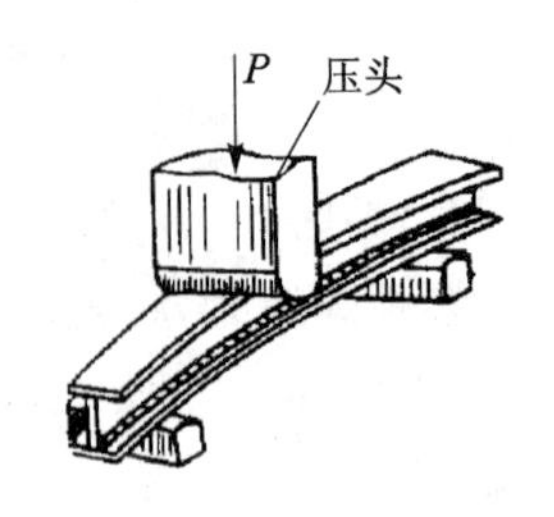

图 2－81　压力机机械矫正工字梁

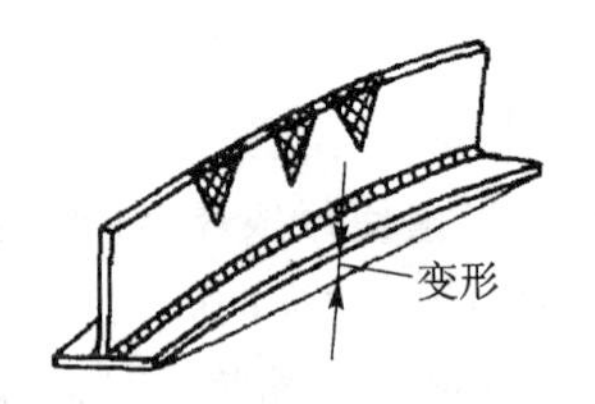

图 2－82　上拱形的 T 字梁火焰矫正

4. 其他熔焊方法介绍

(1) 埋弧自动焊

埋弧自动焊工作原理如图 2－83 所示。

埋弧焊是在自动或半自动化下完成焊接的，与手弧焊相比有如下特点：

① 生产率高。焊剂和熔渣有隔热作用，电弧热损失少，飞溅少，故热效率高，可提高焊接速度，另外，焊接电流大，熔透能力强，就自动埋弧焊来说，其焊丝是自动进给，不需要更换，可节约时间。

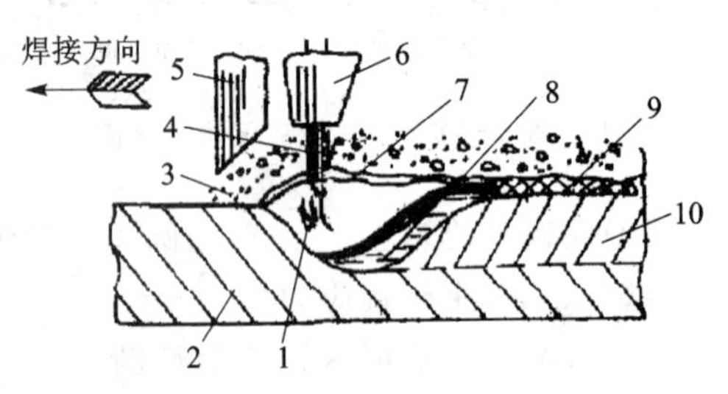

1—电弧；2—母材；3—焊剂；4—焊丝；5—焊剂漏斗
6—导电嘴；7—熔渣；8—熔池；9—渣壳；10—焊缝

图 2－83　埋弧焊接原理

② 焊缝质量高。焊剂和熔渣可防止空气侵入熔池，它们的隔热作用又使焊缝的冷却速度降低，熔化金属高温停留时间长，冶金反应充分，气体和杂质易上浮，形成气孔、夹渣等缺陷倾向减小，提高了接头的力学性能；同时，焊接工艺参数可自动调节保持稳定，焊缝表面光洁平直，焊缝金属的化学成分和力学性能均匀、稳定。

③ 节约材料和能源。埋弧焊熔深大，对较厚的焊件不开坡口也能焊透，熔渣和焊剂的保护作用避免了金属元素的烧损和飞溅损失；不像手弧焊那样残留焊条头，节约了焊接材料。

④ 劳动条件好。因埋弧焊属自动或半自动焊接，产生的烟尘和有害气体少，熔渣对弧光有屏蔽作用。

埋弧焊适于大批量生产中长焊缝或环形焊缝的焊接，可焊接低碳钢(含碳量低于 0.30%，含硫量低于 0.05%)、低合金钢和不锈钢、某些铜合金的中厚板结构。

(2) 气体保护焊

气体保护焊是利用外加气体保护电弧和熔池的电弧焊，根据所用气体的不同可分为两类：一是使用惰性气体作保护介质，如氩弧焊、氦弧焊或氩-氦混合气体保护焊；二是使用 CO_2 作保护介质的 CO_2 气体保护焊，简称 CO_2 焊。

1）氩弧焊

如图 2－84 所示。焊接时采用惰性气体保护焊接区，使之与空气隔离，防止了外来气体的侵入，且惰性气体与液态金属不发生冶金反应，因此可获得纯净的焊缝金属，可焊接几乎所有金属。焊接过程由惰性气体保护，明弧，可观察电弧和熔池；电弧燃烧稳定，无飞溅，焊后不需要清渣，焊缝成形美观；可进行全位置焊接。考虑到成本较高，生产中主要用于焊接铝、镁、铜、钛等及其合金，不锈钢和耐热钢和部分重要的低合金结构钢。

2）CO_2气体保护焊

与熔化极氩弧焊相似，只是焊接时用CO_2气体对电弧、焊丝及熔池进行保护。但CO_2是一种氧化性气体，在高温时分解成 CO 和 O_2，其中 CO_2、O_2将与液态金属发生冶金反应，其结果使液体金属中合金元素如 Si、Mn 等被烧损，生成的 CO 气体在电弧高温下急剧膨胀，使熔滴爆破而引起飞溅，在熔池中的 CO 若来不及逸出，便成为焊缝中的气孔，使焊缝金属力学性能降低。

CO_2气体保护焊和熔化极氩弧焊一样，可进行全位置焊接，操作灵活，但焊接弧光较强，焊接时应注意对焊工防弧光辐射保护。

3）电渣焊

电渣焊是利用通过液体熔渣所产生的电阻热进行焊接的方法，其焊接过程如图 2－85 所示。其特点如下：

- 板件厚度大。渣池内形成的电阻热大，温度高，熔敷率高，板厚为 30～500 mm。
- 节约金属，生产率高。焊接从开始到结束连续进行，中间不能停顿；焊接时只要两板间有一定的间隙即可，不需开坡口。
- 焊缝质量高。焊接时，焊件固定并处于立焊位置（环缝除外），金属熔池上始终存在着一定体积的高温渣池，使熔池中的气体和杂质较易析出，一般无气孔和夹渣等缺陷；又

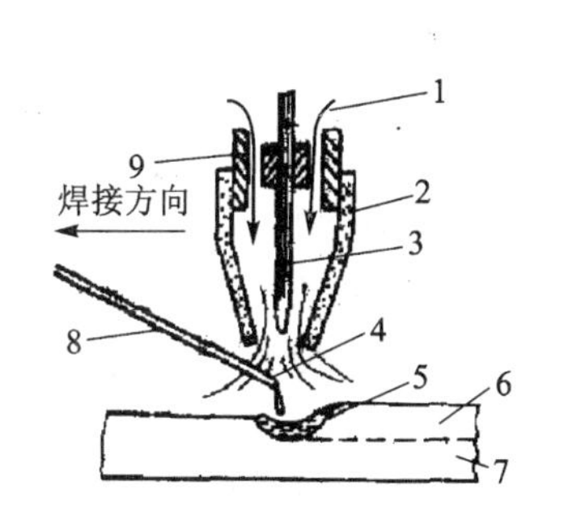

1—惰性气体；2—喷嘴；3—钨电极；
4—电弧；5—熔池；6—焊缝金属；
7—母材；8—焊丝；9—导电嘴

图 2－84　钨极氩弧焊原理示意图

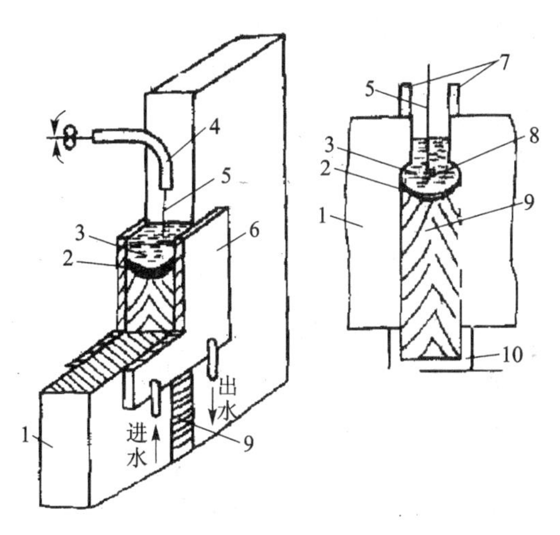

1—焊件；2—金属熔池；3—渣池；4—导电嘴；
5—焊丝；6—水冷强迫成形装置；
7—引出板；8—熔滴；9—焊缝；10—起焊槽

图 2－85　电渣焊过程示意图

因焊接速度慢，近缝区加热和冷却速度也慢，减少了易淬火钢近缝区产生裂纹的可能性。可通过电极(焊丝、板极等)在很大范围内来调节焊缝金属的化学成分及降低有害杂质。

- 焊后需热处理。因焊接速度缓慢，焊缝金属和近缝区在高温停留时间长，引起晶粒粗大，将造成焊接接头冲击韧度降低，一般要求焊后进行正火或回火热处理。

电渣焊主要用于焊接厚板结构、大截面结构、变截面结构等，因此电渣焊被广泛应用于机器制造、锅炉压力容器、船舶、高层建筑物等工业部门。

4) 激光焊

激光焊就是利用聚焦的激光束作为能源，以轰击焊件接缝时所产生的热量进行焊接的方法。其特点如下：

- 聚焦后的激光束，其光斑直径小(0.01 mm)，有很高的功率密度(高达1 013 W/m²)，焊接时，激光加热范围小，速度高(达10 m/min以上)，故焊缝和热影响区窄，焊件变形小，可焊接精密零件和结构。
- 可以焊接一般焊接方法难以焊接的材料，如高熔点金属，还可焊接非金属材料，如陶瓷、有机玻璃等。
- 激光能反射、透射，可进行远距离或一些难以接近部位的焊接。
- 激光会被光滑的金属表面反射或折射，影响能量的传输，所以不适宜焊接反射率高的金属。

2.3.2 常用金属的焊接性能

金属的焊接性是指材料在一定的焊接工艺条件下获得优质接头的难易程度。

金属的焊接性主要受材料的物理化学性能影响，也与焊接方法、焊件结构等因素有关。

由于钢种的化学成分影响焊接热影响区的淬硬及冷裂倾向，因此在实际焊接生产时，常用碳当量(C_E)法对其进行评估。它是把钢中合金元素(包括碳)的含量，按其作用换算成碳的相当含量(以碳的作用系数为1)作为粗略评定钢材冷裂倾向的一种参考指标。国际焊接学会推荐的碳当量的计算公式为

$$C_E = C + \frac{Mn}{6} + \frac{Cr + Mo + V}{5} + \frac{Cu + Ni}{15} (\%)$$

式中的化学元素符号表示该元素在钢材中含量的百分数。

在使用时，可根据上式计算出的碳当量的大小来评定钢材焊接性的优劣，一般来说有：

- 若 $C_E < 0.4\%$，则钢的淬硬倾向不大，焊接性良好。焊前不需预热。
- 若 $C_E = 0.4\% \sim 0.6\%$，则钢材淬硬倾向增大，焊接性较差。焊前需适当预热，并随板厚的增大而提高预热温度，焊后缓冷，采取一定的焊接工艺措施减小焊接应力。
- 若 $C_E > 0.6\%$，则钢材的淬硬倾向大，很易产生裂纹，焊接性差。焊前需采用较高的预热温度(350 ℃以上)和其他严格的工艺措施。

在常用的金属材料中，低碳钢、$C_E < 0.4\%$的低合金钢及奥氏体不锈钢的焊接性良好；中碳钢、$C_E = 0.4\% \sim 0.6\%$低合金钢、马氏体不锈钢及铜合金的焊接性较差；高碳钢、铸铁、硬铝、镁合金及钛合金的焊接性很差。表2-6为各种常用焊接材料的焊接性。

表 2-6　各种常用焊接材料的焊接性

焊接方法＼金属材料	低碳钢	中碳钢	低合金钢	不锈钢	耐热钢	铸钢	铸铁	铜及其合金	铝及其合金	钛及其合金
手弧焊	A	A	A	A	A	A	B	B	C	D
埋弧焊	A	B	A	B	B	A	C	C	C	D
CO_2焊	A	B	A	B	C	A	C	C	D	D
氩弧焊	A	A	A	A	A	A	B	A	A	A
电子束焊	A	A	A	A	A	A	(—)	B	A	A
电渣焊	A	A	A	B	D	A	B	D	D	D
点焊、缝焊	A	B	A	A	B	(—)	(—)	D	A	B~C
对焊	A	A	A	A	C	B	D	D	A	C
钎焊	A	A	A	A	A	B	B	A	C	B

注：A—良好；B—较好；C—差；D—不好；(—)—很少采用。

2.3.3　焊接结构设计

所设计的焊接结构要求在满足产品使用性能（如实用、可靠、经济）的条件下，具有良好的工艺性，其内容包括焊接结构件材料的选择、焊接方法的选择、焊缝布置、焊接接头工艺设计等。

1. 焊接结构件材料的选择

一般原则是在满足使用性能的前提下，选择焊接性好的材料来制造焊接结构。

2. 焊接方法的选择

选择焊接方法时，应针对焊件的材料性能和结构特征，结合各种焊接方法的特点如适用范围等，焊件生产批量的大小和生产条件等因素，综合分析后确定。

对导热性好的焊件材料，应选用热功率大，焊透能力强的焊接方法如氩弧焊等；对导电性好的材料，不宜采用电阻焊；对难熔金属，应采用高能束焊接方法如电子束焊等。对极易氧化的材料，如铝、镁及其合金应采用用惰性气体作保护介质的氩弧焊。

各种焊接方法对焊件结构的适应性有差异，见表 2-7，如电弧焊，其操作空间、场地、接头形式不受限制，可焊接厚板，常被用来焊接大型焊件结构；埋弧焊的特点是大电流、大熔深，生产率高，适于厚板、长焊缝的平焊，因此不宜焊接中、小型焊件结构；中、小型焊件应选用使用灵活的手弧焊；电子束焊、激光焊或超声波焊等热量小而集中，焊后焊件变形小，多用于要求精密的薄件焊接。

表 2-7 常用焊接方法对焊件结构的适应性

焊接方法		接头形式			板厚			焊接位置				费用		自动化程度
		对接	T形接	搭接	薄板	厚板	超厚板	平焊	立焊	横焊	仰焊	设备费	焊接费	
熔焊	手弧焊	A	A	A	B	A	B	A	B	B	C	少	少	差
	埋弧焊	A	A	A	C	A	A	A	D	B	D	中	少	好
	CO2 焊	A	A	A	B	A	A	A	A	B	C	中	少	好
	钨极氩弧焊	A	A	A	A	B	C	A	B	B	C	少	中	好
	熔化极氩弧焊	A	A	A	C	A	A	A	B	C	C	中	中	好
	电渣焊	A	A	B	D	C	A	C	A	D	D	大	少	好
	电子束焊	A	A	B	A	A	B	A	D	D	D	大	中	最好
压焊	点焊	D	C	A	A	C	D	A	B	B	C	中	中	好
	缝焊	D	D	A	A	C	D	A	D	D	D	中	中	好
	闪光对焊	A	C	D	C	A	C	A	C	D	D	中	中	好
	超声波焊	D	C	A	A	D	D	A	D	D	D	中	少	好
钎焊		C	C	A	A	B	D	A	D	D	D	少	中	稍好

注：A—最佳；B—佳；C—差；D—极差。

3. 焊件的焊缝布置

焊缝布置是否合理，将直接影响焊件的使用性能和生产率，设计时一般遵循以下原则：

① 尽量处于平焊位置。如手电弧焊时，平焊位置时焊缝成形好，操作容易，焊接质量易于保证；在立焊、横焊、仰焊位置，劳动条件差，技术要求高，其中仰焊位置施焊难度最大。

② 便于施焊。焊接结构上每一条焊缝周围都应留有足够的空间，使焊工能自由操作或焊接装置正常运行，以保证焊工或焊接机头能接近焊缝，很方便地施焊，如图 2-86、图 2-87 所示。点焊、缝焊时，电极要能伸入方便，如图 2-88 所示。埋弧焊时，焊缝所处的位置应能存放焊剂，如图 2-89 所示。

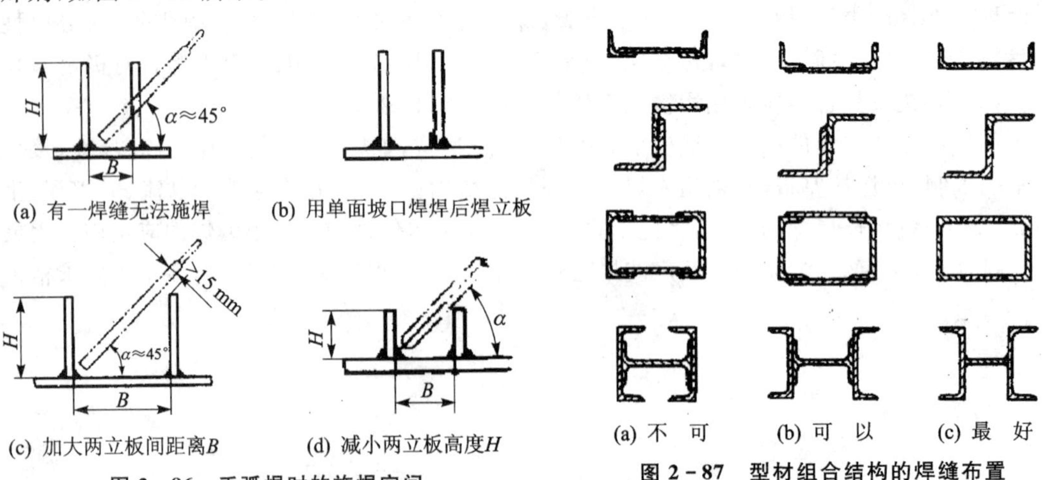

(a) 有一焊缝无法施焊　(b) 用单面坡口焊焊后焊立板

(c) 加大两立板间距离B　(d) 减小两立板高度H

图 2-86 手弧焊时的施焊空间

(a) 不可　(b) 可以　(c) 最好

图 2-87 型材组合结构的焊缝布置

③ 有利于减少焊接应力与变形，避免应力集中如图 2－90、图 2－91 所示。

④ 应远离机械加工表面，如图 2－92 所示。

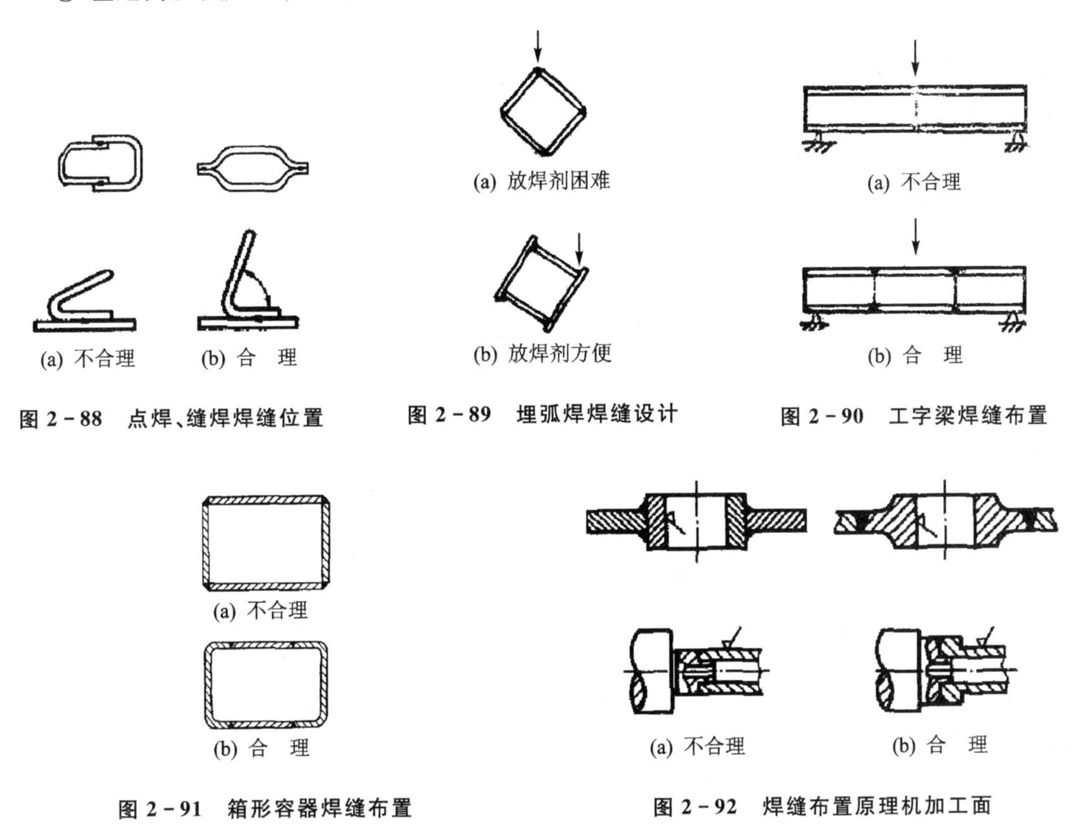

图 2－88　点焊、缝焊焊缝位置

图 2－89　埋弧焊焊缝设计

图 2－90　工字梁焊缝布置

图 2－91　箱形容器焊缝布置

图 2－92　焊缝布置原理机加工面

4. 焊接接头工艺设计

(1) 焊接接头的类型及特点

根据被连接焊件之间的相对位置及其组成的几何形状，可归纳为图 2－93 所示的四种类型。

对接接头应力分布均匀，易于保证焊缝质量，是锅炉、压力容器等重要焊件中首选的一种接头，但焊前装配精度要求高，焊接变形也较大。搭接接头是两平板部分地相互搭置，搭接接头不在同一平面内，应力分布不均匀，会产生附加弯曲应力，使焊缝强度降低，母材和焊接材料消耗量大，焊前装配精度要求较低，多用于工作环境良好的焊件，如厂房金属屋架、桥梁、起重机吊臂等桁架结构。T 形接头和角接头在焊缝的根部有很大的应力集中，常开坡口或用熔焊使之焊透或若有可能可把 T 形或角接接头改成对接接头，如图 2－94 所示，以降低应力集中，提高接头的强度。角接头独立使用时承载能力很低，一般用于箱体结构。

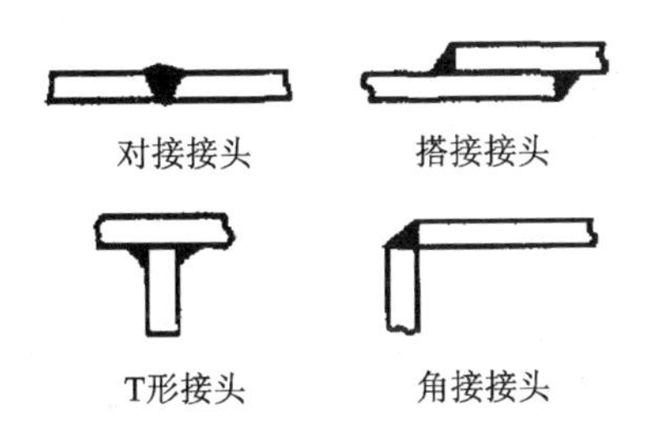

图 2－93　焊接接头的基本类型

(2) 焊接接头坡口的设计

为了保证对接、T形接和角接接头的根部焊透而不出现工艺缺陷，常在焊前对待焊焊件边缘加工出各种形状的坡口，如I形坡口、Y形坡口、双Y形坡口、带钝边U形坡口、带钝边双U形坡口、单边V形坡口、双单边V形坡口等。设计和选择时主要取决于被焊焊件的厚度、焊接方法、焊接位置等。

不同厚度或宽度的板材焊接时，尽量使接头两侧板厚或板宽相同或相近；保证焊接接头两侧受热均匀，如图2－95所示为板厚不同焊件间的对接接头。

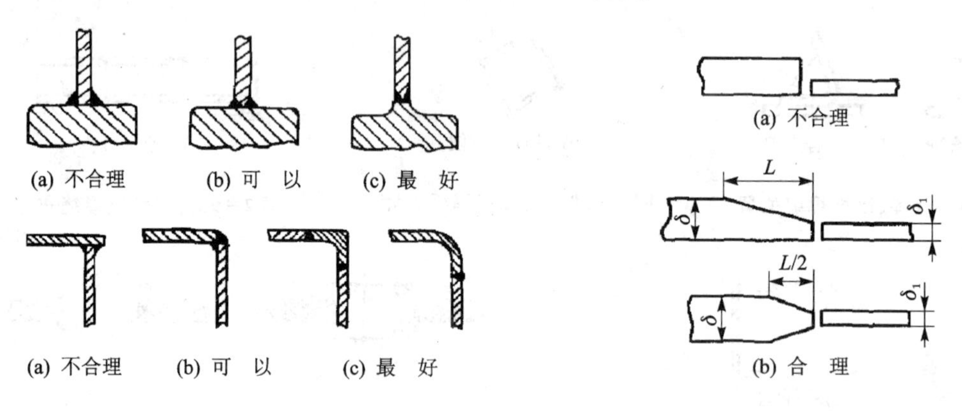

图2－94　T形或角接接头的设计　　图2－95　不同板厚的对接

一般除有特殊要求的焊缝坡口需另行设计外，焊接结构上的焊缝坡口都可以直接从国家标准中选用。如图2－96所示为手弧焊时对接接头的坡口形式及其适用厚度范围。

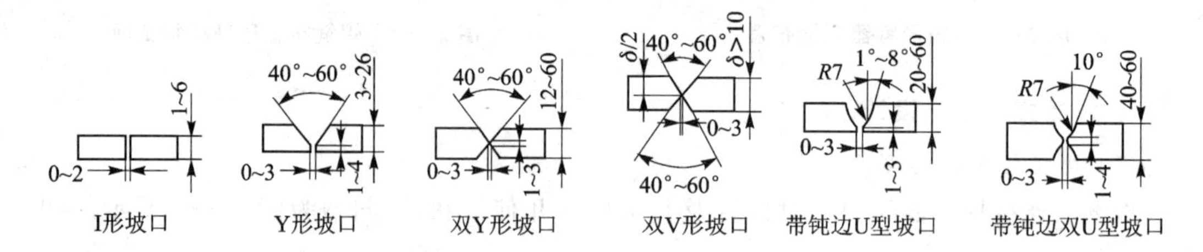

图2－96　常用对接接头坡口形式

2.3.4　其他焊接技术

1. 压　焊

压焊是焊接过程中对焊件施加压力(加热或不加热)，使焊件牢固地连接起来的焊接方法。

电阻焊是焊件在电极压力作用下，利用电流流过接头的接触面及其邻近区域时产生的电阻热使焊件金属熔化，冷却凝固后形成焊缝的一种压焊方法。按工艺特点不同，电阻焊分为点焊、缝焊和对焊，见图2－97。

点焊在汽车、铁路车辆、飞机等薄板结构件上得到广泛应用。缝焊主要用于焊接要求气密性或液密性的薄壁容器，如油箱、水箱、暖气包、火焰筒等，在汽车、拖拉机、食品罐头、包装、喷气式发动机等工业部门广泛应用。对焊焊接时电阻焊不需要焊剂、焊丝、焊条等填充金属，焊接接头质量较好；热量集中，加热时间短，焊件变形小，生产率高，但设备投资大，维修较困难，

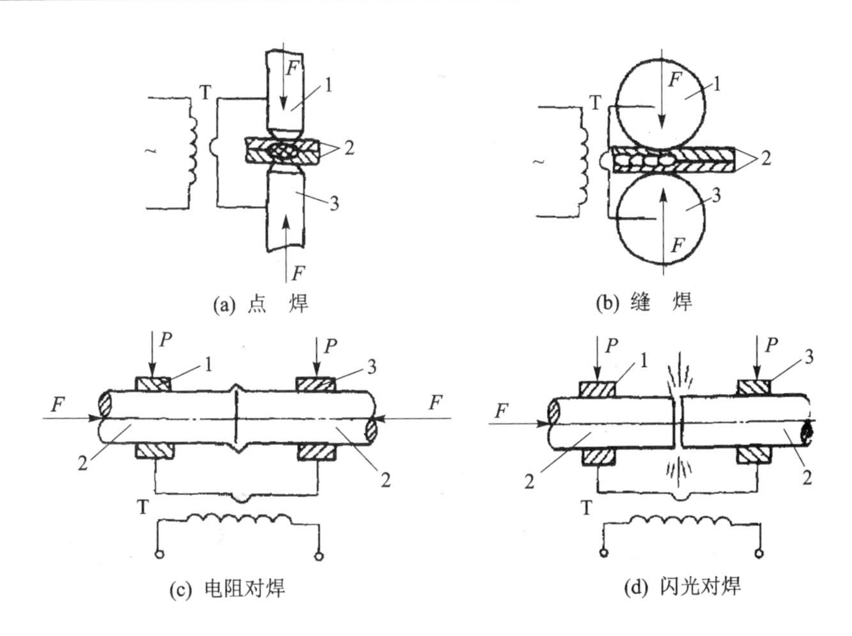

F—电极压力；T—电源(变压器)；P—夹紧力

1—电极；2—焊件；3—电极

图 2-97　电阻焊原理图

焊接的接头形式受到限制。

2. 钎　焊

钎焊是采用比母材熔点低的金属材料作钎料，将母材(焊件)与钎料加热到高于钎料熔点，但低于母材熔点的温度，液态钎料依靠毛细管作用自动填充接头间隙，与母材发生溶解、扩散后，冷却凝固而形成焊接接头，实现连接焊件的方法。

由于焊件是依靠熔化的钎料凝固后而被连接起来的，钎焊缝质量与性能主要取决于钎料，而钎料的强度和耐热性都低于母材，要获得与母材等强度的焊接接头，提高接头的承载能力，靠减小的钎焊缝厚度(间隙)，在生产中很难实现，只有扩大钎焊缝的连接面积才有可能，因此钎焊接头形式多采用搭接接头。

钎焊主要用于焊接承载不大，常温工作的接头。最适于焊接薄件、精密微型件以及复杂多钎焊缝的焊件。

思考与练习题

1. 为什么铸造是毛坯生产中的重要方法？试从铸造的特点并结合示例加以分析。

2. 什么是液态合金的充型能力？它与合金的流动性有何关系？不同化学成分的合金为何流动性不同？

3. 什么是合金的收缩？合金的液态收缩和凝固收缩过大有可能使铸件产生什么缺陷？

4. 什么是顺序凝固原则和同时凝固原则？如何保证铸件按给定的凝固原则进行凝固？

5. 哪类合金易产生缩孔？哪类合金易产生缩松？如何促进缩松向缩孔转化？

6. 结合图 2-98 说明铸造应力形成的原因，并用虚线画出铸件的变形方向。

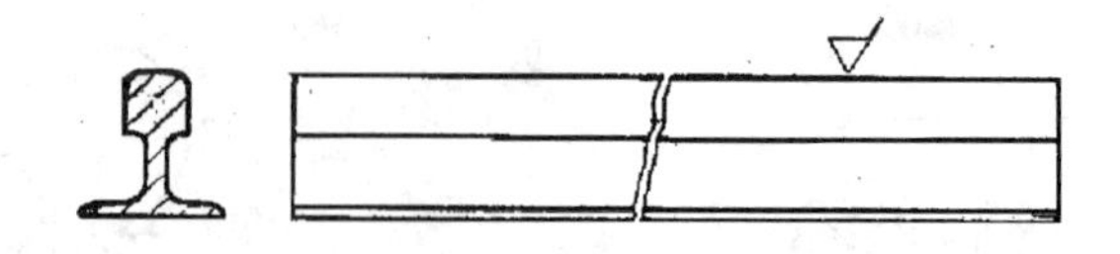

图2-98　题6图

7. 在大批量生产铝合金活塞、缝纫机头、汽轮机叶片、大模数齿轮滚刀、车床床身、发动机缸体、带轮及飞轮等铸件时,采用什么方法为宜?

8. 分析和修改图2-99中铸件结构。

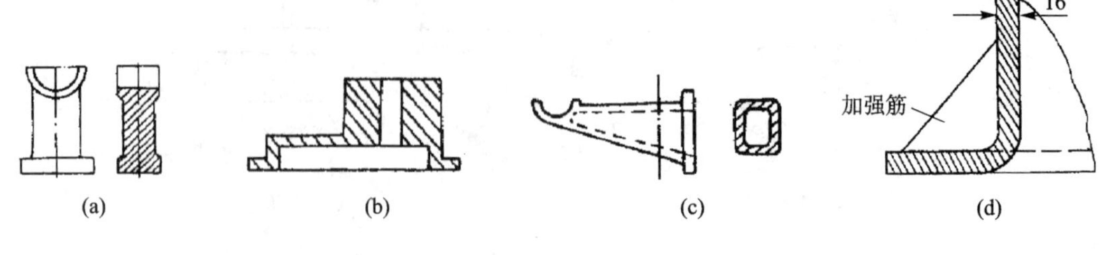

图2-99　题8图

9. 分析图2-100中砂箱带的两种结构各有何优缺点?为什么?

10. 图2-101为三通铜铸件,原为砂型铸造。现因生产批量加大,为降低成本,拟改用金属型铸造,试分析哪处结构不适宜金属型铸造?请修改。

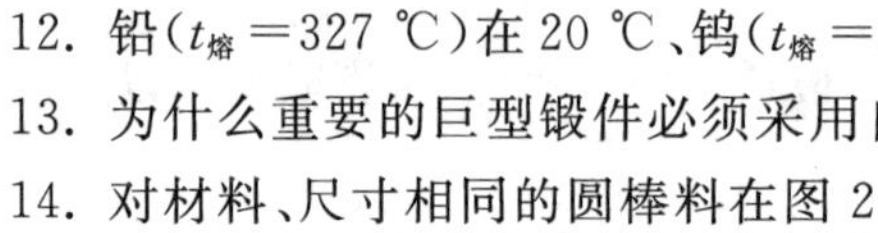

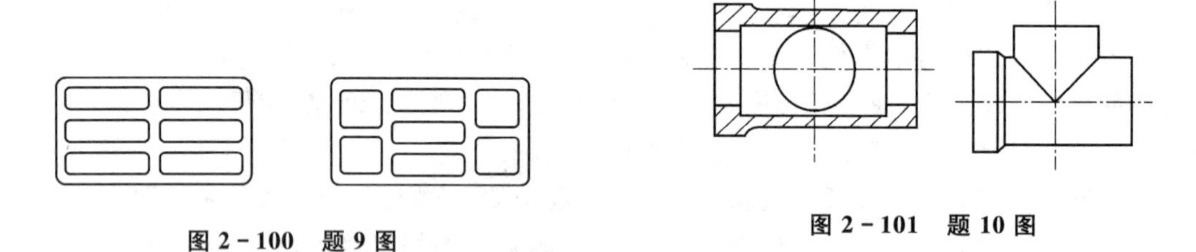

图2-100　题9图

图2-101　题10图

11. 为什么同种材料的锻件比铸件的力学性能高?

12. 铅($t_{熔}$=327 ℃)在20 ℃、钨($t_{熔}$=3 380 ℃)在1 100 ℃变形,各属哪种变形?为什么?

13. 为什么重要的巨型锻件必须采用自由锻造的方法制造?

14. 对材料、尺寸相同的圆棒料在图2-102所示的两种砧铁上拔长时,效果如何?

15. 图2-103所示锻件结构是否适于自由锻的工艺要求?如何不适合,应如何修改?

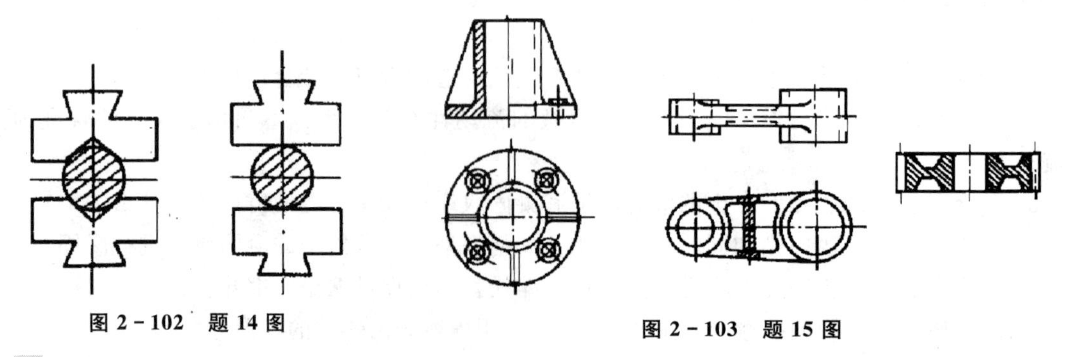

图2-102　题14图

图2-103　题15图

16. 图 2-104 所示零件绘制自由锻件图时应考虑哪些因素？

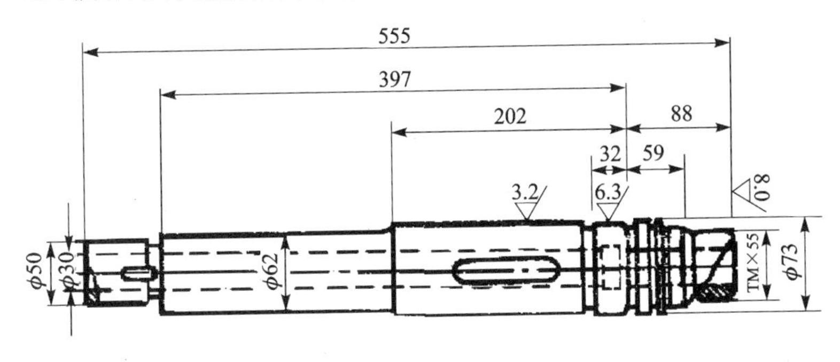

图 2-104　题 16 图

17. 图 2-105 所示采用锤上模锻制造，选择最合适的分模面的位置并绘制出相应的模锻件图。

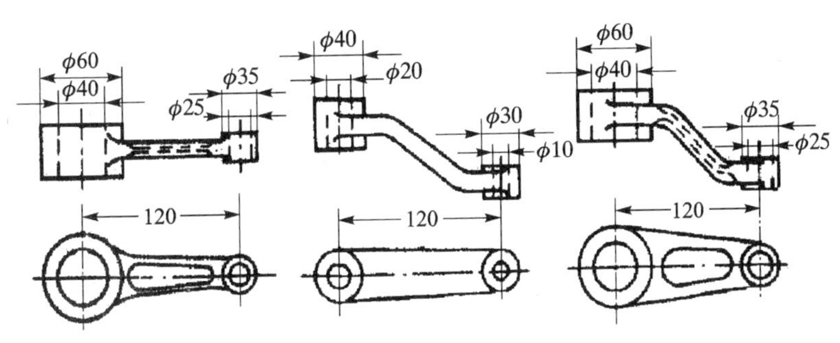

图 2-105　题 17 图

18. 自行车铃盖尺寸如图 2-106 所示，试确定冲制工艺，作简图确定拉深模的主要尺寸(凸模和凹模的直径及其圆角半径)；计算铃盖的落料尺寸及拉深系数(工件进行不变薄拉深)。

19. 何谓焊接热影响区？低碳钢焊接热影响区中各区域组织和性能如何？从焊接方法和工艺上考虑，能否减小或消除热影响区。

20. 如图 2-107 所示拼接大块钢板是否合理？为什么？要否改变？怎样改变？为减少焊接应力与变形，其合理的焊接次序是什么？

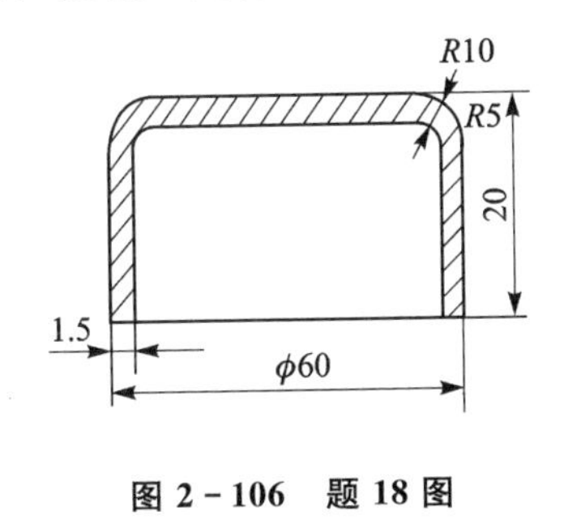

图 2-106　题 18 图

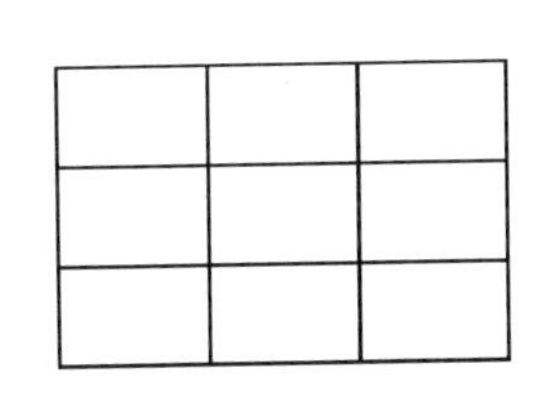

图 2-107　题 20 图

21. 比较表 2-8 所列几种钢材的焊接性。

表2-8　题21表

钢号	主要化学成分					工件尺寸/mm
	C	Mn	Cu	V	Mo	
09Mn2Cu	0.1	1.4	0.3			板厚10
09MnV	0.11	1.2		0.1		板厚50
14MnMoV	0.12	1.5		0.15	0.5	板厚50
45Mn2	0.44	1.7				直径120

22. 钎焊与熔化焊的过程实质有何差别？钎焊的主要适用范围是哪些？

23. 图2-108所示三种焊件，其焊缝布置是否合理？若不合理，请加以改正。

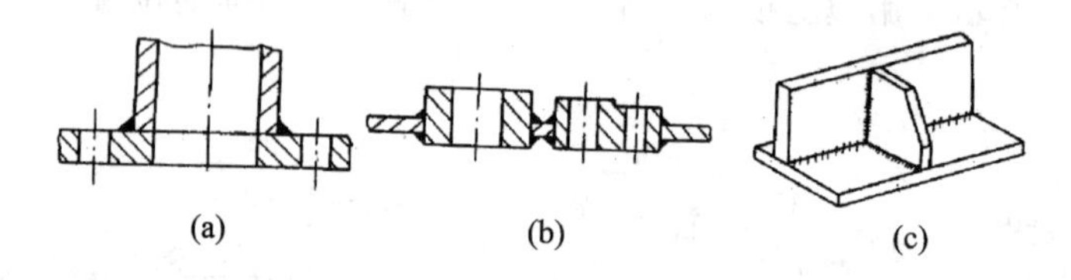

图2-108　题23图

第3章　切削加工原理与特种加工

3.1　切削加工概述

3.1.1　金属切削加工的特点和发展方向

1. 切削加工的特点

金属切削加工是用刀具从毛坯(或型材)上切去多余的金属,使零件获得符合图纸要求的几何形状、尺寸和表面质量的加工过程。凡精度要求较高的机械零件,除了很少一部分是采用精密铸造或精密锻造以及粉末冶金和工程塑料压制成型等方法直接获得外,绝大部分零件还要靠切削加工的方法来保证,因此切削加工在机械制造业中占有十分重要的地位,目前占机械制造总工作量的40%～60%。切削加工多用于金属材料的加工,也可用于某些非金属材料的加工,零件的形状和尺寸一般不受限制,可加工如外圆、内孔、锥面、平面、螺纹、齿形及空间曲面等各种型面。目前切削加工的尺寸公差等级一般为IT12～IT3,表面粗糙度 Ra 为25～0.008 μm。

2. 切削加工的发展方向

传统的切削加工基本方法有车削、铣削、刨削、钻削和磨削等,它们是在相应的车床、铣床、刨床、钻床和磨床上进行的。随着科学技术和现代工业的飞速发展,材料技术、新能源技术等新技术与制造技术的相互交叉、相互融合,传统意义上的切削加工正在朝着高精度、高效率、自动化、柔性化和智能化方向发展,与之相适应的加工设备也正朝着数控机床、精密和超精密机床发展,刀具材料朝着超硬材料方向发展,加工精度向着纳米级逼近。

21世纪的切削加工,由于数控技术、精密和超精密技术的普及和应用,加工精度达到0.001 μm(即纳米级)将不再是困难的,而且还会向原子级逼近;而切削速度由于陶瓷、聚晶金刚石(PCD)、聚晶立方氮化硼(PCBN)等超硬刀具材料的普及应用,也将高达每分钟数千米。

3.1.2　切削运动与切削要素

1. 切削运动

金属切削加工是依靠刀具与工件之间的相对运动(即切削运动)进行的,切削运动可分为主运动和进给运动。

(1) 主运动(v_c)

直接切除工件上的切削层,以形成工件新表面的基本运动称为主运动。它的速度最高、消耗功率最大。在切削运动中主运动只有一个,它可以是旋转运动,如车削(见图3-1),也可以是直线运动,如刨削(见图3-2)。

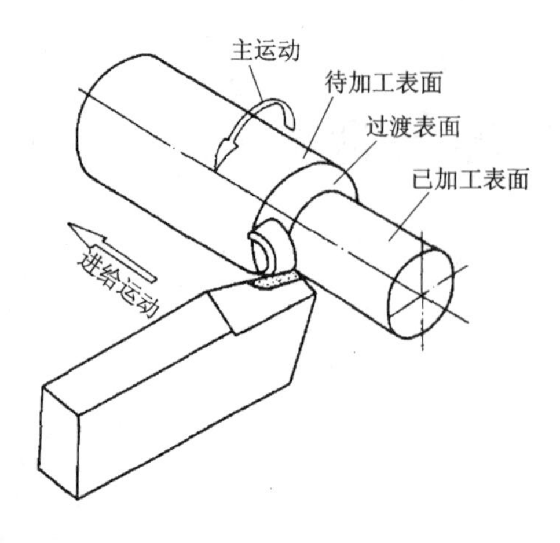

图 3-1　车削运动和工件上的表面

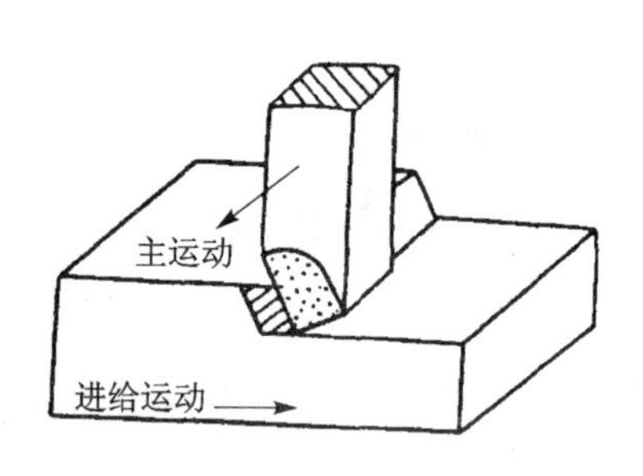

图 3-2　刨　削

(2) 进给运动(v_f)

配合主运动不断把切削层投入切削以保持切削连续的运动称为进给运动。它的速度较低,消耗功率较少。进给运动可能是连续性的运动,也可能是间歇性的运动,可能有一个或几个。

(3) 合成切削运动(v_e)

主运动和进给运动合成的运动称为合成切削运动。

图 3-3 所示为常见切削加工运动简图。

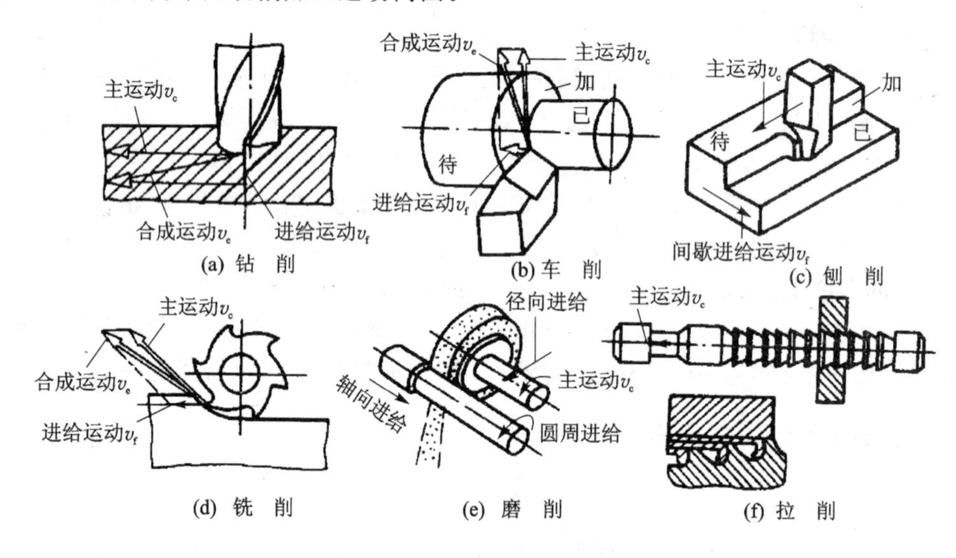

图 3-3　各种加工的切削运动

2. 切削用量

切削用量是指切削过程中切削速度、进给量和背吃刀量(切削深度)三要素,它们是调整机床运动的依据。

(1) 切削速度 v_c

切削刃选定点相对于工件主运动的瞬时速度,单位为 m/s。

如果主运动为旋转运动(如车削、铣削等),如图 3-4 所示。

$$v_c = \frac{\pi dn}{1\ 000 \times 60}(\mathrm{m/s}) \quad 或 \quad v_c = \frac{\pi dn}{1\ 000}(\mathrm{m/min}) \tag{3-1}$$

式中:v_c——切削速度;

d——切削刃选定点处工件或刀具的直径,单位为 mm;

n——工件或刀具的转速,单位为 r/min。

如果主运动为往复直线运动(如刨削),则常以工作行程和空行程的平均速度为切削速度

$$v_c = \frac{2Ln_r}{1\ 000 \times 60}(\mathrm{m/s}) \quad 或 \quad v_c = \frac{2Ln_r}{1\ 000}(\mathrm{m/min}) \tag{3-2}$$

式中:L——往复直线运动的行程长度,单位为 mm;

n_r——主运动每分钟的往复次数,单位为 str/min。

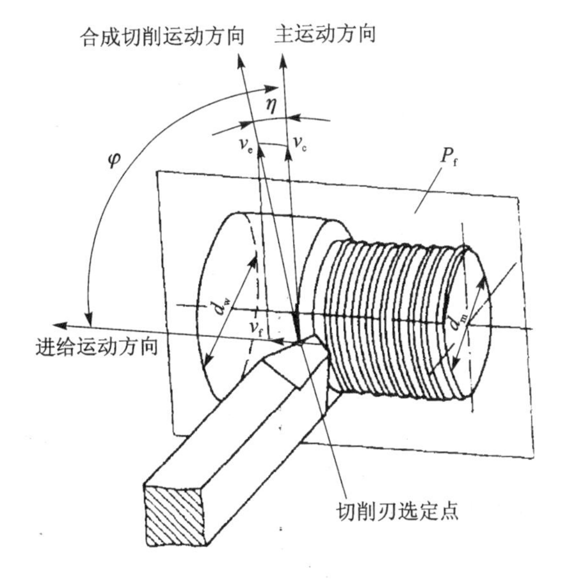

图 3-4　切削运动

(2) 进给量 f

在主运动一个循环内,刀具与工件之间沿进给方向上的位移量。当主运动为旋转运动(如车削、铣削等)时,单位为 mm/r;当主运动为往复直线运动(如刨削、插削)时,单位为 mm/str;对于拉刀、铣刀等多齿刀具,还有每齿进给量 mm/z 和每分钟进给量 mm/min,即进给速度 v_f。

进给速度与进给量的关系可表示为

$$v_f = fn \tag{3-3}$$

(3) 背吃刀量(切削深度)a_p

在垂直于进给方向上测量的主切削刃切入工件的深度,单位为 mm。

3.2　金属切削刀具

刀具是切削加工过程中直接完成切削工作的主要工具之一。无论哪种刀具,一般都是由工作部分和夹持部分所组成的,如图 3-5 所示。夹持部分是用来将刀具夹持在机床上的部

分,要求它能保证刀具正确的工作位置,传递动力、夹固可靠、装卸方便。工作部分是刀具上直接参加切削工作的部分,它的材料、几何参数和结构将决定刀具切削性能的优劣。

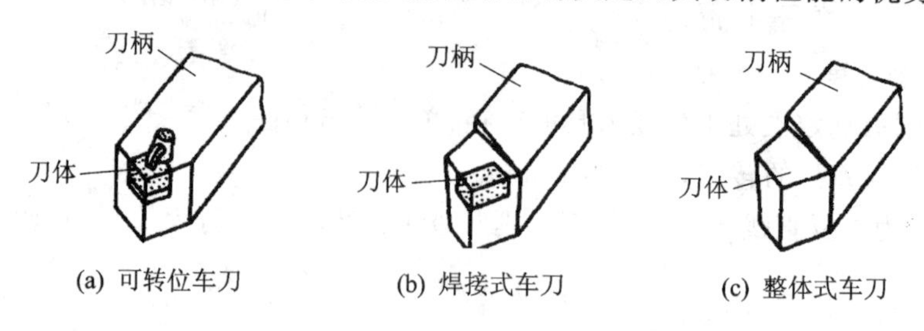

图 3-5 车刀的组成

3.2.1 刀具材料

刀具材料是指刀具切削部分的材料,由于刀具工作时,其切削部分承受着高压、高温、剧烈摩擦和冲击振动,因此刀具材料必须具备较高硬度、较高耐磨性、较高耐热性、足够的强度和韧性以及一定的加工工艺性等。

1. 普通刀具材料

普通刀具材料有碳素工具钢、合金工具钢、高速钢、硬质合金和各种涂层硬质合金。

碳素工具钢和合金工具钢由于耐热性较差,在200～250 ℃时其硬度明显下降,因此常用来制造一些切削速度不高的工具或手工工具,如锉刀、刮刀、手锯条等,较少用于制造其他刀具。目前生产中用的较多的是高速钢、硬质合金和涂层硬质合金。

(1) 高速钢

高速钢是一种含有钨、钼、铬、钒等元素较多的高合金工具钢。它具有很高的强度和韧性以及较好的工艺性。高速钢热处理后的硬度为63～70 HRC,红硬温度为500～650 ℃,允许切削速度为40 m/min左右。主要用于制造各种形状较为复杂的刀具,如麻花钻、拉刀、铰刀、齿轮刀具和各种成形刀具等。

(2) 硬质合金

硬质合金是一种用金属钴Co作为粘结剂,将硬质碳化钨颗粒粘结在一起的粉末冶金产品,作为刀具材料,它具有优越的金属切削性能而且能以较高的切削速度进行切削。它的硬度高达74～82 HRC,红硬温度达800～1 000 ℃;允许切削速度达100～300 m/min,是高速钢的4～10倍;但硬质合金较脆,抗弯强度低,仅是高速钢的1/3左右,韧性也很低,仅是高速钢的十分之一到几十分之一。因此,硬质合金常制成各种形式的刀片,焊接或机械夹固在车刀、刨刀、端铣刀等的刀体(刀杆)上。

(3) 涂层刀具材料

涂层刀具材料是在硬质合金或高速钢基体上涂一层或多层高硬度、高耐磨性的金属化合物(T_iC、T_iN、Al_2O_3等)而构成的。涂层厚度一般在2～12 μm之间变化(人的一根头发直径平均为75 μm)。涂层刀具的制造主要是通过现代化学气相沉积法(CVD)或物理气相沉积法(PVD)在刀片上涂敷一层材料。CVD在今天已经是一个成熟的自动化过程,涂层均匀一致的,而且在涂层和基体之间的附着力也非常好,所以涂层硬质合金刀具的耐用度比不涂层的至少可提高1～3倍,涂层高速钢刀具的耐用度比不涂层的可提高2～20倍。国内涂层硬质合金刀片牌号有CN、CA、YB等系列。

2. 超硬刀具材料

(1) 陶　瓷

陶瓷刀具材料主要是以氧化铝(Al_2O_3)或以氮化硅(Si_3N_4)为基体,再添加少量金属化合物(ZrO_2、TiC等),采用热压成形和烧结的方法获得的。陶瓷刀具常温硬度为91~95 HRA,耐磨性很好,有很高的耐热性,在1 200 ℃下硬度为80 HRA,且化学性稳定。常用的切削速度为100~400 m/min,有的甚至可高达750 m/min,切削效率可比硬质合金提高1~4倍,因此陶瓷刀具被认为是提高生产率最有希望的刀具之一。它的主要缺点是抗弯强度低,冲击韧性差。陶瓷材料可做成各种刀片,主要用于高速下精加工硬材料,一些新型复合陶瓷刀具也可用于半精加工或粗加工难加工的材料或间断切削。

(2) 人造聚晶金刚石(PCD)

人造聚晶金刚石是在高温高压下将金刚石微粉聚合而成的多晶体材料,其硬度极高(显微硬度达10 000 HV),耐磨性极好,可切削极硬的材料而长时间保持尺寸的稳定性,其刀具耐用度比硬质合金高几十倍至三百倍。但这种材料的韧性和抗弯强度很差,只有硬质合金的1/4左右;热稳定性也很差,当切削温度达到700~800 ℃时易脱碳而失去硬度,因而不能在高温下切削;此外,它对振动比较敏感,与铁有很强的亲和力,不宜加工黑色金属,主要用于铝、铜及铜合金、陶瓷、合成纤维、强化塑料和硬橡胶等有色金属及非金属的精加工、超精加工以及做磨具、磨料用。

(3) 立方氮化硼(CBN)

是由立方氮化硼(白石墨)在高温、高压下制成的一种新型超硬刀具材料,它的硬度仅次于金刚石,达7 000~8 000 HV,耐磨性很好,耐热温度可达1 400 ℃,有很高的化学稳定性,抗弯强度和韧性略低于硬质合金。立方氮化硼可做成整体刀片,也可与硬质合金做成复合刀片。刀具耐用度是硬质合金和陶瓷刀具的几十倍。立方氮化硼主要用于高硬度、难加工材料的半精加工和精加工。

3. 硬切削材料的分类

硬切削材料包括硬质合金、陶瓷、金刚石和立方氮化硼,根据GB/T2075—1998,将其分为P、M、K三类。

P类(蓝色):适宜加工长切屑的黑色金属,如钢、铸钢、可锻铸铁等。其代号有P01、P10、P20、P30、P40、P50等,数字越大,耐磨性愈低而韧性愈高。P01适宜精加工;P10~P30适宜半精加工;P40适宜粗加工。

M类(黄色):适宜加工长切屑或短切屑的金属材料,如不锈钢、锰钢、铸铁、合金铸铁、可锻铸铁、耐热合金等。其代号有M10、M20、M30、M40等,数字越大,耐磨性愈低而韧性愈高。M10适宜精加工;M20适宜半精加工;M30适宜粗加工。

K类(红色):适宜加工短切屑的金属和非金属材料,如铸铁、冷硬铸铁、可锻铸铁、淬硬钢、有色金属、塑料等。其代号有K01、K10、K20、K30等,数字越大,耐磨性愈低而韧性愈高。K01适宜精加工;K10、K20适宜半精加工;K30适宜粗加工。

3.2.2　刀具切削部分的几何参数

刀具种类繁多,其结构、性能各不相同,但就切削部分而言,均可看作是由外圆车刀的切削部分演变而来的。下面以外圆车刀为例,介绍刀具的组成及几何角度。

1. 刀具切削部分的组成

车刀切削部分的组成如图3-6所示。

① 前面A_γ——刀具上切屑流过的表面。

② 主后面A_α——与工件上过渡表面相对的表面。

③ 副后面A'_α——与工件上已加工表面相对的表面。

④ 主切削刃S——前刀面与主后刀面的交线,它完成主要的金属切除工作。

⑤ 副切削刃S'——前面与副后面的交线,参加少量的切削工作。

⑥ 刀尖——主、副切削刃汇交的一小段切削刃。为了增加刀尖处的强度,改善散热条件,通常在刀尖处磨有圆弧过渡刃。

2. 确定刀具角度的静止参考系

用于定义刀具几何参数的参考系称为静止参考系。所谓刀具静止参考系,是指在不考虑进给运动,规定车刀刀尖安装得与工件轴线等高等简化条件下的参考系。

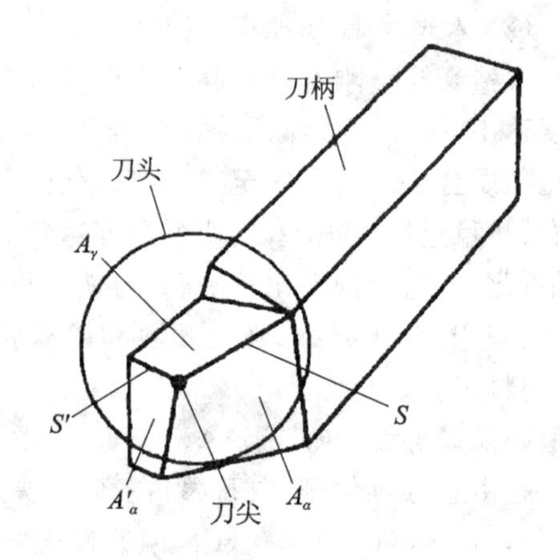

图3-6 车刀切削部分的组成

刀具静止参考系的主要坐标平面有基面、切削平面和正交平面,如图3-7所示。

① 基面P_r——过切削刃选定点的平面,一般来说其方位要垂直于假定的主运动方向。车刀的基面可理解为平行于刀具底面的平面。

② 切削平面P_s——过切削刃选定点与切削刃相切并垂直于基面的平面。车刀的切削平面一般为铅垂面。

③ 正交平面(主截面)P_0——过切削刃选定点并同时垂直于切削平面与基面的平面。车刀的正交平面一般也为铅垂面。

显然,$P_r \perp P_s \perp P_0$——此三个平面构成一空间直角坐标系,即刀具静止参考系(又称正交平面参考系)。

3. 刀具的标注角度

刀具标注角度是指刀具在静止参考系中的一组角度,是刀具设计、制造、刃磨和测量时所必需的,它主要包括前角、后角、主偏角、副偏角和刃倾角,如图3-7所示。

① 前角γ_0——在正交平面(主截面)中测量的前面与基面间的夹角。前角的主要作用是使刃口锋利,且影响切削刃的强度,即前角越大,刀刃越锋利,但会削弱刃强度。前角有正负之分,图3-7中前面位于基面之下的情况,前角为正,前角通常取$\gamma_0=-5°\sim25°$。

② 后角α_0——在正交平面(主截面)内测量的后面与切削平面间的夹角。后角的作用是减少刀具与工件之间的摩擦和磨损,后角越小,摩损越大。常取$\alpha_0=4°\sim12°$。

③ 主偏角κ_r——在基面内测量的切削平面与假定工作平面间的夹角。所谓假定工作平面(P_f),就是通过主切削刃上选定点、垂直于基面并与进给运动方向平行的平面。若主切削刃为直线,主偏角就是主切削刃在基面上的投影与进给方向的夹角。

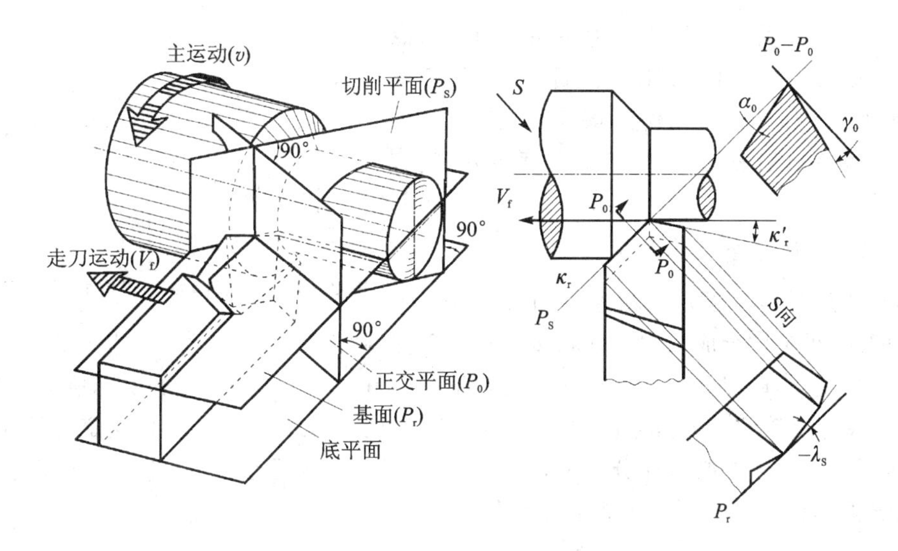

图 3－7　刀具的标注角度

主偏角的大小影响背向力 F_p(过去称径向力 F_y)与进给力 F_f(过去称轴向力 F_x)的比例以及刀尖强度和散热条件等，如图 3－8 所示。外圆车刀的主偏角通常有 90°、75°、60°和 45°等。当加工刚度较差的细长轴时，常使用 90°偏刀。

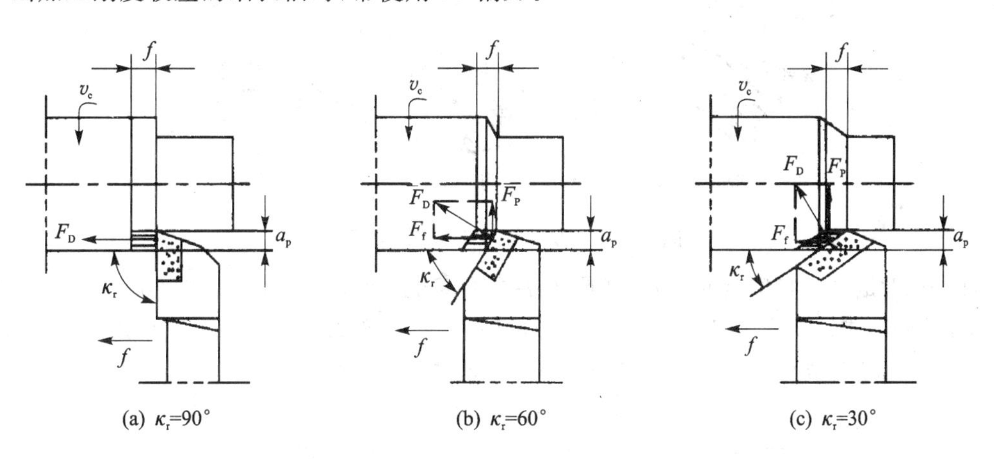

图 3－8　主偏角的作用

④ 副偏角 κ'_r——在基面内测量的副切削平面与假定工作平面间的夹角，若副切削刃为直线，则副偏角就是副切削刃在基面上的投影与进给反方向的夹角。副偏角的作用是减少副切削刃与工件已加工表面的摩擦，减少切削振动。

主偏角和副偏角的大小都影响工件表面残留面积的大小，进而影响已加工表面的粗糙度 Ra 值，如图 3－9 所示，显然，理想情况下(如不考虑刀具振动等)，有

$$H = \frac{f}{\cot \kappa_r + \cot \kappa'_r} \tag{3-4}$$

副偏角一般在 5°～15°之间选取，粗加工取较大值，精加工取较小值。

⑤ 刃倾角 λ_s——在切削平面内测量的主切削刃与基面间的夹角。

刃倾角的作用主要是控制切屑的流向，其大小对刀尖强度也有一定的影响。刃倾角有正

负之分，如图3-10所示。当刀尖为主切削刃最低点时，$\lambda_s<0°$，切屑流向工件已加工表面，刀尖强度较好，适宜粗加工；当刀尖为主切削最高点时，$\lambda_s>0°$，切屑流向工件待加工表面，此时刀尖强度较差，适宜于精加工。

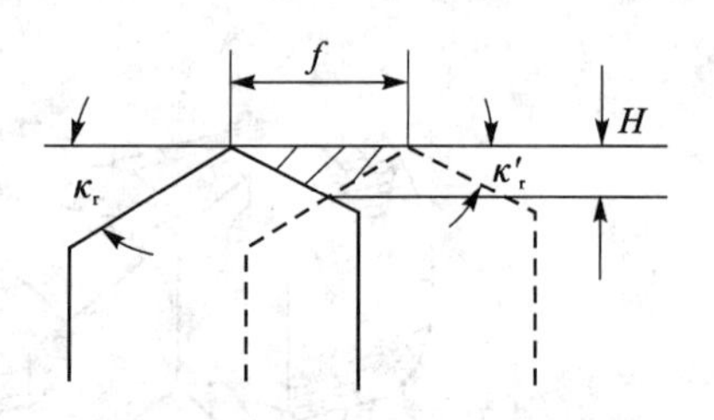

图3-9　主、副偏角对残留面积高度的影响

4. 刀具的工作角度

刀具标注角度是在假定运动条件和理想安装条件下得到的，如果考虑合成切削运动和实际安装条件，则刀具的参考系将发生变化，因而刀具角度也将发生变化，即刀具实际工作角度不等于标注角度。按切削加工的实际情况，在刀具工作角度参考系中所确定的刀具角度称为刀具的工作角度。刀具的工作角度决定刀具的实际工作状态，实际加工过程中必须充分考虑，以免造成刀具工作状况恶劣，加工精度不能满足要求，刀具过快磨损，减少刀具寿命，甚至无法完成加工。

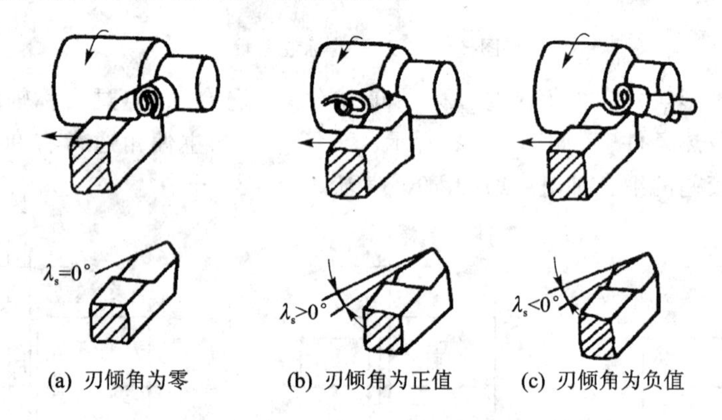

(a) 刃倾角为零　(b) 刃倾角为正值　(c) 刃倾角为负值

图3-10　刃倾角对切屑流向的影响

图3-11是当刀具安装时，由于实际刀尖高度高于工件回转中心，刀具实际工作参考系发生变化，结果造成刀具实际工作后角α_{0e}小于标注后角α_0，严重时会造成刀具后刀面过度磨损。对于刀尖实际安装高度低于工件中心的情况，可同样分析。

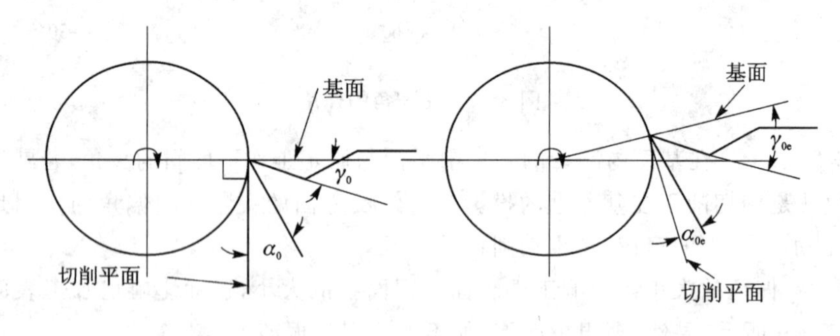

$(\alpha_{0e}<\alpha_0, \gamma_{0e}>\gamma_0)$

图3-11　刀尖高于工件中心时工作角度的变化

图3-12是在车床上车削凸轮时的情况。当切削到图示位置时，刀具的工作前角变成了负值，刀具的工作状况非常恶劣，切削力和切削热增。由于后角过大极易引起刀具振动，造成加工精度急剧下降。当刀具切削到凸轮的另一面时，刀具工作角度变化情况正好与之相反。

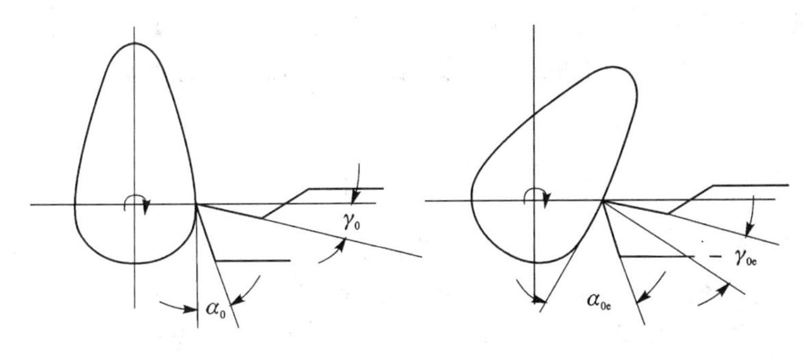

图 3-12　加工凸轮时工作角度的变化

3.3　金属切削过程中的物理现象

金属切削过程就是利用刀具从工件上切下切屑的过程，也就是切屑形成的过程。在这一过程中的许多物理现象，如切削变形、积屑瘤、切削力、切削热、刀具磨损等，对加工质量、生产率和生产成本有重要影响。

3.3.1　切削变形

金属的切削过程实际上是一种挤压变形过程。金属受刀具作用的情况如图 3-13 所示。当切削层金属受到前刀面挤压时，在与作用力大致成 45°角的方向上，剪应力的数值最大。当剪应力的数值达到材料的屈服极限时，将产生滑移。由于 *CB* 方向受到下面金属的限制，只能在 *DA* 方向上产生滑移。

切削加工时，金属塑性变形的情况如图 3-14 所示，切削塑性金属时有三个变形区。*OABCDEO* 区域是基本变形区，也称第Ⅰ变形区。切削层金属在 *OA* 始滑移线以左发生弹性变形，在 *OABCDEO* 区域内发生塑性变形，在 *OE* 终滑移线右侧的切削层金属将变成切屑流走。由于这个区域是产生剪切滑移和大量塑性变形的区域，所以切削过程中的切削力、切削热主要来自这个区域。

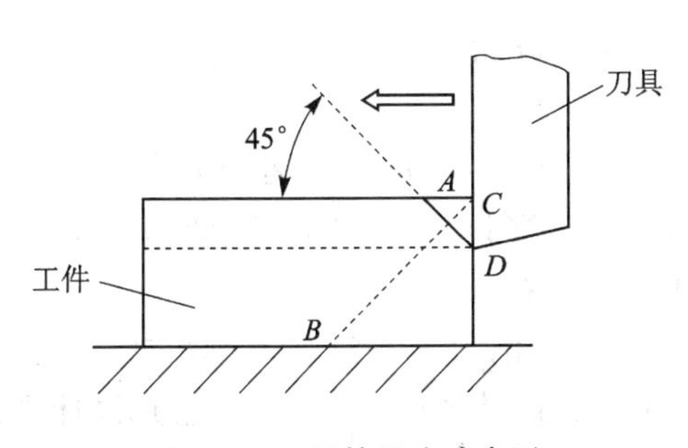

图 3-13　用挤压比喻变形

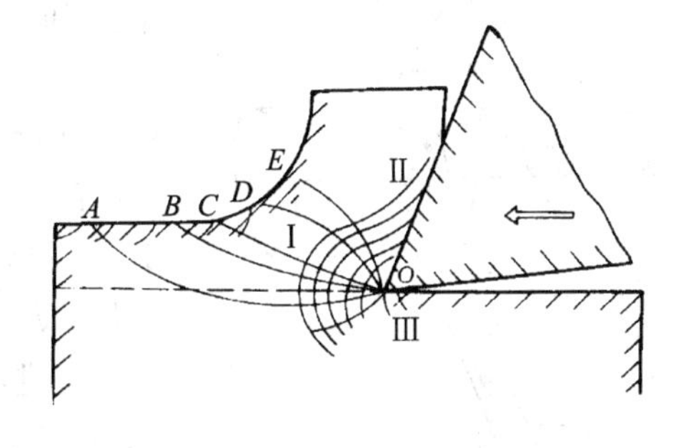

图 3-14　切削变形

切屑受到前刀面的挤压，将进一步产生塑性变形，形成前刀面摩擦变形区，也称第Ⅱ变形区。该区域的状况对积屑瘤的形成和刀具前刀面磨损有直接影响。

由于刀口的挤压、基本变形区的影响和主后面与已加工表面的摩擦等,在工件已加工表面还会形成第Ⅲ变形区。该区域的状况对工件表面的变形强化和残余应力以及刀具后刀面的磨损有很大影响。

3.3.2 积屑瘤

当以中等切削速度(v_c=5～60 m/min)切削塑韧性金属材料时,由于切屑底面与前刀面的挤压和剧烈摩擦,会使切屑底层的流动速度低于其上层的流动速度,当此层金属与前刀面之间的摩擦力超过切屑本身分子间的结合力时,切屑底层的一部分新鲜金属就会粘结在刀刃附近,形成一个硬块,称为积屑瘤,如图3-15所示。

在积屑瘤形成过程中,积屑瘤不断长大增高,长大到一定程度后容易破裂而被工件或切屑带走,然后又会重复上述过程,因此积屑瘤的形成是一个时生时灭、周而复始的动态过程。

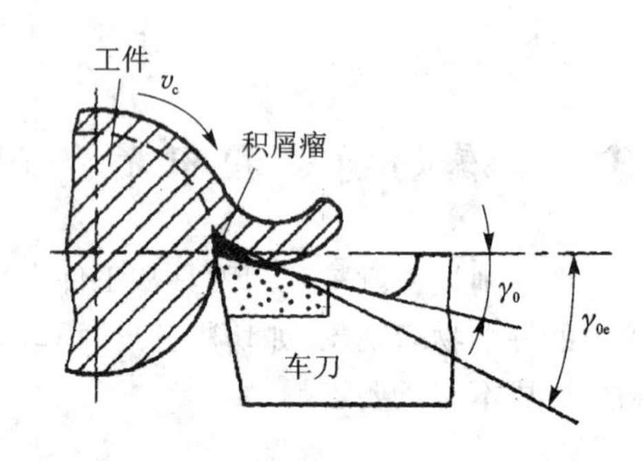

图3-15　车刀上的积屑瘤

积屑瘤经历了冷变形强化过程,其硬度远高于工件的硬度,从而有保护刀刃及代替刀刃切削的作用,而且积屑瘤增大了刀具的实际工作前角,使切削力减小。但积屑瘤长到一定高度会破裂,又会影响加工过程的稳定性,积屑瘤还会在工件加工表面上划出不规则的沟痕,影响表面质量。因此,粗加工时可利用积屑瘤保护刀尖,而精加工时应避免产生积屑瘤,以保证加工质量。高速(v_c>100 m/min)或低速(v_c<5 m/min)切削,或在良好的冷却润滑条件下切削,由于切屑底面与前刀面之间的摩擦力较小,都不会产生积屑瘤。

3.3.3 切削力

在切削加工时,刀具对工件的作用力称为总切削力,用符号F表示。它来源于三个变形区,具体来源于两个方面:一是克服切削层金属弹、塑性变形抗力所需要的力;二是克服摩擦阻力所需要的力。在进行工艺分析时,常将F沿主运动方向、进给运动方向和垂直进给运动方向(在水平面内)分解为三个相互垂直的分力,如图3-16所示。

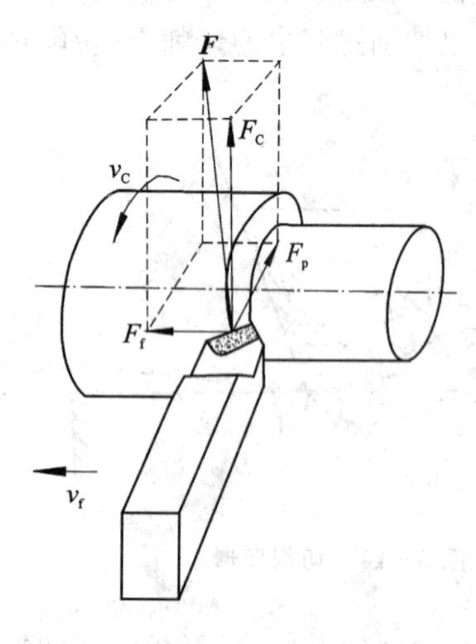

图3-16　总切削力的分解

① 切削力F_c——总切削力F在主运动方向上的正投影。它消耗机床功率的95%以上,是计算机床功率和设计主运动传动系统零件的主要依据。

② 进给力F_f——总切削力F在进给运动方向上的正投影。进给力一般只消耗机床功率的1%～5%,它是设计进给运动传动系统零件的主要依据。

③ 背向力F_p——总切削力F在垂直进给运动方向上的正投影。背向力不作功,但由于它作用在工艺系统刚度最薄

弱的方向上，会使工件产生弹性弯曲，引起振动，影响加工精度和表面粗糙度。

3.3.4　切削热

切削热是切削过程中因变形和摩擦而产生的热量，它来源于Ⅰ、Ⅱ、Ⅲ三个变形区。切削热产生后，将传递给切屑、刀具、工件和周围介质。一般在不施加切削液的条件下，传到工件中的热量占 10%～40%；传到刀具中的热量为 3%～5%；50%～80%的切削热是通过切屑带走的。切削速度越高，或切屑厚度越大，由切屑带走热量的比例也越大。

切削热对切削加工也十分不利：它传入工件，使工件温度升高，产生热变形，影响加工精度；传入刀具的热量虽然比例较小，但是刀具质量小，热容量小，仍会使刀具温度升高，加剧刀具磨损，同时又会影响工件的加工尺寸。

要减小切削热的不利影响，就要减小切削热的产生，改善散热条件，其主要措施有合理选择切削用量（切削速度影响最大，进给量次之，背吃刀量影响最小）、合理选择刀具角度以及合理施加切削液等。

3.3.5　刀具磨损和刀具耐用度

在切削过程中切削区域有很高的温度和压力，刀具在高温和高压条件下，受到工件、切屑的剧烈摩擦，使刀具的前刀面和后刀面都会产生磨损，随着切削加工的延续，磨损逐渐扩大，这种现象称为刀具正常磨损。刀具正常磨损时，按其发生的部位不同可分为三种形式，即后面磨损、前面磨损、前后面同时磨损，如图 3-17 所示。

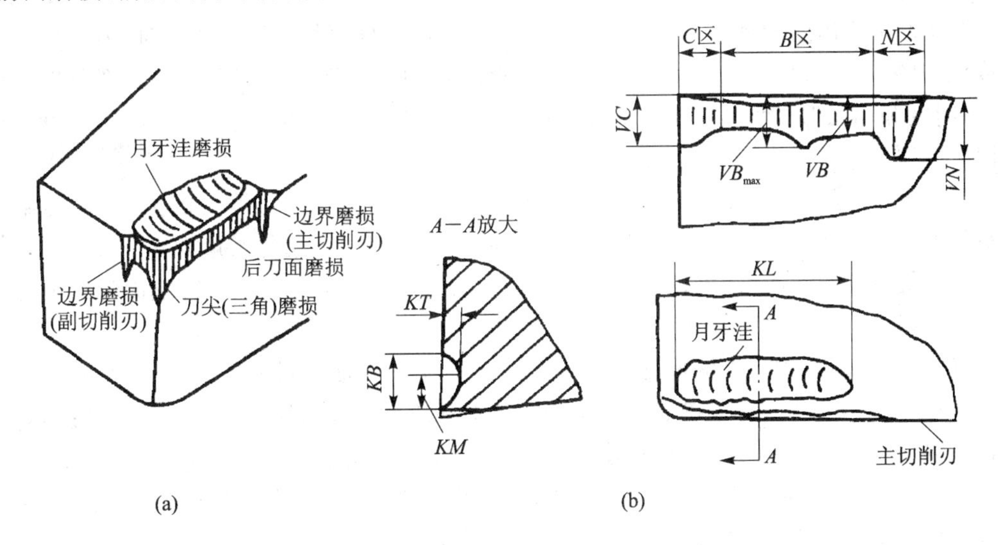

图 3-17　刀具正常磨损形式

后面磨损——以平均磨损高度 VB 表示（见图 3-17(b)）。切削刃各点处磨损不均匀，刀尖部分（C 区）和近工件外表面处（N 区）因刀尖散热差或工件外表面材料硬度较高，故磨损较大，中间处（B 区）磨损较均匀。加工脆性材料或用较低的切削速度和较小的切削厚度切削塑性金属时常见这种磨损。

前面磨损——以月牙洼的深度 KT 表示（见图 3-17(b)），用较高的切削速度和较大的切削厚度切削塑性金属时常见这种磨损。

前后面同时磨损——在以中等切削用量切削塑性金属时易产生前面和后面的同时磨损。

刀具允许的磨损限度,通常以后面的磨损程度 VB 作标准。但是,在实际生产中,不可能经常测量刀具磨损的程度,而常常是按刀具进行切削的时间来判断。刀具由开始切削到磨钝为止的切削总时间,称为刀具的耐用度,用 T(min)来表示。而刀具寿命是指一把新刀由开始切削到报废为止的总切削时间,用 t(min)来表示,显然

$$t = n \cdot T \tag{3-5}$$

式中,n 为刀具的刃磨次数。

就切削用量 v_c、α_p 和 f 而言,对刀具寿命 t 的影响是不同的。一般来讲 v_c 影响最大,其次为 f,α_p 的影响最小。粗加工时,提高生产率的同时,又希望刀具寿命尽可能的长,优选切削用量的顺序为:首先尽量选择大的被吃刀深度 α_p,然后根据加工条件和加工要求选取允许的最大进给量 f,最后根据刀具寿命选择最大的切削速度。以上是根据刀具耐用度来优化选择切削用量。精加工的主要目的是保证加工精度,选择的顺序是,首先选一个较小的背吃刀量 α_p,其次选择一个较小的进给量 f,最后选择一个较高的切削速度 v_c。

3.3.6 工件材料的切削加工性

工件材料的切削加工性是指工件材料在切削加工时的难易程度。

常用的切削加工性衡量指标有:

① 以表面加工质量衡量切削加工性。容易获得好的加工表面质量的材料,切削加工性好,反之则差。该指标是零件精加工时常用的衡量指标。

② 以刀具耐用度衡量切削加工性。在相同的切削条件下加工不同材料时,刀具耐用度较长,或允许的切削速度较高,或切除金属体积较多,切削加工性好。其中相同切削条件下比较刀具耐用度和相同刀具耐用度下比较允许的切削速度是最常用的切削加工性指标,可适用于各种加工条件。

③ 以单位切削力、切削温度衡量切削加工性。在相同的条件下,切削力小、切削温度低时,材料的切削加工性好。在粗加工或机床刚性、动力不足时用这种衡量指标。

④ 以断屑性能衡量切削加工性。在自动机床、组合机床及自动生产线或深孔钻削等对工件材料断屑性能有要求时,采用这种衡量指标。

工件材料的切削加工性的概念是相对的。工程应用中常以材料在一定刀具耐用度 T 条件下的切削速度 v_T 相对比来确定工件材料的相对加工性。通常取 $T=60$ min,对特别难加工材料,可取 $T=30$ min 或 15 min,可分别写成 v_{60}、v_{30} 或 v_{15} 等。

一般以抗拉强度 $\sigma_b=735$ MPa 的 45 钢的 v_{60} 作基准,写作 $(v_{60})_j$,而把其他材料的 v_{60} 与之比较,这个比值 K_v 即为相对加工性:

$$K_v = \frac{v_{60}}{(v_{60})} \tag{3-6}$$

K_v 越大,表示在相同条件下,所允许的切削速度越高,其相对切削加工性越好,亦表明切削该种材料刀具不易磨损,刀具寿命高。

工件材料的切削加工性是在一定条件下评定的,在通常的切削条件下,常用金属材料的切削加工性由易到难依次排序为:有色金属,中碳钢,高碳钢(珠光体为主),低碳钢,高碳钢(含渗碳体),不锈钢,钛合金,高温合金。改善材料切削加工性的主要途径是进行适当的热处理。

3.4　普通刀具切削加工方法综述

3.4.1　车削加工

车削是指工件回转作主运动，车刀作进给运动的切削加工方法。车削特别适于加工回转面，而回转面是机械零件中应用最广泛的一种表面形式，所以车削比其他加工方法应用更加普遍。

1. 车削的工艺特点

① 加工精度比较高，而且易于保证各加工面之间的位置精度。这是因为车削加工过程连续进行，切削层公称横截面积不变，切削力变化小，切削过程平稳。此外，在车床上经一次装夹能加工出外圆面、内圆面、台阶面及端面，依靠机床的精度就能够保证这些表面之间的位置精度。

② 生产率高，应用范围广泛。除了车削断续表面之外，一般情况下在加工过程中车刀与工件始终接触，基本无冲击现象，可采用很高的切削速度以及很大的背吃刀量和进给量，所以生产率较高。而且车削加工适应多种材料、多种表面、多种尺寸和多种精度，应用范围广泛。

③ 刀具简单，生产成本较低。

2. 车削的应用

在车床上使用不同的车刀或其他刀具，可以加工各种回转表面：外圆（含外回转槽）、内圆（含内回转槽）、平面（含台肩端面）、沟槽、锥面、螺纹和滚花面等，如图 3-18 所示。根据所选用的车刀角度和切削用量的不同，车削可分为粗车（IT12～IT11，Ra 值为 25～12.5 μm）、半精车（IT10～IT9，Ra 值为 6.3～3.2 μm）、精车（IT8～IT7，Ra 值为 1.6～0.8 μm）和精细车有色金属（IT6～IT5、Ra 值可达 0.8～0.2 μm）。

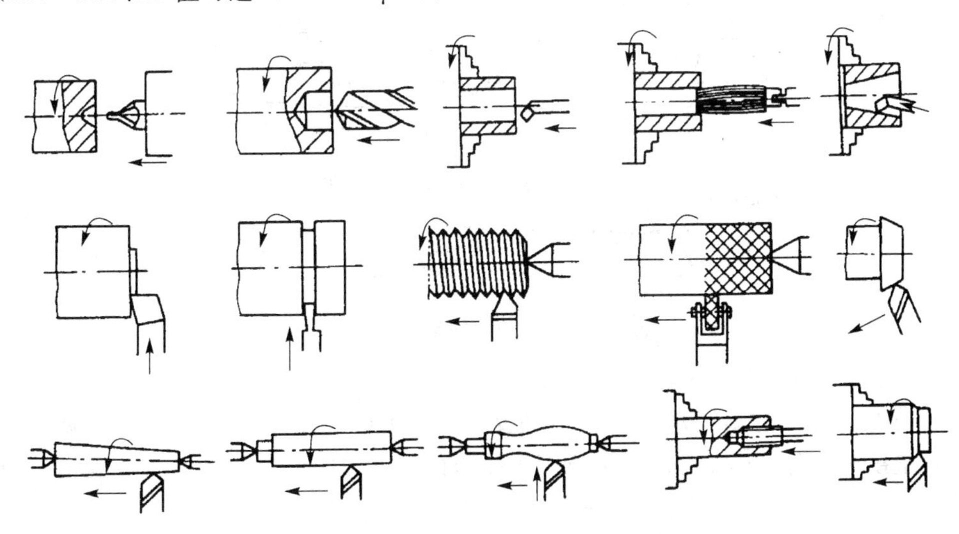

图 3-18　卧式车床所能完成的典型加工

车削常用来加工单一轴线的零件，如直轴和一般盘、套类零件等。若改变工件的安装位置或适当调整机床某些部位,还可以加工多轴线的零件(如曲轴、偏心轮等)或盘形凸轮。

车削可以在卧式车床、立式车床、转塔车床、自动车床、数控车床以及各种专用车床上进行。

单件小批生产各种轴、盘、套等类零件,一般在卧式车床或数控车床上进行加工。长径比为0.3～0.8的重型零件,多用立式车床加工。

成批生产外形较复杂,且具有内孔及螺纹的中小型轴、套类零件,应选用转塔车床进行加工。

大批、大量生产形状不太复杂的小型零件(如螺钉、螺母、管接头、轴套等),多选用半自动和自动车床进行加工。

3.4.2 钻削加工

用钻头或绞刀、锪刀在工件上加工孔的方法统称钻锪铰加工,它可以在台式钻床、立式钻床、摇臂钻床上进行,也可以在车床、铣床、镗铣床或专用机床上进行。

1. 钻 孔

钻孔是指用钻头在实体材料上加工孔的一种加工方法。钻孔是最常用的孔加工方法之一。钻孔属于粗加工,按深径比(孔深与孔径比)不同,钻孔可分为浅孔钻和深孔钻。

(1) 浅孔钻

一般深径比$L/D \leqslant 4$的孔为浅孔。加工浅孔所使用的刀具通常为麻花钻,用标准高速钢麻花钻(见图3-19)加工的孔,精度可达IT12～IT11,表面粗糙度Ra值为25～12.5 μm,用硬质合金可转位浅孔钻(见图3-20)加工的孔,精度可达IT11～IT10,表面粗糙度Ra值为12.5～3.2 μm。麻花钻切削部分结构如图3-21所示,它有两条对称的主切削刃、两条副切削刃和一条横刃。

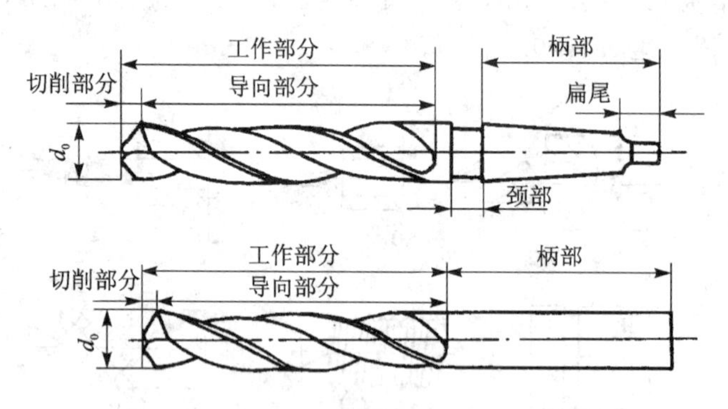

图3-19 高速钢麻花钻的结构

浅孔钻的工艺特点如下:

① 由于麻花钻具有刚性差(因为有两条又宽又深的螺旋槽)、导向性差(只有两条很窄的棱带与孔壁接触导向)和轴向力大(主要因为横刃的存在)的特点,导致被加工孔的形位误差较大。

② 加工状态呈半封闭状态,刀具吸热较多,而切削液又难以进入切削区域,排屑困难,因而加工表面常被切屑划伤,导致孔壁质量差。

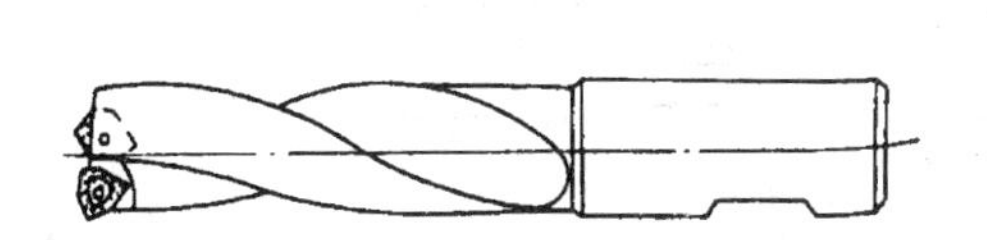

图 3-20　硬质合金麻花钻的结构

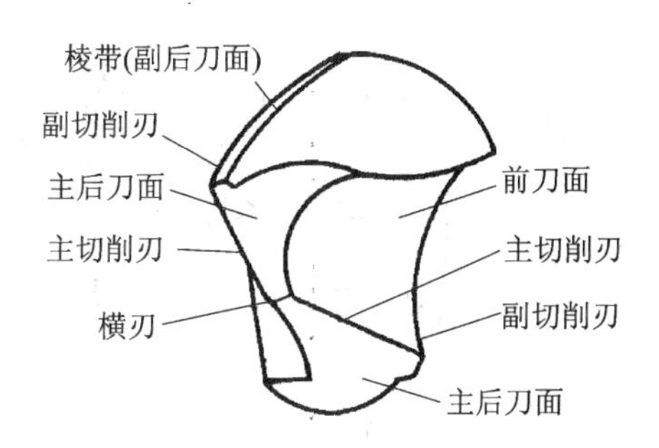

图 3-21　麻花钻切削部分的结构

浅孔可以在钻床上钻孔，也可以在车床上钻孔。在钻床上钻孔时，钻头回转，工件静止，当钻头偏斜时，孔的轴线也偏斜，但孔径无明显变化；在车床上钻孔时，当钻头偏斜时，孔的轴线不偏斜，但孔径有较大变化。两种钻孔方式对加工误差的影响如图 3-22 所示。

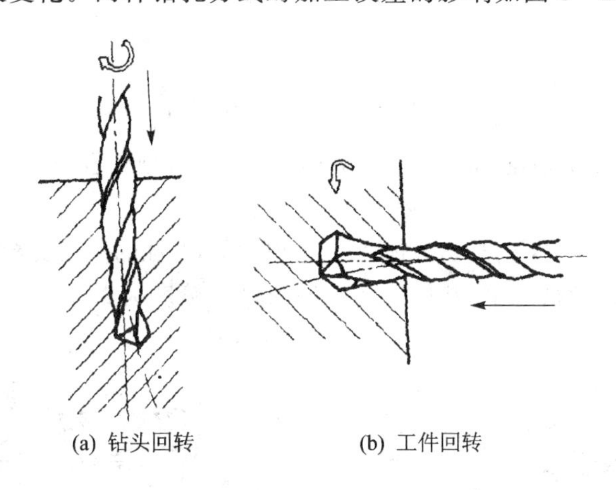

(a) 钻头回转　　(b) 工件回转

图 3-22　钻孔方式对加工误差的影响

(2) 深孔钻

深径比 $L/D \geqslant 5$ 的孔即为深孔。其中对于 $L/D=5 \sim 20$ 的称为普通深孔，其加工可用深孔刀具或接长麻花钻在车床或钻床上进行；对于 $L/D=20 \sim 100$ 的称为特殊深孔，则需用深孔刀具在深孔加工机床上进行加工。图 3-23 为一深孔加工示意图，由于零件较长，$L/D>20$，工件安装采用“一夹一托”方式。图 3-23(a)是一种内排屑方式深孔钻削示意图；图 3-23(b)是一种外排屑方式深孔钻削示意图。

对于深孔刀具要求可进行强制冷却，保证切屑能顺利排除。

2. 扩　孔

扩孔是用扩孔刀具扩大工件孔径的一种加工方法。扩孔钻与钻头类似，结构形式有整体锥柄扩孔钻(见图 3-24(a))，扩孔直径为 $\phi 10 \sim 32$ mm；镶齿套式扩孔钻(见图 3-24(b))，扩孔直径为 $\phi 25 \sim 80$ mm，以及硬质合金可转位扩孔钻(见图 3-24(c))。由于扩孔时的加工余量比钻孔时小得多，所以扩孔刀具的结构和切削条件比钻孔时好得多，主要是：

① 扩孔钻刀齿多，一般有 3～4 个，每个刀齿周边上有一条螺旋棱带，故导向性好，切削平稳。

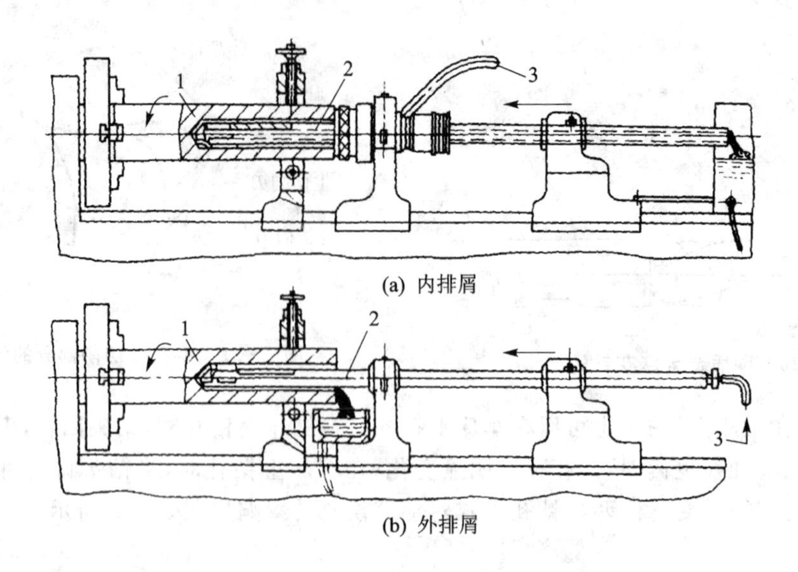

(a) 内排屑

(b) 外排屑

1—工件；2—深孔钻；3—切削液

图 3-23 深孔加工示意图

② 扩孔钻中心部位不切削，无横刃，切屑薄而窄，不易划伤孔壁，所以切削条件得到了显著的改善。

③ 扩孔钻容屑槽浅，钻芯厚度大，刀体强度高，刚性好，对孔的形状误差有一定的校正能力。

扩孔通常作为孔的半精加工，其加工后工件的尺寸精度为 IT10～IT9，表面粗糙度 Ra 值为 6.3～3.2 μm。

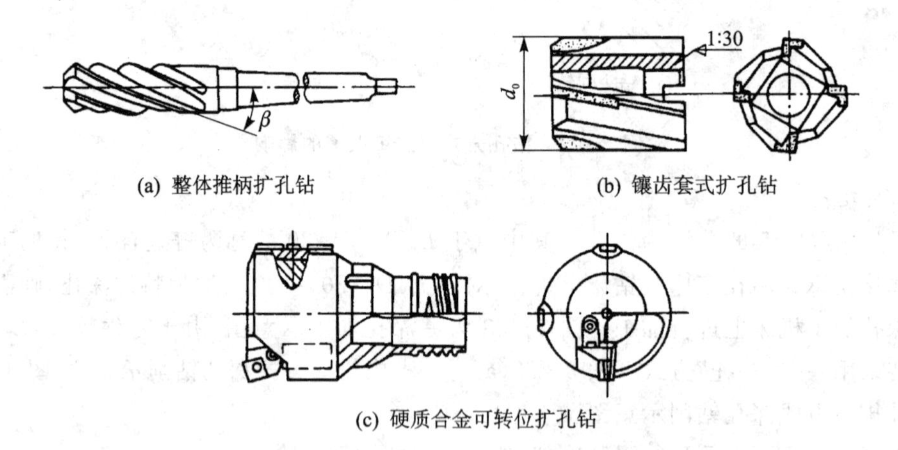

(a) 整体推柄扩孔钻

(b) 镶齿套式扩孔钻

(c) 硬质合金可转位扩孔钻

图 3-24 扩孔钻

3. 铰　孔

铰孔是指用铰刀在未淬硬工件孔壁上切除微量金属层，以提高工件尺寸精度和减小表面粗糙度的加工方法。铰孔可加工圆柱孔和圆锥孔，可以在机床上进行(机铰)，也可以手工进行(手铰)。机用铰刀分直柄和锥柄，手用铰刀仅直柄一种，手用铰刀柄部作成方柄，工作时可以用铰杠转动。铰刀由切削部分和修光部分所组成，修光部分的作用是校准孔径、修光孔壁，使孔的加工质量得到提高。图 3-25 是几种常用铰刀。

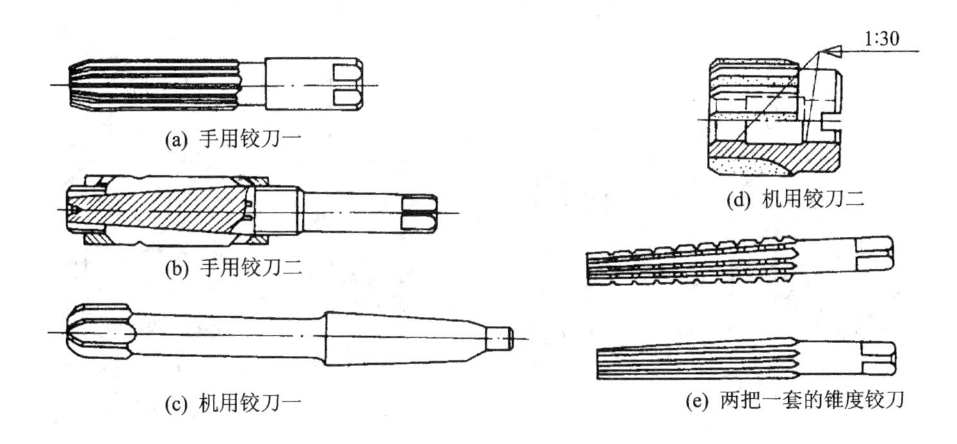

图 3-25　不同种类的铰刀

铰孔的精度主要取决于铰刀的精度、安装方式以及加工余量、切削用量和切削液等条件。因此，铰孔时应合理选择切削用量，一般粗铰时，加工余量为 0.15～0.5 mm，精铰时为 0.05～0.25 mm，切削速度 v_c<0.083 m/s，以避免产生振动、积屑瘤和过多的切削热；此外，铰刀在孔中不可倒转，机铰时铰刀与机床最好用浮动连接方式，（见图 3-26，主轴的转动通过锥柄套 3 上的螺钉 2 传递给浮动套 1 和铰刀）以避免因铰刀轴线与被铰孔轴线偏移而使铰出的孔不圆，或使孔径扩大；铰钢制工件时，应加注切削液进行润滑、冷却，以减小孔的表面粗糙度值。

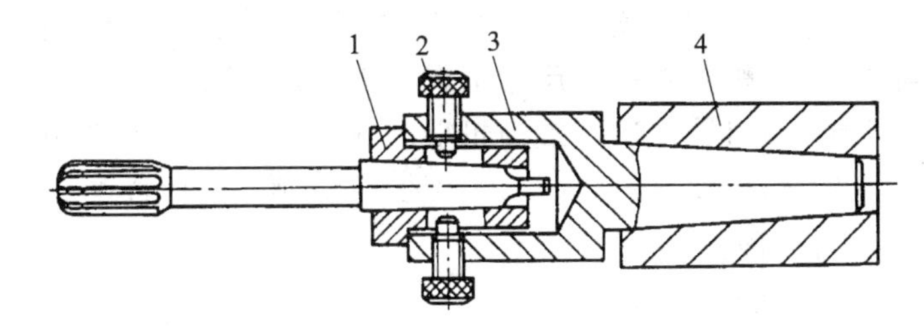

1—浮动套；2—螺钉；3—锥柄套；4—主轴

图 3-26　铰刀的浮动连接

铰孔的工艺特点如下：

① 铰刀是标准刀具，一定直径的铰刀只能加工一种直径和尺寸公差等级的孔。

② 铰孔只能保证孔本身的精度，而不能保证孔与其他相关表面的位置精度。

③ 生产率高，尺寸一致性好，适于成批和大量生产。钻—扩—铰是生产中常用的加工较高精度中、小孔的典型工艺。

铰孔属于精加工，它又可分为粗铰和精铰。粗铰的尺寸精度为 IT8～IT7，表面粗糙度 Ra 值为 1.6～0.8 μm；精铰的尺寸精度为 IT7～IT6，表面粗糙度 Ra 值为 0.8～0.4 μm。

4. 锪　孔

用锪钻加工各种沉头螺钉孔、锥孔、凸台面等的方法称为锪孔。锪孔一般在钻床上进行。图 3-27(a)所示为带导柱平底锪钻，它适用于加工六角螺栓、带垫圈的六角螺母、圆柱头螺钉的沉头孔。图 3-27(b)所示是带导柱和不带导柱的锥面锪钻，用于加工锥面沉孔。图 3-27(c)所示为端面锪钻，用于加工凸台。锪钻上带有的定位导柱 d_1 是用来保证被锪孔或端面与原来孔的同轴度或垂直度。

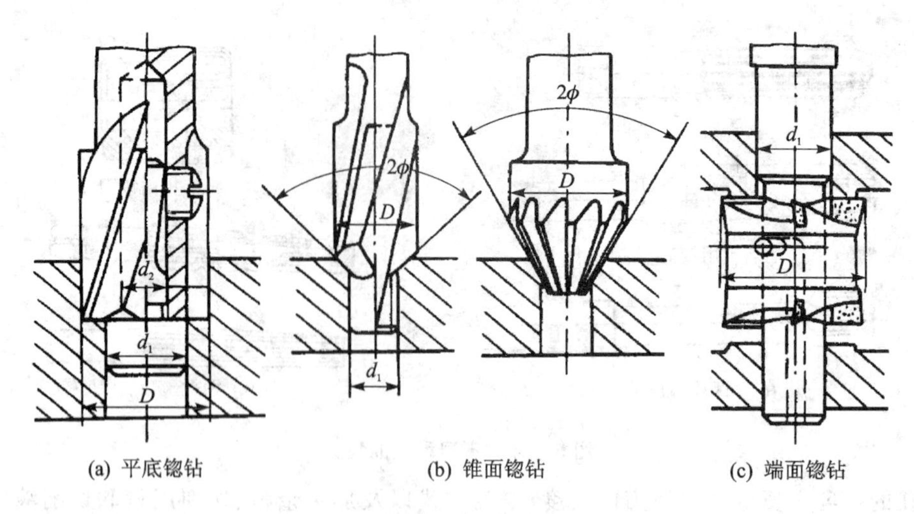

(a) 平底锪钻　(b) 锥面锪钻　(c) 端面锪钻

图3-27　锪　钻

3.4.3　镗削加工

镗削是指镗刀旋转作主运动,工件或镗刀作进给运动的切削加工方法。镗削加工主要在镗床、镗铣床上进行,镗孔是加工较大孔径最常用的加工方法之一,箱体类零件上的孔以及要求相互平行或垂直的孔系通常都在镗床或镗铣床上镗孔。镗孔可作为粗加工、半精加工,也可作为精加工或精细加工,一般粗镗孔的尺寸精度为IT12~IT11,表面粗糙度 Ra 值为25~12.5 μm;精镗孔尺寸精度为IT8~IT7,表面粗糙度 Ra 值为1.6~0.8 μm;精细镗孔的尺寸精度可达IT7~IT6,表面粗糙度 Ra 值为0.8~0.2 μm。根据结构特点及使用方式不同,镗刀可分为单刃镗刀和浮动镗刀两种结构形式。

1. 单刃镗刀

单刃镗刀刀头的结构与车刀类似,被加工孔径大小依靠调整刀头的悬伸长度来保证,因此一把镗刀可加工直径不同的孔(见图3-28)。单刃镗刀调节费时,精度不易控制。图3-29所示为在坐标镗床、自动线和数控机床上使用的微调镗刀,具有结构简单,制造容易,调节方便,精度高等优点。

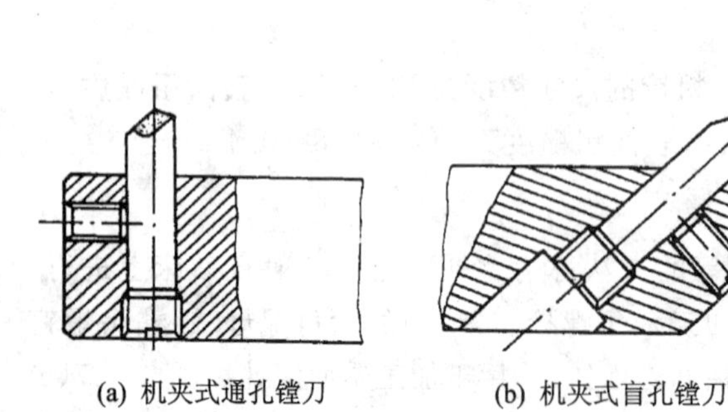

(a) 机夹式通孔镗刀　(b) 机夹式盲孔镗刀

图3-28　单刃镗刀

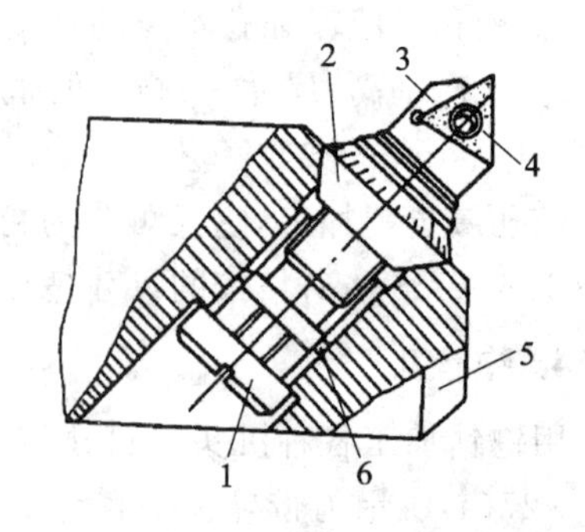

1—拉紧螺钉;2—调整螺帽;3—镗刀头;4—刀片;5—镗刀杆;6—导向键

图3-29　微调镗刀的结构

微调镗刀在调整时，先松开紧固螺钉 1，然后转动带刻度盘的调整螺母 2，待刀头调至所需尺寸，再拧紧螺钉 1，使镗刀头 3 压紧在镗杆 5 上。调整螺帽的螺距为 0.5 mm。镗盲孔时镗刀头倾斜 53°8′安装(即调整螺帽刻度 40 格)。镗通孔时，镗刀头垂直安装(即螺帽上刻度 50 格)。螺帽转一格，镗刀头径向移动 0.01 mm。

用单刃镗刀镗孔可校正原有孔的轴线歪斜或位置偏差等缺陷，但是单刃镗刀刀具刚性较差，为减小镗孔时镗刀的变形和振动，不得不采用较小的切削用量，所以生产率低，多用于单件小批生产。

2. 浮动镗刀

浮动镗刀是由镗刀杆和可调浮动镗刀块(见图 3-30)所组成，工作时浮动镗刀块在镗杆上不固定，而是插在镗杆的矩形槽内，借镗刀块与矩形槽之间配合间隙很小的精密间隙配合，保证镗刀块在矩形槽孔中沿径向自由滑动。切削时，两个对称的切削刃产生的切削力可自动平衡其位置，自动定心，以消除因刀具安装误差或镗杆偏摆所引起的不良影响，所以只要在浮镗前的钻、粗镗与半精镗等几道工序中保证了孔的轴心线直线度要求(因为镗孔时刀具由孔本身定位，故不能纠正原有孔的轴线歪斜)，则浮镗可进一步提高孔的尺寸精度、形状精度和表面粗糙度。由于浮动镗刀片是定尺寸刀具，尺寸准确，并且刀片有平直的修光刃，所以浮镗后的孔尺寸精度可达 IT7～IT6，表面粗糙度 Ra 值为 1.6～0.8 μm。浮动镗适宜加工成批生产中孔径较大(D 为 40～330 mm)的孔。

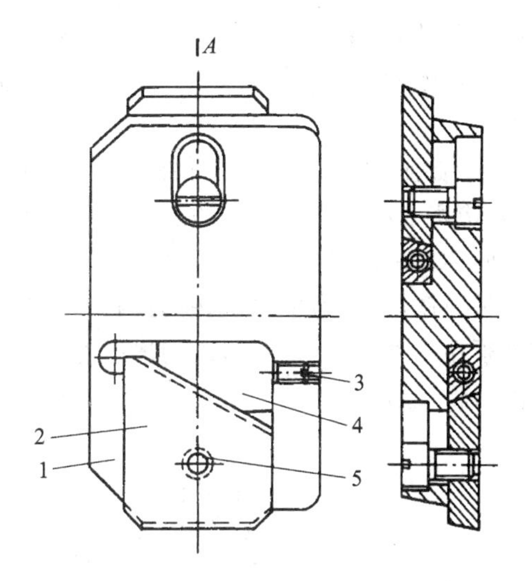

1—刀块；2—刀片；3—调节螺钉；
4—斜面垫板；5—紧固螺钉

图 3-30　硬质合金浮动镗刀

镗床类机床主要用于机座、箱体、支架等大型零件上孔和孔系的加工。此外，还可以铣平面、车凸缘等，以保证在一次安装中加工出相互有位置精度要求的孔、外圆和端平面等。

3.4.4　铣削加工

铣削是指铣刀旋转作主运动，工件作进给运动的切削加工方法。铣刀是多刃刀具，它的每一个刀齿相当于一把车刀，其切削基本规律与车削相似，但铣削是断续切削，在切削过程中切屑厚度和切削面积随时在变化，因此，铣削具有一些特殊规律。

1. 铣削的切削参数及其选择

① 每齿进给量：每齿进给量是刀具移动的线性距离。对于正确地选择铣刀这是一个关键因素，也是最基本点。一般在面铣时，每齿进给量近似于所需要的平均切屑厚度，典型范围为 0.1～0.4 mm。

② 平均切削厚度：一般对于合适的切削刃啮合，平均切削厚度不应低于 0.07 mm。假如切屑太薄，平均切屑厚度大约为 0.02 mm 时，摩擦力就会达到最大，伴随产生的是过度的切削热以及过度的侧后刀面的磨损。

③ 铣刀刀齿数：为了确保使用足够高的平均切屑厚度/每齿进给量，必须正确地确定适合于该工序的铣刀刀齿数。铣刀的齿距是有效切削刃之间的距离，可根据这个值将铣刀分为疏齿铣刀(L)、密齿铣刀(M)以及特密齿铣刀(H)。对于一把直径为 80 mm 的面铣刀，疏齿距分布 4 个刀片，密齿距分布 6 个刀片，特密齿铣刀分布 8 个刀片。刀片不等齿距分布可在加工过程中排除振动的趋势。

密齿铣刀(M)是一般用途的刀具，对于绝大部分铣削加工都是首选的刀具。疏齿铣刀(L)具有最少的刀片数，对于稳定性差的加工条件以及长悬伸或机床功率、刚度都受限的加工条件，这种铣刀是最好的选择。特密齿铣刀(H)，具有最多的刀片数，在某些情况下最适合于稳定的机床或充分利用机床功率作大进给量的加工条件。这种还适合于耐热材料或者短屑材料。

④ 铣削方向：相对于工件的进给方向，铣刀的旋转方向有两种方式(见图 3-31)。在这里，开始切削和切削结束时切屑的厚度是基础。第一种方式是顺铣，也称为同向铣，铣刀的旋转方向和切削的进给方向是相同的，开始切削时铣刀就咬住工件并切下最厚的切屑。第二种方式是逆铣，也称为反向铣，铣刀的旋转方向和切削的进给方向是相反的，铣刀在开始切削之前必须在工件上滑移一段，以切屑厚度为零开始，到切削结束时切屑厚度达到最大。顺铣时，切削力将工件压向工作台，而在逆铣时切削力使工件离开工作台。

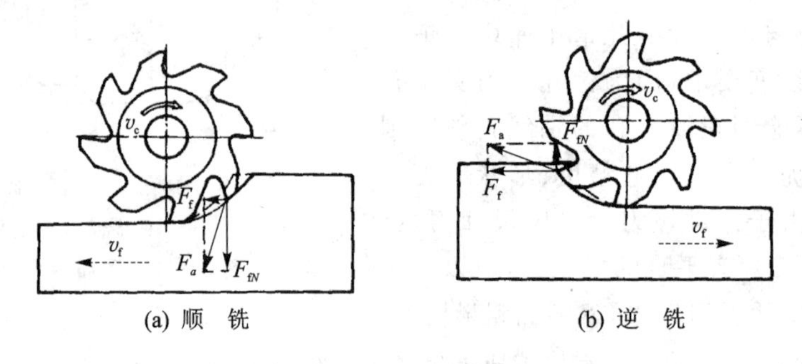

图 3-31　顺铣和逆铣

通常以选择顺铣为好，因为它的切削效果最好。只有当机床存在螺纹间隙问题或者有一些顺铣不能解决的问题时，才应当考虑逆铣。

2. 铣削的应用

铣削加工可以在卧式铣床、立式铣床、龙门铣床、工具铣床以及各种专用铣床上进行。由于多刃铣刀几乎在任何方向都可以对工件进行切削，所以，铣削的应用范围很广泛，能加工的主要轮廓表面有平面、台阶面、各种槽、型腔以及成形面等。铣削可分为粗铣、半精铣和精铣，粗铣后两平行平面之间的尺寸公差等级为 IT12～IT11，表面粗糙度 Ra 值为 25～12.5 μm；半精铣为 IT10～IT9，表面粗糙度 Ra 值为 6.3～3.2 μm；精铣为 IT8～IT7，表面粗糙度 Ra 值为 3.2～1.6 μm，直线度可达 0.08～0.12 mm/m。图 3-32 所示是在铣床上所进行的各种工作。

(1) 铣平面

铣平面是平面的主要加工方法之一，有面铣、周铣和二者兼有三种方式，所用刀具有镶齿面铣刀、圆柱铣刀、套式立铣刀、三面刃铣刀和立铣刀等。镶齿面铣刀生产率高，应用很广泛，

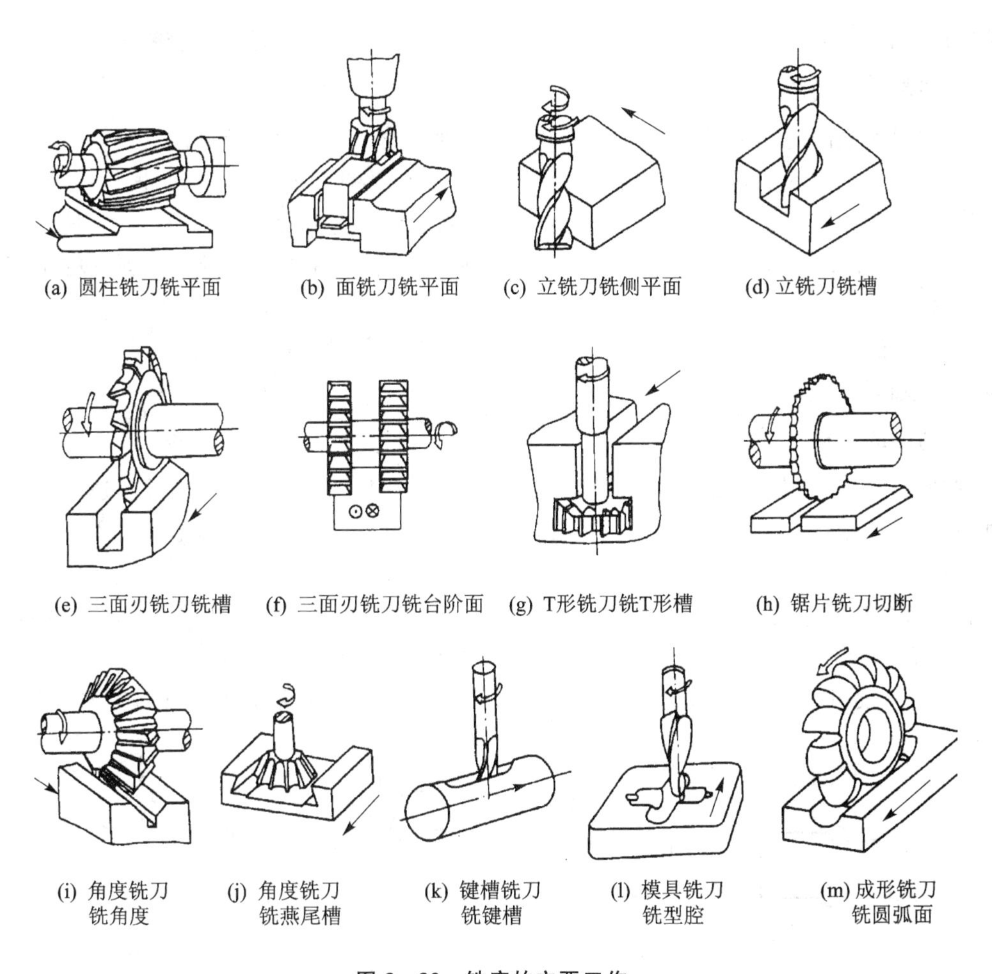

图 3－32　铣床的主要工作

主要用于加工大平面；圆柱铣刀只用于卧铣铣削中小平面；套式立铣刀生产率较低，用于铣削各种中小平面和台阶面；三面刃铣刀只用于卧铣铣削小型台阶面和四方、六方螺钉头等小平面；立铣刀多用于铣削中小平面。

（2）铣沟槽

铣沟槽所用刀具有立铣刀、键槽铣刀、三面刃铣刀和成形铣刀等。在铣成形槽之前应先用立铣刀铣出直角槽；铣螺旋槽时工件在作等速移动的同时还要作等速旋转，且保证工件轴向移动一个导程刚好自身转一转。

由于铣刀的每一个切削刃都要去除一定量的金属，所以铣削是一种有效的加工方法，而且铣削加工的通用性也很好，随着机构、控制和刀具的发展越来越拓展了它的应用。在精加工中，磨削正在日益被铣削所代替，同样，过去只能用电火花方法加工的工件和硬质工件今天也能通过铣削加工出来。

3.4.5　刨削加工

刨削是指用刨刀对工件作水平相对直线往复运动的切削加工方法。和铣削一样，刨削也是加工平面和沟槽的主要方法之一，和铣削比较，虽然两者均以加工平面和沟槽为主，但由于所用机床、刀具和切削方式不同,在工艺特点和应用方面同铣削还是存在着较大的差异。

1. 刨削和铣削的比较

① 刨削和铣削的加工质量一般同级,经粗、精加工之后可达到中等精度。

② 刨削的生产率一般低于铣削,因为刨削的主运动为往复直线运动,回程不切削,换向时产生很大的惯性力,加之切入和切出时有冲击,限制了切削速度的提高。但是,当加工狭长表面(如导轨、长槽等)时,由于减少了进给次数,以及可以采用多件、多刀刨削,刨削的生产率可能高于铣削。

③ 铣削的加工范围比刨削广泛,而且铣削适用于各种批量的生产,而刨削仅适用于单件小批生产及修配工作。

2. 刨削的应用

刨削可以在牛头刨床和龙门刨床上进行。前者适宜加工中小型工件,后者适宜加工大型工件或同时加工多个中型工件。刨削主要用来加工平面(包括水平面、垂直面和斜面),也广泛地用于加工沟槽(包括直角槽、燕尾槽和 T 形槽等)。刨削可分为粗刨、半精刨和精刨,粗刨后两平行平面之间的尺寸公差等级为 IT12～IT11,表面粗糙度 Ra 值为 25～12.5 μm;半精刨为 IT10～IT9,表面粗糙度 Ra 值为 6.3～3.2 μm;精刨为 IT8～IT7,表面粗糙度 Ra 值为 3.2～1.6 μm,直线度可达 0.04～0.08 mm/m。图 3-33 所示是在刨床上所进行的各种工作。

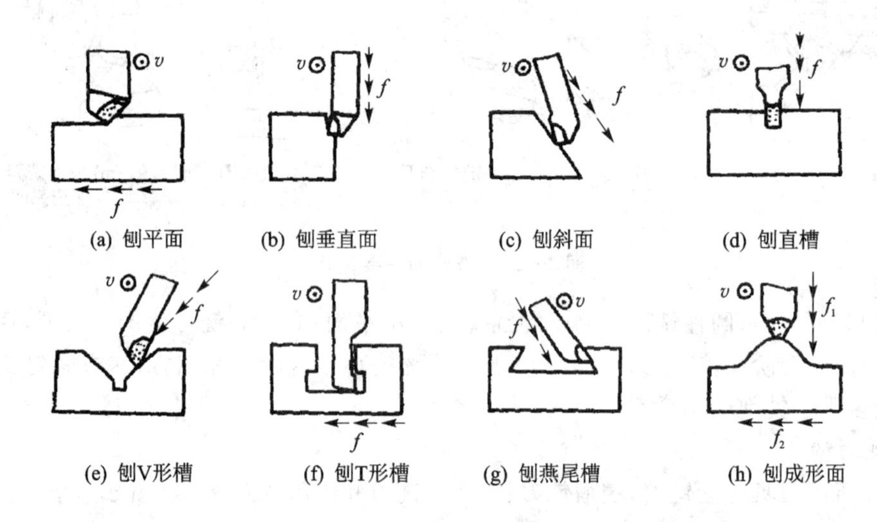

图 3-33 刨削的主要应用

3.4.6 插削加工

插削是指用插刀对工件作垂直相对直线往复运动的加工方法。插削在插床上进行,插床的滑枕是在垂直方向运动的,所以也称为“立式牛头刨床”。插床主要用于加工工件的内表面,如键槽、花键、多边形孔等,如图 3-34 所示。由于插床的生产率比牛头刨床还低,所以只用于单件小批生产,在成批大量生产中已被拉削所替代。

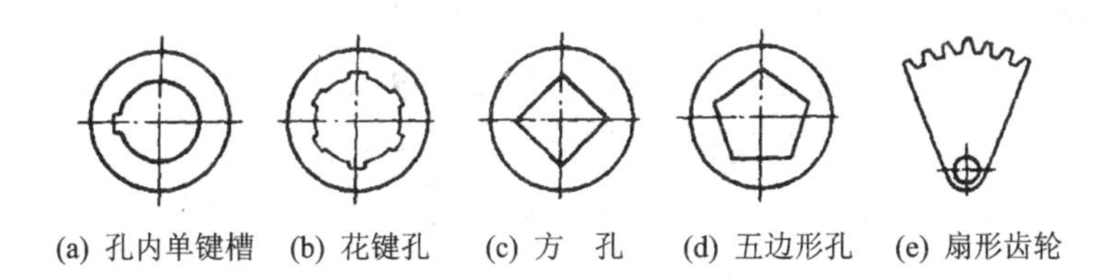

图 3-34　插削表面举例

3.4.7　拉削加工

拉削是指用拉刀加工工件内、外表面的加工方法。拉削在卧式拉床和立式拉床上进行。拉刀的直线运动为主运动，进给运动是由后一个刀齿高出前一个刀齿（齿升量 a_f）来完成的，从而能在一次行程中，一层一层地从工件上切去多余的金属层，而获得所要求的表面，如图 3-35 所示。

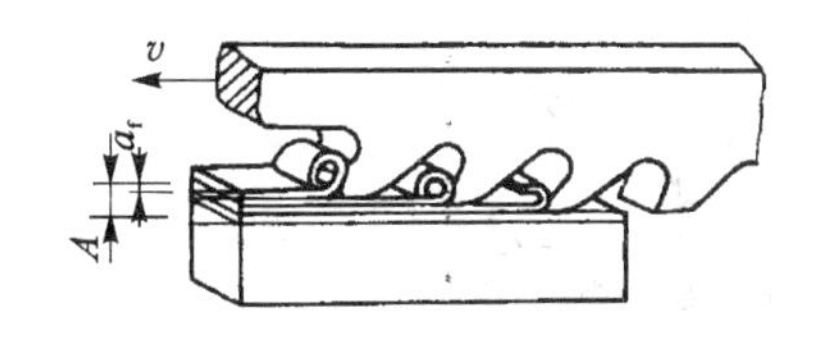

图 3-35　拉削运动

拉孔时，工件不需夹紧，而是以端面靠紧在拉床的支承板上，因此工件的端面应与孔垂直，否则，容易损坏拉刀，将破坏拉削的正常进行。如果工件的端面与孔不垂直，则应采用球面自动定心的支承垫板来补偿，如图 3-36 所示，球形支承垫板的略微转动，可以使工件上的孔自动地调整到与拉刀轴线一致的方向。

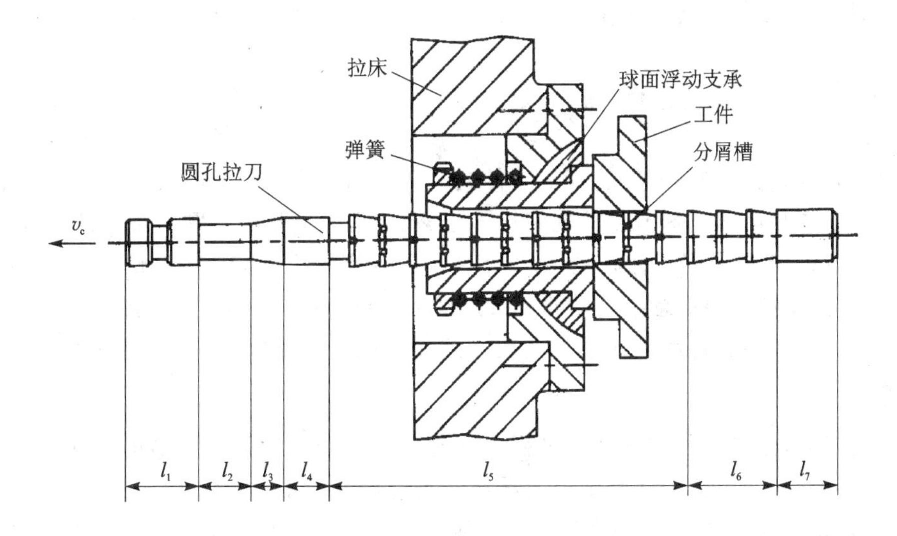

l_1—拉刀柄部；l_2—颈部；l_3—过渡锥；l_4—前导部分；

l_5—切削部分；l_6—校准部分；l_7—后导部分

图 3-36　圆孔拉刀及拉圆孔的方法

拉削与其他切削加工方法相比，具有以下的主要特点：

① 生产率高，因为拉刀同时工作的刀齿多，而且一次行程能够完成粗、精加工。

② 加工质量好，拉刀属于定形刀具，且具有校准部分（见图 3-36），可校准尺寸，修光孔

壁;拉床又属于液压传动,切削平稳。

③ 拉刀耐用度高,因为拉削速度低,每齿切削厚度很小,切削力小,切削热也少。

④ 拉床只有一个主运动(直线运动),结构简单,工作平稳,操作方便。

⑤ 可以加工形状较复杂的内、外表面,尤其加工内表面得到广泛的应用,图3-37所示为在拉床上加工的各种表面举例。

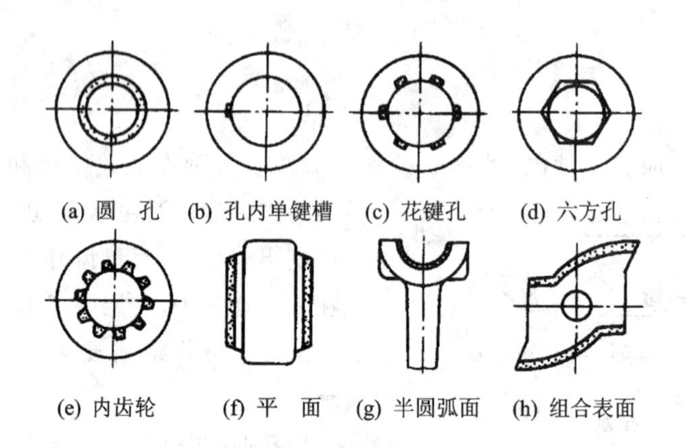

图3-37 常用拉削表面举例

拉削主要用于大批、大量生产,拉削可分为粗拉和精拉。粗拉的尺寸公差等级为IT8~IT7,表面粗糙度Ra值为1.6~0.8 μm;精拉为IT7~IT6,Ra值为0.8~0.4 μm。由于拉刀制造复杂,成本高,除标准化和规格化的零件外,在单件小批生产中很少应用。

3.5 磨削加工方法综述

磨削是指用磨具以较高的线速度对工件表面进行加工的方法。磨具是以磨料为主制造而成的一类工具,它是由结合剂或粘接剂将许多细微、坚硬而形状不规则的磨料磨粒按一定要求粘接而成的。磨具种类很多,有砂轮、砂带、油石和研磨料等,其中以砂轮为主要磨削工具,图3-38所示为砂轮结构示意图。砂轮主要由磨粒、结合剂和气孔组成。由于磨料、结合剂及制造工艺等的不同,砂轮特性可能差别很大,对磨削精度、表面质量和生产率影响很大。

1. 磨削过程

磨削过程实质也是一种切削加工过程。砂轮表面上分布着为数甚多的磨粒,每个磨粒相当于多刃铣刀的一个刀齿,因此磨削可以看作是具有极多微小刀齿铣刀的一种超高速铣削。

砂轮表面磨粒形状各异,排列也很不规则,其间距和高低为随机分布。砂轮磨粒切削时的前角γ_0和后角α_0如图3-39所示。据测量,刚修整后的刚玉砂轮,γ_0平均为$-65°\sim-80°$,磨削一段时间后增大到$-85°$。由此可见,磨削时是负前角切削,且负前角远远大于一般刀具切削的负前角。负前角切削是磨削加工的一大特点,磨削过程中的许多物理现象均与此有关。

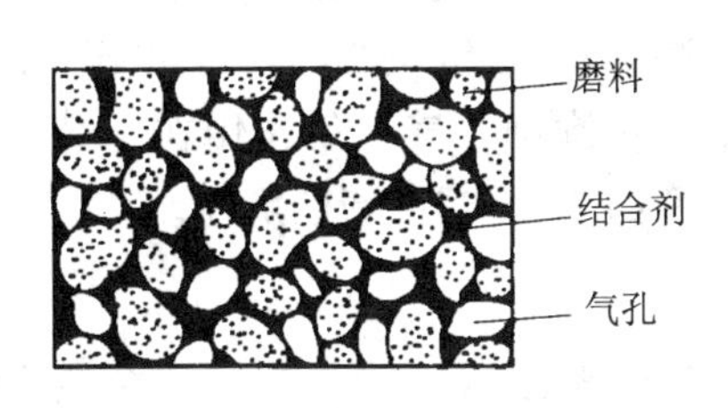

图3-38　砂轮结构示意图

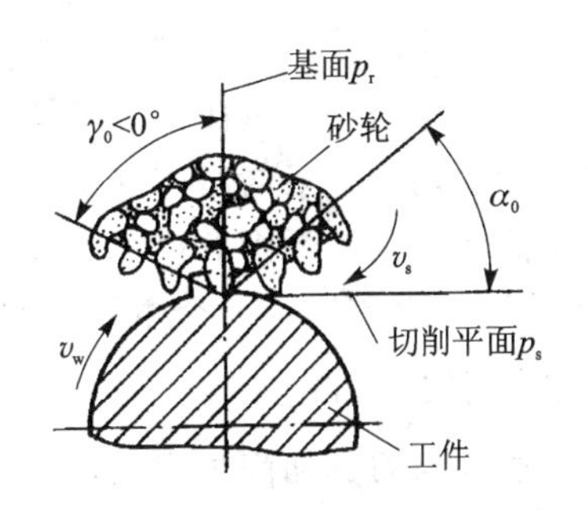

图3-39　砂轮磨粒切削时的前、后角

磨粒的切削过程如图3-40所示。磨削时比较锋利且比较凸起的磨粒，切入工件较深且有切屑产生，起切削作用（见图（a））；凸起高度较小和较钝的磨粒，只能在工件表面刻划出细微的沟痕，工件材料被挤向两旁而隆起，此时无明显的切屑产生，仅起刻划作用（见图（b））；比较凹下和已经钝化的磨粒，既不切削，也不刻划，只是从工件表面滑擦而过，起摩擦抛光作用（见图（c））。由此可见，磨削过程的实质是切削、刻划和摩擦抛光的综合作用过程。因此可获得较小的表面粗糙度值。显然，粗磨时以切削作用为主，精磨时切削作用和摩擦抛光作用同时并存。

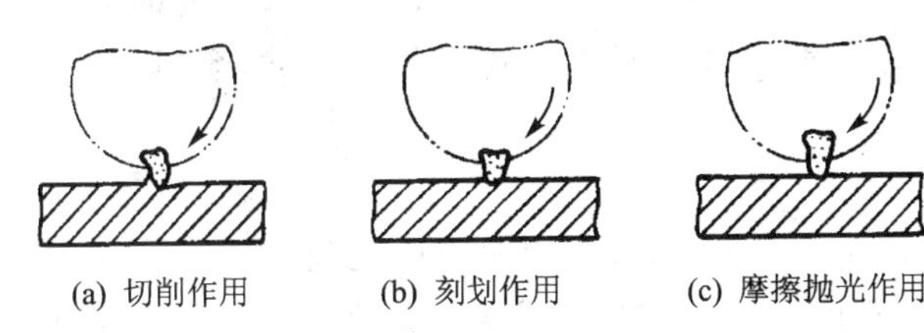

图3-40　磨粒的磨削过程

2. 砂　轮

砂轮是由磨料加结合剂用制造陶瓷的工艺方法制成的。砂轮的特性包括磨料、粒度、硬度、结合剂、组织以及形状和尺寸等。

常用的磨料包括氧化物系、碳化物系和高硬磨料系。磨粒的粒度表示磨粒的大小程度，以磨粒能通过的那一级筛网的网号来表示磨粒的粒度。例如，60号粒度是指磨粒刚可通过每英尺长度上60个孔眼的筛网。

磨粒的粒度对磨削生产率和加工表面粗糙度有很大影响。一般来说，粗磨用颗粒较粗的磨粒，精磨用颗粒较细的磨粒。特别指出，砂轮的硬度是指磨粒从砂轮表面上容易脱落的程度，非磨粒本身的硬度，要加以区分。砂轮的一个重要特点是本身具有自利性，即磨钝的磨粒会自动从砂轮表面脱落，露出新的磨粒继续磨削。若砂轮太硬，磨钝的磨粒不能及时脱落，会产生大量的磨削热，严重时会造成工件烧伤，磨粒太软会造成磨粒脱落太过频繁，不能发挥磨粒应有的切削作用。工件材料越硬，砂轮硬度应适当选择的软些，使磨钝的磨粒容易脱落，及时露出锋利的磨粒；工件材料软时，应选择较硬的砂轮，磨粒脱落的慢些，充分发挥磨粒的切削作用。

常用的结合剂一般有陶瓷结合剂、树脂结合剂、橡胶结合剂和金属结合剂等，可根据砂轮的不同要求选择。

砂轮的组织反映了磨粒、结合剂、气孔三者之间的比例关系，可分为紧密、中等和疏松3大类别。紧密组织适用于重压力下的磨削和精密及成形砂轮磨削，能获得较低的表面粗糙度；中等组织砂轮适用于一般的磨削加工，如淬火钢和刃具磨削等；疏松组织的砂轮适用于平面磨等磨削接触面积较大的磨削和磨削热敏性强的材料和薄工件磨削。气孔的作用在于容屑和散热，砂轮金刚石笔刃磨的一个主要目的就是清除已经堵塞的气孔，露出新的磨粒。

3. 磨削的工艺特点

磨削过程与刀具切削过程一样，也要产生切削力、切削热、表面变形强化和残余应力等物理现象。由于磨削是以很大的负前角切削，所以磨削过程又有自身的特点。

(1) 背向磨削力 F_p 大

磨削时砂轮作用在工件上的总磨削力 F 也可以分解成三个相互垂直的分力，即磨削力 F_c、背向磨削力 F_p 和进给磨削力 F_f，如图3-41所示。磨削时，由于背吃刀量很小，所以磨削力 F_c 较小，进给磨削力 F_f 则更小，一般可忽略不计。但背向磨削力 F_p 很大，一般 $F_p/F_c\approx 1.5\sim 4$。这是因为砂轮的宽度较大，磨粒又是以很大的负前角切削的缘故。这是磨削加工的一个显著特点。背向磨削力 F_p 作用于砂轮切入方向，砂轮以很大的力推压工件，加速砂轮钝化，使砂轮和工件均产生弯曲变形，工件易出现圆柱度误差，直接影响工件的形状精度和表面质量。为此，磨削时尤其精磨时，需要一定的光磨次数，或采用辅助支承，以消除或减小因 F_p 所引起的形状误差。所谓光磨，是指工件磨到接近最后尺寸(余量一般为0.005～0.01 mm)时不再吃刀的磨削。

(2) 磨削温度高

磨削时不仅产生大量的切削热，而且在短时间内切削热传散不出去，这样就会在磨削区形成瞬时高温，有时高达800～1 000 ℃。高的磨削温度容易烧伤工件表面，使淬火钢件表面退火，降低硬度。即使由于切削液的浇注，可能发生二次淬火，也会在工件表层产生张应力及微裂纹，减低零件的表面质量和使用寿命，为此，磨削时需施加大量切削液，以降低磨削温度。

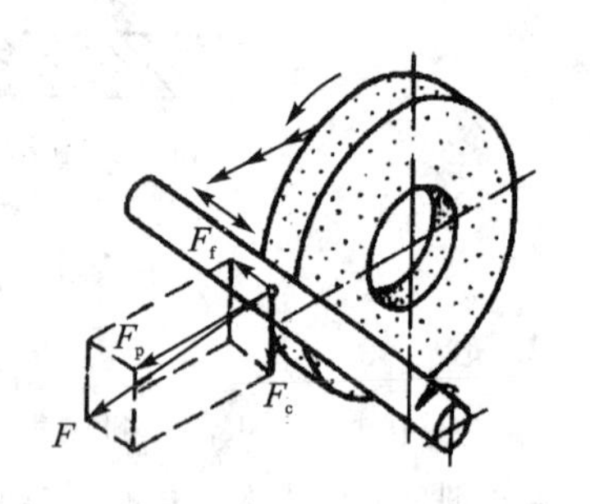

图3-41 磨削力及其分解

(3) 表面变形强化和残余应力严重

与刀具切削相比，虽然磨削的表面变形强化和残余应力层要浅得多，但程度却更为严重。这对零件的加工工艺、加工精度和使用性能均有一定的影响。例如，磨削后的机床导轨面，刮削修整就比较困难。残余应力使零件磨削后变形，丧失已获得的加工精度，有时还导致细微裂纹，影响零件的疲劳强度。及时用金刚石工具修整砂轮、施加充足的切削液、增加光磨次数，均可在一定程度上减小零件表面变形强化和残余应力。

4. 磨削的应用

磨削加工主要在磨床上进行。一般来说，刀具切削加工属于粗加工和半精加工；而磨削加工属于精加工，尤其是对淬硬钢件和高硬度材料的精加工。磨削加工可分为普通磨削、高效磨削以及砂带磨削等。

(1) 普通磨削

普通磨削是一种应用十分广泛的精加工方法，它是用砂轮在通用磨床上进行的内外圆面、锥面、平面等的磨削加工。通用磨床包括外圆磨床、内圆磨床、平面磨床以及无心磨床等。普通磨削可分为粗磨和精磨，粗磨采用磨粒较粗的砂轮和较大的切削用量，粗磨后的尺寸公差等级为 IT8～IT7，表面粗糙度 Ra 值为 0.8～0.4 μm；精磨的磨削余量很小，只占总磨削余量的 1/10～3/10，精磨后的尺寸公差等级可达 IT6～IT5，表面粗糙度 Ra 值为 0.4～0.2 μm。

1）磨外圆

在外圆磨床上磨削外圆是最常用的方法，有表 3－1 所列的四种磨法。

表 3－1　在外圆磨床上的磨削方法

方　法	简　图	磨削运动	特　点
纵磨法		主运动：砂轮高速旋转 进给运动：● 工件旋转作圆周运动； ● 工件往复运动，纵向进给； ● 砂轮周期横向进给	● 磨削力小，散热条件好； ● 可磨削不同长度的工件； ● 磨削工件的质量高，生产率低； ● 适用于单件小批生产
横磨法		主运动：砂轮高速旋转 进给运动：● 工件旋转作圆周运动； ● 砂轮连续横向进给	● 磨削力大，热量多工件易变形； ● 生产率高，适于大批量生产中磨削刚度好的轴及成形表面
综合磨法		开始同横磨法，最后同纵磨法	综合了横磨法和纵磨法的优点
深磨法		同纵磨法，但进给量较小，磨削深度大	● 一次进给磨去全部余量； ● 生产率高，适用于磨削刚度大的短轴

2）磨内圆

磨内圆一般在内圆磨床上进行，也可以在万能外圆磨床上进行。内圆磨床可以磨削圆柱面、圆锥面和成形内圆面等。磨削时工件安装在卡盘上，砂轮与工件按相反方向旋转，同时砂轮做直线往复运动，每一次往复行程终了时，做横向进给，如图 3－42 所示。

磨内圆时砂轮受孔径限制，即使转速很高，其线速度也难以达到磨外圆时的速度；砂轮轴直径小，悬伸长，刚度差，易弯曲变形和振动，只能采用很小的背吃刀量；砂轮与工件成内切圆接触，接触面积大，磨削热多，散热条件差，表面易烧伤。因此，磨内圆的加工质量和生产率均不如磨外圆。作为孔的精加工方法，它主要用于不宜采用铰孔或拉孔的情况。例如，工件的硬度高、直径较大的孔，带有断续表面（如键槽等）的孔、不通孔等。磨内圆的适应性较好，在单件

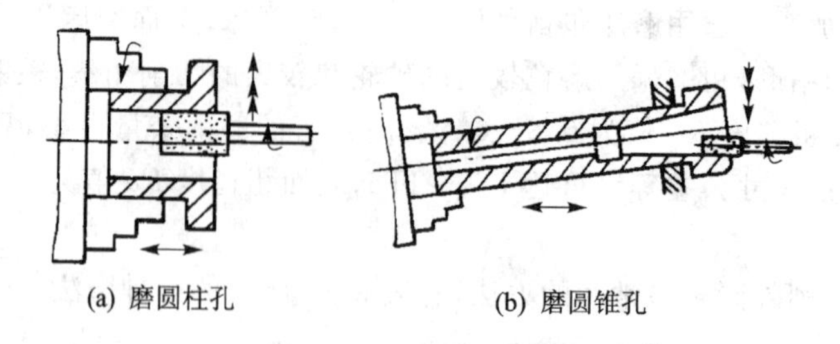

图 3-42　磨内圆的方法

小批生产中应用较广。

3）磨平面

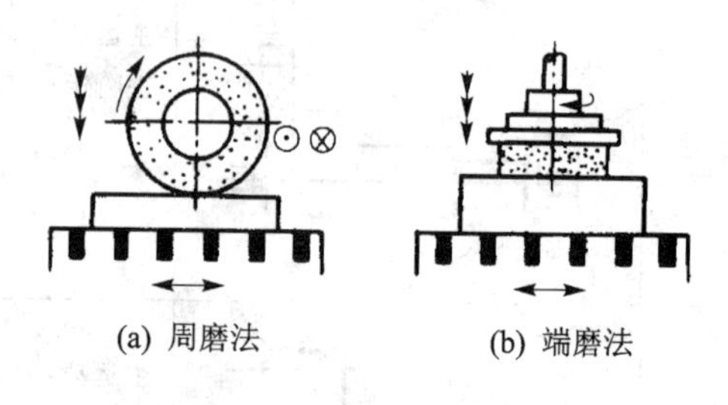

图 3-43　磨平面的方法

磨平面是在平面磨床上进行的精加工方法，其工艺特点与磨外圆相同，磨削时砂轮高速旋转做主运动，工件安装在矩形工作台上，做纵向往复运动或圆周进给运动。平面磨削有周磨法和端磨法两种，如图 3-43 所示。

周磨法的特点是利用砂轮的圆周面进行磨削，砂轮与工件的接触面积小，排屑和散热条件好，因此加工精度高，但生产率低，在单件小批生产中应用较广。

端磨法的特点是利用砂轮的端面进行磨削，砂轮轴立式安装，因此刚性好；可采用较大的磨削用量，且砂轮与工件接触面积大，同时工作的磨粒数多，故生产率比周磨高。但由于砂轮与工件接触面积大而导致发热量多，冷却较困难，加之砂轮端面上径向各处切削速度不同，磨损不均匀，因此加工质量较差，故仅适用于粗磨。

4）无心磨削

无心磨削在无心磨床上进行。如图 3-44 所示，磨削时工件放在砂轮与导轮之间，砂轮起切削作用，导轮无切削能力，两轮与托板构成 V 形定位托住工件。砂轮和导轮的旋转方向相同，但砂轮的旋转速度很大，而导轮(它是用摩擦系数较大的树脂或橡胶作粘结剂制成的刚玉砂轮)以比砂轮低得多的速度转动，靠摩擦力带动工件旋转，使工件的圆周速度基本上等于导轮的线速度，从而在砂轮和工件间形成很大速度差，产生磨削作用。改变导轮转速，即可调节工件的圆周进给速度。

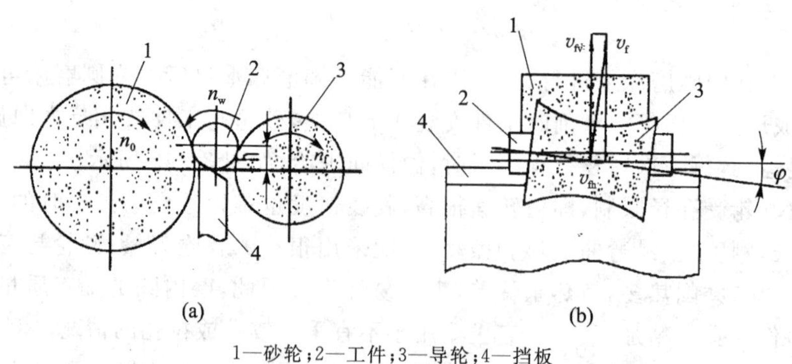

1—砂轮；2—工件；3—导轮；4—挡板

图 3-44　无心外圆磨削示意图

无心磨削也有两种磨削方式，即纵磨法和横磨法。纵磨法磨削时，使导轮轴线在垂直平面内倾斜一个角度（见图 3-44(b)），通过导轮与工件间的水平摩擦作用使工件沿轴向移动，完成纵向进给运动。改变导轮偏转角度的大小，可调节工件纵向进给速度。无心纵磨法磨削适用于大批大量磨削销轴类零件，特别适合于磨削细长的光轴，加工时一个接一个连续进行，生产效率高。

横磨法磨削时，由磨削砂轮横向切入进给，导轮仅需偏转一个很小的角度（约 30′），使工件有微小轴向推力紧靠在挡块上，得到可靠的轴向定位，工件不作轴向移动。无心横磨法主要用于磨削带台肩而又较短的外圆、锥面和成形面等。

(2) 高效磨削

随着科学技术的发展，作为传统精加工方法的普通磨削正在逐步向高效率和高精度的方向发展。高效磨削包括高速磨削、强力磨削、宽砂轮与多砂轮磨削和砂带磨削等，主要目标是提高生产效率。

1) 高速磨削

高速磨削是指磨削速度高于 50 m/s 的磨削加工（普通磨削时一般为 30～35 m/s）。目前国外试验速度已达 200～250 m/s，国内普遍采用 50～60 m/s，有的高达 80 m/s。高速磨削可获得明显的技术经济效果，它的工艺特点是：

- 生产率高　砂轮速度提高后，单位时间内通过磨削区域的磨粒数目大大增加，生产率显著提高，与普通磨削相比一般可提高 30%～100%。
- 加工表面质量好　如果进给量与普通磨削一样，则每个磨料的切削厚度大为减少，工件表面上留下的切痕深度减小，相应地减小了表面粗糙度值，一般 Ra 值可稳定地达到 0.8～0.4 μm。
- 砂轮耐用度高　由于每个磨粒的切削厚度小，磨粒上承受的切削力也相应减小，有利于提高砂轮耐用度，一般可提高 0.7～1 倍。
- 高速磨削比普通磨削要多消耗一倍以上的功率，砂轮必须有足够的强度，机床和砂轮的安全防护方面也应有一些特殊要求，磨削时需供给大量的、具有一定压力的冷却液。

2) 强力磨削

强力磨削就是以大的磨削深度（可达 3～30 mm，大约为普通磨削的 100～1 000 倍）和小的纵向进给速度（相当于普通磨削的 1/100～1/10）进行磨削，所以又称缓进给深磨削，如图 3-45 所示。缓进给深磨削法适用于各种成形面和沟槽，特别能有效地磨削难加工材料（如耐热合金等），并且它可以从铸、锻件毛坯直接磨出合乎要求的零件，生产率可大大提高。

目前还有将高速快进给磨削与深磨削相结合的磨削方法，其效果更佳。例如，利用高速快进给深磨削法，用 CBN 砂轮以 150 m/s 的速度一次磨出宽 10 mm、深 30 mm 的精密转子槽时，磨削长 50 mm 仅需零点几秒。这种方法现已成功用于丝杠、齿轮、转子槽等沟槽、齿槽的以磨代铣。

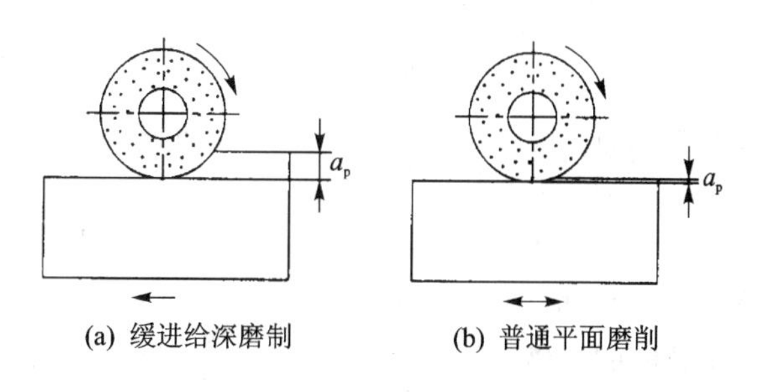

(a) 缓进给深磨制　　(b) 普通平面磨削

图 3-45　缓进给深磨削与普通磨削比较

3）宽砂轮与多砂轮磨削

宽砂轮磨削是用增大磨削宽度来提高磨削效率的。普通外圆磨削的砂轮宽度为50 mm左右，而宽砂轮外圆磨削，砂轮宽度可达300 mm，平面磨削可达400 mm，无心磨削可达1 000 mm。宽砂轮外圆磨削一般采用横磨法。多砂轮磨则是宽砂轮磨削的另一种形式，它们主要用于大批大量生产，其尺寸公差等级可达IT6，表面粗糙度 Ra 值为0.4 μm(见图3-46)。

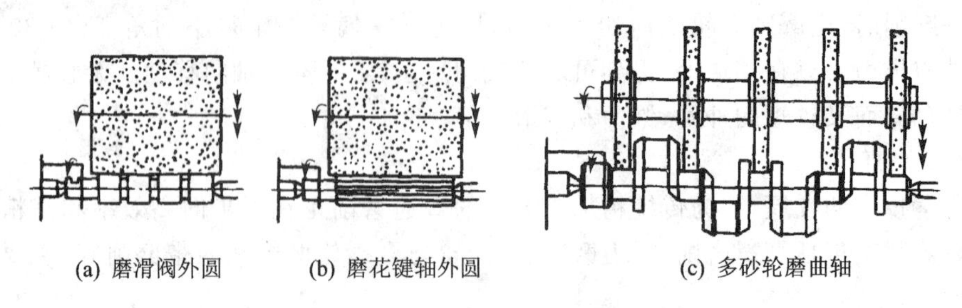

图3-46 宽砂轮与多砂轮磨削

4）砂带磨削

砂带磨削是用高速运动的砂带作为磨削工具磨削各种表面的加工方法，它是近年来发展极为迅速的一种新型高效磨削方法，能得到高的加工精度和表面质量，具有广泛的应用前景和应用范围。图3-47为砂带磨削的几种形式。

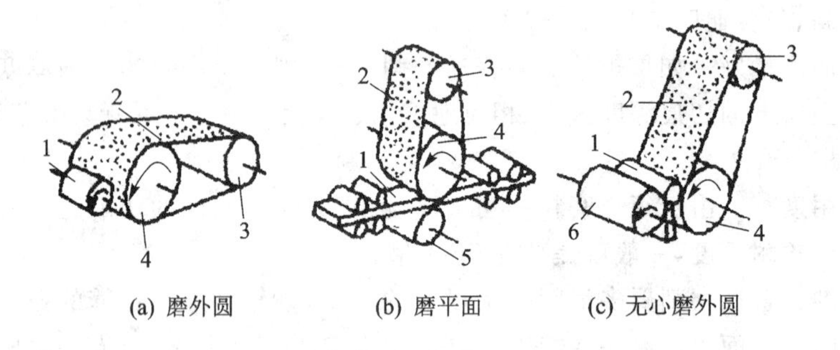

1—工件；2—砂带；3—张紧轮；4—接触轮；5—承载轮；6—导轮

图3-47 砂带磨削

砂带磨削的特点是：

① 砂带磨削时，砂带本身有弹性，接触轮外缘表面有橡胶层或软塑料层，砂带与工件是柔性接触，磨粒载荷小而均匀，具有较好的跑合和抛光作用，同时又能减振，因此工件的表面质量较高。

② 砂带制作时，用静电植砂法易于使磨粒有方向性，同时磨粒的切削刃间隔长(见图3-48)，摩擦生热少，散热时间长，切屑不易堵塞，力、热作用小，有较好的切削性，有效地减小了工件变形和表面烧伤。工件的尺寸精度可达5～0.5 μm，平面度可达1 μm。

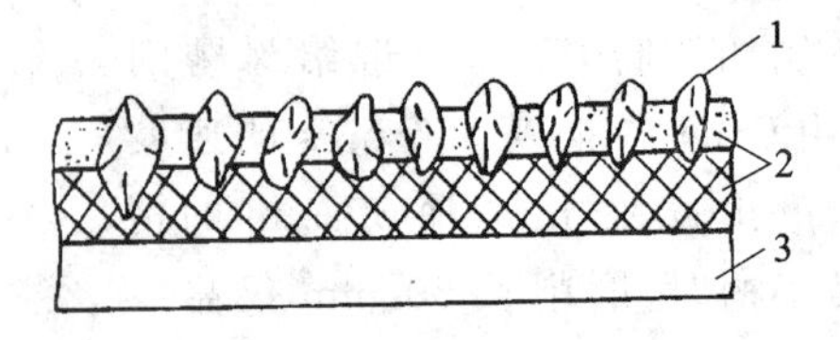

1—磨粒；2—结合剂；3—基体

图3-48 砂带构造

③ 砂带磨削效率高，可以与铣削和砂轮磨削媲美，强力砂带磨削的效率可为铣削的10倍、普通砂轮磨削的5倍。

④ 砂带制作比砂轮简单方便，无烧结、动平衡等问题，价格也比砂轮高。砂带磨削设备结构

简单，可制作砂带磨床或砂带磨削头架，后者可安装在各种普通机床上进行砂带磨削工作，使用方便，制造成本低廉。

⑤ 砂带磨削有广阔的工艺性和应用范围，可加工外圆、内圆、平面和成形表面。砂带不仅可加工各种金属材料，而且可加工木材、塑料、石材、水泥制品、橡胶等非金属材料，此外，还能加工硬脆材料，如单晶硅、陶瓷和宝石等。

3.6 精密加工方法综述

目前，在工业发达国家中，一般工厂能稳定掌握的加工精度是 1 μm，与此相应，通常将加工精度在 1～0.1 μm，加工表面粗糙度 Ra 在 0.1～0.02 μm 之间的加工方法称为精密加工，而将加工精度高于 0.1 μm，加工表面粗糙度 Ra 小于 0.01 μm 的加工方法称为超精密加工。精密加工主要有研磨、珩磨、精密磨削和抛光等。

3.6.1 研　磨

研磨是利用研磨工具和研磨剂，从工件上研去一层极薄表面层的精密加工方法。

研磨剂通常用 1 μm 大小的氧化铝和碳化硅磨粒加之研磨液及辅料调配而成，研磨工具由铸铁制成。研磨时，研磨剂置于研具与工件之间，在一定压力作用下，研具与工件作复杂的相对运动，磨粒在研具与工件之间转动（见图 3-49），每一颗磨粒几乎都不会在工件表面上重复自己的轨迹，这就有可能保证均匀地切除工件表面上的凸峰，获得很小的表面粗糙度。

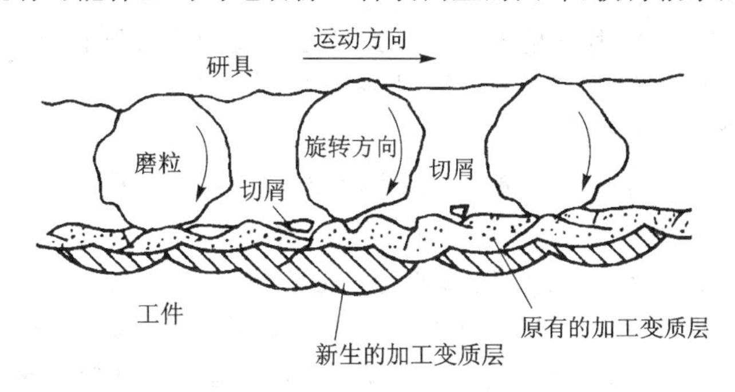

图 3-49　研磨加工的模型

研磨的应用很广，可加工常见的各种表面，如平面、圆柱面、圆锥面、螺纹表面、齿轮齿面等，都可以用研磨进行精密加工。研磨有手工研磨和机械研磨两类。手工研磨工件的尺寸精度可达 IT1～IT01 机械研磨工件可获得 IT6～IT4 的尺寸精度和较高的形状精度以及 Ra 0.1～0.8 μm 的表面粗糙度，但研磨不能提高位置精度。

在现代工业中，常采用研磨作为精密零件的最终加工。例如，在机械制造业中的精密量具、精密刀具，精密配合件；光学仪器制造业中的镜头、棱镜、光学平晶等仪器零件；电子工业中的石英晶体、半导体晶体、陶瓷元件，等等。

3.6.2 珩　磨

珩磨是利用带有磨条（油石）的珩磨头对孔进行精密加工的方法，如图 3-50(a)所示。珩磨时，珩磨头上的磨条对工件施加一定压力，珩磨头同时作相对旋转和直线往复运动，在相对运动的过程中,磨条从工件表面切除一层极薄的金属,加之磨条在工件表面上的切削轨迹是交叉而又不重复的网纹(见图3-50(b)),所以可获得很高的加工精度和很小的表面粗糙度。

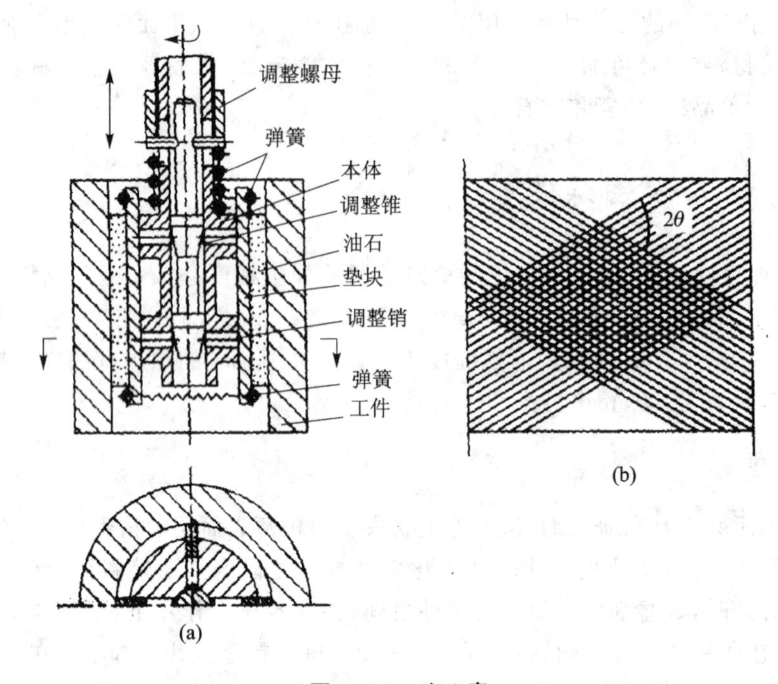

图3-50 珩 磨

珩磨多在精镗后进行,与其他精密加工方法相比,珩磨具有如下特点:

- 珩磨时有多个磨条同时工作,并且经常连续变化切削方向,能较长时间保持磨粒锋利,所以珩磨生产率较高。
- 珩磨能提高孔的尺寸和形状精度以及表面质量,但不能提高孔的位置精度。
- 珩磨已加工表面有交叉网纹,利于油膜形成,润滑性能好。

珩磨广泛用于大批大量生产中的发动机汽缸孔、连杆大头孔、挤出机机筒等,珩磨的孔径范围为15~500 mm,孔的深径比可达10以上,珩磨后的孔尺寸公差等级可达IT6~IT4,表面粗糙度 Ra 值为0.8~0.05 μm。珩磨与磨削一样,也不宜加工韧性较大的有色金属。

3.6.3 低粗糙度磨削

低粗糙度磨削是指加工精度达到或高于0.1 μm,表面粗糙度 Ra 值低于0.2 μm的磨削方法,多用于机床主轴、轴承、液压滑阀、滚动导轨、量规等的精密加工。

低粗糙度磨削主要是靠砂轮的精细修整,使磨粒具有微刃性和等高性,如图3-51所示。利用这些锋利的等高微刃进行极细切削,利用半钝化的微刃对工件进行摩擦抛光,使磨削后的表面留下大量极细的磨削痕迹,残留面积极小,加上无火花磨削阶段的作用,获得高精度和低粗糙度的表面。

根据表面粗糙度 Ra 值的大小不同,低粗糙度磨削又可分为精密磨削($Ra=0.2\sim0.025$ μm)、超精密磨削($Ra=0.025\sim0.012$ μm)和镜面磨削($Ra\leqslant0.012$ μm)。

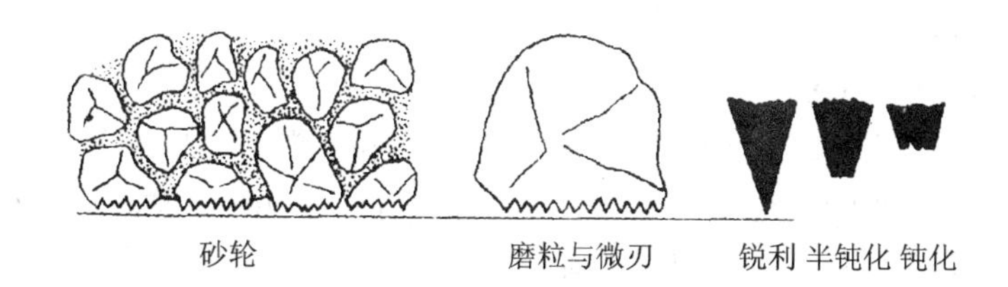

图3-51 磨粒微刃性和等高性

3.6.4 超硬磨粒砂轮磨削

超硬磨料砂轮目前主要指金刚石砂轮和立方氮化硼(CBN)砂轮,用来加工难加工材料,如各种高硬度、高脆性材料,其中有硬质合金、陶瓷、玻璃、半导体材料及石材等。由于这些加工的加工精度一般要求较高,表面粗糙度值要求较小,因此多属于精密磨削的范畴。

超硬磨料砂轮磨削的共同特点是:磨削能力强,耐磨性好,耐用度高,易于控制加工尺寸及实现加工自动化;磨削力小,磨削温度低,加工表面质量好,无烧伤、裂纹和组织变化;磨削效率高。在加工硬质合金及非金属硬脆材料时,金刚石砂轮的金属切除率优于立方氮化硼砂轮,但在加工耐热钢、钛合金钢、模具钢等时,立方氮化硼砂轮远优于金刚石砂轮。

3.6.5 超精加工

超精加工是用极细磨料的油石,以恒定压力和复杂相对运动对工件进行微量切削,以减小表面粗糙度为主要目的的精密加工方法。

超精加工外圆,如图3-52所示,工件以较低的速度旋转,油石以恒压力轻压于工件表面,在轴向进给的同时,作轴向低频振动(12～25 Hz),从而对工件的微观不平表面进行修磨。

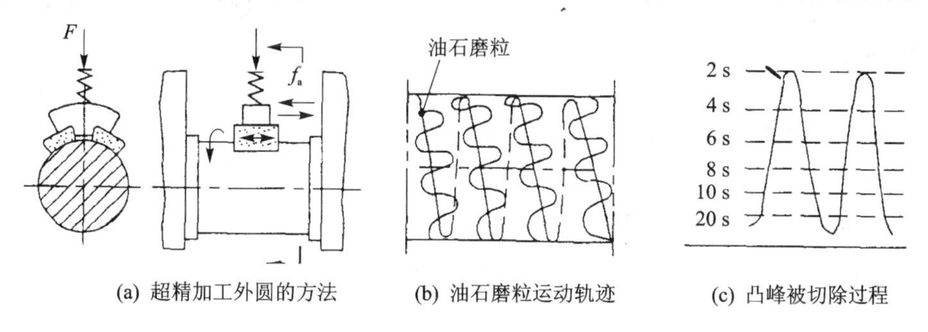

(a) 超精加工外圆的方法　(b) 油石磨粒运动轨迹　(c) 凸峰被切除过程

图3-52 超精加工外圆的方法

加工过程中在油石与工件之间注入具有一定粘度的切削液,以清除屑末和形成油膜。加工时,油石上每一磨粒均在工件上刻划出极细微且纵横交错而不重复的痕迹,以切除工件表面上的微观凸峰。随着凸峰逐渐降低,油石与工件的接触面积逐渐加大,压强随之减小,切削作用相应减弱。当压力小于油膜表面张力时,油石与工件即被油膜分开,切削作用自行停止。

超精加工的特点及应用如下:

- 加工余量极小　超精加工只能切除微观凸锋,一般不留加工余量或只留很小的加工余量(0.003～0.01 mm)。
- 加工表面质量好　由于油石条运动轨迹复杂,加工过程是由切削作用过渡到抛光,所以经超精加工后的表面 Ra 值可达 0.1～0.01 μm,并具有复杂的交叉网纹,利于储存润滑油,提高耐磨性。

● 超精加工一般不能提高尺寸精度、形状精度和位置精度,工件这方面的要求应由前工序保证。超精加工生产率很高,常用于大批大量生产中加工曲轴、凸轮轴的轴颈外圆,飞轮、离合器盘的端平面以及滚动轴承的滚道等。

3.6.6 抛 光

抛光是在高速旋转的抛光轮上涂以抛光膏对工件进行微弱切削,从而降低工件表面粗糙度,提高光亮度的一种精密加工方法。

和研磨一样,抛光也是将研磨剂擦抹在抛光器上对工件进行抛光加工。但是,抛光使用的磨粒是 1 μm 以下的微细磨粒,而抛光器则是用沥青、石蜡、合成树脂和人造革等软质材料制成,即使抛光硬脆材料也能加工出一点裂纹也没有的镜面。

抛光时磨粒的变化如图 3-53 所示。微小的磨粒被抛光器弹性地夹持研磨工件,因此磨粒对工件的作用力很小,即使抛光脆性材料也不会在工件表面留下划痕。加之高速摩擦,使工件表面出现高温,表层材料被挤压而出现极薄的金属溶流层,对原有微观沟痕起填平作用,从而获得光亮的表面。

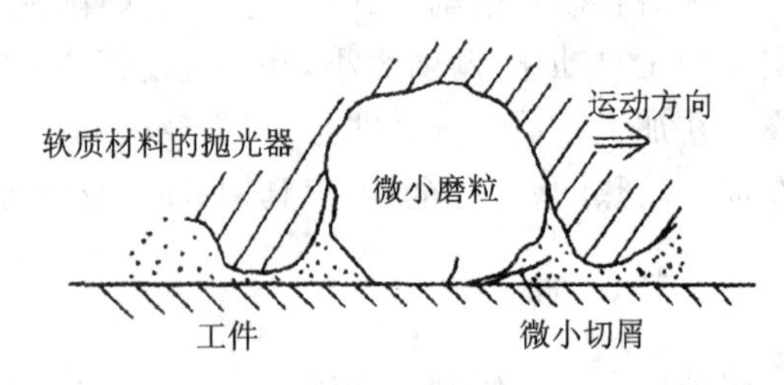

图 3-53 抛光加工的模型

抛光一般在磨削或精车、精铣、精刨的基础上进行,不留加工余量。经过抛光,表面粗糙度 Ra 值可达 0.1～0.012 μm,并可明显地增加光亮度。抛光不能提高尺寸精度、形状精度和位置精度。因此,抛光主要用于表面的修饰及电镀前的预加工。

3.7 机械加工精度和表面质量

机械零件的加工质量指标有两大类,即加工精度和表面质量,如图 3-54 所示。

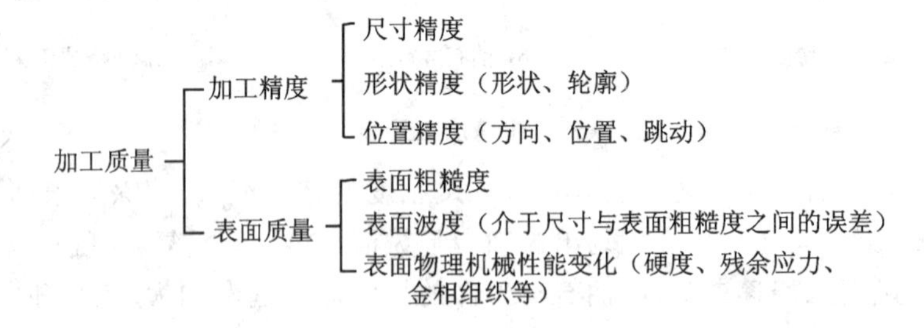

图 3-54 加工质量的概念

我们仅研究加工精度与表面粗糙度。

3.7.1　机械加工精度

1. 加工精度的概念

加工精度是指零件加工后的实际几何参数(尺寸、形状及各表面相互位置等)与理想几何参数的符合程度,符合程度越高,加工精度就越高。实际加工时没有必要也不可能把零件做得与理想零件完全一致,而总会有一定的偏差,即所谓加工误差。加工误差是指零件加工后的实际几何参数对理想几何参数的偏离程度,所以,加工误差的大小反映了加工精度的高低。从保证产品使用性能分析,可以允许零件存在一定的加工误差,只要这些误差在允许的范围内,就认为是保证了加工精度。加工精度和加工误差是从两个不同的角度来评定零件几何参数的,加工精度的低和高是通过加工误差的大和小来表示的,所谓保证和提高加工精度的问题,实际就是限制和降低加工误差的问题。

零件的加工精度包括尺寸精度、形状精度和相互位置精度,分别由尺寸公差、形状公差和位置公差来控制。这三者之间是有联系的,通常在同一要素上给定的形状公差值应小于位置公差值,而位置公差值应小于尺寸公差值。当尺寸精度要求高时,相应的形状精度、位置精度也要求高。但形状精度要求高时,相应的尺寸精度和位置精度有时不一定要求高,这要根据零件的功能要求来决定。

2. 影响加工精度的主要因素

在机械加工中,零件的尺寸、几何形状和表面间相对位置的形成,归结到一点就是取决于工件和刀具在切削运动中相互的位置关系,而工件和刀具又安装在夹具和机床上,并受到夹具和机床的约束。因此,在机械加工时,机床、夹具、工件和刀具就构成了完整封闭的系统,称为工艺系统,加工精度的问题也就牵涉到整个工艺系统的精度问题。工艺系统中的种种误差,就在不同的条件下,以不同的程度反映为加工误差。工艺系统的误差是“因”,是根源,加工误差是“果”,是表现。因此把工艺系统的误差称为原始误差。原始误差的主要形式是多样的,下面做简单分析。

(1) 加工原理误差

原理误差是指由于采用了近似的加工方法、近似的成形运动或近似的刀具轮廓而产生的误差。例如在用齿轮滚刀加工齿轮时,由于滚刀切削刃数有限,切削是不连续的,因而滚切出的齿轮齿形不是光滑的渐开线,而是小折线段组成的曲线。又如模数铣刀成形铣削齿轮,由于采用近似刀刃齿廓,同样产生加工原理误差。

(2) 机床误差

机床误差主要由导轨导向误差、主轴回转误差及传动链误差组成。

导轨是机床中确定主要部件相对位置的基准,也是运动的基准,它的误差直接影响被加工工件的精度。例如卧式车床的纵向导轨在水平面内的直线度误差,直接产生工件直径尺寸误差和圆柱度误差。

主轴是用来装夹工件或刀具并传递主要切削运动的重要零件,它的回转误差主要影响零件加工表面的几何形状精度、位置精度和表面粗糙度。例如主轴的端面圆跳动会使加工端面时,车出的端面与圆柱面不垂直,主轴的径向圆跳动会使工件产生圆度误差。

传动链的传动误差是传动链中首末两端传动元件之间相对运动的误差。它是螺纹、齿轮、蜗轮以及其他按展成原理加工时,影响加工精度的主要因素。

(3) 刀具及夹具误差

刀具及夹具误差包括制造误差和磨损误差。夹具误差直接影响工件加工表面的位置精度或尺寸精度,刀具误差对加工精度的影响,根据刀具的种类不同而异,刀具磨损误差会引起工件的尺寸误差和形状误差,例如在车床上精车长轴和深孔时,随着车刀逐渐磨损,工件表面出现锥度而产生直径尺寸误差和圆柱度误差。

(4) 工件装夹误差

工件装夹误差包括定位误差和夹紧误差两方面,它们对加工精度有一定影响。例如,在卡盘上夹紧薄壁套、圆环等刚度较差的工件时,工件很容易产生弹性变形。图 3-55(a)为三爪自定心卡盘装夹盘套工件的情形,其中图Ⅰ为装夹前工件的形状;图Ⅱ为夹紧后的形状;图Ⅲ为内孔加工完后还未卸下的形状;图Ⅳ为卸下工件,弹性变形恢复后的形状,此时装夹误差反映到加工表面内孔上。因此,加工薄壁零件时,夹紧力应在工件圆周上均匀分布,可采用开口过渡环(见图 3-55(b))或采用专用卡爪(见图 3-55(c))夹紧。

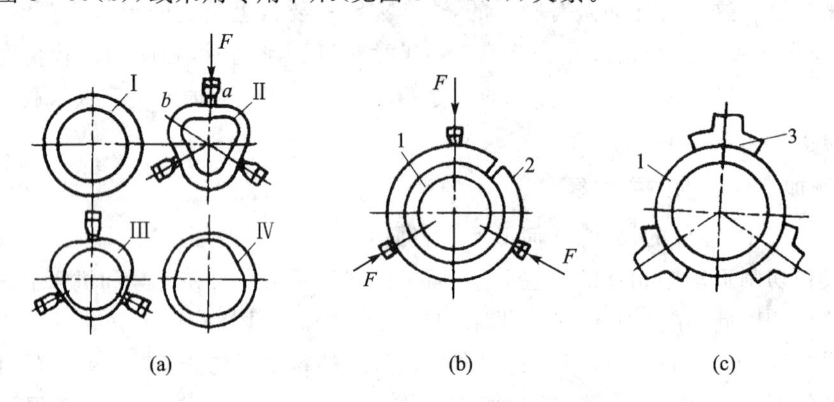

1—工件;2—开口过渡环;3—专用卡爪

图 3-55 三爪自定心卡盘装夹薄壁工件变形状况

(5) 工艺系统变形误差

切削加工时,工艺系统在切削力、夹紧力以及重力等的作用下,将产生相应的弹性变形和热变形,使刀具和工件在静态下调整好的相互位置,以及切削成形运动所需要的正确几何关系发生变化,而造成加工误差。例如在车削细长轴时,工件在两顶尖间加工,近似于一根梁自由支承在两个支点上;在背向力 F_p的作用下,最后加工出的形状中间粗两头细,如图 3-56(a)所示;在内圆磨床上以横向切入法磨孔时,由于内圆磨头主轴受背向力 F_p的作用产生弯曲变形,磨出的孔出现圆柱度误差,如图 3-56(b)所示。又例如在车削加工中,车床部件中受热最多又变形最大的是主轴箱,图 3-57 中的虚线表示车床的热变形,车床主轴前轴承的温升最高,影响加工精度最大的是主轴轴线的抬高和倾斜。

(6) 工件内应力

工件内应力总是拉应力和压应力并存而总体处于平衡状态。当外界条件发生变化,如温度改变或从表面再切去一层金属后,内应力的平衡即遭到破坏,引起内应力重新分布,使零件产生新的变形。这种变形有时需要较长时间,从而影响零件加工精度的稳定性。因此,常采用粗、精加工分开,或粗、精加工分开且在其间安排时效处理,以减少或消除内应力。

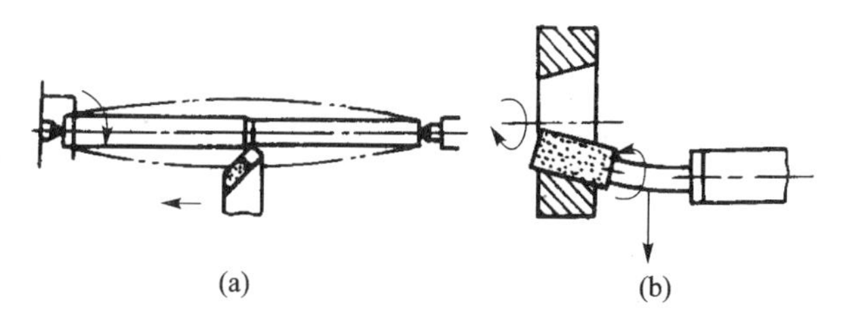

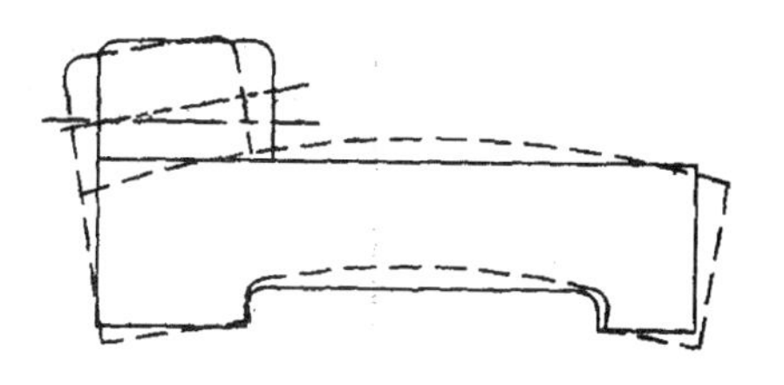

图 3－56 工艺系统受力变形引起的加工误差

图 3－57 车床的热变形

3.7.2 机械加工表面质量

1. 表面粗糙度及其对使用性能的影响

表面粗糙度是指在工件已加工表面所具有的较小间距和微小峰谷不平度。这种微观几何形状的尺寸特征，一般是由于在切削加工中的振动、刀痕以及刀具与工件之间的摩擦而引起的。表面粗糙度对零件的耐磨性、耐疲劳性、耐腐蚀性以及配合性能有着密切的关系。

表面粗糙度对零件表面磨损的影响很大。一般说表面粗糙度值愈小，其耐磨性愈好。但表面粗糙度值太小，润滑油不易储存，接触面之间容易发生分子粘接，磨损反而增加。

在交变载荷作用下，表面粗糙度的凹谷部位容易引起应力集中，产生疲劳裂纹。表面粗糙度值愈大，表面的纹痕愈深，纹底半径愈小，抗疲劳破坏的能力就愈差。

零件的耐蚀性在很大程度上取决于表面粗糙度。表面粗糙度值愈大，则凹谷中聚积腐蚀性物质就愈多，抗蚀性就愈差。

表面粗糙度值的大小将影响配合表面的配合质量。对于间隙配合，粗糙度值大会使磨损加大，间隙增大，破坏了要求的配合性质。对于过盈配合，装配过程中一部分表面凸峰被挤平，实际过盈量减小，降低了配合件间的连接强度。

2. 影响表面粗糙度的主要因素

（1）切削残留面积

切削加工表面粗糙度值主要取决于切削残留面积的高度。从图 3－58 可以看出影响残留面积高度的因素主要有刀尖圆弧半径 r_ε、进给量 f、主偏角 κ_r 及副偏角 κ_r' 等。图 3－58(a)是用尖刀切削时的情况，切削时残留面积的高度如前面的式(3－4)表示。图 3－58(b)是用圆弧刀刃切削时的情况，切削时残留面积的高度为

$$H=\frac{f^2}{8r_\varepsilon} \tag{3-7}$$

由上述公式可知，减小进给量 f、主偏角 κ_r、副偏角 κ_r' 及加大刀尖圆弧半径 r_ε，均可有效地减小残留面积的高度，使表面粗糙度得到改善，其中进给量 r 和刀尖圆弧半径 r_ε 对切削加工表面粗糙度的影响比较明显。

（2）积屑瘤

由前面图 3－15 可知，积屑瘤伸出刀尖之外，且不时破碎脱落，在工件表面上刻划出不均匀的沟痕，对表面粗糙度影响很大。因此，精加工塑性金属时，常采用高速切削（v_c＞100 m/min）或低速切削（v_c＜5 m/min）以避免产生积屑瘤，获得较小的表面粗糙度值。

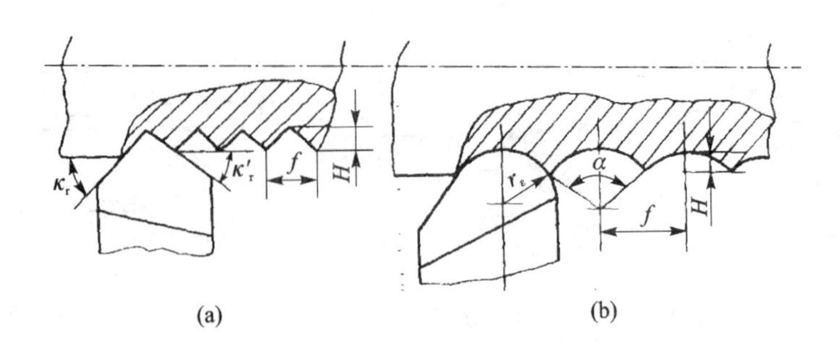

图 3-58 车削时工件表面的残留面积

(3) 工艺系统振动

工艺系统振动使刀具对工件产生周期性的位移,在加工表面上形成类似波纹的痕迹,使表面粗糙度 Ra 值增大,因此,在切削加工中,应尽量避免振动。

3.8 特种加工

特种加工是指直接利用电、磁、声、光、化学等能量,实现材料的去除、变形和改变性能等的非传统加工方法,它不同于使用刀具、磨具等直接利用机械能切除多余材料的传统加工方法。

3.8.1 特种加工的发展

特种加工是20世纪40年代发展起来的。由于材料科学、高新技术的发展和激烈的市场竞争以及发展尖端国防及科学研究的急需,不仅新产品更新换代日益加快,而且产品要求具有很高的强度质量比和性能价格比,并正朝着高速度、高精度、高可靠性、耐腐蚀、高温高压、大功率、尺寸大小两极分化的方向发展。为此,各种新材料、新结构、形状复杂的精密机械零件大量涌现,对机械制造业提出了一系列迫切需要解决的新问题。例如,各种难切削材料的加工,各种结构形状复杂、尺寸或微小或特大、精密零件的加工,薄壁、弹性元件等刚度低的特殊零件的加工,等等。

对此,采用传统加工方法十分困难,甚至无法加工。于是,人们一方面通过研究高效加工的刀具和刀具材料、自动优化切削参数、提高刀具可靠性和在线刀具监控系统、开发新型切削液、研制新型自动机床等途径改善切削状态,提高切削加工水平;另一方面,则冲破传统加工方法的束缚,不断地探索、寻求新的加工方法,于是一种本质上区别于传统加工的特种加工便应运而生,成为对传统加工工艺方法的重要补充与发展。

3.8.2 特种加工的特点

① 不以机械能为主,与加工对象的机械性能无关,有些加工方法,如激光加工、电火花加工、等离子弧加工、电化学加工等,是利用热能、化学能、电化学能等,这些加工方法与工件的硬度强度等机械性能无关,故可加工各种硬、软、脆、热敏、耐腐蚀、高熔点、高强度、特殊性能的金属和非金属材料。

② 非接触加工,不一定需要工具,有的虽使用工具,但与工件不接触,因此,工件不承受大的作用力,工具硬度可低于工件硬度,故使刚性极低元件及弹性元件得以加工。

③ 微细加工，工件表面质量高，有些特种加工，如超声、电化学、水喷射、磨料流等，加工余量都是微细进行，故不仅可加工尺寸微小的孔或狭缝，还能获得高精度、极低粗糙度的加工表面。

④ 不存在或极小的加工中的机械应变或大面积的热应变，可获得较低的表面粗糙度，其热应力、残余应力、冷作硬化等均比较小，尺寸稳定性好。

⑤ 两种或两种以上的不同类型的能量可相互组合形成新的复合加工，其综合加工效果明显。

3.8.3　电火花加工

电火花加工是指利用电火花加工原理加工导电材料的特种加工，又称电蚀加工。

1. 加工原理

利用工具和工件（正、负电极）之间脉冲性火花放电时的电腐蚀现象来蚀除多余的金属。图 3-59 所示是电火花加工原理图。工件与工具分别与脉冲电源的两输出端相连接。自动进给调节装置（此处为液压缸及活塞）使工具和工件间经常保持一很小的放电间隙。当脉冲电压加到两极之间，便在当时条件下某一间隙最小处或绝缘强度最低处击穿介质，产生火花放电，瞬时高温使工具和工件表面都蚀除掉一小部分金属，形成一个小凹坑，如图 3-60 所示。其中图(a)表示单个脉冲放电后的电蚀坑，图(b)表示多次脉冲放电后的电极表面。脉冲放电结束后，经过一段间隔时间，工作液恢复绝缘，第二个脉冲电压又加到两极上，再次发生击穿放电，又电蚀出一个小凹坑。这样连续不断重复放电和不断电蚀，同时保持工具电极不断地向工件进给以保持间隙，就可逐渐将工具的形状复制在工件上，加工出所需要的零件。

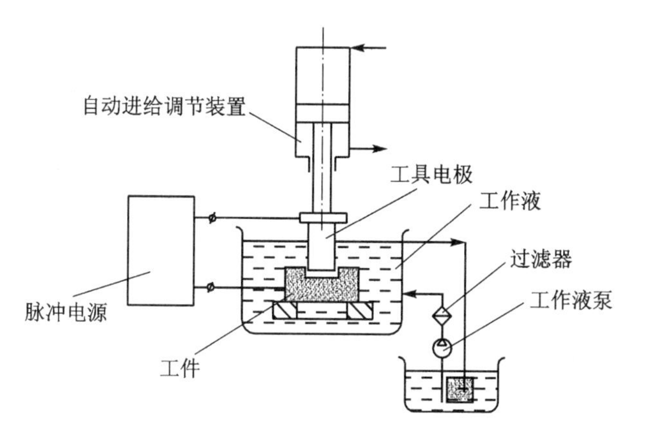

图 3-59　电火花加工原理

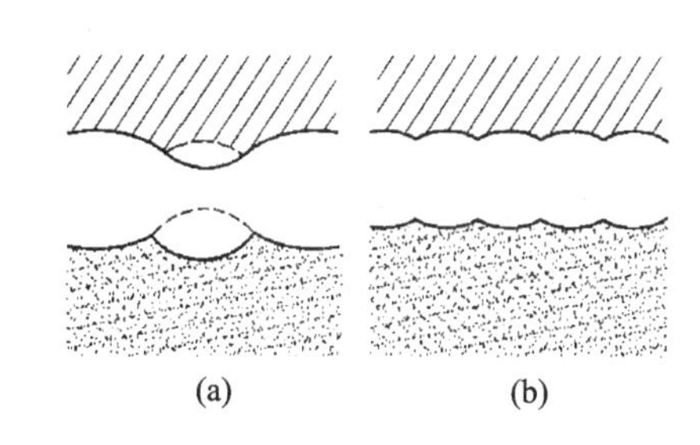

图 3-60　电蚀过程

实现电火花加工，必须具备三个条件：

① 工具电极和工件被加工表面之间经常保持一定的放电间隙（通常为几微米至几百微米）。间隙过大，极间电压不能击穿极间介质，因而不会产生火花放电；间隙过小，会形成短路，而且会烧伤电极。

② 火花放电必须是瞬时的脉冲性放电，放电延续一段时间后，需停歇一段时间，放电延续时间一般为 $10^{-7}\sim10^{-3}$ s。这样才能使放电所产生的热量来不及传导扩散到其余部分，把每一次的放电点分别局限在很小的范围内；否则，像持续电弧放电那样，使表面烧伤而无法用作

尺寸加工。为此,电火花加工必须采用脉冲电源。

③ 火花放电必须在有一定绝缘性能的液体介质中进行,例如煤油、皂化液或去离子水等。液体介质又称工作液,它们必须具有较高的绝缘强度($10^3 \sim 10^7\ \Omega \cdot cm$)以有利于产生脉冲性的火花放电,同时,液体介质还能把电火花加工过程中产生的金属小屑、碳黑等电蚀产物从放电间隙中悬浮排除出去,并且对电极和工件表面有较好的冷却作用。

2. 加工特点

① 适合于难切削材料的加工　可以突破传统切削加工对刀具的限制,实现用软的工具加工硬韧的工件,甚至可以加工像聚晶金刚石、立方氮化硼一类超硬材料。目前电极材料多采用紫铜或石墨,因此工具电极较容易加工。

② 可以加工特殊及复杂形状的零件　由于加工中工具电极和工件不直接接触,没有机械加工的切削力,可以简单地将工具电极的形状复制到工件上,因此适宜加工低刚度工件及微细加工,也适用于复杂表面形状工件的加工,如复杂型腔模具加工等。数控技术电火花加工可用简单形状的电极加工复杂形状的零件。

③ 主要用于加工金属等导电材料,一定条件下也可以加工半导体和非导体材料。

④ 工艺灵活性大,本身有“正极性加工”(工件接电源正极)和“负极性加工”(工件接电源负极)加工之分;还可与其他工艺结合,形成复合加工,如与电解加工复合。

⑤ 电火花加工一般速度较慢,也存在电极损耗和二次放电,影响成形精度。

3. 主要用途

电火花加工可用于制造各类型腔模及各种复杂的型腔零件,也适用于穿孔加工,比如加工各种冲模、挤压模、粉末冶金模、各种异形孔及微孔等。

3.8.4　电火花线切割加工

1. 加工原理

电火花线切割加工是电火花加工的一个分支,它用一根移动着的导线(电极丝)作为工具电极对工件进行切割,故称线切割加工,见图3-61。线切割加工中,工件和电极丝的相对运动是由数字控制实现的,故又称为数控电火花线切割加工,简称线切割加工。

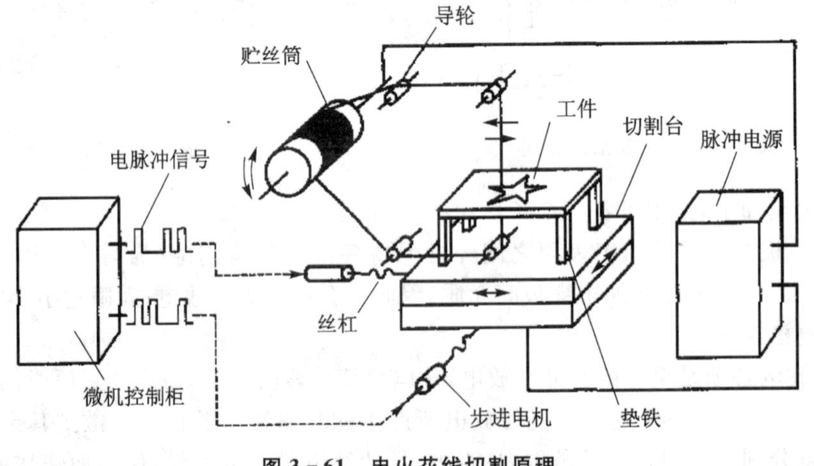

图3-61　电火花线切割原理

2. 加工特点

电火花线切割加工过程的工艺和机理与电火花穿孔成型加工有很多共同的地方，又有它独特的地方，其特点表现在：

① 省掉了成形的工具电极，大大降低了成形工具电极的设计和制造费用，缩短了生产准备时间。这对新产品的试制是很有意义的。

② 由于电极丝比较细，可以加工微细异形孔、窄缝和复杂形状的工件。由于切缝很窄，且只对工件材料进行“套料”加工，实际金属去除量很少，材料的利用率和能量利用率都很高。这尤其对加工贵重金属有重要意义。

③ 由于采用移动的长电极丝进行加工，单位长度电极丝的损耗少，对加工精度的影响小，特别在低速走丝线切割加工时，电极丝一次使用，电极损耗对加工精度的影响更小。但在实体部分开始切割时，需加工穿丝用的预孔。

正因为有许多突出的长处，电火花线切割加工在国内外发展很快，甚至比电火花加工应用还要广泛。

3. 主要应用范围

线切割加工为新产品试制、精密零件及模具制造开辟了一条新的工艺途径，主要应用于以下几个方面。

① 加工模具。适用于各种形状的冲模，调整不同的间隙补偿量，只需一次编程就可以切割凸模、凸模固定板、凹模及卸料板等，模具配合间隙、加工精度通常都能达到要求。此外，还可加工挤压模、粉末冶金模、弯曲模、塑压模等带锥度的模具。

② 加工电火花成型加工用的电极。一般用铜钨、银钨合金类材料作穿孔加工的电极、带锥度型腔加工的电极用线切割加工特别经济，同时也适用于加工微细复杂形状的电极。

③ 加工零件。在试制新产品时，用线切割在板料上直接割出零件，例如切割特殊微电机硅钢片定转子铁心，由于不需另行制造模具，可大大缩短制造周期、降低成本。加工薄件时还可多片叠在一起加工。在零件制造方面，可用于加工品种多、数量少的零件，特殊难加工材料的零件，材料试验样件，各种型孔、凸轮、样板、成型刀具。同时还可进行微细加工、异形槽的加工等。

3.8.5 电解加工

1. 加工原理

图3-62为电解加工实施原理图。加工时，工件接直流电源的正极，工具接电源的负极。工具向工件缓慢进给，使两极之间保持较小的间隙（0.1～1 mm），具有一定压力（0.5～2 MPa）的电解液从间隙中高速（5～50 m/s）流过，这时阳极工件的金属被逐渐电解腐蚀，电解产物被电解液带走。在加工刚开始时，阴极与阳极距离较近的地方通过的电流密度较大，电解液的流速也常较高，阳极溶解速度也就较快。工具相对工件不断进给，工件表面就不断被电解，电解产物不断被电解液冲走，直至工件表面形成与阴极工作面基本相似的形状为止。

2. 加工特点

① 加工范围广，不受金属材料本身硬度、强度以及加工表面复杂程度的限制。可以加工硬质合金、淬火钢、不锈钢、耐热合金等高硬度、高强度及高韧性金属材料，并可加工叶片（见图3-63）、锻模等各种复杂型面。

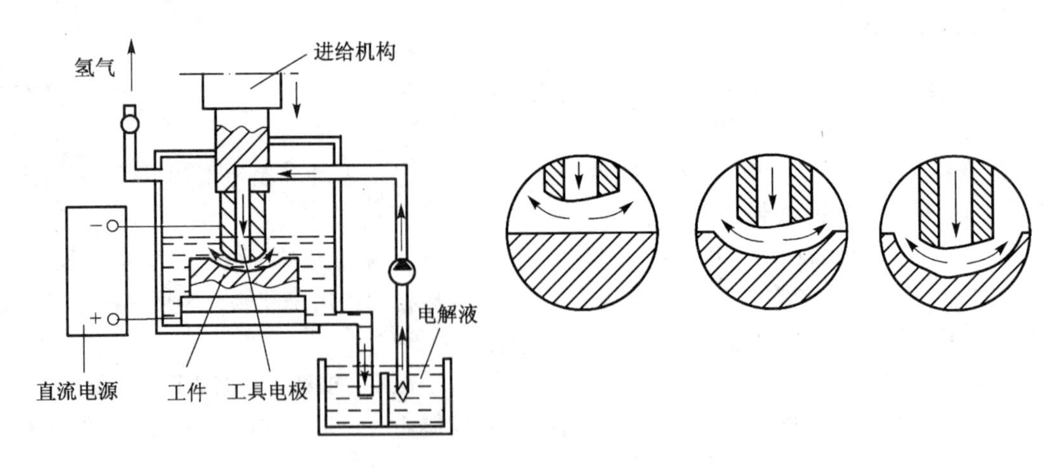

图 3-62　电解加工原理

② 生产率较高。约为电火花加工的5～10倍,在某些情况下,比切削加工的生产率还高,且加工生产率不直接受加工精度和表面粗糙度的限制。

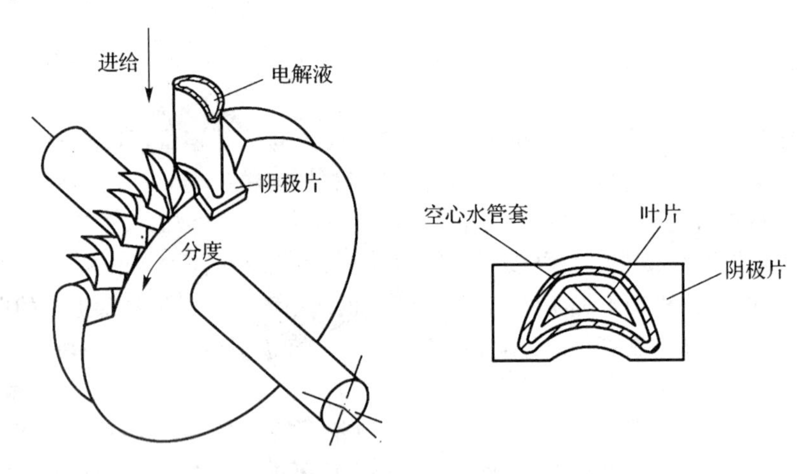

图 3-63　电解加工整体叶轮

③ 可以达到较小的表面粗糙度(Ra=1.25～0.2 μm)和0.1 mm左右的平均加工精度。

④ 加工过程不存在机械切削力,不会产生切削力引起的残余应力和变形,没有飞边毛刺。

⑤ 加工过程中阴极工具理论上不会耗损,可长期使用。

但是电解加工不易达到较高的加工精度和加工稳定性,这一方面是由于阴极的设计、制造和修正都比较困难,阴极本身的精度难保证;另一方面是影响电解加工间隙稳定性、流场和电场的均匀性的参数很多,控制比较困难。另外,电解加工的附属设备比较多,占地面积较大,机床需有足够的刚性和防腐蚀性能,造价较高,因此单件小批生产时的成本比较高。加工后,工件需净化处理。电解产物需进行妥善处理,否则可能污染环境。

3.8.6　超声波加工

1. 加工原理

超声波加工是利用超声振动的工具在有磨料的液体介质中或干磨料中,产生磨料的冲击、抛磨、液压冲击及由此产生的气蚀作用来去除材料，以及利用超声振动使工件相互结合的加工方法，如图 3－64 所示。加工时工具以一定的静压力作用于工件上，在工具与工件之间加入磨料悬浮液(水或煤油和磨料的混合物)。超声波换能器产生 16 kHz 以上的超声频轴向振动，并借助变幅杆把振幅放大到 0.02～0.08 mm，迫使工作液中悬浮的磨粒以很大的速度不断撞击、抛磨被加工表面，把加工区的材料粉碎成非常小的微粒，并从工件上去除下来。虽然每次撞击去除的材料很少，但由于每秒撞击的次数多达 16 000 次以上，所以仍然有一定的加工速度。在这一过程中，工作液受工具端面的超声频率振动而产生高频，交变的液压冲击，使磨料悬浮液在加工间隙中强迫循环，不但带走了从工作上去除下来的微粒，而且使钝化了的磨料及时更新。由于工具的轴向不断进给，工具端面的形状被复制在工件上，当加工到一定的深度即成为和工具形状相同的型孔或型腔。

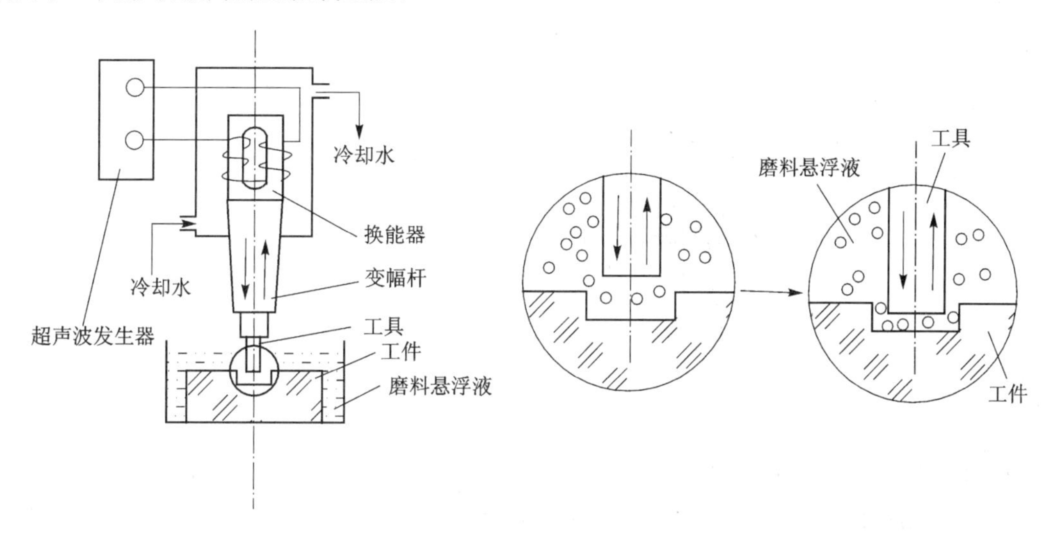

图 3－64 超声波加工原理

2. 加工特点

适用于加工脆硬材料，如玻璃、石英、陶瓷、宝石、金刚石、各种半导体材料、淬火钢、硬质合金钢等；可采用比工件软的材料做成形状复杂的工具；去除加工余量是靠磨料瞬时局部的撞击作用，工具对工件加工表面宏观作用力小，热影响小，不会引起变形和烧伤，因此适合于薄壁零件及工件的窄槽、小孔。

3. 主要应用

① 型孔和型腔加工。目前超声波加工主要用于加工硬脆材料的圆孔、异形孔和各种型腔，以及进行套料、雕刻和研抛等。

② 切割加工。锗、硅等材料又硬又脆，机械切割非常困难，采用超声波切割则十分有效。

③ 超声波清洗。由于超声波在液体中会产生交变冲击波和超声空化现象，这两种作用的强度达到一定值时，产生的微冲击就可以使被清洗物表面的污渍遭到破坏并脱落下来，可用于机械零件、电子器件等的清洗。

④ 超声波焊接。利用超声波的振动作用，去除工件表层的氧化膜，使工件露出新的本体表面，而此时被焊工件表层的分子在高速振动撞击下，摩擦生热并亲和焊接在一起。它不仅可

以焊接表面易生成氧化物的铝制品及尼龙、塑料等高分子制品,而且它还可以使陶瓷等非金属材料在超声振动作用下挂上锡或银,从而改善这些材料的可焊接性。

超声波的应用范围十分广泛,利用其定向发射、反射等特性,可用于测距、无损检测、制作医疗超声手术刀等。

3.8.7 激光加工

1. 加工原理

利用聚焦的激光能量密度极高,能产生几千甚至上万度的高温将材料瞬时熔化、蒸发,并在热冲击波作用下,将熔融材料爆破式喷射去除,达到相应加工目的,图3-65是激光器的原理示意图。

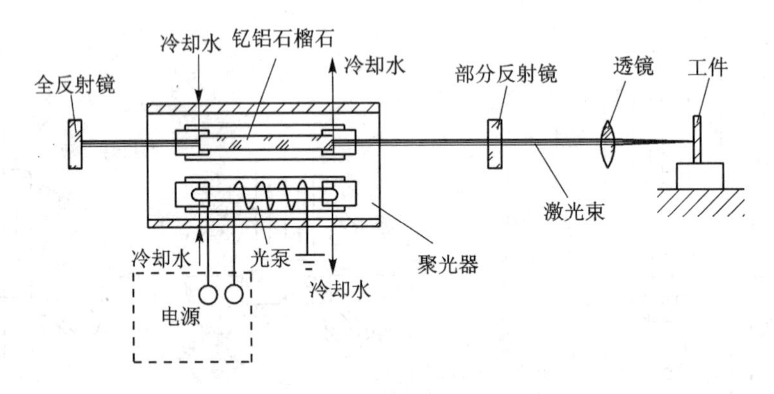

图3-65 激光加工原理图

根据激光束与材料相互作用的机理,大体可将激光加工分为激光热加工和光化学反应加工两类。激光热加工是指利用激光束投射到材料表面产生的热效应来完成加工过程,包括激光焊接、激光切割、表面改性、激光打标、激光钻孔和微加工等;光化学反应加工是指激光束照射到物体,借助高密度高能光子引发或控制光化学反应的加工过程,包括光化学沉积、立体光刻、激光刻蚀等。

2. 激光加工的特点

① 激光功率密度大,工件吸收激光后温度迅速升高而熔化或汽化,即使熔点高、硬度大和质脆的材料(如陶瓷、金刚石等)也可用激光加工。

② 激光头与工件不接触,不但不存在加工工具磨损问题,还可以对运动的工件或密封在玻璃壳内的材料加工。

③ 激光束的发散角可小于1毫弧,光斑直径可小到微米量级,作用时间可以短到纳秒和皮秒,同时,大功率激光器的连续输出功率又可达千瓦至十千瓦量级,因而激光既适于精密微细加工,又适于大型材料加工。

④ 工件不受应力,不易污染。

3. 激光加工应用

① 激光打孔。利用激光几乎可在任何材料上打微型小孔,如钟表行业红宝石轴承、化学纤维用的喷丝板,效率非常高,激光打孔的直径可以小到0.01 mm以下,深径比可达60∶1。

② 激光切割。激光可用于切割各种材料,还能切割无法进行机械接触的工件。由于激光

对被切割材料几乎不产生机械冲击和压力，故适宜于切割玻璃、陶瓷和半导体等既硬又脆的材料。再加上激光光斑小、切缝窄，便于自动控制，所以更适宜于对细小部件作各种精密切割。

③ 激光焊接。由于激光照射时间短，焊接过程极为迅速而且没有焊渣，适合于对热敏感很强的晶体管组件和微型精密仪表中的焊接，甚至还可焊接金属与非金属材料，例如用陶瓷作基体的集成电路。

④ 激光热处理。激光热处理的过程是将激光束扫射零件表面，光能量被零件表面吸收迅速升温，产生相变甚至熔融；激光束离开零件表面，零件表面的热量马上向内部传递并以极高的速度冷却。激光热处理已经成功应用于发动机凸轮轴、曲轴和纺织锭尖等部位的热处理，提高耐磨性。

3.8.8　电子束加工

1. 加工原理

真空条件下，电磁透镜聚焦后的高能量密度和高速度的电子束射击到工件微小的表面上，动能迅速转化为热能，使冲击部分的工件材料达到数千度的高温，从而引起相应部位工件材料熔化、气化，并被抽走，如图 3－66 所示。

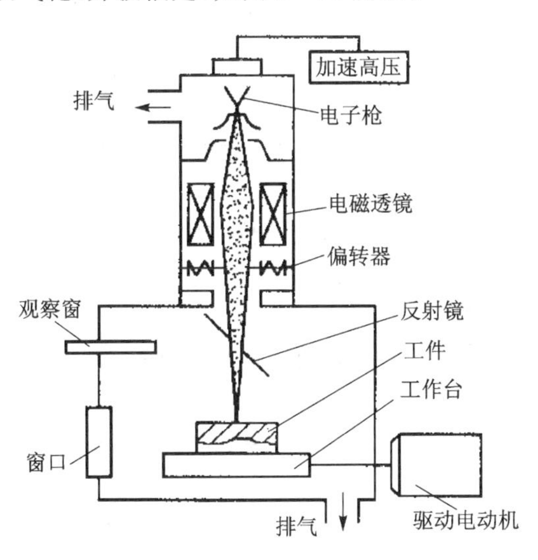

图 3－66　电子束加工原理

2. 加工特点

① 细微聚焦。最细聚焦直径达到 0.1 μm，是一种精细工艺。

② 能量密度高。蒸发去除材料，非接触加工无机械力；适合各种材料——脆性、韧性、导体、非导体加工。

③ 生产率高。对于 2.5 mm 厚度的钢板加工直径 0.4 mm 的孔，可达每秒 50 个。

④ 控制容易。磁场/电场控制可对聚焦、强度、位置等实现自动化控制。

⑤ 真空中加工使得工件和环境无污染，适于纯度要求高的半导体加工。但是电子束加工所用的真空系统及本体系统设备比较复杂，设备成本高。

3. 加工应用

① 高速打孔。目前最小孔直径可达 0.003 mm，速度达每秒 3 000～50 000 孔，对人造革、塑料等打细孔后可增加透气性。

② 焊接。精加工后精密焊，焊接强度高于本体，缝深而窄；可对难熔金属、异种金属焊接。

③ 热处理。热处理的电热转换率可高达 90%，比激光热处理的(7%～10%)高得多；熔化置入新合金可对零件改性。

④ 光刻。即电子束曝光，对电致抗蚀剂的高分子材料，由入射电子与高分子碰撞，切断分子链或重新聚合而引起分子量变化，可用于大规模集成电路制造。

3.8.9 离子束加工

1. 加工原理

离子束的加工原理类似于电子束。离子质量是电子的数千倍或数万倍,一旦获得加速,则动能较大。真空下,离子束经加速、聚焦后,高速撞击到工件表面靠机械动能将材料去除,不像电子束那样需将动能转化为热能才能去除材料,如图3-67所示。

2. 加工特点

① 高精度。逐层去除原子,控制离子密度和能量加工可达纳米级,镀膜可达亚微米,离子注入的深度、浓度可以精确控制。离子加工是纳米加工工艺的基础。

② 高纯度、无污染。适于易氧化材料和高纯度半导体加工。

③ 宏观压力小。无应力、热变形,适于低刚度工件。

离子束加工所用设备费用大,成本高,加工效率低。

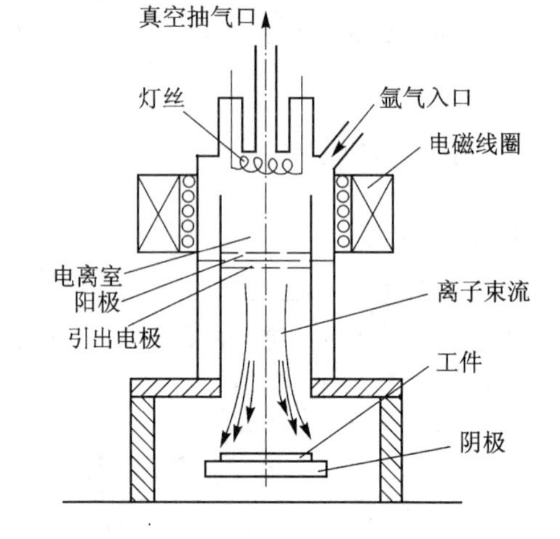

图3-67 离子束加工原理

3. 主要应用

① 刻蚀加工。离子以入射角40°~60°轰击工件,使原子逐个剥离。离子刻蚀效率低,目前已应用于蚀刻陀螺仪空气轴承和动压马达沟槽;高精度非球面透镜加工;高精度图形蚀刻,如集成电路、光电器件、光集成器件等微电子学器件的亚微米图形;集成光路制造;致薄材料纳米蚀刻。

② 镀膜加工。镀膜加工分为溅射沉积和离子镀。离子镀的优点主要体现在:附着力强,膜层不易脱落;绕射性好,镀得全面、彻底。离子镀主要应用于各种润滑膜、耐热膜、耐蚀膜、耐磨膜、装饰膜、电气膜的镀膜;离子镀氮化钛代替镀硬铬可以减少公害;还可用于涂层刀具的制造,包括碳化钛、氮化钛刀片及滚刀、铣刀等复杂刀具。

③ 离子注入。离子以较大的能量垂直轰击工件,离子直接注入工件后固溶,成为工件基体材料的一部分,达到改变材料性质的目的。该工艺可使离子数目得到精确控制,可注入任何材料,其应用还在进一步研究,目前得到应用的主要有:半导体改变或制造PN结;金属表面改性,提高润滑性、耐热性、耐蚀性、耐磨性;制造光波导等。

通常将激光加工、电子束加工和离子束加工称为高能量束加工。

3.8.10 复合加工

把两种或两种以上的能量形式(包括机械能)合理地组合在一起就发展成复合加工。复合加工有很大的优点,它往往能成倍地提高加工效率和进一步改善加工质量,是特种加工发展的重要方向。

1. 电解磨削

电解磨削是利用电解作用与机械磨削相结合的一种复合加工方法。在加工过程中,电解

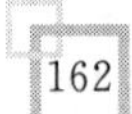

作用与磨削作用交替进行，最后达到加工要求，如图 3－68 所示。在电解磨削中，电解作用是主要的。电解磨削硬质合金车刀时，加工效率比普通的金刚石砂轮磨削要高 3～5 倍，表面粗糙度 Ra 值可达 0.2～0.012 μm。

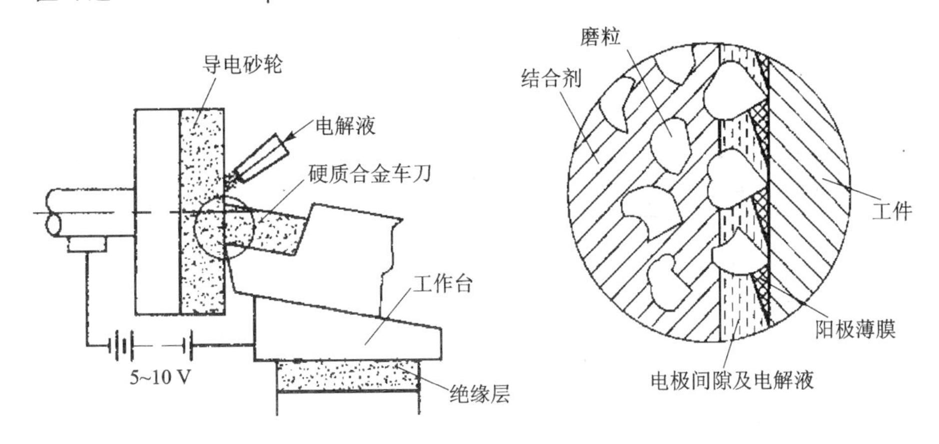

图 3－68　电解磨削加工

2. 超声电解复合抛光

超声电解复合抛光是超声波加工和电解加工复合而成的，它可以获得优于靠单一电解或单一超声波抛光的抛光效率和表面质量。

抛光时，工具接直流电源负极，工件接正极。工具与工件间通入钝化性电解液。高速流动的电解液不断在工件待加工表层生成钝化软膜，工具则以极高的频率进行抛磨，不断地将工件表面凸起部位的钝化膜去掉。一直持续到将工件表面整平，见图 3－69。

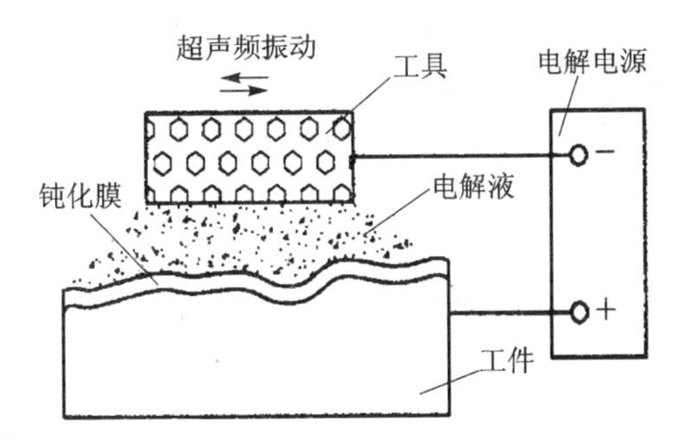

图 3－69　超声电解复合抛光

工具在超声波振动下，迅速去除钝化膜，而且在加工区域内产生的“空化”作用可增强电化学反应，进一步提高工件表面凸起部位金属的溶解速度。

3. 超声激光复合加工

单纯用激光打孔时，对于一定功率的激光束，如果只延长激光照射时间，不但难以增加孔深，反而会降低孔壁质量。如果将超声波振动和激光束的作用复合起来，采用超声调制的激光打孔，就不但能增加孔的加工深度，而且能改善孔壁质量。

将激光谐振腔的全反射镜安装在变幅杆的端面，当全反射镜的镜面作超声振动时，由于谐振腔长度的微小变化和多普勒效应，可使输出的激光脉冲波形由原来不规则、较平坦的排列，调制和细化成多个尖峰激光脉冲,有利于小直径的深孔加工,如图3-70所示。

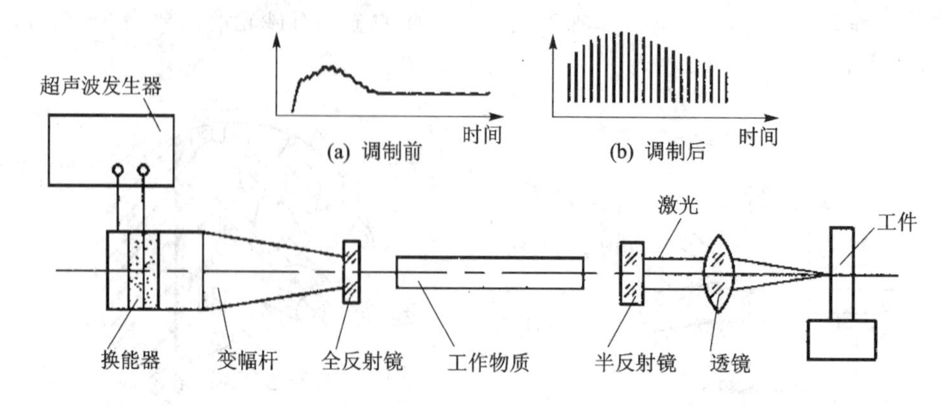

图3-70　超声激光复合加工

思考与练习题

1. 刀具材料应具备哪些性能?书上介绍的刀具材料各有什么特点?硬切削材料是如何分类的?

2. 刀具正交平面参考系由哪些平面组成?它们是如何定义的?

3. 车刀的标注角度主要有哪几种?它们是如何定义的?

4. 已知下列车刀切削部分的主要几何角度,试绘出它们切削部分的工作图。

① 外圆车刀 $\gamma_0=15°$,$\alpha_0=10°$,$\kappa_r=75°$,$\kappa_r'=15°$,$\lambda_s=5°$。

② 端面车刀 $\gamma_0=10°$,$\alpha_0=8°$,$\kappa_r=45°$,$\kappa_r'=30°$,$\lambda_s=-4°$。

③ 切断刀 $\gamma_0=10°$,$\alpha_0=6°$,$\kappa_r=90°$,$\kappa_r'=2°$,$\lambda_s=0°$。

5. 刀具的前角、后角、主偏角、副偏角、刃倾角各有何作用?如何选用合理的刀具切削角度?

6. 金属切削过程有何特征?用什么参数来表示和比较?

7. 切削过程的三个变形区各有何特点?它们之间有什么关系?

8. 积屑瘤是如何形成的?其形成的条件有哪些?它对切削过程产生哪些影响?

9. 金属切削过程中为什么会产生切削力?车削时总切削力常分解为哪三个分力?它们的作用各是什么?

10. 切削热是如何产生和传出的?仅从切削热产生的多少能否说明切削区温度的高低?

11. 刀具磨损有哪几种形式?各在什么条件下产生?

12. 车床适于加工何种表面?为什么?

13. 一般情况下,车削的切削过程为什么比刨削、铣削等平稳?对加工有何影响?

14. 用标准麻花钻钻孔,为什么精度低且表面粗糙?

15. 在车床上钻孔或在钻床上钻孔,由于钻头弯曲都会产生"引偏",它们对所加工的孔有何不同影响?在随后的精加工中,哪一种比较容易纠正?为什么?

16. 可转位浅孔钻、错齿内排屑深孔钻、枪钻的结构和应用有何特点?

17. 试比较内排屑、外排屑和喷吸钻的工作原理、优缺点和使用范围。

18. 扩孔和铰孔为什么能达到较高的精度和较小的表面粗糙度?

19. 铰孔时能否纠正孔的位置精度? 为什么?

20. 镗孔与钻、扩、铰孔比较,有何特点?

21. 单刃镗刀和浮动镗刀加工孔时有哪些特点? 它们各用在什么场合?

22. 用周铣法铣平面时,从理论上分析,顺铣比逆铣有哪些优点? 实际生产中,目前多采用哪种铣削方式?

23. 铣削时为什么铣刀轴心线的理想位置应该始终和工件中心线稍微偏离一点距离?

24. 有哪几种铣刀可以铣平面? 试述各自的应用场合。

25. 试比较刨削加工与铣削加工在加工平面和沟槽时各自的特点。

26. 拉削加工有哪些特点? 适用于何种场合?

27. 磨削为什么能够达到较高的精度和较小的表面粗糙度?

28. 磨削外圆的方法有哪几种? 具体过程有何不同? 磨削内圆比磨削外圆困难的原因有哪些?

29. 磨平面常见的有哪几种方式?

30. 加工要求精度高、表面粗糙度小的紫铜或铝合金轴件外圆时,应选用哪种加工方法? 为什么?

31. 磨孔和磨平面时,由于背向力 F_p 的作用,可能产生什么样的形状误差? 为什么?

32. 磨削外圆时三个分力中以背向力 F_p 最大;车削外圆时三个分力中以切削力 F_c 最大,这是为什么?

33. 简述无心外圆磨床的磨削特点。

34. 用无心磨法磨削带孔工件的外圆面,为什么不能保证它们之间同轴度的要求?

35. 试说明研磨、珩磨、低粗糙度磨、超精加工和抛光的加工原理。

36. 为什么研磨、珩磨、低粗糙度磨、超精加工和抛光能达到很高的表面质量?

37. 何谓加工精度? 加工误差? 两者有何区别与联系?

38. 影响加工精度的主要因素有哪些? 试举例说明。

39. 机械加工表面质量包括哪些具体内容?

40. 表面粗糙度对机器零件使用性能有什么影响? 试举例说明影响表面粗糙度的主要因素。

41. 特种加工如何产生? “特”在何处? 常用有哪些工艺方法?

42. 电火花的加工原理是什么? 有哪些应用?

43. 试述电火花线切割的工作原理、类别和应用?

44. 电化学加工有哪些类别? 电解加工常用哪些电解液?

45. 电解加工的原理是什么? 举例说明其实际用途?

46. 电解磨削的原理是什么? 它与机械磨削有什么不同之处?

47. 电化学机械复合加工技术原理如何? 有哪些种类?

48. 高能束加工(“三束”加工)是指哪些加工方法? 试述它们在细微制造技术中的意义?

49. 什么是超声波加工技术? 它有哪些应用?

第4章 机械加工工艺规程设计

一台机器往往由几十个甚至上千个零件组成，其生产过程是相当复杂的。机器的生产过程是将原材料转变为产品的全过程。它包括原材料运输和保管、生产准备工作、毛坯制造、零件加工和热处理、产品装配、调试、检验以及油漆和包装等。生产过程可以由一个工厂完成，也可以由多个工厂联合完成。在生产过程中，凡是改变生产对象的形状、尺寸、相对位置和性质等，使之成为成品或半成品的过程称为机械加工工艺过程。其他过程则称为辅助过程，例如运输、保管、动力供应、设备维修等。

工艺就是制造产品的方法。机械制造工艺过程一般是指零件的机械加工工艺过程和机器的装配工艺过程，我们仅讨论机械加工工艺过程（简称工艺过程）。

将机械加工工艺过程的相关内容用文件的形式固定下来就形成机械加工工艺规程，是说明并规定机械加工工艺过程和操作方法技术性文件。生产规模的大小、工艺水平的高低以及各种解决工艺问题的方法和手段都要通过机械加工工艺规程来实现。本章将阐述制订机械加工工艺规程的基本原理和主要问题。

4.1 机械加工工艺过程的基本概念

4.1.1 机械加工工艺过程及其组成

机械加工工艺过程是由一个或若干个工序所组成的。

工序是指一个（或一组）工人在一个工作地点对一个（或同时对几个）工件连续完成的那一部分工艺过程。

划分工序的主要依据是工作地点是否改变和加工是否连续。这里所说的连续是指该工序的全部工作要不间断地连续完成。

一个工序内容由被加工零件结构复杂的程度、加工要求及生产类型来决定，同样的加工内容，可以有不同的工序安排。例如，加工如图4－1所示的阶梯轴，不同生产类型的工序划分见表4－1和表4－2。

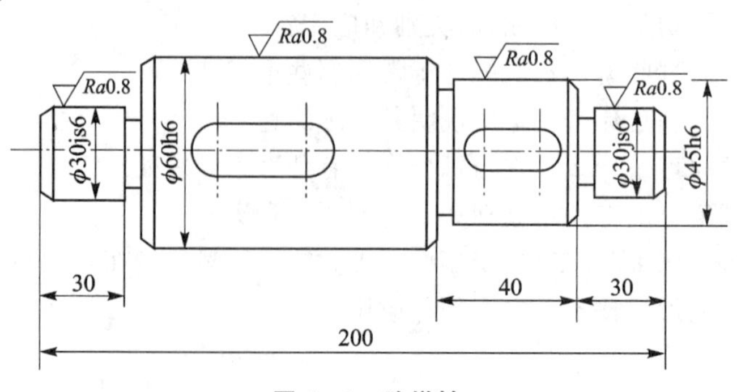

图4－1 阶梯轴

表 4－1　阶梯轴工艺过程(单件小批生产)

工序号	工序内容	设　备
1	车端面,钻中心孔,粗车各外圆,半精车各外圆,切槽,倒角	车床
2	铣键槽,去毛刺	铣床
3	磨各外圆	磨床

表 4－2　阶梯轴工艺过程(大批大量生产)

工序号	工序内容	设备
1	两边同时铣端面,钻中心孔	铣端面钻中心孔机床
2	粗车各外圆	车床
3	半精车各外圆,切槽,倒角	车床
4	铣键槽	铣床
5	去毛刺	钳工台
6	磨外圆	磨床

每一个工序又可依次分为安装、工位、工步和走刀。

1. 安　装

工件通过一次装夹后所完成的那一部分工序内容称为安装。在一道工序中,工件可能需装夹一次或多次才能完成加工。如表 4－1 所列的工序 1 中,工件在一次装夹后还需要三次掉头装夹,才能完成全部工序内容,所以该工序有四个安装。

工件在加工中应尽量减少装夹次数,因为多一次装夹,就会增加装夹的时间,还会增加装夹误差。

2. 工　位

工件在机床上占据的每一个位置上所完成的那一部分工序称为工位。为了减少工件的安装次数,常采用多工位夹具或多轴机床,使工件在一次装夹中先后经过若干个不同位置顺次进行加工。图 4－2 所示是一个利用移动工作台或移动夹具,在一次装夹中顺次完成铣端面、钻中心孔两工位加工的实例。

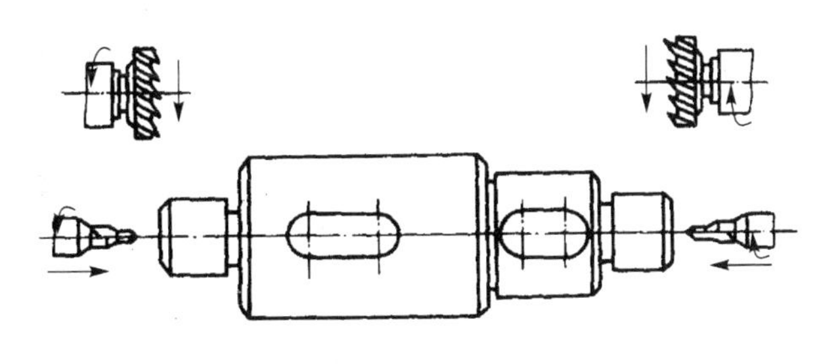

图 4－2　多工位加工

3. 工　步

在加工表面不变、加工工具不变、切削速度和进给量都不变的条件下,所连续完成的那部分工序称为一个工步。工步是构成工序的基本单元。对于那些连续进行的若干个相同的工步,生产中常视为一个工步,如图4-3所示零件上钻6×ϕ20 mm孔,可视为一个工步;采用复合刀具或多刀同时加工的工步,可视为一个复合工步,如图4-4所示。

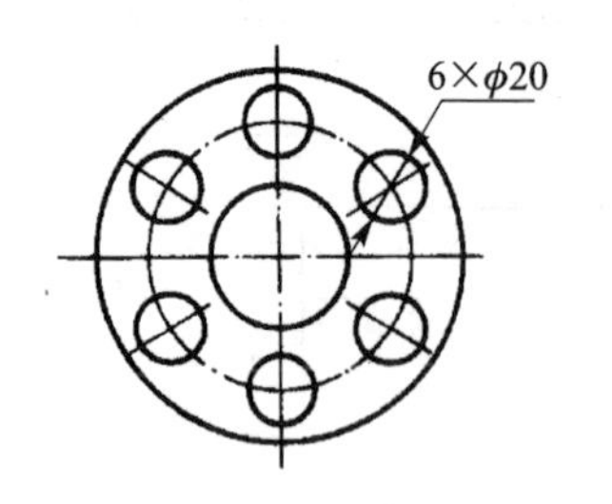

图4-3　六个表面相同的工步

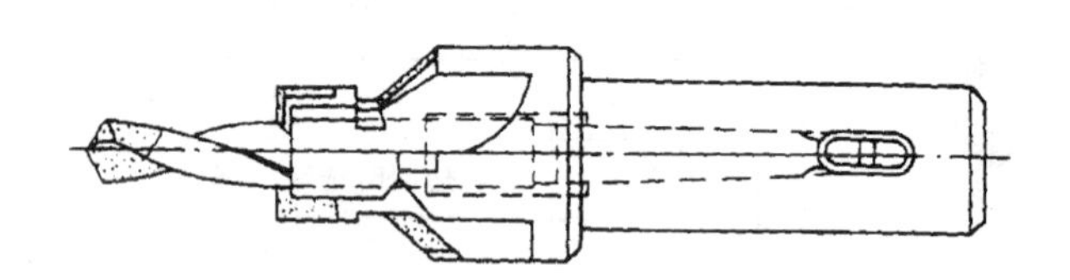

图4-4　复合工步(钻—扩—锪)

4. 走　刀

切削刀具在加工表面上切削一次所完成的工步内容,成为一次走刀。一个工步包括一次或几次走刀。

4.1.2　工件的装夹与获得加工精度的方法

根据批量的不同、加工精度要求的不同、工件大小的不同,工件在装夹中定位的方法也不同。

1. 直接找正定位的装夹

对于形状简单的工件可以采用直接找正定位的装夹方法,即用划针、百分表等直接在机床上找正工件的位置。例如,在四爪卡盘上加工一个套筒零件(见图4-5),要求待加工表面A与表面B同轴。若同轴度要求不高,则可按外表面B用划针找正(定位精度可达0.5 mm左右);若同轴度要求较高,则可用百分表找正(定位精度可达0.02 mm左右);若外表面B不需要加工,只要求镗A孔时能切去均匀的余量,则应以A孔找正装夹,使A孔的轴线按机床主轴轴线定位。

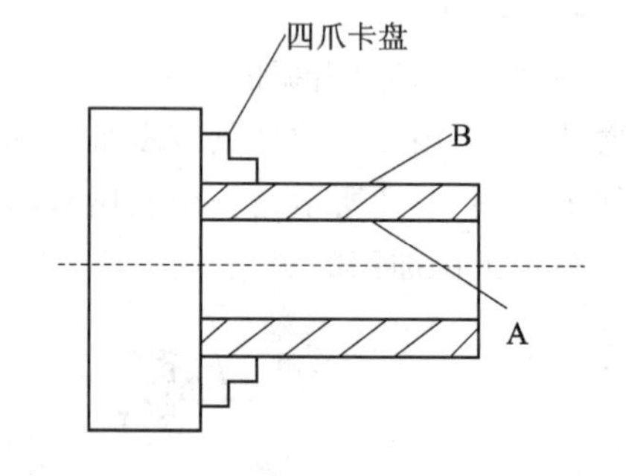

图4-5　直接找正定位装夹

直接找正定位的装夹费时费事,因此一般只适用于:

① 工件批量小,采用夹具不经济时。这种方法,常在单件小批生产的加工车间,修理、试制、工具车间中得到应用。

② 对于工件的定位精度要求特别高(例如,小于0.01~0.005 mm),采用夹具不能保证精度时,只能采用精密量具直接找正定位。

2. 按划线找正定位的装夹

对于形状复杂的零件(例如,车床主轴箱),采用直接找正装夹法会顾此失彼,这时就有必要按照零件图在毛坯上先划出中心线、对称线及各待加工表面的加工线,并检查它们与各不加工表面的尺寸和位置,然后按照划好的线找正工件在机床上的位置。对于形状复杂的工件,常常需要经过几次划线。划线找正的定位精度一般只能达到 0.2～0.5 mm。

划线找正需要技术高的划线工,而且非常费时,因此它只适用于:

① 批量不大,形状复杂的铸件;

② 在重型机械制造中,尺寸和质量都很大的铸件和锻件;

③ 毛坯的尺寸公差很大,表面很粗糙,一般无法直接使用夹具时。

3. 用夹具定位的装夹

目前,对中小尺寸的工件,在批量较大时,都用夹具定位来装夹。夹具以一定的位置(用定位键)安装在机床上,工件按点定位的原则(详见 4.3 节)在夹具中定位并夹紧,不需要进行找正。这样既能保证工件在机床上的定位精度(一般可达 0.01 mm),而且装卸方便,可以节省大量辅助时间。但是制造专用夹具的费用高,周期长,因此妨碍它在单件小批生产中的应用。现在这个困难已可由组合夹具和成组夹具来解决。

对于某些零件(例如连杆、曲轴),即使批量不大,但是为了达到某些特殊的加工要求,仍需要设计制造专用夹具。

显然,机械加工中工件的位置、方向、跳动精度,当需要经过多次装夹加工时,可用上述适当的定位装夹方法获得。也可以使有关表面的加工安排在工件的一次装夹中进行,保证加工表面间具有一定的位置精度。这两种方法,也是机械加工中获得工件位置精度所常用的方法。

机械加工中获得工件尺寸精度的方法有下面四种:

① 试切法——先试切出很小一部分加工表面,测量试切所得的尺寸,按照加工要求作适当调整,再试切,再测量,如此经过两三次试切和测量,当被加工尺寸达到要求后,再切削整个待加工表面。

② 定尺寸刀具法——用具有一定的尺寸精度的刀具(如铰刀、扩孔钻、钻头等)来保证工件被加工部位(如孔)的精度。

③ 调整法——利用机床上的定程装置或对刀装置或预先调整好的刀架,使刀具相对于机床或夹具达到一定的位置精度,然后加工一批工件。

在机床上按照刻度盘进刀然后切削,也是调整法的一种。这种方法需要先按试切法决定刻度盘上的刻度。大批量生产中,多用定程挡块、样件、样板等对刀装置进行调整。

④ 自动控制法——使用一定的装置,在工件达到要求的尺寸时,自动停止加工。具体方法有两种:

- 自动测量——机床上有自动测量工件尺寸的装置,在工件达到要求尺寸时,自动测量装置即发出指令使机床自动退刀并停止工作。
- 数字控制——机床中有控制刀架或工作台精确移动的步进马达、滚动丝杠螺母副及整套数字控制装置,尺寸的获得(刀架的移动或工作台的移动)由预先编制好的程序通过计算机数字控制装置自动控制。

机械加工中获得工件形状精度的方法，可有以下三种：

① 轨迹法——利用切削运动中刀尖的运动轨迹形成被加工表面的形状。这种加工方法所能达到的形状精度，主要取决于这种成形运动的精度。

② 成形法——利用成形刀具刀刃的几何形状切削出工件的形状。这种加工方法所能达到的精度，主要取决于刀刃的形状精度与刀具的装夹精度。

③ 展成法——利用刀具和工件作展成切削运动时，刀刃在被加工表面上的包络面形成成形表面。这种加工方法所能达到的精度，主要取决于机床展成运动的传动链精度与刀具的制造精度等因素。

4.1.3 生产类型

在制订机械加工工艺过程中，工序的安排不仅与零件的技术要求有关，而且与生产类型有关。生产类型是指企业(或车间、工段、班组、工作地)生产专业化程度的分类。根据产品零件的大小和生产纲领(即年产量)的不同，一般分为单件生产、成批生产和大量生产三种类型。其中，成批生产又分为小批生产、中批生产、大批生产。

表4-3按重型机械、中型机械和轻型机械的年生产量列出了不同生产类型的规范，可供编制工艺规程时参考。

表4-3 生产类型的划分

生产类型	零件的年生产纲领(件/年)		
	重型机械	中型机械	轻型机械
单件生产	≤5	≤20	≤100
小批生产	>5～100	>20～200	>100～500
中批生产	>100～300	>200～500	>500～5 000
大批生产	>300～1 000	>500～5 000	>5 000～50 000
大量生产	>1 000	>5 000	>50 000

从工艺特点上看，小批生产和单件生产的工艺特点相似，大批生产和大量生产的工艺相似，因此生产上常按单件小批生产、中批生产和大批大量生产来划分生产类型，并且按这三种生产类型归纳它们的工艺特点(见表4-4)。可以看出，生产类型不同，其工艺特点有很大差异。

表4-4 各种生产类型的工艺特征

工艺特征	生产类型		
	单件小批	中　批	大批大量
加工对象	经常变化	周期性变化	固定不变
毛坯	木模砂型铸件和自由锻件	部分采用金属模铸件和模锻件	广泛采用机器造型、压铸、精铸，模锻、滚锻等
机床设备	通用机床	通用和部分专用机床	高效专用机床及自动机床

续表 4-4

工艺特征	生产类型		
	单件小批	中　批	大批大量
工艺装备	大多使用通用夹具、通用刀具和量具	广泛使用专用夹具，较多使用专用刀具和量具	广泛使用高效专用夹具、刀具和量具
对工人的技术要求	技术熟练	技术比较熟练	调整工技术熟练，操作工要求熟练程度较低
生产率	低	一般	高
成本	高	一般	低

表 4-4 中的结论是在传统生产条件下归纳的，随着科学技术的发展和市场需求的变化，生产类型的划分正在发生着深刻的变化，传统的大批大量生产由于采用高效专用设备及工艺装备，往往不能适应产品及时更新换代的需要，而单件小批生产的能力又跟不上市场的急需，因此各种生产类型都朝着生产柔性化的方向发展。

4.1.4　机械加工工艺规程的作用及格式

无论任何生产类型的零件，在机械加工之前都必须制订机械加工工艺规程，然后以规定的形式写成工艺文件，这份文件将作为指导生产、组织生产、管理生产的主要工艺文件，加工、检验验收、生产调度与安排的主要依据；同时，它又是新产品投产前进行生产准备和技术贮备的依据和新建、扩建车间或工厂的原始资料。

常用的工艺文件有以下几种：

1. 机械加工工艺过程卡片

机械加工工艺过程卡片(见表 4-5)是以工序为单位，主要列出零件加工的工艺路线和工序内容的概况。这种卡片一般用于单件小批生产的零件，以此作为指导生产的依据，同时也是生产管理文件。

表 4-5　机械加工工艺过程卡片

<table>
<tr><td rowspan="4">(工厂名)</td><td rowspan="4">机械加工工艺过程卡片</td><td colspan="3">产品名称及型号</td><td></td><td colspan="3">零件名称</td><td colspan="4">零件图号</td><td colspan="2"></td><td colspan="5"></td></tr>
<tr><td rowspan="3">材料</td><td colspan="2">名称</td><td></td><td rowspan="2">毛坯</td><td colspan="2">种类</td><td colspan="2"></td><td colspan="2" rowspan="2">零件质量/kg</td><td colspan="2">毛重</td><td colspan="3"></td><td colspan="2">第　页</td></tr>
<tr><td colspan="2">牌号</td><td></td><td colspan="2">尺寸</td><td colspan="2"></td><td colspan="2">净重</td><td colspan="3"></td><td colspan="2">共　页</td></tr>
<tr><td colspan="2">性能</td><td></td><td colspan="5">每料件数</td><td colspan="2">每台件数</td><td colspan="2"></td><td colspan="3">每批件数</td><td colspan="2"></td></tr>
<tr><td rowspan="2">工序号</td><td colspan="5" rowspan="2">工序内容</td><td rowspan="2">加工车间</td><td colspan="2" rowspan="2">设备名称及编号</td><td colspan="6">工艺装备名称及编号</td><td colspan="3" rowspan="2">技术等级</td><td colspan="2">时间定额/min</td></tr>
<tr><td colspan="3">夹具</td><td>刀具</td><td colspan="2">量具</td><td>单件</td><td>时间—终结</td></tr>
<tr><td></td><td colspan="5"></td><td></td><td colspan="2"></td><td colspan="3"></td><td></td><td colspan="2"></td><td colspan="2"></td><td></td><td colspan="2"></td></tr>
<tr><td rowspan="3">更改内容</td><td colspan="19"></td></tr>
<tr><td colspan="19"></td></tr>
<tr><td colspan="19"></td></tr>
<tr><td>编号</td><td colspan="2"></td><td>抄写</td><td colspan="4"></td><td colspan="2">校对</td><td colspan="4"></td><td colspan="2">审核</td><td colspan="3"></td><td>批准</td></tr>
</table>

2. 机械加工工艺卡片

机械加工工艺卡片(见表4-6)以工序为单位,除详细说明零件的机械加工工艺过程,还具体表示各工序、工步的顺序和内容,广泛用于中批生产。

表4-6 机械加工工艺卡片

（工厂）			机械加工工艺卡片	产品名称及型号				零件名称		零件图号					
				材料	名称			毛坯	种类		零件质量/kg	毛重		第 页	
					牌号				尺寸			净重		共 页	
					性能			每料件数			每台件数		每批件数		
工序	安装	工步	工序内容	同时加工零件数	切削用量				设备名称及编号	工艺装备名称及编号			技术等级	时间定额/min	
					背吃刀量/mm	切削速度/($m\cdot min^{-1}$)	切削速度/($r\cdot min^{-1}$)或双行程数/min	进给量($mm\cdot r^{-1}$)或($mm\cdot min^{-1}$)		夹具	刀具	量具		单件	时间一终结
更改内容															
编号				抄写		校对			审核			批准			

3. 机械加工工序卡片

机械加工工序卡片(见表4-7)是根据工艺卡中每一道工序所编制的一种工艺文件。它详细记载了工序内容和加工所必需的工艺资料,除工序卡片上所有的基本项目外,还需画出工序加工简图,在图上标明被加工表面、标出定位基准和装夹位置、列出工序尺寸及公差、写明工时定额等。它用于具体指导工人操作,是大批大量生产和中批复杂或重要零件生产的必备工艺文件。

表4-7 机械加工工序卡片

（工序名）	机械加工工序卡片	产品名称及型号					零件名称			零件图号		工序名称		工序号		第 页 共 页	
（画工序简图处）							车 间			工 段		材料名称		材料牌号		力学性能	
							同时加工件数			每料件数		技术等级		单件时间/min		准备—终结时间/min	
							设备名称			设备编号		夹具名称		夹具编号		工作液	
							更改内容										
工步号	工步内容	计算数据/min			走刀次数	切削用量				工时定额/mm							
		直径或长度	进给长度	单边余量		背吃刀量/mm	进给量/($mm\cdot r^{-1}$)或($mm\cdot min^{-1}$)	切削速度/($r\cdot min^{-1}$)或双行程数/min	切削速度($m\cdot min^{-1}$)	基本时间	辅助时间	工作地点服务时间	工步号	名称	规格	编号	数量
编制		抄写				校对				审核				批准			

4.1.5　制订机械加工工艺规程的步骤

制订机械加工工艺规程的原则是，在保证产品质量的前提下，尽量提高生产率和降低成本。同时，在充分利用现有生产条件的基础上，尽可能采用国内外先进工艺和经验，并保证良好的劳动条件。

遵循这一原则，按以下步骤制订工艺规程：

① 仔细阅读零件图。对零件的材料、形状、结构、尺寸精度、形位精度、表面粗糙度、性能以及数量等的要求进行全面系统的了解和分析。

② 进行零件的结构工艺性分析。

③ 选择毛坯的类型。常用的毛坯有型材、铸件、锻件、焊接件等。应根据零件的材料、形状、尺寸、批量和工厂的现有条件等因素综合考虑。

④ 确定工件在加工时的定位及基准。

⑤ 拟订机械加工工艺路线。其主要内容有：加工方法的确定、加工顺序和热处理的安排、加工阶段的划分等。

⑥ 确定各工序的加工余量、计算工序尺寸和公差。

⑦ 确定各主要工序的技术要求及检验方法。

⑧ 确定各工序的切削用量和时间定额。

⑨ 填写工艺文件。

下面分别按上述步骤的主要内容分节叙述。

4.2　零件结构工艺性分析

在制订零件机械加工工艺规程之前，先要进行结构工艺性分析。

零件结构工艺性是指所设计的零件在能满足使用要求的前提下制造的可行性和经济性。零件结构工艺性的好坏是相对的，要根据具体的生产类型和生产条件来分析，所谓好，是指在现有工艺条件下既能方便制造，又有较低的制造成本。

表 4-8　零件结构工艺性分析举例

序号	设计原则	要　求	零件结构工艺性图例		工艺性好的结构的优点
			工艺性不好	工艺性好	
1	便于加工和测量	凸缘上的孔要留出足够的加工空间		S　S>D/2　D	① 可采用标准刀具和辅具 ② 方便加工

续表 4－8

序号	设计原则	要求	零件结构工艺性图例		工艺性好的结构的优点
			工艺性不好	工艺性好	
1	便于加工和测量	键槽表面不应与其他加工面重合	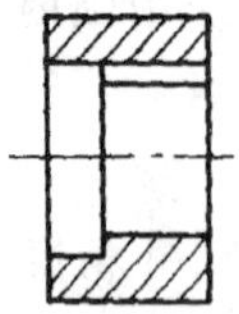	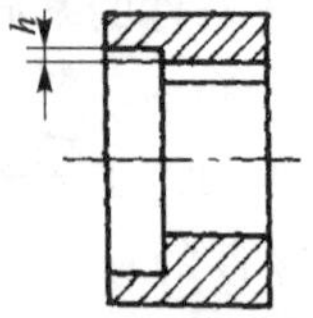	① 避免插键槽时划伤左孔表面 ② 操作方便
		加工面不应设计在箱体内	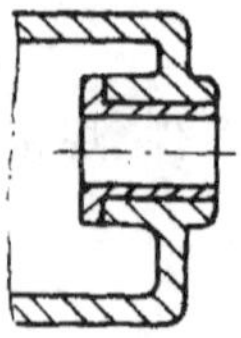	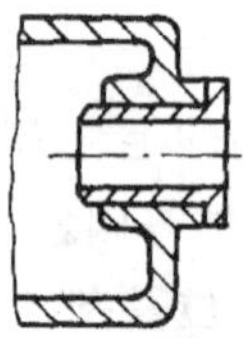	利于调整、加工、测量
		要留出足够的退刀槽、空刀槽或越程槽	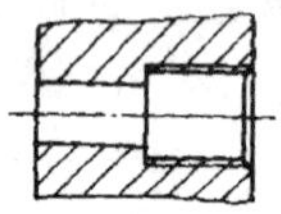 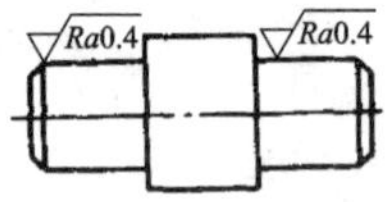 Ra0.4　Ra0.4 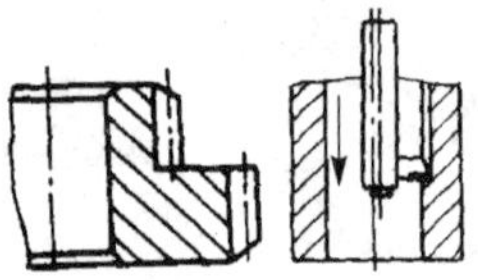	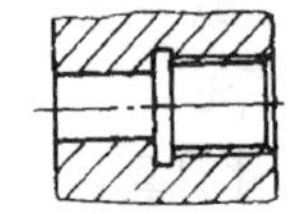 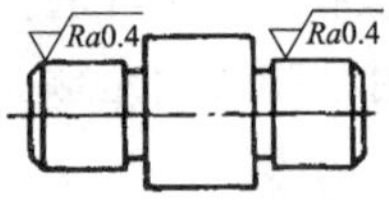 Ra0.4　Ra0.4 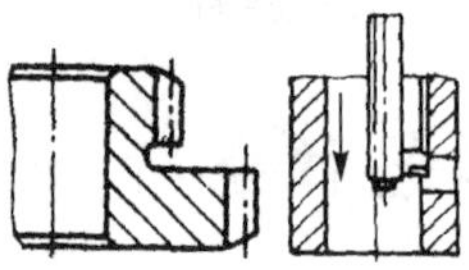	① 避免刀具或砂轮与工件某部位相撞 ② 砂轮越程槽使磨削时可以清根
2	保证加工质量，提高加工效率	有相互位置精度要求的表面，最好能在一次安装中加工	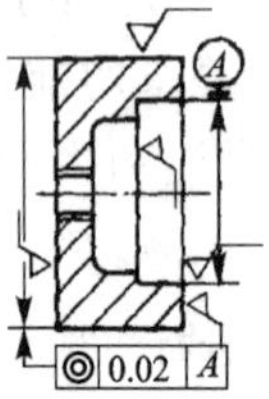 A　◎ 0.02 A	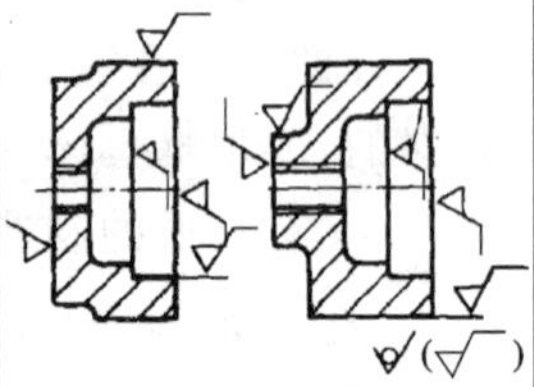	① 有利于保证加工表面间的位置精度 ② 减少了安装次数
		避免斜孔	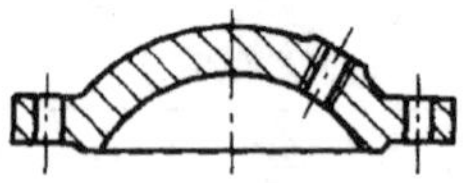	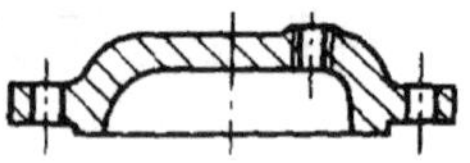	① 简化夹具结构 ② 几个平行孔可同时加工
		钻孔的出入端应避免斜面	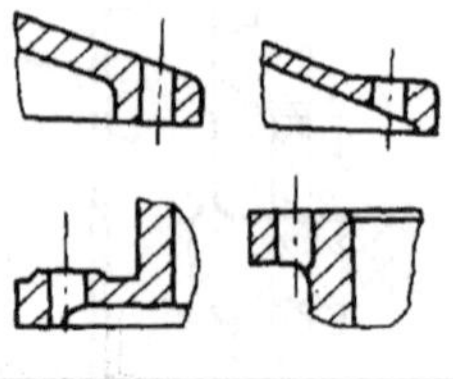	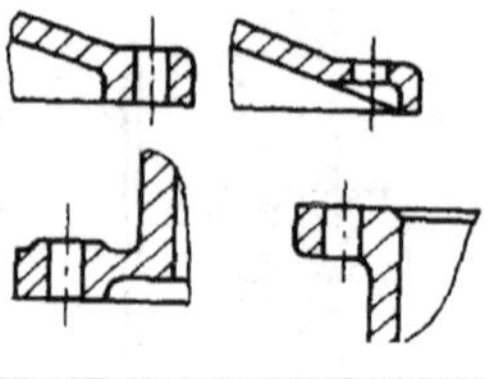	① 避免钻头偏斜，甚至折断 ② 提高了钻孔精度

续表 4－8

序号	设计原则	要　求	零件结构工艺性图例		工艺性好的结构的优点
			工艺性不好	工艺性好	
2	保证加工质量，提高加工效率	加工面应等高	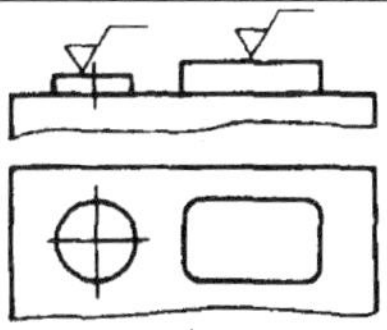	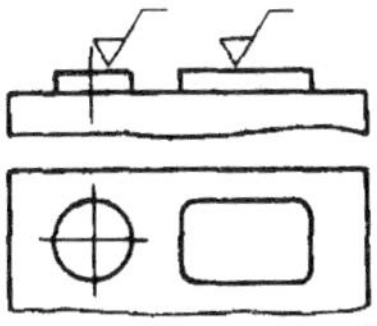	一次走刀可加工所有凸台表面
		同类结构要素应尽量统一	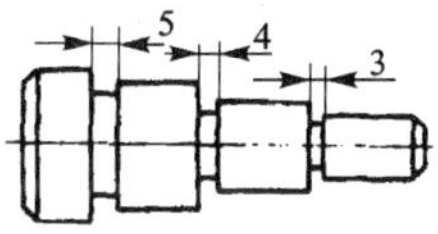 5　4　3	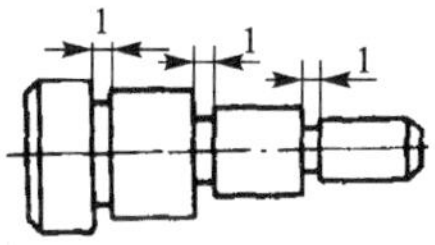 1　1　1	① 减少了刀具的种类 ② 可节省换刀和对刀等的辅助时间
		应尽量减少加工面	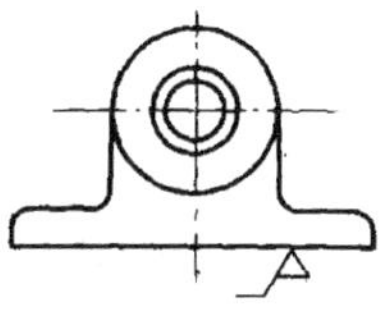	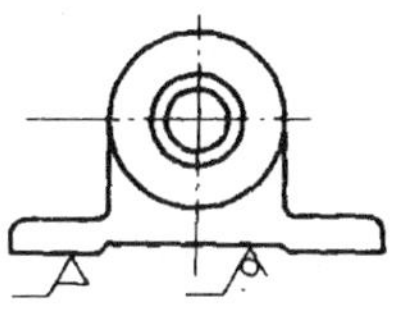	① 减少加工面积 ② 提高了装配时底面的接触刚度
3	提高标准化程度	尽量采用标准化参数	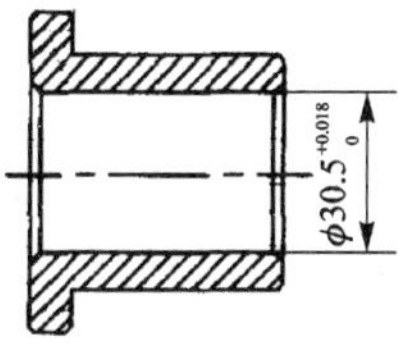 $\phi30.5^{+0.018}_{0}$	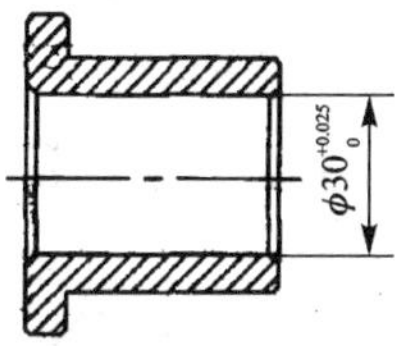 $\phi30^{+0.025}_{0}$	① 可使用标准刀具加工 ② 提高了加工质量 ③ 生产率大大提高
		应能使用标准刀具加工	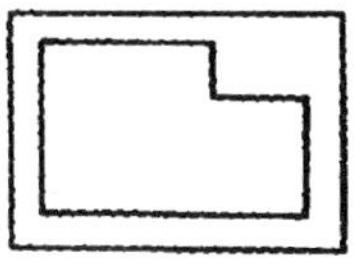	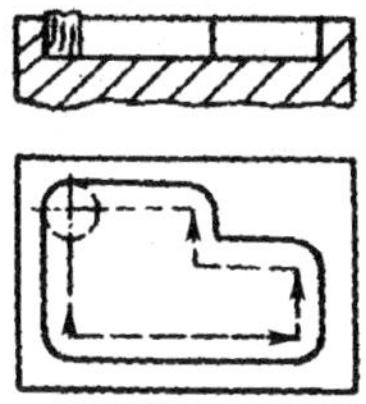	① 内圆角半径等于标准立铣刀半径，因此可采用标准刀具加工 ② 结构合理，避免了尖角处应力集中
4	便于准确定位，可靠夹紧	工件安装时，应使加工面水平	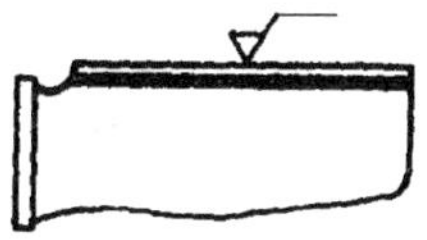	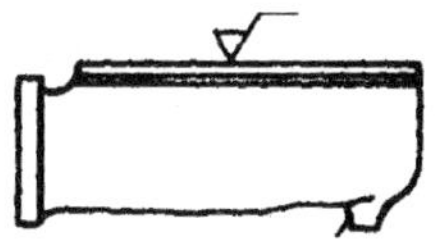	增加了工艺凸台，易于安装找正（精加工后切除凸台）
		应设计工件安装时的装夹表面	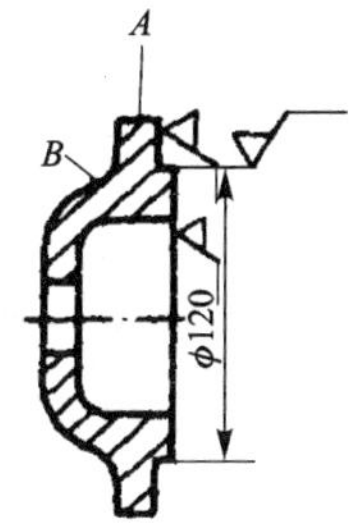 A　B　$\phi120$	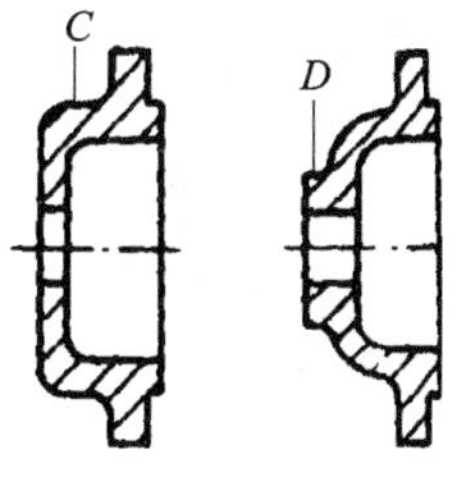 C　D	① C 处为一圆柱面，容易装夹 ② D 处是一工艺凸台，零件加工后可切除

4.3 机床夹具与工件六点定位原理

4.3.1 机床夹具的组成和分类

1. 机床夹具及其组成

机床夹具是在机床上用于装夹工件的一种装置,其作用是使工件相对于机床或刀具有一个正确的位置,并在加工过程中始终保持这个位置不变,这里装夹有两个含义,即定位和夹紧。

图4-6所示为在铣床上铣连杆槽的夹具。该夹具靠工作台T形槽和夹具体上的定位键3确定其在铣床上的位置,用T形螺钉夹紧。

加工时,工件在夹具中的正确位置靠夹具体的上平面、圆柱销5和菱形销1保证。夹紧时,转动螺母9,压板压紧工件,保证工件的位置不变。

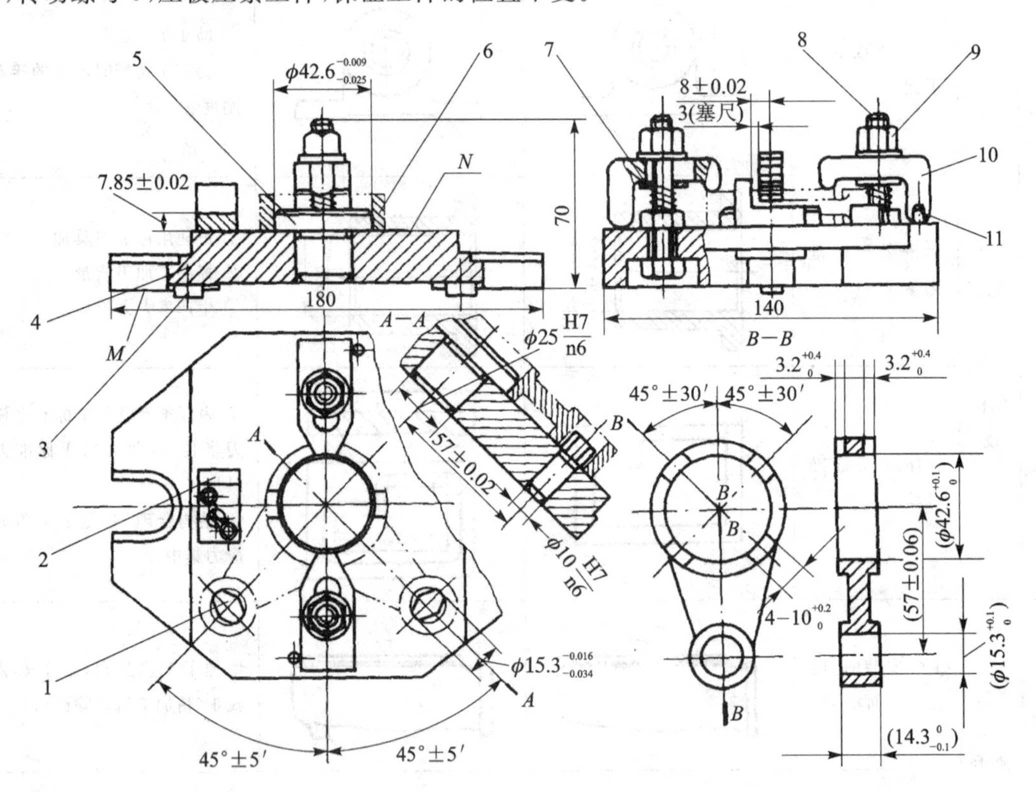

1—菱形销;2—对刀块;3—定位键;4—夹具底板;5—圆柱销;6—工件;7—弹簧;8—螺栓;9—螺母;10—压板;11—止动销

图4-6 连杆铣槽夹具

由图4-6可以看出机床夹具的基本组成部分,根据其功用一般分为:

① 定位元件或装置 用于确定工件在夹具中的位置,如图4-5中的夹具底版4、圆柱销5和菱形销1。

② 夹紧机构 工件定位后将其固定,使工件始终保持正确位置并承受切削力等作用,如图4-6中的压板10、螺母9等。

③ 导向元件或装置　用来对刀和引导刀具进入正确加工位置。

④ 夹具体　用于连接夹具各元件，使之成为一个整体，并通过它将夹具安装在机床上。

⑤ 其他元件或装置　根据加工工件的要求，有时还在夹具上设有分度装置、安全保护装置等。

2. 机床夹具的分类

机床夹具按使用范围可分为：

① 通用夹具　一般已经标准化的、不需特殊调整就可以加工不同工件的夹具，例如车床上的三爪自定心卡盘、四爪单动卡盘，铣床上的回转工作台、分度头，磨床上的电磁吸盘等。

② 专用夹具　针对某一种工件的某一个工序而专门设计和制造的夹具，它可以使工件迅速获得加工位置。

③ 通用可调整夹具　夹具的部分元件可以更换，部分元件可以调整以适应不同零件的加工。

④ 组合夹具　由一套预先制造好的，结构、尺寸都已规格化、系统化的标准元件拼装而成的夹具。就好像搭积木一样，不同元件的不同组合和连接，可构成不同结构和用途的夹具。这类夹具的特点是灵活多变，万能性强，不受生产类型的影响，可以随时拆开，重新组装，因此特别适合于新产品试制和单件小批生产。

⑤ 随行夹具　一种在自动线或柔性制造系统中使用的夹具。工件安装在随行夹具上，由运输装置送往各机床，并在各机床上被定位和夹紧。

机床夹具还可按其夹紧装置的动力源来分类，可分为手动夹具、气动夹具、液动夹具、电磁夹具、真空夹具等。

4.3.2　工件的定位

1. 六点定位原理

任何一个没有受约束的物体，在空间均具有六个独立的运动，以图 4－7 所示的长方体为例，它在直角坐标系 $oxyz$ 中可以有 3 个平移运动和 3 个转动。3 个平移运动分别是沿 x、y、z 轴的平移运动，记为 $\vec{X}$、$\vec{Y}$、$\vec{Z}$；3 个转动分别是绕 x、y、z 轴的转动，记为 $\widehat{X}$、$\widehat{Y}$、$\widehat{Z}$。习惯上把上述 6 个独立运动称作六个自由度。如果采取一定的约束措施，消除物体的六个自由度，则物体被完全定位。例如在讨论长方体工件的定位时，如图 4－8 所示，可以在其底面设置 3 个不共线的支撑 1、2、3，把工件放在支撑上可以约束工件的 $\vec{Z}$、$\widehat{X}$、$\widehat{Y}$ 三个自由度；在侧面设置两个支撑点 4、5，把工件贴在支撑上，可以约束工件的 $\vec{Y}$ 和 $\widehat{Z}$ 两个自由度；在端面设置一个支撑 6，使工件靠近这个支撑，则工件的最后一个自由度被约束，这就完全限制了长方体工件的 6 个自由度。

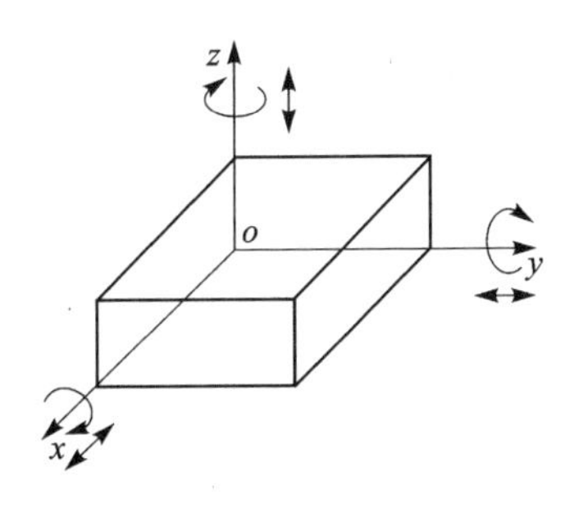

图 4－7　自由度示意图

采用 6 个按一定规则设置的支撑点，约束物体 6 个自由度的原理称为六点定位原理。

在实际生产中，起约束作用的支撑点是一定形状的几何体，这些用来限制工件自由度的几何体称为定位元件。表 4－9 列举了常用定位元件及所能限制的自由度。

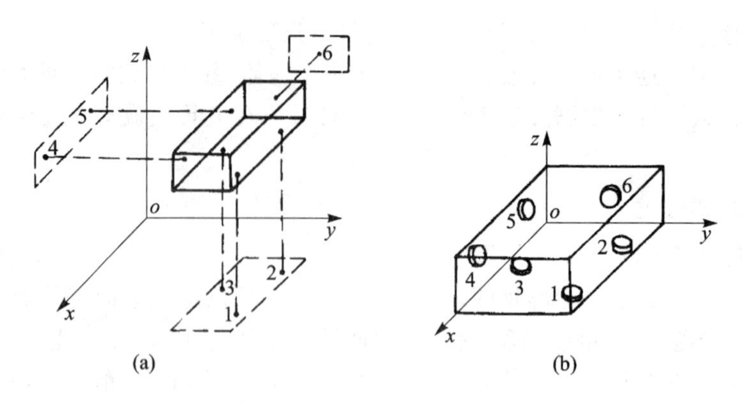

图 4-8　长方体工件的定位分析

表 4-9　常用定位元件及所能限制的自由度

工件的定位面	夹具定位元件	图　例	限制的自由度	夹具定位元件	图　例	限制的自由度
平面	一个支撑钉		$\vec{Y}$	三个支撑钉		$\vec{Z}$、$\overset{\frown}{X}$、$\overset{\frown}{Y}$
	一块支撑板		$\vec{X}$、$\overset{\frown}{Z}$	两块支撑板		$\vec{Z}$、$\overset{\frown}{X}$、$\overset{\frown}{Y}$
	短圆柱销		$\vec{X}$、$\vec{Z}$	长圆柱销		$\vec{X}$、$\vec{Z}$、$\overset{\frown}{X}$、$\overset{\frown}{Z}$
圆柱孔	菱形销		$\vec{Z}$	圆锥销		$\vec{X}$、$\vec{Y}$、$\vec{Z}$
	长圆柱心轴		$\vec{Y}$、$\vec{Z}$、$\overset{\frown}{Y}$、$\overset{\frown}{Z}$	小锥度心轴		$\vec{Y}$、$\vec{Z}$

续表 4－9

工件的定位面	夹具定位元件	图　例	限制的自由度	夹具定位元件	图　例	限制的自由度
圆柱面	短 V 形块		$\vec{Y}$、$\vec{Z}$	长 V 形块		$\vec{Y}$、$\vec{Z}$、$\hat{Y}$、$\hat{Z}$
	短定位套		$\vec{Y}$、$\vec{Z}$	长定位套		$\vec{Y}$、$\vec{Z}$、$\hat{Y}$、$\hat{Z}$
圆锥孔	顶尖		$\vec{X}$、$\vec{Y}$、$\vec{Z}$	锥度心轴		$\vec{X}$、$\vec{Y}$、$\vec{Z}$、$\hat{X}$、$\hat{Z}$

2．完全定位与不完全定位

加工时，工件的六个自由度被完全限制了的定位称为完全定位。

但生产中并不是任何工序都采用完全定位。究竟限制几个自由度和限制哪几个自由度，完全由工件在该工序中的加工要求所决定。

如图 4－9 所示，在工件上铣通槽，为保证槽底面与 A 面的平行度和尺寸 $60^{0}_{-0.2}$ mm 两项加工要求，必须限制 $\hat{Z}$、$\hat{X}$、$\hat{Y}$ 三个自由度。为保证槽侧面与 B 面的平行度及 30±0.1 mm 两项加工要求，必须限制 $\vec{Y}$、$\hat{Z}$ 两个自由度。至于 $\vec{X}$，因为这是一个通槽，从加工要求的角度看，可以不限制。像这种工件的六个自由度没有完全被限制，但仍然能保证加工要求的现象称为不完全定位。

这里必须强调指出，在满足加工要求的前提下，采用不完全定位是允许的，但有时为了使定位元件帮助承受切削力、夹紧力或为了保证一批工件的进给长度一致，常常对无位置尺寸要求的自由度也加以限制。例如在此例中，若在铣削力的相对方向上增设一个挡销，则可以承受部分切削力，使加工稳定，便于控制行程。

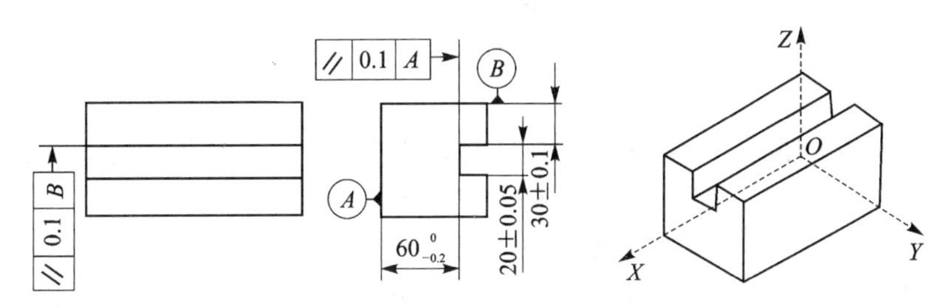

图 4－9　工件正中铣通槽限制 5 个自由度

3. 欠定位和过定位

(1) 欠定位

按工艺要求必须被限制的自由度未被限制的定位,称为欠定位。欠定位是绝对不允许的。例如上例中,如果只限制 $\widehat{Z}$、$\widehat{X}$、$\widehat{Y}$ 三个自由度,而没有限制工件绕 Z 轴转动的自由度,工件安装时可能产生偏置,使铣出的槽偏斜,如果没有限制沿 Y 轴移动的自由度,铣出的槽将不在正中。

(2) 过定位

工件的某个自由度被不同定位元件重复限制的现象称为过定位。

如图 4-10 所示为在插齿机上加工齿轮的夹具。工件以内孔在心轴上定位,限制了 $\vec{X}$、$\vec{Y}$、$\widehat{X}$、$\widehat{Y}$ 四个自由度,以端面在支撑凸台上定位,限制了 $\vec{Z}$、$\widehat{X}$、$\widehat{Y}$ 三个自由度,可以看出其中 $\widehat{X}$、$\widehat{Y}$ 被重复限制了。由于工件和夹具都有误差,这时工件的位置就有两种可能:用长销定位时底面就靠不牢;用底面定位时,长销会被压弯,如图 4-11 所示。

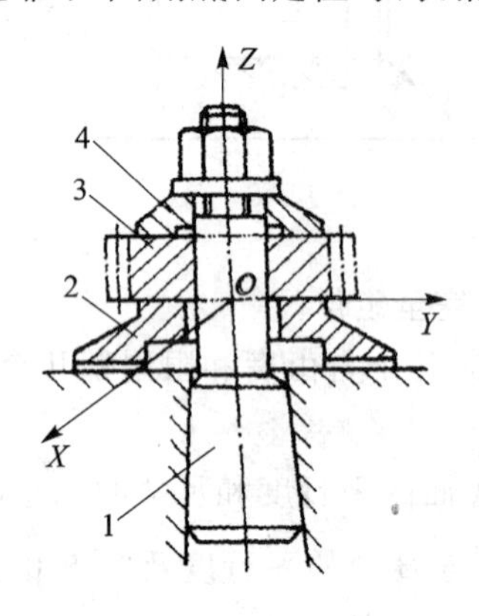

1—心轴;2—支撑凸台;3—工件;4—压板

图 4-10 插齿夹具

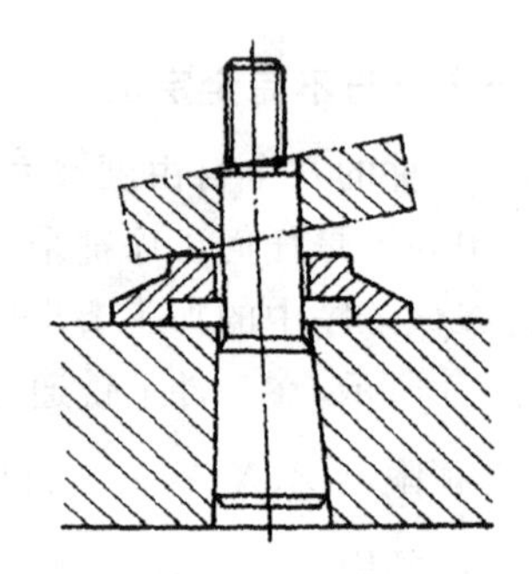

图 4-11 过定位分析

一般情况下应当尽量避免过定位,但是如果工件定位面和夹具定位元件的尺寸、形状和位置都做得比较准确、光整,则过定位不但对工件加工面的位置尺寸影响不大,反而可以增强加工时的刚性,这时过定位是允许的。如图 4-10 所示插齿和滚齿加工中,在插齿和滚齿工序之前已经通过内孔和端面互为基准定位加工,保障了端面和内孔的位置(方向)精度。

通常可以用下列方法判断定位元件所限制的工件自由度:让工件沿着所要判断的方向运动(移动或转动),如果工件和定位元件间仍能保持接触,则该方向的自由度没有限制,否则就是限制了。

下面来分析箱体工件加工时常用的"一面两孔"(工件)或"一面两销"(定位元件)定位的情况。

箱体类工件是常见的一类零件,如机床的主轴箱、汽车的变速箱、缸体等。在机器中箱体类零件是基础类零件,一般在箱体的侧壁上会有多个有相互位置要求的孔组成孔系结构,是各种传动轴安装的基准,各轴不但有较高的尺寸精度和形状精度,同时还要求有较高的位置精度。位置精度的获得,主要靠箱体加工中孔的加工精度做保证。为了保证精度,箱体加工中要求采用统一的基准,在一次安装下将各孔加工出来,便于获得加工面(孔)之间的相互位置精度，所以箱体加工中多采用“一面两孔”定位。其中的面即箱体的底面（箱体高度尺寸的设计基准），两孔一般布置在箱体底面的对角线上，即构成所谓的“一面两孔”定位，如图 4－12 所示。

平面 XOY 平面限制三个自由度，分别是 $\widehat{X}$、$\widehat{Y}$ 和 $\vec{Z}$。定位销（短销）1 限制两个自由度，分别是 $\vec{X}$、$\vec{Y}$。定位销（短销）2 限制两个自由度，分别是 $\vec{Y}$ 和 $\widehat{Z}$。

通过以上分析可以发现 $\vec{Y}$ 重复限制，发生过定位现象。这种过定位现象的结果是，工件在加工时安装困难，因此必须对上述一面两孔定位进行改进。改进的办法是，将其中的一个定位销设计成“扁销”，如图 4－13 所示，从而消除对 $\vec{Y}$ 的重复限制。

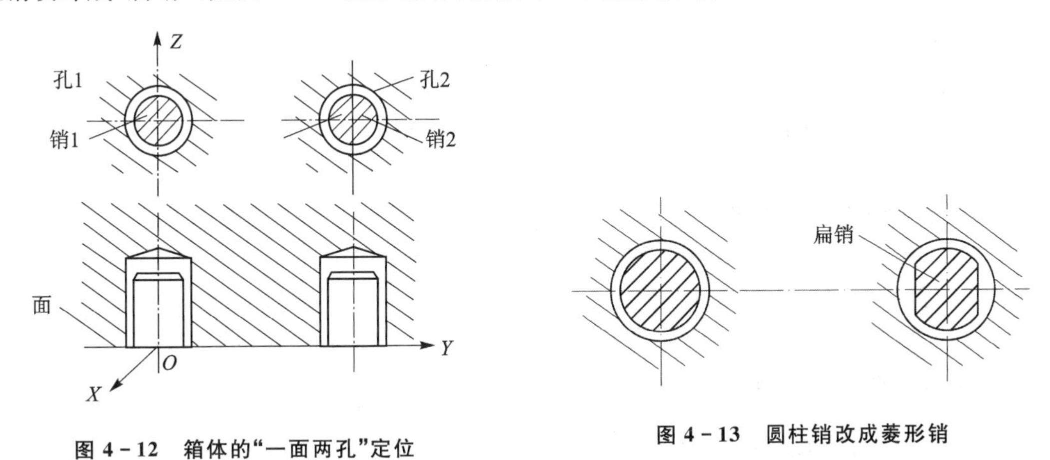

图 4－12　箱体的“一面两孔”定位

图 4－13　圆柱销改成菱形销

当工件刚度不足而可能引起加工误差超出允许的范围时，就必须增加辅助定位点以增加其刚度。对于回转体零件，细长轴的加工常利用尾顶尖及跟刀架增加其径向刚度。对于某些很难定位安装的不规则工件表面（例如航空发动机压气机叶片、涡轮叶片等），辅助定位面常采用延伸于零件之外的工艺凸台以确保定位可靠，直到不再需要工艺凸台时，再将其切去，有些工件则一直保留下来。

4.4　定位基准的选择

4.4.1　基准的概念及分类

基准是用来确定生产对象上几何要素之间的几何关系所依据的那些点、线、面。根据其功用的不同，可分为设计基准和工艺基准两大类。

1. 设计基准

在零件图上用于确定其他点、线、面所依据的基准，称为设计基准。换言之，在零件图上确定标注尺寸的起始位置称为设计基准。例如图 4－14(a)所示，对平面 A 来说，B 是它的设计基准；对平面 B 来说，A 是它的设计基准，它们互为设计基准；图 4－14(b)中对同轴度而言，ϕ50 mm 的轴线是 ϕ30 mm 轴线的设计基准；而 ϕ50 mm 圆柱面的设计基准是 ϕ50 mm 的轴线，ϕ30 mm 圆柱面的设计基准是 ϕ30 mm 的轴线；图 4－14(c)中对尺寸 45 mm 而言，圆柱面的下素线 D 是槽底面 C 的设计基准。

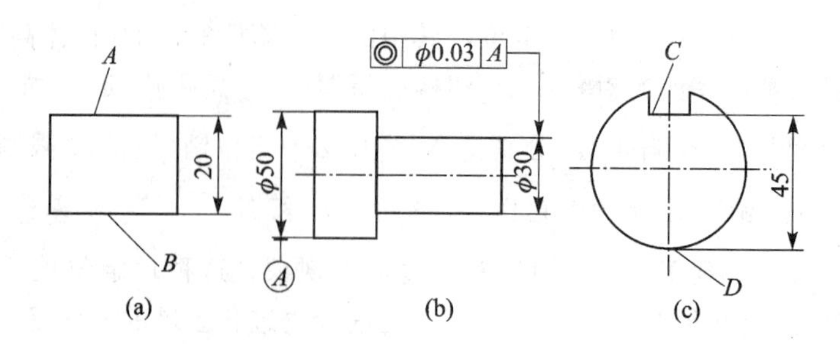

图 4-14 设计基准实例

2. 工艺基准

零件在加工工艺过程中所采用的基准称为工艺基准。工艺基准又可进一步分为:工序基准、定位基准、测量基准和装配基准。

① 工序基准 在工序图上用来确定本工序所加工表面加工后的尺寸、形状、位置的基准。简言之,它是工序图上的基准。

② 定位基准 在加工中用于工件定位的基准。用夹具装夹时,定位基准就是工件上直接与夹具的定位元件相接触的点、线、面。

③ 测量基准 用于测量已加工表面的尺寸及各表面之间位置精度的基准。

④ 装配基准 在装配时用于确定零件或部件在产品中的相对位置所采用的基准。

4.4.2 定位基准的选择

定位基准可进一步分为粗基准和精基准。

以未经机械加工的毛坯面作定位基准,这种基准称为粗基准;以已经机械加工过的表面作定位基准,这种基准称为精基准。机械加工工艺规程中第一道机械加工工序所采用的定位基准都是粗基准。

1. 粗基准的选择

粗基准的选择应能保证加工面与非加工面之间的位置要求及合理分配加工面的余量,同时要为后续工序提供精基准。具体可按下列原则选择:

① 为了保证工件上加工面与不加工面的相互位置要求,应以不加工面作为粗基准。例如,图 4-15 所示的毛坯,铸造时孔 B 和外圆 A 有偏心。若采用不加工面(外圆 A)为粗基准加工孔 B,则加工后的孔 B 与外圆 A 的轴线是同轴的,即壁厚是均匀的,而孔 B 的加工余量不均匀。

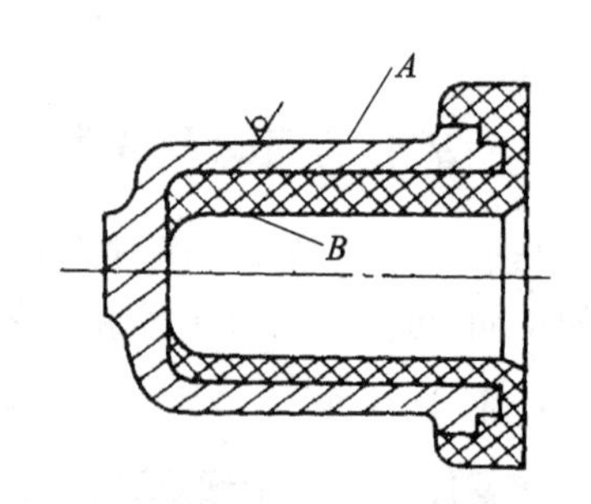

图 4-15 用不加工表面作粗基准

② 为了保证工件某重要表面的余量均匀,应选择该表面的毛坯面为粗基准。例如在车床床身加工中,为了保证导轨面有均匀的金相组织和较高的耐磨性,加工导轨面时去除的余量应该小而均匀。此时应以导轨面为粗基准(见图 4-16(a)),先加工底面,然后再以底面为精基准(见图 4-16(b)),加工导轨面。这样就可以保证导轨面的加工余量均匀。

③ 选作粗基准的表面应尽可能平整、光洁和有足够大的尺寸,不允许有铸造浇冒口、锻造

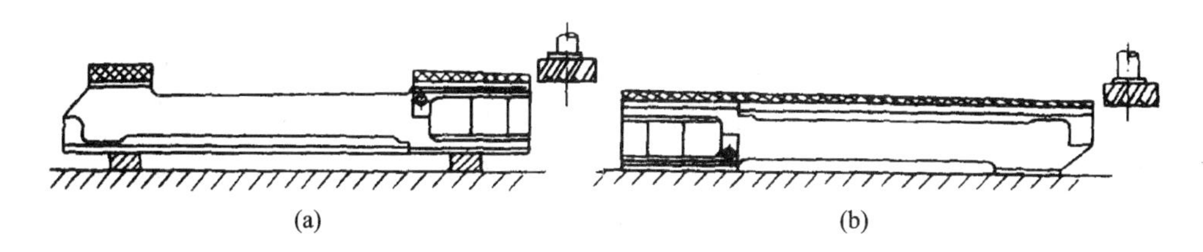

图 4-16　床身加工时的粗基准

飞边或其他缺陷，以保证定位准确，夹紧可靠。

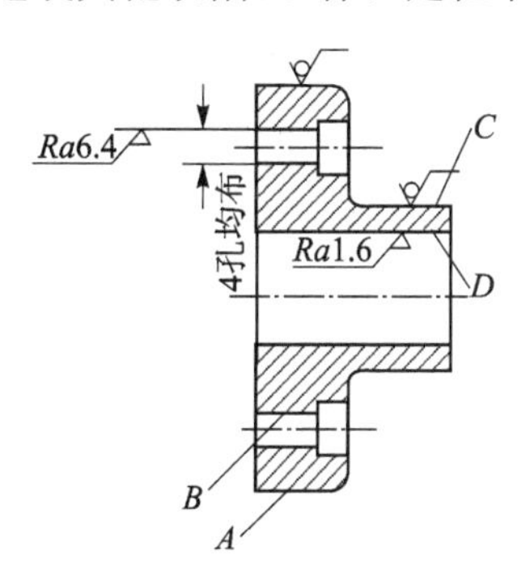

图 4-17　粗基准的选择

④ 粗基准一般不能重复使用。因为粗基准误差大，重复使用将导致位置误差增大。如图 4-17 所示的零件，D、B 面需要用两道工序加工，正确的选择应该是：先以 C 面为粗基准加工孔 D，再以 D 为基准加工 4 个孔 B。如果第二道工序仍然选 C 面作基准，将很难保证 B 与 D 加工表面间的位置要求。

2. 精基准的选择

选择精基准时要考虑的主要问题是如何保证设计技术要求的实现以及装夹准确、可靠、方便。其主要原则是：

(1) 基准重合原则

应尽可能选择被加工表面的设计基准为精基准。这样可避免因基准不重合而引起的定位误差(即工序基准在加工尺寸方向上的最大变动量)。例如，如图 4-18(a)所示，在零件上加工孔 3，孔 3 的设计基准是平面 2，要求保证的尺寸是 A。若加工时如图 4-18(b)所示，以平面 1 为定位基准，这时影响尺寸 A 的定位误差就是尺寸 B 的加工误差，设尺寸 B 的最大加工误差为它的公差值 T_B，则

$$\Delta_{dw} = T_B$$

如果按图 4-18(c)所示，用平面 2 定位，遵循基准重合原则就不会产生定位误差。

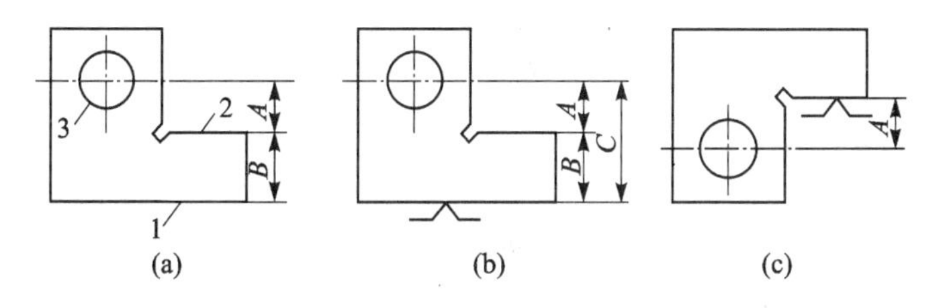

图 4-18　设计基准与定位基准不重合示例

(2) 基准统一原则

当工件以某一精基准定位，可以比较方便地加工大多数(或所有)其他表面时，应尽早地把这个基准面加工出来，并达到一定精度，以后工序均以它为精基准加工其他表面。如轴类零件加工，始终都是用两中心孔作定位基准，齿轮的齿坯外圆及齿形加工多采用齿轮的内孔和其轴线垂直的一端面作为定位基准，这样就能较好地保证这些加工表面之间的相互位置精度。

应当指出，基准统一原则常常会带来基准不重合的问题。在这种情况下，要针对具体问题进行认真分析，在满足设计要求的前提下，决定最终选择的精基准。

(3) 互为基准原则

当两个表面的相互位置精度要求很高,而表面自身的尺寸和形状精度又很高时,常采用互为基准反复加工的办法来达到位置精度要求。例如精密齿轮高频淬火后,在其后的磨齿工序中,常采用先以齿面为基准磨内孔,再以内孔定位磨齿面,如此反复加工以保证齿面与内孔的位置精度。又如车床主轴前后支撑轴颈与前锥孔有严格的同轴度要求,为了达到这一要求,生产中常常以主轴颈表面和锥孔表面互为基准反复加工,最后以前后支撑轴颈定位精磨前锥孔。

(4) 自为基准原则

某些要求加工余量小而均匀的精加工工序,可选择加工表面自身作为定位基准。图4-19所示的以自为基准原则磨削床身导轨面,用固定在磨头上的百分表找正工件上的导轨面,然后加工导轨面保证导轨面余量均匀,以满足对导轨面的质量要求。此外,拉孔、铰孔、浮动镗刀镗孔和珩磨孔等都是自为基准的典型例子。

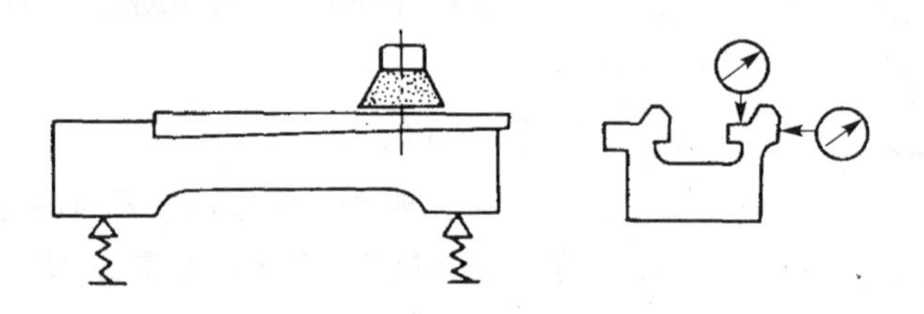

图4-19 床身导轨面自为基准定位

除了上述四个原则外,精基准的选择还应能保证定位准确、可靠,夹紧机构简单、操作方便等。

4.5 工艺路线的制订

制订工艺路线的主要内容,除选择定位基准外,还应包括表面加工方法的选择、安排工序的先后顺序、确定工序的集中与分散程度以及加工阶段的划分,等等。设计者一般应结合本厂的生产实际条件,提出几种方案,通过分析对比,从中选择最佳方案。

4.5.1 典型表面的加工

机器零件尽管多种多样,但均由一些诸如外圆、内圆、平面、螺纹、齿轮等典型表面所组成。加工零件的过程,实际上就是加工这些表面的过程。因此,合理选择这些典型表面的加工方案,是正确制订零件加工工艺的基础。

零件表面的加工往往不是用一种工艺方法就可完成的,而同一种表面的加工方案一般也不是唯一的,但就生产的具体条件而言,其中必有一种加工方案是最合适的。正确选择零件表面的加工方案一般应依据该表面的尺寸精度和表面粗糙度 Ra 值、所在零件的结构形状和尺寸大小、热处理状况、材料的性能以及零件的生产批量等。

本节将讨论上述典型表面的加工方案。

1. 外圆面加工方案

(1) 外圆表面的技术要求

外圆是组成轴类和盘套类零件的主要表面，外圆表面的技术要求一般分为四个方面：

① 尺寸精度　指外圆表面直径和长度的尺寸精度，一般直径尺寸公差等级较高，而长度多为未注尺寸公差。

② 形状精度　指外圆表面的圆度、圆柱度等形状精度。

③ 位置精度　主要有与其他外圆和孔的同轴度公差(或对轴线的径向圆跳动公差)、与端面的垂直度公差(或对轴线的端面的圆跳动公差)等。

④ 表面质量　主要指表面粗糙度，对某些重要零件的表面，还要求表层硬度、残余应力、显微组织等。

(2) 外圆表面加工方案分析

零件的外圆表面主要采用下列五条基本加工路线(见图 4-20)。

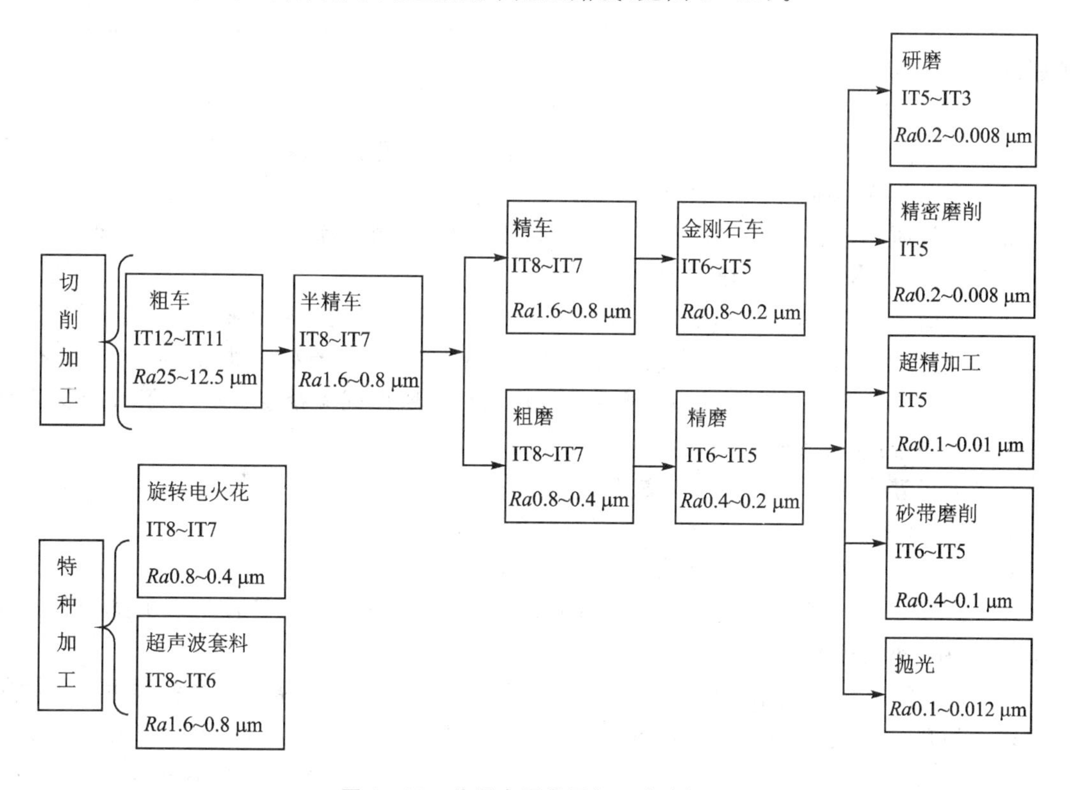

图 4-20　外圆表面常用加工方案框图

① 粗车—半精车—精车　这是应用最广的一条加工路线。对于加工精度等于或低于 IT7，表面粗糙度等于或大于 $Ra0.8\ \mu m$ 的未淬硬工件的外圆面，均可采用此方案，如果加工精度要求较低，可以只取粗车；也可以只取粗车—半精车。

② 粗车—半精车—粗磨—精磨　对于黑色金属材料，特别是对半精车后有淬火要求，加工精度等于或低于 IT6，表面粗糙度等于或大于 $Ra0.4\ \mu m$ 的外圆面可采用此方案。

③ 粗车—半精车—精车—金刚石车　此方案主要适用于少数零件的精密加工。金刚石车是在精密车床上用金刚石车刀进行车削。目前这种加工方法已有用于尺寸精度高于

0.1 μm,表面粗糙度小于 $Ra0.01$ μm 的精密加工中。

④ 粗车—半精车—粗磨—精磨—研磨、低粗糙度磨、超精加工、砂带磨、抛光　这些加工方法主要以减小表面粗糙度,提高尺寸精度、形状和位置精度为主要目的,有些加工方法,如抛光、砂带磨则以减小表面粗糙度为主。

⑤ 旋转电火花、超声波套料　用于加工各种特殊的难加工材料上的外圆,其中,旋转电火花主要加工高硬度的导电材料;超声波套料主要加工又脆又硬的非金属材料。

2. 内圆面加工方案

内圆面(即孔)是盘套类和支架箱体类零件的主要组成表面,其类型很多,从用途看,有轴和盘套类零件上的配合孔、支架箱体类零件上的轴承支承孔以及各类零件上的销钉孔、穿螺钉孔、润滑油孔和其他非配合孔等;从尺寸和结构形状看,有大孔、小孔、微孔、通孔、盲孔、台阶孔和深孔等。孔类型的多样化给孔的加工方法带来多样化。

(1) 内圆面的技术要求

内圆面主要技术要求与外圆面基本相同,也有尺寸精度、形状精度、位置精度和表面质量等要求。

(2) 内圆面加工方案分析

孔加工可以在车床、钻床、镗床、拉床或磨床上进行,大孔常在镗床或镗铣床上进行,深径比 $L/D>20$ 的深孔一般在专用的深孔钻镗床上进行。

拟订孔的加工方案时,应考虑孔径的大小和孔的深浅、精度和表面粗糙度等的要求,还要考虑工件的材料、形状、尺寸、质量和生产批量等。

与外圆面相比,孔的加工难度大。这是因为加工孔的刀具尺寸受孔径限制,刀杆细、刚度差,切削时易产生变形和振动,不能采用大的切削用量;又因为刀具处于被加工孔的包围之中,散热和排屑条件极差,刀具磨损快,孔壁易被切屑划伤。所以同等精度要求,内孔比外圆面加工要困难得多,需要的工序多,成本也高。

孔的加工方法很多,切削加工方法有钻孔、扩孔、铰孔、镗孔、拉孔、磨孔以及研磨、珩磨、金刚镗等;特种加工方法有电火花穿孔、超声波穿孔和激光打孔等。

图 4-21 是常见的孔加工路线框图,可分为五条基本路线:

① 钻—扩—铰—手铰　这是一条应用最为广泛的加工路线,在各种生产类型中都有应用,多用于中、小孔径的加工。

② 钻(或粗镗)—半精镗—精镗—浮动镗或金刚镗　这条加工路线适合各种生产类型中直径较大的孔;单件小批生产中的箱体孔系以及位置精度要求很高的孔系加工。在这条加工路线中,当工件毛坯上已有毛坯孔时,第一道工序安排粗镗,无毛坯孔时则第一道工序安排钻孔。后面的工序视零件的精度要求,可安排半精镗,亦可安排半精镗—精镗或半精镗—精镗—金刚镗。

金刚镗是指在精密镗头上安装刃磨质量较好的金刚石或硬质合金刀具进行高速、小进给精镗孔加工。

③ 钻(或粗镗)—粗磨—半精磨—精磨—珩磨或研磨　主要用于淬硬零件加工或精度要求高的孔加工。其中,研磨是一种精密加工方法。

④ 钻—粗拉—精拉　这条加工路线多用于大批大量生产盘套类零件的圆孔、单键孔和花键孔的加工。

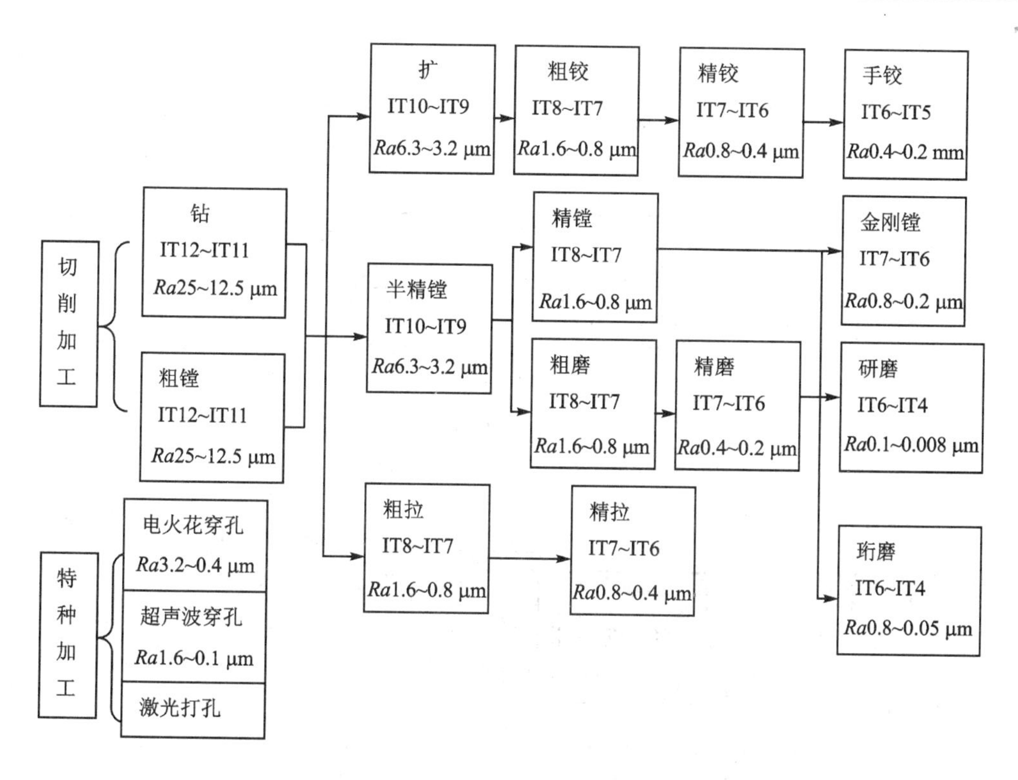

图 4－21　内圆表面常用加工方案

⑤ 电火花穿孔、超声波穿孔、激光打孔　用于加工各种难加工材料上的孔。其中：电火花穿孔主要加工高硬度导电材料（如淬硬钢、硬质合金和人造聚晶金刚石）上的型孔、小孔和深孔；超声波穿孔主要加工各种又硬又脆的非金属材料（如玻璃、陶瓷和金刚石）上的型孔、小孔和深孔；激光打孔可加工各种材料，尤其是难加工材料上的小孔和微孔。

3. 平面加工方案

平面是盘形和板形零件的主要表面，也是箱体类零件的主要表面之一。平面在机械零件上常见的类型有：导向平面（如导轨面）、结合平面（如箱体与机座的连接面）、精密量具平面（如量块工作面）以及非配合面（如各种外观平面等）。

（1）平面的技术要求

① 形状精度　平面本身的平面度、直线度等。

② 位置尺寸及位置精度　平面之间的位置尺寸精度及平行度、垂直度等。

③ 表面质量　表面粗糙度、表层硬度、残余应力、显微组织等。

（2）平面加工方案分析

平面常用的加工路线框图如图 4－22 所示。平面本身没有尺寸精度，图中的公差等级是指两平行平面之间距离尺寸的公差等级。按平面加工方案可归纳为 6 条路线。

① 粗铣—半精铣—精铣—高速精铣　在平面加工中，铣削加工用得最多，视被加工面的精度和表面粗糙度的技术要求，可以只安排粗铣，或安排粗铣—半精铣；粗铣—半精铣—精铣以及粗铣—半精铣—精铣—高速精铣。

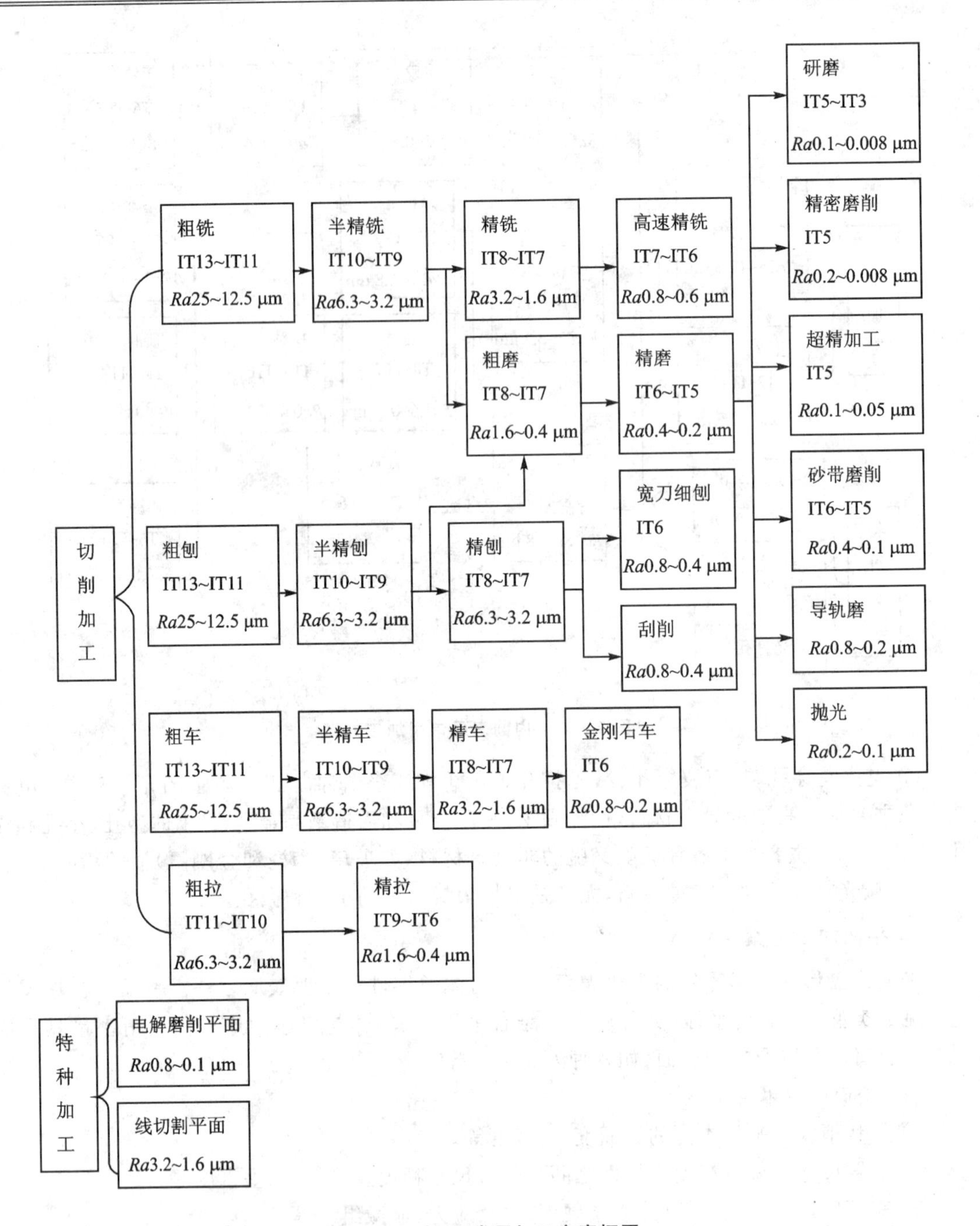

图 4-22　平面常用加工方案框图

② 粗刨—半精刨—精刨—宽刀细刨、刮研或研磨　刨削加工也是应用比较广泛的一种平面加工方法，尤其对狭长平面的加工。

宽刀细刨常用于成批大量生产中加工大型工件上精度较高的平面(如机床床身导轨面)，以代替刮削和导轨磨削。

刮研是获得精密平面的传统加工方法。刮研多用于单件小批生产中加工各种设备的导轨面、高精度结合面、滑动轴承轴瓦以及平板、平尺等检具。刮研还用于某些外露表面的修饰加工，刮出各种漂亮的花纹，以增加美观程度。

同铣平面的加工路线一样，可根据平面精度和表面粗糙度要求，选定终工序，截取前半部分作为加工路线。

③ 粗铣(刨)—半精铣(刨)—粗磨—精磨—研磨、低粗糙度磨、砂带磨或抛光　如果被加工平面有淬火要求，则可在半精铣(刨)后安排淬火。淬火后需要安排磨削工序，视平面精度和表面粗糙度要求，可以只安排粗磨，亦可只安排粗磨—精磨，还可以在精磨后安排研磨或低粗糙度磨等，抛光多用于电镀前的预加工。

④ 粗拉—精拉　用于加工大批大量生产中适宜拉削的各种零件上的平面。

⑤ 粗车—半精车—精车—金刚石车　多用于加工轴、盘、套等零件上的端平面和台阶面。金刚石车主要用于加工高精度的有色金属件平面。

⑥ 电解磨削平面、线切割平面　适宜加工高强度、高硬度、热敏性和磁性等导体材料上的平面。

4. 螺纹表面的加工

螺纹也是零件上常见的表面之一，按用途不同有紧固螺纹和传动螺纹。紧固螺纹包括普通螺纹和管螺纹，主要用于零件的固定连接，其基本牙型多为三角形。传动螺纹主要用于传递动力、运动或位移，其基本牙型多为梯形或锯齿形。

螺纹和其他类型的表面一样，也有一定的尺寸精度、形位精度和表面质量的要求。对于紧固螺纹和无传动精度要求的传动螺纹一般只要求中径和顶径的尺寸精度。对于有传动精度要求的传动螺纹除要求中径和顶径的尺寸精度外，还要求螺距和牙型角的形状精度，但国家标准只规定了螺纹中径和顶径的尺寸精度，螺距和牙型角的形状精度由中径的尺寸精度保证。

螺纹常用的切削加工方法有车螺纹、铣螺纹、磨螺纹、攻螺纹和套螺纹等；少或无切削加工方法有搓螺纹和滚螺纹等；特种加工方法有回转式电火花加工和共轭回转式电火花加工等。

各种螺纹加工方法及所能达到的精度和表面粗糙度 *Ra* 值、加工工艺特点与应用见表 4-10。

表 4-10　常用螺纹表面的加工方法及工艺特点与应用

序号	工艺方法	工艺说明及简图	加工精度	*Ra* 值/μm	工艺特点	应用范围
1	攻螺纹和套螺纹		8～6 级	6.3～1.6	一般用于手工操作，生产率较低，但对小尺寸螺纹，几乎是唯一有效的方法	适用于各种批量，加工直径较小、精度较低的普通内外螺纹

续表 4－10

序号	工艺方法		工艺说明及简图	加工精度	Ra值/μm	工艺特点	应用范围
2	车螺纹	普通螺纹车刀车螺纹	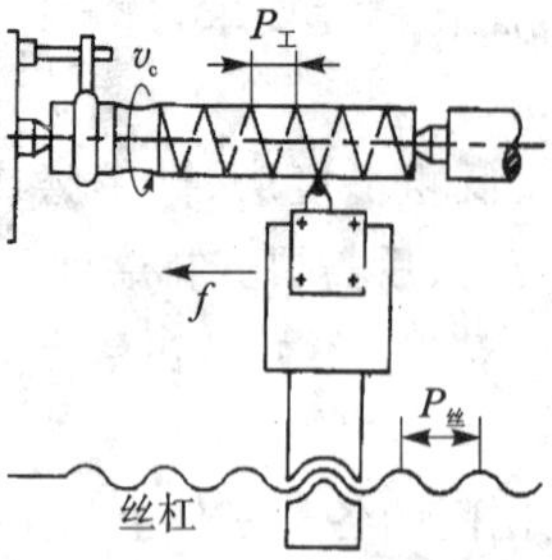	9～4级	3.2～0.8	为获得准确的螺距，必须保证工件每转一圈，车刀准确移动一个螺距	用于加工与零件轴线同心的内外螺纹，适合单件小批生产
		梳刀车螺纹	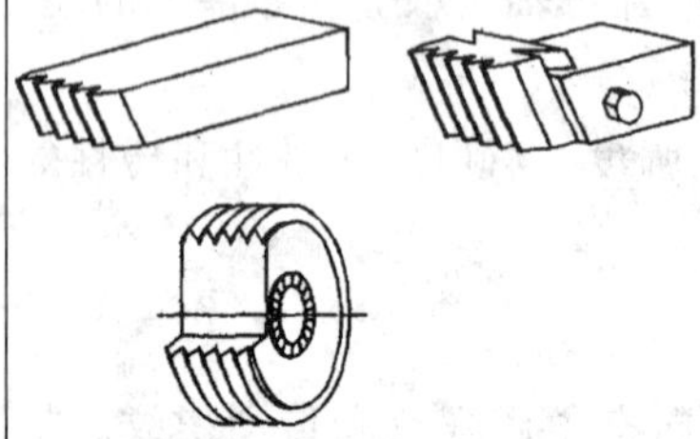			一次走刀就能切出全部螺纹，但加工精度不高，不能加工精密螺纹	适合大批量生产低精度螺纹，或作为加工精密螺纹时的粗加工工序
3	铣螺纹	盘状铣刀铣螺纹	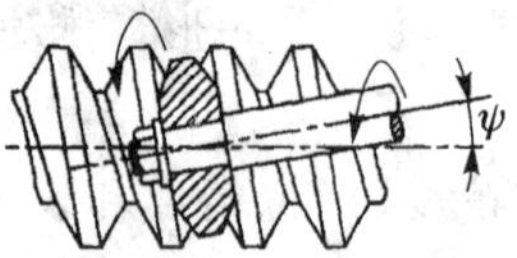	9～8级	6.3～3.2	加工精度较低，通常只作为粗加工	多用于大直径的梯形螺纹和模数螺纹的加工
		旋风法铣螺纹	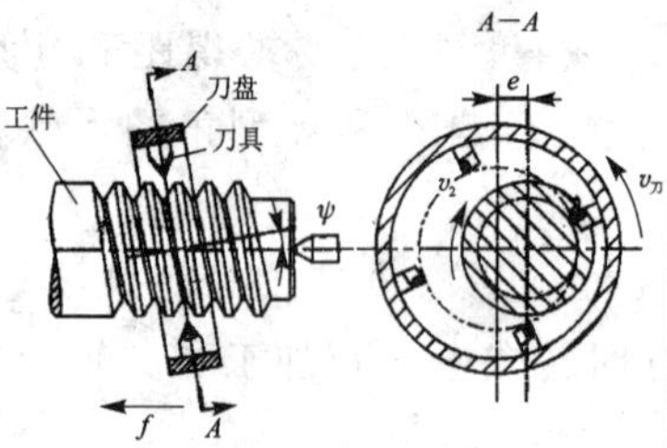 铣削时装有数把硬质合金刀具的刀盘做高速旋转，工件每缓慢转动一圈，旋风刀盘移动一个螺距	9～8级	6.3～3.2	可选用高速切削，效率比盘状铣刀铣螺纹高3～8倍	
4	磨螺纹	单片砂轮磨削	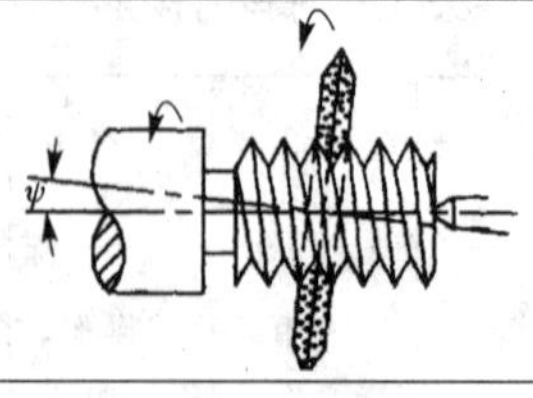	4～3级	0.8～0.2	砂轮修整较方便，加工精度较高	用于加工高精度内外螺纹，可以加工较长螺纹
		多片组合砂轮磨削	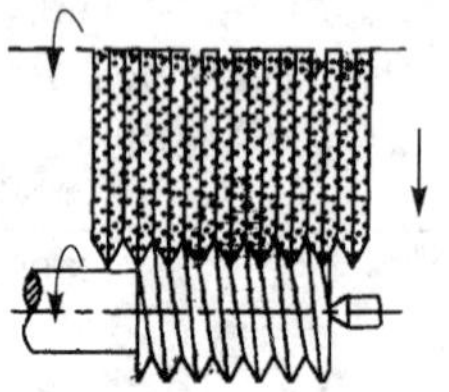	4～3级	0.8～0.2	生产率高，但砂轮修整困难，磨削精度较低	用于加工高精度内外螺纹，只适宜磨削刚度较好的短螺纹

续表 4－10

序号	工艺方法		工艺说明及简图	加工精度	Ra 值 /μm	工艺特点	应用范围
5	滚压螺纹	搓板滚压	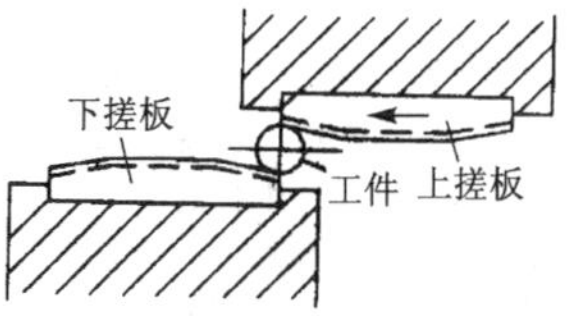	5 级	1.6～0.8	同切削螺纹相比，主要优点是提高了螺纹的剪切强度和疲劳强度，生产效率高；缺点是对坯料的尺寸精度要求较高，且只能加工外螺纹	用于加工大批大量生产中螺钉、螺栓等标准件上的外螺纹
		滚轮滚压	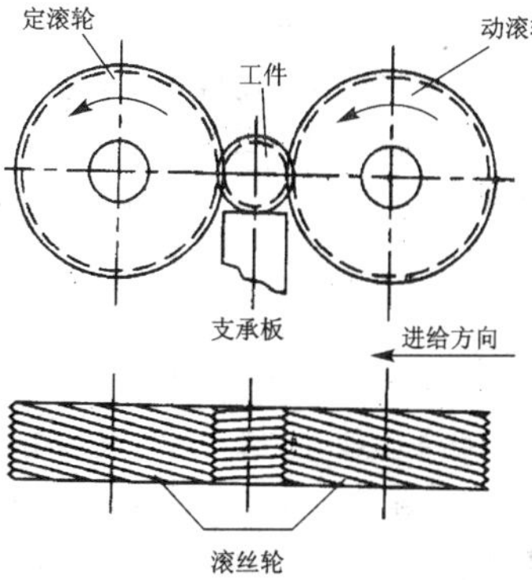	3 级	0.8～0.2		

5．齿形加工

齿轮是机械传动中的重要零件。在现代工业中，虽然数控技术和液压电气传动有了很大的发展，但由于齿轮传动的传动效率高、传动比准确，在高速和重载下齿轮传动体积小，所以应用仍很广泛。

齿轮的结构形式多种多样，常见的有内外圆柱齿轮、圆锥齿轮和蜗轮蜗杆等，其中以圆柱齿轮应用最广。一般机械上所用的齿轮多为渐开线齿形；仪表中的齿轮常为摆线齿形；矿山机械、重型机械中的齿轮，有时采用圆弧齿形等。本节仅介绍渐开线圆柱齿轮齿形的加工。

目前，齿轮加工的方法主要有无屑加工和切削加工两大类。无屑加工包括铸造、热轧、冷挤、注塑等方法，它具有生产率高、材料消耗少和成本低等优点，但由于受材料塑性等因素的影响，加工精度不够高，因而精度较高的齿轮主要还是通过切削和磨削加工来获得的。

表 4－11 列举了常用齿轮的加工方法及各加工方法的工艺特点与应用。

表 4－11　常用齿轮表面的加工方法及工艺特点与应用

序号	工艺方法	工艺简图	加工精度	Ra 值 /μm	工艺特点	应用范围
1	铣齿	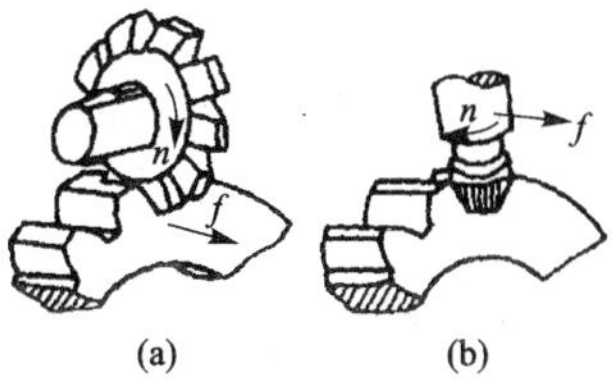 (a)　(b)	11～9 级	6.3～3.2	生产成本低，加工精度低，生产率低	用于单件小批和维修加工精度等于或低于 9 级的直齿、螺旋齿等

续表 4-11

序号	工艺方法	工艺简图	加工精度	Ra 值/μm	工艺特点	应用范围
2	滚齿	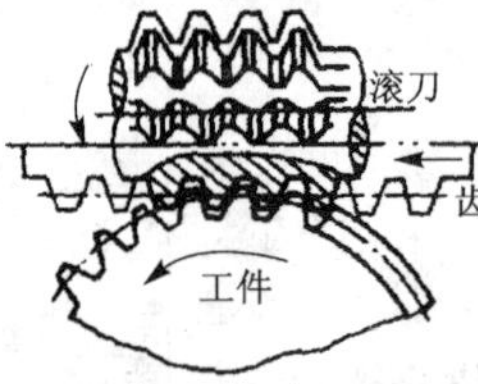 滚刀 齿条 工件	8～7级	3.2～1.6	在齿形加工中生产率高，应用最广泛，但不能加工内齿轮以及相距很近的多联齿轮	用于加工各种批量中精度等于或低于7级不淬硬的直齿、螺旋齿及蜗轮蜗杆等
3	插齿	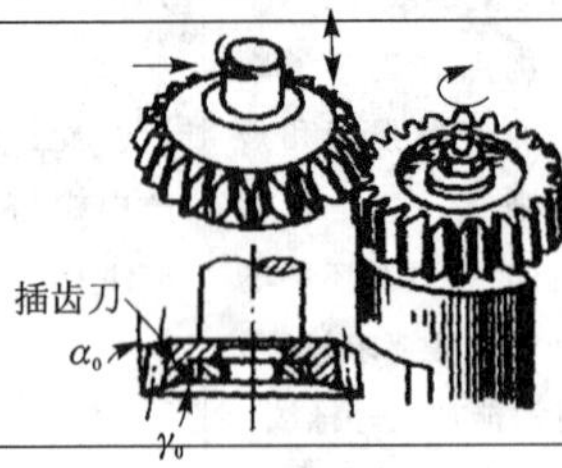 插齿刀 α_0 γ_0	8～7级	3.2～1.6	插齿后的齿面粗糙度略高于滚齿，但生产率低于滚齿	用于加工各种批量中精度等于或低于7级不淬硬的直齿、内齿、多联齿轮等
4	剃齿	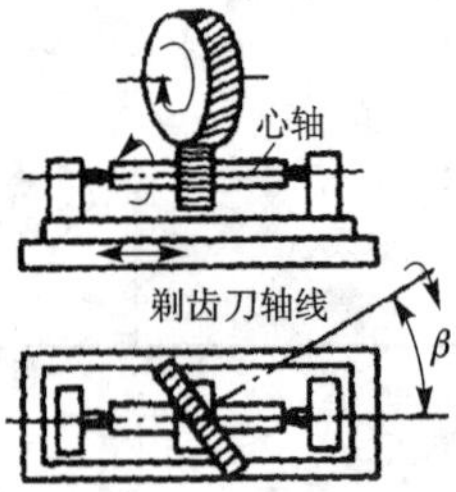 心轴 剃齿刀轴线 β	7～6级	0.8～0.4	主要提高齿形精度和齿向精度，降低齿面粗糙度，但不能修正被切齿轮的分齿误差	广泛用于齿面未淬硬的(低于30 HRC)直齿和螺旋齿轮的精加工，加工精度可在预加工基础上提高1～2级
5	珩齿	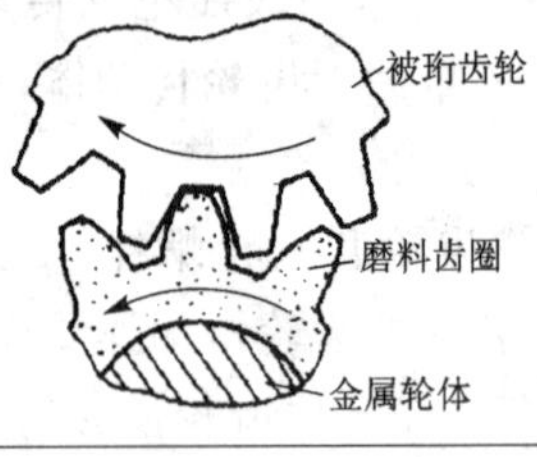 被珩齿轮 磨料齿圈 金属轮体	7～6级	0.8～0.2	对齿形精度改善不大，主要用于消除淬火后的氧化皮，可有效地降低表面粗糙度和齿轮噪音	多用于大批大量生产中，加工淬硬的精度为7～6级的齿轮
6	磨齿	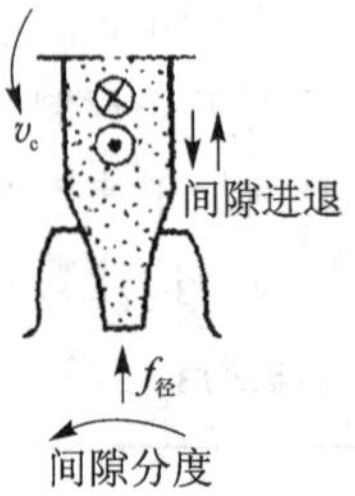 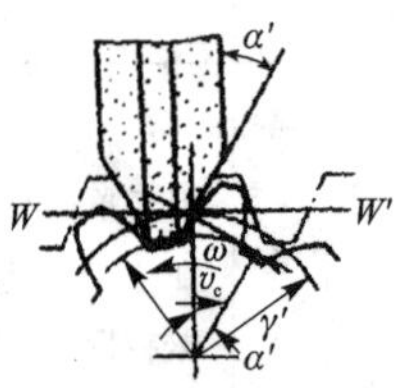 v_c 间隙进退 $f_径$ 间隙分度 α' W W' ω v_c γ' α'	6～3级	0.8～0.2	生产率较低，加工成本较高	只适用于精加工齿面淬硬的、高速高精度齿轮，是精密齿轮关键工序的加工方法

续表 4-11

序号	工艺方法	工艺简图	加工精度	*Ra* 值 /μm	工艺特点	应用范围
6	磨齿	α′ 0.5	6～3 级	0.8～0.2	生产率较低，加工成本较高	只适用于精加工齿面淬硬的、高速高精度齿轮，是精密齿轮关键工序的加工方法
7	研齿	研轮 被研齿轮 研轮 8 研轮	4～3 级	0.8～0.2	一般只降低齿面粗糙度（包括去除热处理后的氧化皮），不能提高齿形精度，齿形精度主要取决于研齿前的加工精度	主要用于没有磨齿机、珩齿机或不便磨齿、珩齿（如大型齿轮）的淬硬齿面齿轮的精加工

4.5.2　加工经济精度与表面加工方法的选择

零件上的各种典型表面都有许多加工方法，各种加工方法所能达到的加工精度和表面粗糙度，都是在一定的范围内。为了满足加工质量、生产率和经济性等方面的要求，应尽可能采用经济精度来完成对零件表面的加工。所谓加工经济精度，是指在正常加工条件下（采用符合质量标准的设备、工艺装备和标准技术等级的工人，不延长加工时间）所能保证的加工精度和表面粗糙度。通常它的范围是比较窄的，例如，尺寸公差为 IT7 和表面粗糙度为 *Ra*0.4 μm 的外圆表面，精车能够达到，但采用磨削更为经济，而表面粗糙度为 *Ra*1.6 μm 的外圆，则多用车削加工而不用磨削加工，因为这时车削加工又是经济的。

表 4-12 介绍了各种加工方法的加工经济精度和表面粗糙度，在选择零件表面的加工方案时可参考这个表进行选择。

表 4-12　常用加工方法的加工经济精度和表面粗糙度

加工表面	加工方法	加工经济精度	表面粗糙度
		(IT)	*Ra*/μm
外圆柱面和端面	粗车	12～11	25～12.5
	半精车	10～9	6.3～3.2
	精车	8～7	1.6～0.8
	金刚石车	6～5	0.8～0.2
	粗磨	8～7	0.8～0.4
	精磨	6～5	0.4～0.2
	研磨	5～3	0.1～0.008
	超精加工	5	0.1～0.01
	抛光		0.1～0.012

续表 4-12

加工表面	加工方法	加工经济精度 (IT)	表面粗糙度 $Ra/\mu m$
圆柱孔	钻	12~11	25~12.5
	扩	10~9	6.3~3.2
	粗铰	8~7	1.6~0.8
	精铰	7~6	0.8~0.4
	粗拉	8~7	1.6~0.8
	精拉	7~6	0.8~0.4
	粗镗	12~11	25~12.5
	半精镗	10~9	6.3~3.2
	精镗	8~7	1.6~0.8
	粗磨	8~7	1.6~0.8
	精磨	7~6	0.4~0.2
	珩磨	6~4	0.8~0.05
	研磨	6~4	0.4~0.008
平面	粗铣(或粗刨)	12~11	25~12.5
	半精铣(或半精刨)	10~9	6.3~3.2
	精铣(或精刨)	8~7	1.6~0.8
	宽刀精刨	6	0.8~0.4
	粗拉	11~10	6.3~3.2
	精拉	9~6	1.6~0.4
	粗磨	8~7	1.6~0.4
	精磨	6~5	0.4~0.2
	研磨	5~3	0.1~0.008
	刮研		0.8~0.4

4.5.3 工序顺序安排

复杂工件的机械加工工艺路线中要经过切削加工、热处理和辅助工序，如何将这些工序安排在一个合理的加工顺序中，生产中已总结出一些指导性的原则，现分述如下。

1. 工序顺序的安排原则

① 基准先行　作为加工其他表面的精基准一般应安排在工艺过程一开始就进行加工。例如，箱体类零件一般是以主要孔为粗基准来加工平面，再以平面为精基准来加工孔系。轴类零件一般是以外圆为粗基准来加工中心孔，再以中心孔为精基准来加工外圆、端面等。

② 先主后次　零件的主要加工表面(一般是指设计基准面、主要工作面、装配基面等)应先加工，而次要表面(指键槽、螺孔等)可在主要表面加工到一定精度之后、最终精度加工之前进行。

③ 先粗后精　一个零件的切削加工过程，总是先进行粗加工，再进行半精加工，最后是精加工和光整加工。这有利于加工误差和表面缺陷层的逐步消除，从而逐步提高零件的加工精度与表面质量。

④ 先面后孔　箱体、支架等类零件上有较大的平面可作定位基准时，应先加工这些平面以作精基准，供加工孔和其他表面时使用，这样可以保证定位稳定。此外，在加工过的平面上钻孔比在毛坯面上钻孔不易产生孔轴线的偏斜和较易保证孔距尺寸。

2. 热处理工序的安排

① 预备热处理　预备热处理的目的是改善切削性能，为最终热处理作好准备和消除内应力，如正火、退火和时效处理等。它应安排在粗加工前后和需要消除内应力处。放在粗加工前，可改善切削性能，并可减少车间之间的运输工作量；放在粗加工后，有利于粗加工后内应力的消除。调质处理能得到组织均匀细致的回火索氏体，有时也作为预备热处理，常安排在粗加工后。

② 最终热处理　最终热处理的目的是提高力学性能，如调质、淬火、渗碳淬火、液体碳氮共渗和渗氮等，都属于最终热处理，应安排在精加工前后。变形较大的热处理，如渗碳淬火应安排在精加工磨削前进行，以便在精加工磨削时纠正热处理的变形，调质也应安排在精加工前进行。变形较小的热处理如渗氮等，应安排在精加工后。

3. 辅助工序的安排

辅助工序的种类较多，包括检验、去毛刺、清洗、防锈、去磁及平衡等。辅助工序也是工艺规程的重要组成部分。

检验工序对保证质量、防止产生废品起到重要作用。除了工序中自检外，还需要在下列情况下单独安排检验工序：①重要工序前后；②送往外车间加工前后；③全部加工工序完后。

切削加工之后应安排去毛刺处理。未去净的毛刺将影响装夹精度、测量精度、装配精度以及工人安全。

工件在进入装配之前，一般应安排清洗。例如，研磨、珩磨后没清洗过的工件会带入残存的砂粒，加剧工件在使用中的磨损；用磁力夹紧的工件没有安排去磁工序，会使带有磁性的工件进入装配线，影响装配质量。

4.5.4　工序的集中与分散

工序集中与工序分散，是拟定工艺路线时确定工序数目(或工序内容多少)的两种不同的原则，它和设备类型的选择有密切的关系。

工序集中就是将工件的加工集中在少数几道工序内完成。每道工序的加工内容较多。

工序分散就是将工件的加工分散在较多的工序内进行。每道工序的加工内容很少，最少时每道工序仅一个简单工步。

工序集中和工序分散的特点都很突出。工序集中有利于保证各加工面间的相互位置精度要求，有利于采用高生产率机床，节省装夹工件的时间，减少工件的搬动次数。工序分散可使每个工序使用的设备和夹具比较简单，调整、对刀也比较容易，对操作工人的技术水平要求较低。

由于工序集中和工序分散各有特点，所以生产上都有应用。大批大量生产时，若使用多刀多轴的自动或半自动高效机床、数控机床、加工中心,可按工序集中原则组织生产;若按传统的流水线、自动线生产,多采用工序分散的组织形式。单件小批生产则一般在通用机床上按工序集中原则组织生产。

4.5.5 加工阶段的划分

工件的加工质量要求较高时,都应划分阶段。一般可分为粗加工、半精加工和精加工三个阶段。加工精度和表面质量要求特别高时,还可增设光整加工和超精密加工阶段。

① 粗加工阶段 此阶段的主要任务是以高生产率去除加工面多余的金属,所能达到的加工精度和表面质量都比较低。

② 半精加工阶段 此阶段要减小粗加工中留下的误差,使加工面达到一定的精度,为精加工做好准备。

③ 精加工阶段 在精加工阶段应确保零件尺寸、形状和位置精度达到或基本达到(精密件)图纸规定的精度要求以及表面粗糙度要求。

④ 光整加工阶段 主要是为加工质量要求特别高的表面设置的加工阶段。精加工后,从工件上不切除或切除极薄金属层,以获得很光洁表面

⑤ 超精密加工阶段 是指加工精度高于 0.1 μm,加工表面粗糙度小于 $Ra0.01$ μm 的加工技术。

划分加工阶段,可以保证有充足的时间消除热变形和消除粗加工产生的残余应力,使后续加工精度提高。另外,在粗加工阶段发现毛坯有缺陷时,就不必进行下一加工阶段的加工,避免浪费。此外,还可以合理地使用设备,低精度机床用于粗加工,精密机床专门用于精加工,以保持精密机床的精度水平;合理地安排人力资源,高技术工人专门从事精密、超精密加工,这对保证产品质量,提高工艺水平来说都是十分重要的。

4.6 加工余量及工序尺寸的确定

4.6.1 加工余量的确定

毛坯尺寸与零件的设计尺寸之差称为加工总余量,加工总余量的大小取决于加工过程中各工序切除金属层厚度的总和。每一工序所切除的金属层厚度称为工序余量。两者关系如下:

$$Z_{总} = Z_1 + Z_2 + \cdots + Z_n = \sum_{i=1}^{n} Z_i \tag{4-1}$$

式中:$Z_{总}$——加工总余量;

Z_i——工序余量;

n——工序数目。

工序余量还可以定义为相邻两工序基本尺寸之差。按照这一定义,工序余量有单边余量和双边余量之分。零件非对称结构的非对称表面,其加工余量一般为单边余量(见图 4-23),可表示为

$$Z_i = l_{i-1} - l_i \tag{4-2}$$

式中：Z_i——本道工序的工序余量；

l_i——本道工序的基本尺寸；

l_{i-1}——上道工序的基本尺寸。

零件对称结构的对称表面（如回转体内、外圆柱面），其加工余量为双边余量（见图 4－24），可表示为

对于外圆表面（见图 4－24(a)）　$2Z_i = d_{i-1} - d_i$　(4－3)

对于内圆表面（见图 4－24(b)）　$2Z_i = D_i - D_{i-1}$　(4－4)

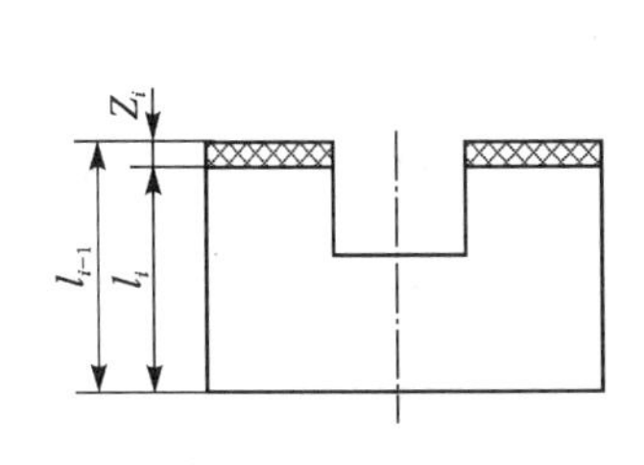

图 4－23　单边余量

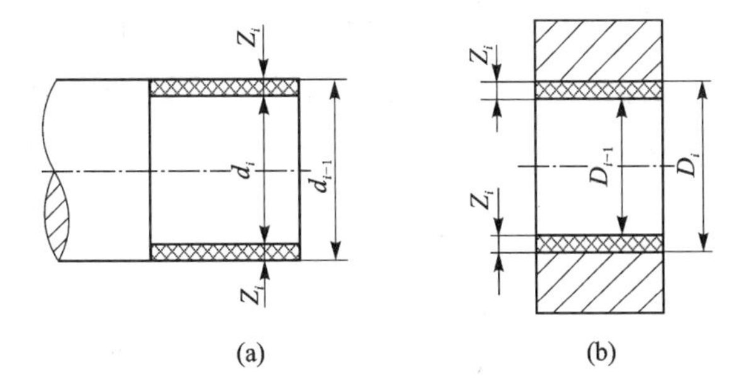

图 4－24　双边余量

由于工序尺寸有公差，所以加工余量也必然在某一公差范围内变化。其公差大小等于本道工序尺寸公差与上道工序尺寸公差之和。

设 $Z_{\max}$、$Z_{\min}$ 分别为最大工序余量与最小工序余量，T_Z 为工序余量的公差，T_a 及 T_b 分别为上道工序及本道工序的公差，则有

$$T_Z = Z_{\max} - Z_{\min} = T_b + T_a \tag{4-5}$$

工序余量的大小往往受诸多因素影响，如上道工序的尺寸公差、上道工序的几何误差、上道工序表面遗留的表面粗糙度和缺陷层以及本道工序的安装误差等。在确定工序余量时要仔细分析各因素的影响。实际生产中，人们常常用分析计算法、经验估算法、查表修正法三种方法确定，其中，查表修正法由于方便、迅速，生产上广泛应用。

4.6.2　工序尺寸及公差的确定

工序尺寸及公差的确定涉及工艺基准与设计基准是否重合的问题，如果工艺基准与设计基准不重合，则必须用工艺尺寸链计算才能确定工艺尺寸（这将在 4.7 节详细介绍）。如果工艺尺寸与设计基准重合，则可用下面过程确定工艺尺寸：

① 确定各加工工序的加工余量；

② 从终加工工序开始，即从设计尺寸开始，到第一道加工工序，逐次加上每道加工工序余量，可分别得到各工序基本尺寸（包括毛坯尺寸）；

③ 除终加工工序以外，其他各加工工序按各自所采用加工方法的加工经济精度确定工序尺寸公差（终加工工序的公差按设计要求确定）；

④ 填写工序尺寸并按“入体原则”（即外表面注成上偏差为零，内表面注成下偏差为零）标注工序尺寸公差。

例如某轴直径为 ϕ50 mm，其尺寸精度要求为 IT5，表面粗糙度要求为 Ra0.04 μm，并要求

高频淬火,毛坯为锻件。其工艺路线为:粗车—半精车—高频淬火—粗磨—精磨—研磨。

根据有关手册查出各工序间余量和所能达到的加工经济精度,计算各工序基本尺寸和偏差,然后填写工序尺寸,如表4-13所列。

表4-13 工序尺寸及偏差

工序名称	工序余量/mm	工序达到的经济精度	工序基本尺寸/mm	工序尺寸及偏差/mm
研磨	0.01	IT5(h5)	50	$\phi50_{-0.011}^{0}$
精磨	0.1	IT6(h6)	50+0.01=50.01	$\phi50.01_{-0.019}^{0}$
粗磨	0.3	IT8(h8)	50.01+0.1=50.11	$\phi50.11_{-0.046}^{0}$
半精车	1.1	IT10(h10)	50.11+0.3=50.41	$\phi50.41_{-0.12}^{0}$
粗车	4.9	IT12(h12)	50.41+1.1=51.51	$\phi51.51_{-0.19}^{0}$
锻造		±2	51.51+4.49=56	$\phi56\pm2$

4.7 工艺尺寸链

4.7.1 尺寸链的定义及特点

在零件的加工过程和机器的装配过程中,经常会遇到一些相互联系的尺寸组合。这些相互联系且按一定顺序排列的封闭尺寸组称为尺寸链。在零件的加工过程中,由有关工序尺寸组成的尺寸链称为工艺尺寸链。例如,图4-25所示的轴套,依次加工尺寸A_1和A_2,则尺寸A_0就随之而定。因此这三个相互联系的尺寸A_1、、A_2、A_0构成了一条工艺尺寸链。其中,尺寸A_1和A_2是在加工过程中直接获得的,尺寸A_0是间接保证的。

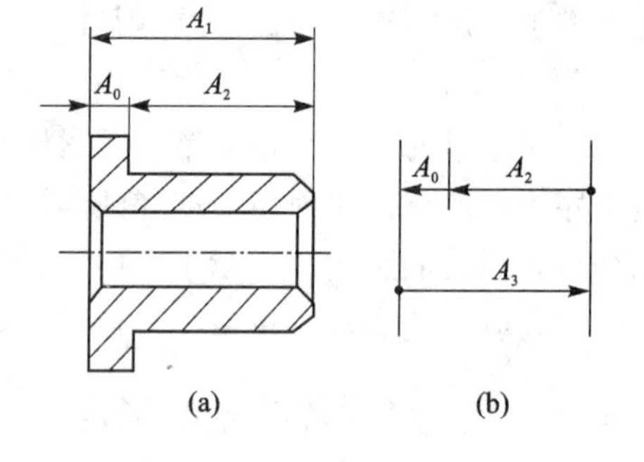

图4-25 尺寸链例图

尺寸链的主要特点如下:

① 尺寸链的封闭性 即由一系列相互关联的尺寸排列成为封闭的形式;

② 尺寸链的制约性 即某一尺寸的变化将影响其他尺寸的变化。

4.7.2 尺寸链的组成

(1) 环

列入尺寸链中的每一尺寸简称为环。环可分为封闭环和组成环。

(2) 封闭环

封闭环是加工或装配过程中最后自然形成的那个尺寸,如图4-25中的尺寸A_0。由于封闭环是尺寸链中其他尺寸互相结合后获得的尺寸,所以封闭环的实际尺寸要受到尺寸链中其他尺寸的影响。

(3) 组成环

尺寸链中对封闭环有影响的全部环,或者说尺寸链中除封闭环外的其他环称为组成环。

组成环可分为增环和减环。

(4) 增　环

在其他组成环不变的条件下,若某一组成环的尺寸增大,封闭环的尺寸也随之增大,而该环尺寸减小,封闭环的尺寸也随之减小,则该组成环称为增环,如图 4 - 25 中的尺寸 A_1。

(5) 减　环

在其他组成环不变的条件下,若某一组成环的尺寸增大,封闭环的尺寸随之减小,而该环尺寸减小,封闭环的尺寸随之增大,则该组成环称为减环,如图 4 - 25 中的尺寸 A_2。

4.7.3　尺寸链的计算

计算尺寸链有下述两种方法。

① 极值法:此法是按极端情况,即各增环均为上(或下)极限尺寸而同时减环均为上(或下)极限尺寸来计算封闭环的极限尺寸。此法的优点是简便、可靠;缺点是当封闭环公差较小,组成环数较多时,会使组成环的公差过小,以致使加工成本上升甚至无法加工。

② 概率法:在大批大量生产中,尺寸中各增环、减环同时出现极限尺寸的概率很小,特别是当环数多时,出现的概率更低。概率法就是考虑到加工误差分布的实际情况,采用概率论原理求解尺寸链的一种方法。一般用于环数较多的大批大量生产中。

本书仅介绍解工艺尺寸链的极值法。

要正确地进行尺寸链的分析计算,首先应查明组成尺寸链的各个环,并画出尺寸链图。查尺寸链时可利用尺寸链的封闭性规律。其具体做法是:从与封闭环两端相连的任一组成环开始,依次查找相互联系而又影响封闭环大小的尺寸,直至封闭环的另一端为止。这些相互连接成封闭形式的尺寸,便是该尺寸链的全部组成环。

尺寸链的基本计算公式:

(1) 封闭环的基本尺寸

由于尺寸链具有封闭性,封闭环的基本尺寸等于所有增环的基本尺寸之和减去所有减环的基本尺寸之和,即

$$A_0 = \sum_{i=1}^{m} \vec{A}_i - \sum_{j=1}^{n} \overleftarrow{A}_j \tag{4-6}$$

式中:A_0—封闭环,$\vec{A}_i$ 增环,$\overleftarrow{A}_j$—减环,m—增环数,n—减环数,以下同。

(2) 封闭环的极限尺寸

当所有增环为上极限尺寸,而减环为下极限尺寸时,封闭环必然为上极限尺寸;当所有增环为下极限尺寸,而减环为上极限尺寸时,封闭环必然是下极限尺寸,即

$$A_{0\max} = \sum_{i=1}^{m} \vec{A}_{i\max} - \sum_{j=1}^{n} \overleftarrow{A}_{j\min} \tag{4-7}$$

$$A_{0\min} = \sum_{i=1}^{m} \vec{A}_{i\min} - \sum_{j=1}^{n} \overleftarrow{A}_{j\max} \tag{4-8}$$

即封闭环的上极限尺寸等于所有增环的上极限尺寸之和减去所有减环的下极限尺寸之和;封闭环的下极限尺寸等于所有增环的下极限尺寸之和减去所有减环的上极限尺寸之和。

(3) 封闭环的上、下极限偏差

由式(4 - 7)的封闭环上极限尺寸和式(4 - 8)封闭环的下极限尺寸分别减去式(4 - 6)封闭

环的基本尺寸,即得封闭环的上极限偏差和下极限偏差。

$$\begin{aligned}ES(A_0) &= A_{0\max} - A_0\\ &= \Big(\sum_{i=1}^{m}\vec{A}_{i\max} - \sum_{j=1}^{n}\overleftarrow{A}_{j\min}\Big) - \Big(\sum_{i=1}^{m}\vec{A}_{i} -_{i} - \sum_{j=1}^{n}\overleftarrow{A}_{j}\Big)\\ &= \Big(\sum_{i=1}^{m}\vec{A}_{i\max} - \sum_{i=1}^{m}\vec{A}_{i}\Big) - \Big(\sum_{j=1}^{n}\overleftarrow{A}_{j\min} - \sum_{j=1}^{n}\overleftarrow{A}_{j}\Big)\\ &= \sum_{i=1}^{m} ES(A_i) - \sum_{j=1}^{n} EI(A_j)\end{aligned} \tag{4-9}$$

同理

$$EI(A_0) = \sum_{i=1}^{m} EI(A_i) - \sum_{j=1}^{n} ES(A_j) \tag{4-10}$$

即封闭环的上极限偏差等于所有增环的上极限偏差之和减去所有减环的下极限偏差之和;封闭环的下极限偏差等于所有增环的下极限偏差之和减去所有减环的上极限偏差之和。

(4) 封闭环的公差

由式(4-9)减去式(4-10),即得封闭环的公差

$$\begin{aligned}T(A_0) &= A_{0\max} - A_{0\min}\\ &= \Big(\sum_{i=1}^{m}\vec{A}_{i\max} - \sum_{j=1}^{n}\overleftarrow{A}_{j\min}\Big) - \Big(\sum_{i=1}^{m}\vec{A}_{i\min} - \sum_{j=1}^{n}\overleftarrow{A}_{j\max}\Big)\\ &= \Big(\sum_{i=1}^{m}\vec{A}_{i\max} - \sum_{i=1}^{m}\vec{A}_{i\min}\Big) + \Big(\sum_{j=1}^{n}\overleftarrow{A}_{j\max} - \sum_{i=1}^{m}\overleftarrow{A}_{j\min}\Big)\\ &= \sum_{i=1}^{m} T(\vec{A}_i) + \sum_{j=1}^{n} T(\overleftarrow{A}_j)\end{aligned} \tag{4-11}$$

即封闭环的公差等于各组成环的公差之和。

工艺尺寸链是工艺设计中一个非常重要的内容,对于初学者而言又是一个难点,通过不断的实践和随着对工艺理论知识理解的不断深入,问题会迎刃而解。

在解决尺寸链问题时应按以下步骤进行:

① 正确画出尺寸链:判断与问题有关的相关尺寸和它们之间首尾相连的关系,尺寸链必须是封闭的。

② 正确判断封闭环:封闭环是“间接”获得的尺寸。

以上两点难分先后,多数都是同时进行的。

③ 判断增减环,正确计算,求出未知量(注意:一个尺寸链只能求解一个未知量)。

下面通过实例说明上述过程。

4.7.4 尺寸链在工艺过程中的应用

1. 测量基准与设计基准不重合时工艺尺寸的计算

例 4-1 如图 4-26(a)所示,先加工上下端面,得 $A_1=16_{-0.11}^{\ 0}$,然后钻孔、镗孔得尺寸 A_2,A_1 以及 A_2 来保证 A_3,$A_3=10\pm0.11$,求工序尺寸 A_2。

解:

① 尺寸链图见图 4-26(b)。

② 确定封闭环及增减环:A_3 封闭环,A_1 增环,A_2 减环。

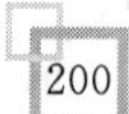

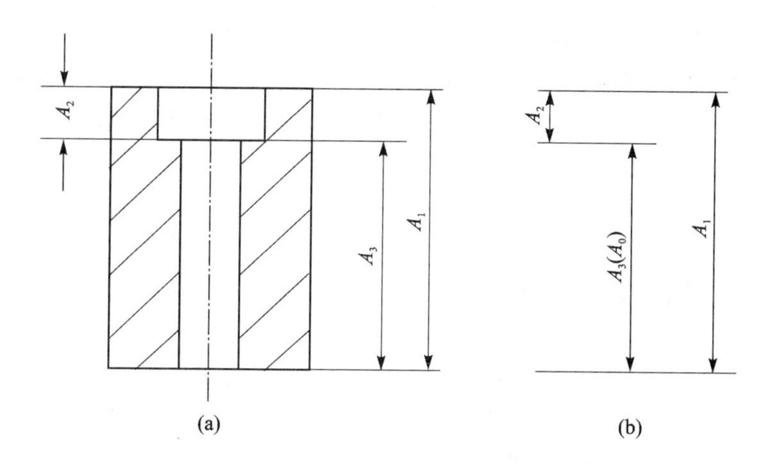

图 4 - 26　测量基准与设计基准不重合

④ 计算 A_2。

基本尺寸：$A_0=A_3=A_1-A_2$

$A_2=A_1-A_0=16-10=6$

极限偏差：$es(A_0)=es(A_1)-EI(A_2)$

$EI(A_2)=es(A_1)-es(A_0)=0-0.11=-0.11$

$ei(A_0)=ei(A_1)-ES(A_2)$

$ES(A_2)=ei(A_1)-ei(A_0)=-0.11-(-0.11)=0$

$\therefore A_2=6_{-0.11}^{\ 0}$

2. 定位基准和设计基准不重合时工艺尺寸的计算

图 4 - 27(a)所示为某零件高度方向的设计尺寸，图 4 - 27(b)为相应的尺寸链图。生产上，按大批量生产采用调整法加工 A、B、C 面。A、B 面在上一道工序中已经加工好，且保证了尺寸 $50_{-0.016}^{\ 0}$ mm 的要求。本工序以 A 面为定位基准加工 C 面。因为 C 面的设计基准是 B 面，定位基准与设计基准不重合，所以需进行尺寸换算。

在这个尺寸链中，因为调整法加工可直接保证的尺寸是 A_2，所以 A_0 就只能间接保证了。A_0是封闭环，A_1是增环，A_2是减环，由式(4 - 6)、(4 - 7)、(4 - 8)、(4 - 9)计算得：$A_2=30_{-0.33}^{-0.16}$ mm。加工时，只要保证了 A_1和 A_2尺寸都在各自的公差范围之内，就一定能满足 $A_0=20_{\ 0}^{+0.33}$ mm。

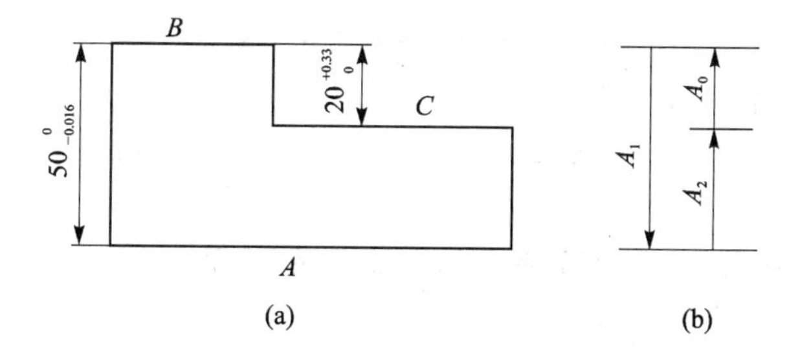

图 4 - 27　定位基准与设计基准不重合的尺寸换算

3. 中间工序尺寸及偏差的计算

在零件加工中，有些加工表面的测量基准和定位基准是一些还需要继续加工的表面，造成这些表面的最后一道加工工序中出现了需要同时控制两个尺寸的要求，其中一个尺寸是直接获得，而另一个尺寸变成间接获得，形成了尺寸链中的封闭环。图4-28(a)所示的带有键槽内孔的设计尺寸图中，键槽深度尺寸为$53.8^{+0.30}_{0}$ mm。有关内孔和键槽的加工顺序是：

① 镗内孔至$\phi49.8^{+0.046}_{0}$ mm；

② 插键槽至尺寸A_2；

③ 淬火处理；

④ 磨内孔，同时保证内孔直径$\phi50^{+0.030}_{0}$ mm和键槽深度$53.8^{+0.30}_{0}$ mm两个设计尺寸的要求。

从以上加工顺序可以看出，键槽尺寸$53.8^{+0.30}_{0}$ mm是间接保证的，也是在完成工序尺寸$\phi50^{+0.030}_{0}$ mm后，最后自然形成的，所以尺寸$53.8^{+0.30}_{0}$ mm是封闭环，而尺寸$\phi49.8^{+0.046}_{0}$ mm和$\phi50^{+0.030}_{0}$ mm及工序尺寸A_2是加工时直接获得的尺寸，为组成环。

将有关工艺尺寸标注在图4-28(b)中，按工艺顺序画工艺尺寸链如图4-28(c)所示。画尺寸图时，先从孔的中心线(定位基准)出发，画镗孔半径A_1，再依次画出插键槽深度A_2，键槽深度设计尺寸A_0以及磨孔半径A_3，使尺寸链封闭。

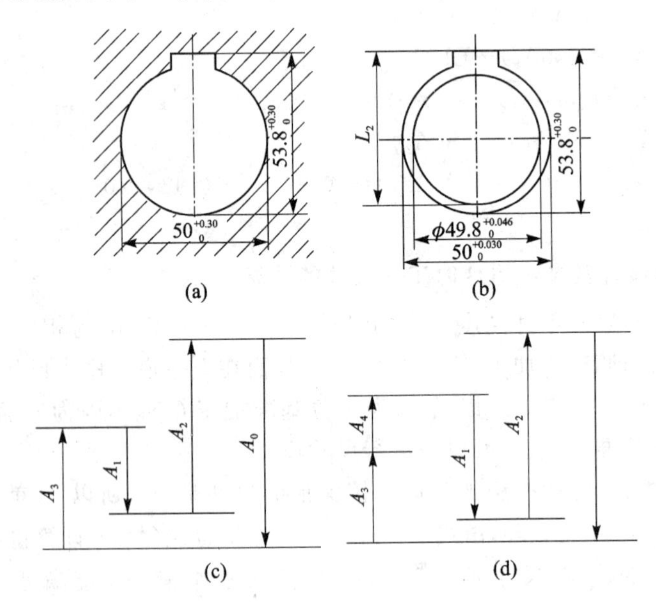

图4-28 内孔插键槽工艺尺寸链

显然，A_2、A_3为增环，A_1为减环。

其中，$A_0=53.8^{+0.30}_{0}$ mm，$A_1=24.9^{+0.023}_{0}$ mm，$A_3=25^{+0.015}_{0}$ mm，A_2为待求尺寸。

求解该尺寸链得：$A_2=53.7^{+0.285}_{+0.023}$ mm。

在上述计算过程中忽略了磨孔和镗孔的同轴度误差，但由于磨孔和镗孔是在两次装夹下完成的，必然存在同轴度误差，若该同轴度误差不是很小，则应将同轴度也作为一个组成环画在尺寸链中，如图4-28(d)所示。

本例中磨孔和镗孔的同轴度公差为0.05 mm，则在尺寸链中应注成：$A_4=0\pm0.025$ mm。求解此工艺尺寸链得：$A_2=53.7^{+0.260}_{+0.048}$ mm。

4. 零件进行表面处理时的工序尺寸计算

对那些要求淬火和渗碳处理，加工精度要求又比较高的表面，常常在淬火和渗碳处理之后安排磨削加工。为了保证磨后有一定厚度的淬火层和渗碳层，需要进行有关的工艺尺寸计算。

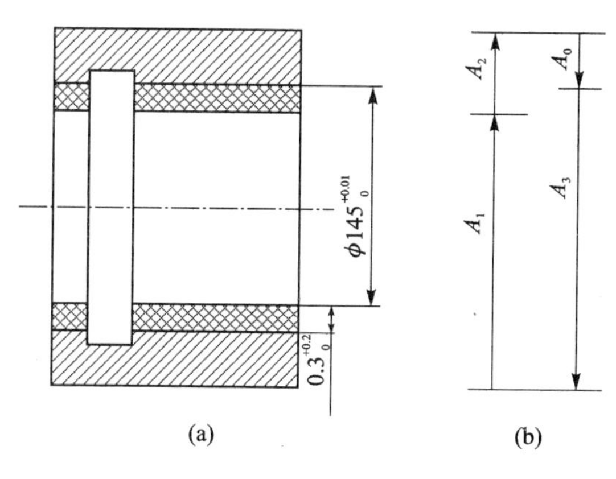

图 4－29 衬套内孔渗氮磨削工艺尺寸链

图 4－29(a)所示的衬套内孔需渗氮处理，渗氮层深度为 0.3～0.5 mm。

其加工顺序是：

① 粗磨孔至 $\phi144.76^{+0.04}_{0}$ mm；

② 渗氮处理，控制渗碳层深度；

③ 精磨孔至 $\phi145^{+0.04}_{0}$ mm，同时保证渗碳层深度 0.3～0.5 mm。

根据上述安排，画出工艺尺寸链图如图 4－29(b)所示。因为磨后渗氮层深度为间接保证，所以是封闭环，用 A_0 表示，图中 A_1，A_2 的箭头方向与封闭环 A_0 箭头方向相反为增环，A_3 相同为减环。

其中：$A_1 = 72.38^{+0.02}_{0}$，$A_3 = 72.5^{+0.02}_{0}$，$A_0 = 0.3^{+0.2}_{0}$；A_2 为精磨前渗氮层深度(待求)。

求解该尺寸链得：$A_2 = 0.42^{+0.18}_{+0.02}$ mm。

4.8 典型零件加工工艺分析

4.8.1 轴类零件的加工

轴类零件是机器中的主要零件之一，它的主要功能是支撑传动零件(齿轮、带轮、离合器等)和传递扭矩。常见轴的种类如图 4－30 所示。

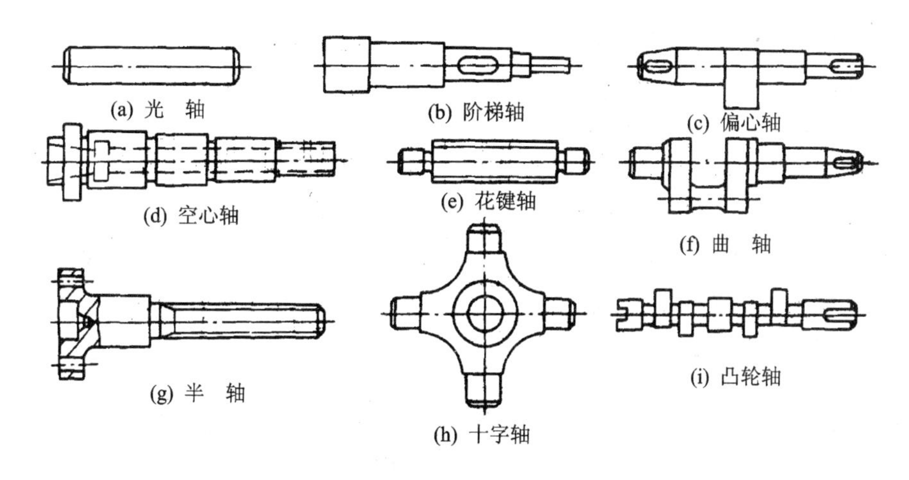

图 4－30 轴的种类

从轴类零件的结构特征来看,它们都是长度 L 大于直径 D 的旋转体零件,若 $L/D \leqslant 12$,通常称为钢性轴,而 $L/D \geqslant 12$ 则称为挠性轴,其加工表面主要有内外圆柱面、内外圆锥面、轴肩、螺纹、花健、沟槽等。图 4-31 所示传动轴则是轴类零件中使用最多、结构最为典型的一种阶梯轴。现以它为例介绍一般阶梯轴的工艺过程。

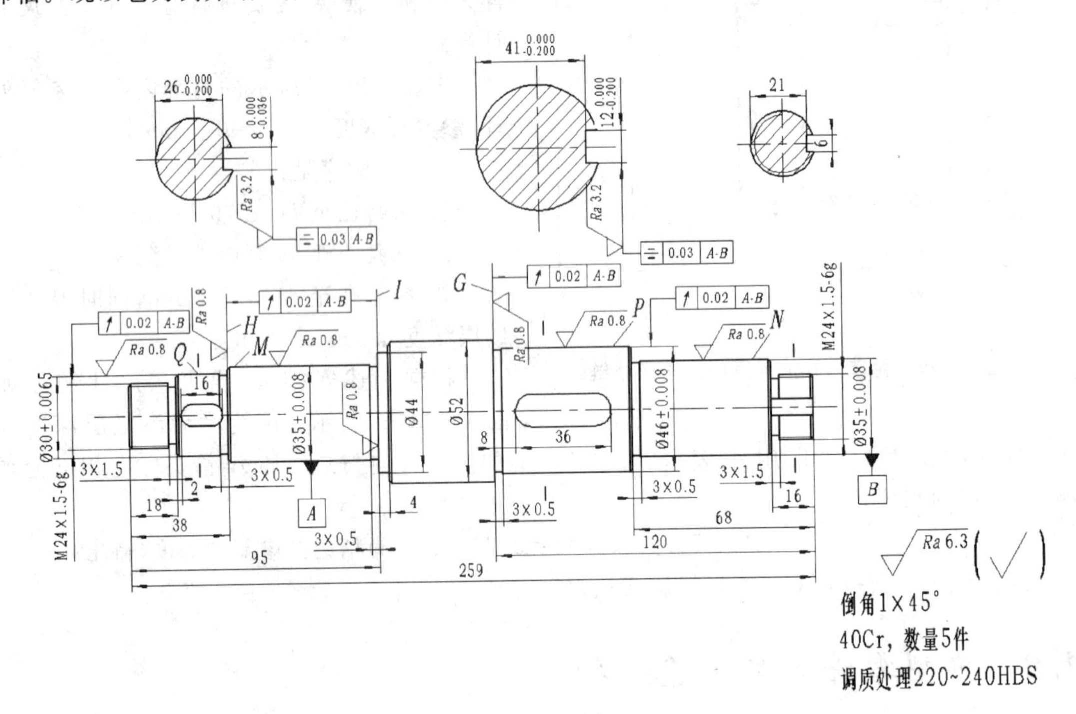

图 4-31 传动轴

1. 传动轴零件的主要表面及其技术要求

由图 4-31 和其装配图 4-32 可知,传动轴的轴颈 M、N 是安装轴承的支承轴颈,也是该轴装入箱体的安装基准。轴中间的外圆 P 装有蜗轮,运动可通过蜗杆传给蜗轮,减速后,通过装在轴左端外圆 Q 上的齿轮将运动传出。为此,轴颈 M、N,外圆 P、Q 尺寸精度高,公差等级均为 IT6。轴肩 G、H、I 的表面粗糙度 Ra 值为 0.8 μm,并且有相互位置精度的要求。此外,为提高该轴的综合力学性能,还安排了调质处理。生产数量 5 件。

2. 工艺分析

(1) 主要表面的加工方法

由于该轴大部分为回转表面,应以车削为主。又因主要表面 M、N、P、Q 的尺寸公差等级较高,表面粗糙度 Ra 值小,车削加工后还需进行磨削。为此这些表面的加工顺序应为:粗车—调质—半精车—磨削。

(2) 确定定位基面

该轴的几个主要配合表面和台阶面对基准轴线 $A-B$ 均有径向圆跳动和端面圆跳动要求,应在轴的两端加工中心孔作为定位精基准面。此两端中心孔要在粗车之前加工好。

(3) 选择毛坯的类型

轴类零件的毛坯通常选用圆钢料或锻件。对于光滑轴、直径相差不大的阶梯轴,多采用热

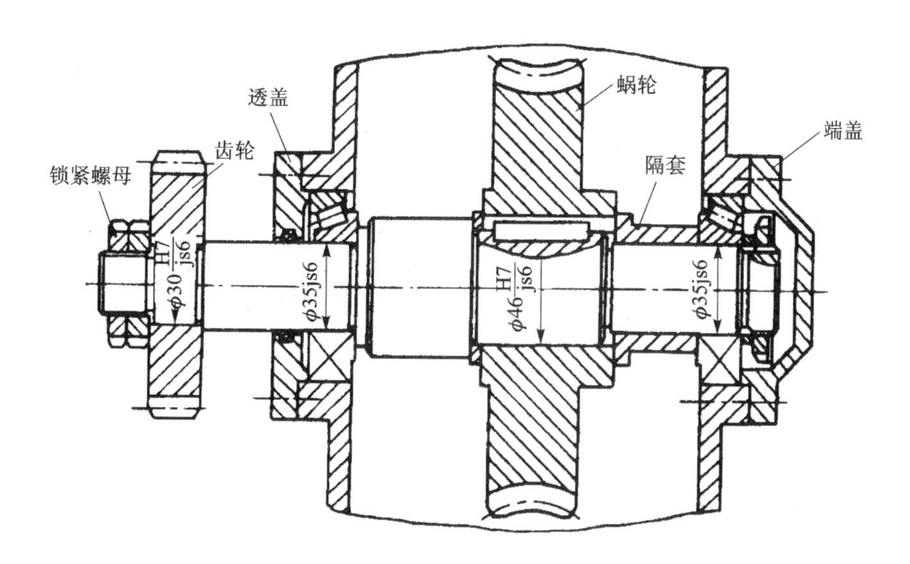

图 4-32　减速箱轴系装配图

轧或冷轧圆钢料。直径相差悬殊的阶梯轴，为节省材料，减少机加工工时，多采用锻件。此外，锻件的纤维组织分布合理，可提高轴的强度。

图 4-31 所示传动轴，材料为 40 Cr，各外圆直径相差不大，批量为 5 件，故毛坯选用 ϕ60 的热轧圆钢料。

(4) 拟定工艺过程

拟定该轴的工艺过程中，在考虑主要表面加工的同时，还要考虑次要表面的加工及热处理要求。要求不高的外圆在半精车时就可加工到规定尺寸，退刀槽、越程槽、倒角和螺纹应在半精车时加工，键槽在半精车后进行划线和铣削，调质处理安排在粗车之后。调质后一定要修研中心孔，以消除热处理变形和氧化皮。磨削之前，一般还应修研一次中心孔，以提高定位精度。

综上所述，该零件的工艺过程卡片见表 4-14。

表 4-14　传动轴工艺卡片

序　号	工　种	工序内容	加工简图	设　备
1	下料	ϕ60×265		
2	车	三爪自定心卡盘夹持工件，车端面见平，钻中心孔。用尾架顶尖顶住，粗车三个台阶，直径、长度均留余量 2 mm	12.5 12.5 ϕ26 12.5 ϕ48 ϕ37 14 66 118	车床

续表 4-14

序号	工种	工序内容	加工简图	设备
1	下料	$\phi60\times265$		
2	车	调头,三爪自定心卡盘夹持工件另一端,车端面保证总长 259 mm,钻中心孔。用屋架顶尖顶住。粗车另外四个台阶,直径、长度均留余量 2 mm	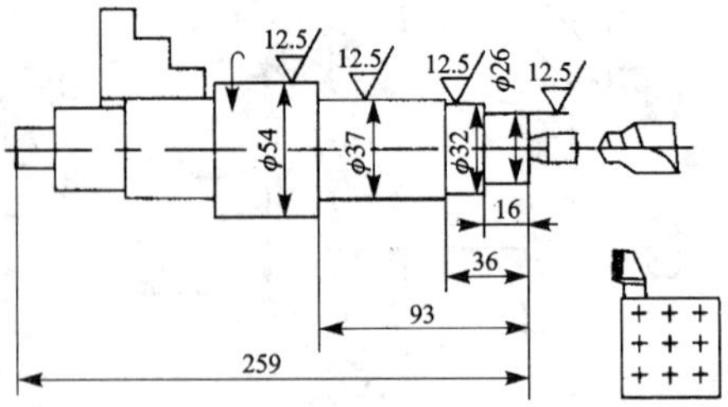 12.5 12.5 12.5 $\phi26$ 12.5 $\phi54$ $\phi37$ $\phi32$ 16 36 93 259	车床
3	热	调质处理 220～240 HBS		
4	钳	修研两端中心孔	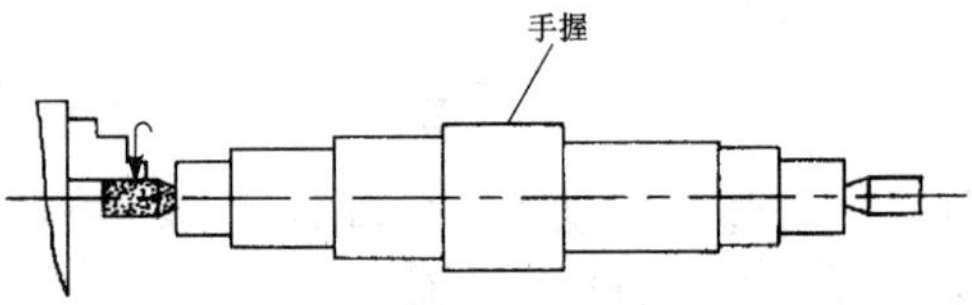 手握	车床
5	车	双顶尖装夹,半精车三个台阶。螺纹大径车到 $\phi24_{-0.2}^{-0.1}$,其余两个台阶直径上留余量 0.5 mm,切槽三个,倒角三个	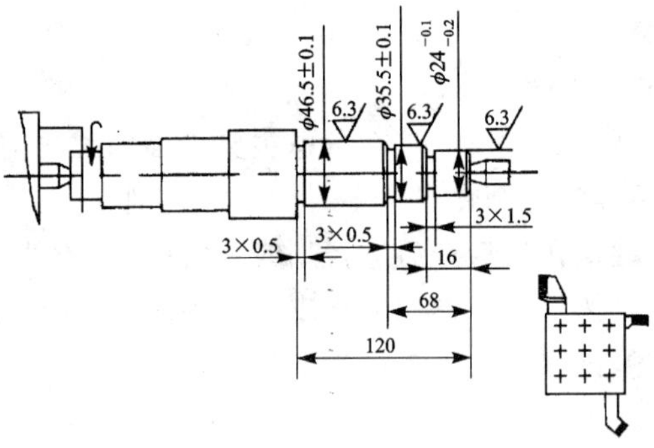 $\phi46.5\pm0.1$ $\phi35.5\pm0.1$ $\phi24_{-0.2}^{-0.1}$ 6.3 6.3 6.3 3×1.5 3×0.5 3×0.5 16 68 120	车床
5	车	调头,双顶尖装夹,半精车余下的五个台阶。$\phi44$ 及 $\phi52$ 台阶车到图样规定的尺寸。螺纹大径车到 $\phi24_{-0.2}^{-0.1}$,其余两台阶直径上留余量 0.5 mm,切槽三个,倒角四个	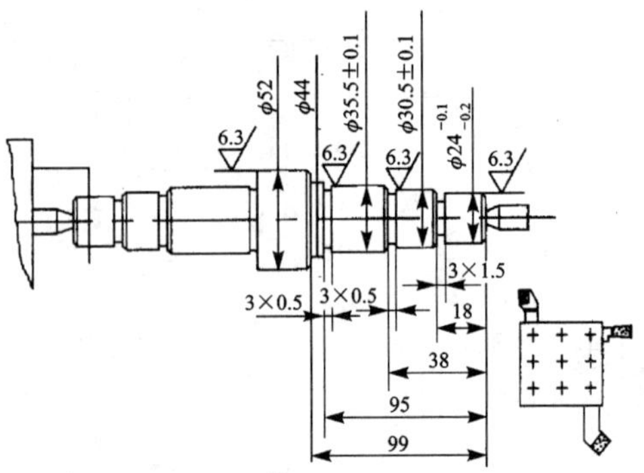 6.3 $\phi52$ $\phi44$ $\phi35.5\pm0.1$ $\phi30.5\pm0.1$ 6.3 6.3 $\phi24_{-0.2}^{-0.1}$ 6.3 3×1.5 3×0.5 3×0.5 18 38 95 99	车床

续表 4-14

序号	工种	工序内容	加工简图	设备
6	车	双顶尖装夹，车一端螺纹 M24×1.5—6 g。调头，双顶尖装夹，车另一端螺纹 M24×1.5—6 g。	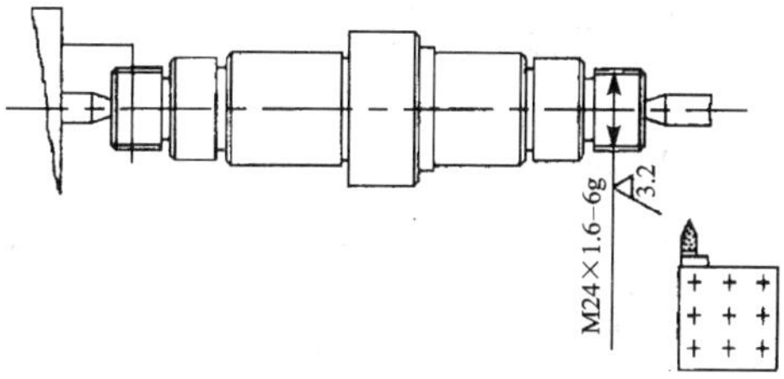 M24×1.6–6g　3.2	车床
7	钳	划键槽及一个止动垫圈槽加工线		
8	铣	铣两个键槽及一个止动垫圈槽。键槽深度比图样规定尺寸多铣 0.25 mm，作为磨削的余量	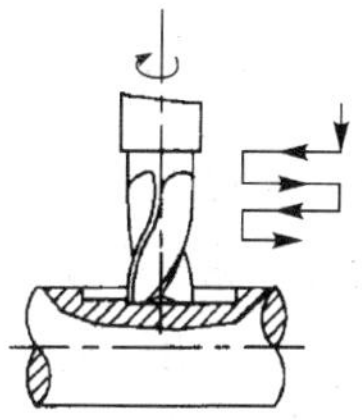	键槽铣床或立铣
9	钳	修研两端中心孔	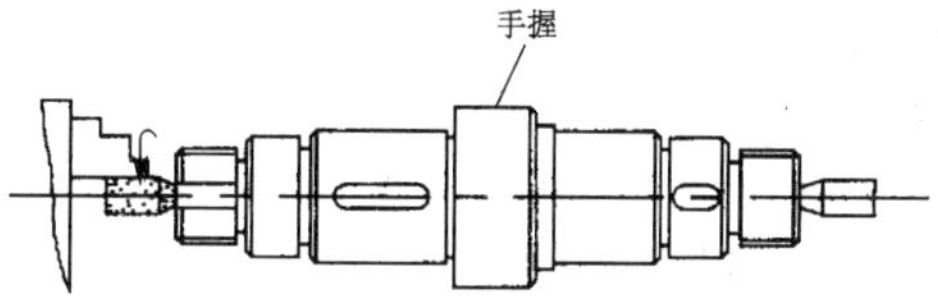 手握	车床
10	磨	磨外圆 *Q*、*M*，并用砂轮端面靠磨台肩 *H*、*I*。调头，磨外圆 *N*、*P*，靠磨台肩 *G*	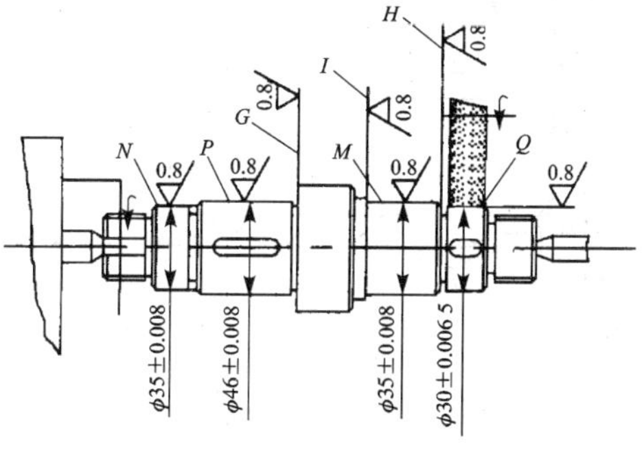 *H*　0.8　*I*　0.8　*G*　0.8　*N*　0.8　*P*　0.8　*M*　0.8　*Q*　0.8　$\phi35\pm0.008$　$\phi46\pm0.008$　$\phi35\pm0.008$　$\phi30\pm0.0065$	外圆磨床
11	检	检验		

注：图中 0.8▽ 为旧标准中表面粗糙度的表示法，同现行标准的 $\sqrt{Ra0.8}$。

4.8.2　套筒类零件的加工

套筒类零件是机械加工中常见的一种零件，在各类零件中应用很广。其功用在不同的工作条件下各不相同，大致可分为下面几方面：作为旋转轴颈的支承，如轴套、轴瓦等；用作运动零件的导向，如在专用夹具、模具上的钻套、镗模套和导向套；与其他零件组合成工作内腔，如压缩机中的气缸套，注射机、挤出机中的机筒，以及液压装置中的油缸等。图 4-33 是几种典型套筒零件示例。

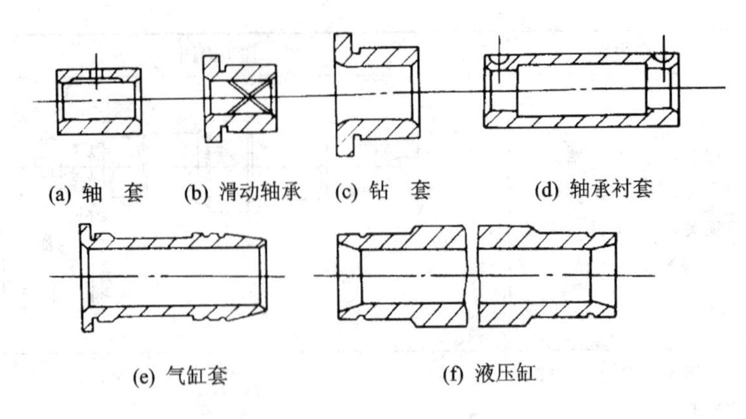

图 4-33　套筒零件示例

1. 套筒类零件的主要加工表面及技术要求

套筒类零件的主要加工表面为内外圆柱面。孔是套筒零件起支承或导向作用最主要的表面,外圆是套筒零件的支承面,常采用过盈配合或过渡配合与机体连接,所以内外圆柱面都有较高的尺寸精度、形状精度(如圆度、圆柱度)以及表面粗糙度要求。此外,内外圆的径向全跳动(同轴度),端面和孔中心线的端面全跳动(垂直度)等位置精度要求也比较高,如图 4-34 所示的液压缸零件图。

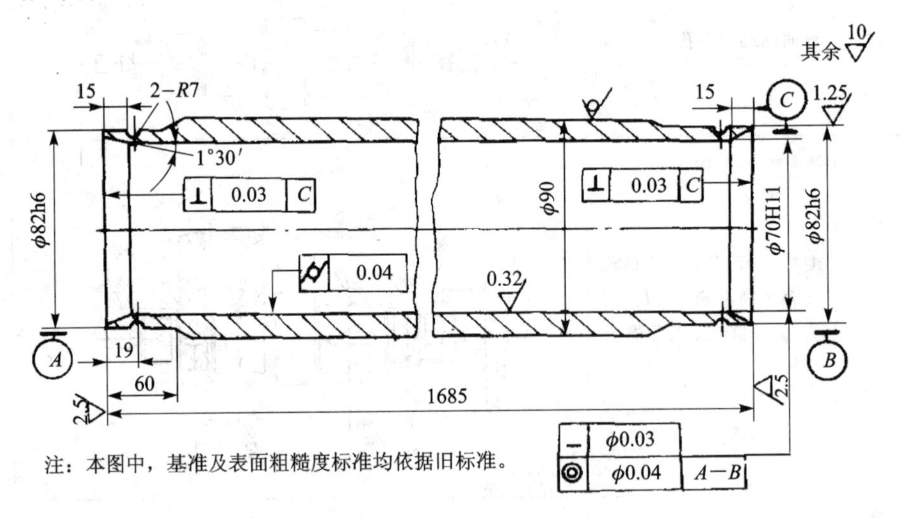

图 4-34　液压缸零件图

2. 套筒零件的材料与毛坯

套筒零件一般用钢、铸铁、青铜或黄铜制成。有些滑动轴承采用双金属结构,以离心铸造法在钢或铸铁套筒内壁上浇铸巴氏合金等轴承合金材料,既可节省贵重的有色金属,又能提高轴承的寿命。对于一些强度和硬度要求较高的套筒(如挤出机机筒),可选用优质含金钢(如38CrMoAlA 等)。

套筒的毛坯选择与其材料、结构、尺寸及生产批量有关。孔径小的套筒一般选择热轧或冷拉棒料,也可采用实心铸件;孔径较大的套筒常选择无缝钢管或带孔的铸件和锻件。大批量生产时，采用冷挤压和粉末冶金等先进毛坯制造工艺，既可节约用材，又可提高毛坯精度及生产率。

3. 套筒零件加工工艺过程与工艺分析

套筒零件由于功用、结构形状、材料、热处理以及尺寸不同，其工艺差别很大。按结构形状来分，大体上分为短套筒与长套筒两类。它们在机械加工中对工件的装夹方法有很大差别。对于短套筒（如钻套），通常可在一次装夹中完成内、外圆表面及端面加工（车或磨），工艺过程较为简单，精度容易达到，所以不在此介绍其加工工艺过程。对长套筒的加工，以图 4－34 液压缸加工工艺过程为例进行分析。

(1) 主要表面的加工方法

液压缸是个很长的筒形零件，其内孔的尺寸精度、形状精度及表面粗糙度要求都比较高，相对来说外圆面的加工要求不高，所以，液压缸加工的主要问题是内孔的深孔加工，在已有孔的基础上采用半精镗→精镗→浮动镗→滚压的方法进行加工，以保证加工精度和表面质量。

(2) 保证套筒表面位置精度的方法

液压缸零件内、外表面轴线的同轴度以及端面与孔轴线的垂直度要求较高，若能在一次装夹中完成内、外表面及端面的加工，则可获得很高的位置精度，但这种方法的工序比较集中，对于尺寸较大的，尤其是长径比大的液压缸，不便一次完成。于是，将液压缸内、外表面加工分在几次装夹中进行，先终加工孔，然后以孔为精基准最后加工外圆，以获得较高的位置精度。

(3) 防止加工中套筒变形的措施

套筒零件孔壁较薄，加工中常因夹紧力、切削力、残余应力和切削热等因素的影响而产生变形。为了防止此类变形，可采取以下措施：

① 减少切削力与切削热的影响，粗、精加工分开进行，使粗加工产生的变形在精加工中得到纠正。

② 减少夹紧力的影响，如改变夹紧力的方向或将套筒装入一适当厚度的开口圆环中，再连同圆环一起夹紧等。

③ 在精加工之前安排适当的热处理工序。

(4) 拟订加工工艺过程

液压缸加工工艺路线如表 4－15 所列。

表 4－15　液压缸加工工艺路线

序　号	工序名称	工序内容	定位与夹紧
1	下料	无缝钢管切断	
2	车	1. 车 ϕ82 mm 外圆到 ϕ88 mm 及 M88 mm×1.5 mm 螺纹（工艺用）	三爪自定心卡盘夹一端，大头顶尖顶另一端
		2. 车端面及倒角	三爪自定心卡盘夹一端，搭中心架托 ϕ88 mm 处
		3. 调头车 ϕ82 mm 外圆到 ϕ84 mm	三爪自定心卡盘夹一端，大头顶尖顶另一端
		4. 车端面及倒角，取总长 1 686 mm（留加工余量 1 mm）	三爪自定心卡盘夹一端，搭中心架托 ϕ88 mm 处

续表 4-15

序　号	工序名称	工序内容	定位与夹紧
3	深孔推镗	1. 半精镗孔到 ϕ68 mm	一端用 M88 mm×1.5 mm 螺纹固定在夹具中，另一端搭中心架
		2. 精镗孔到 ϕ69.85 mm	
		3. 精铰(浮动镗刀镗孔)到(ϕ70 ± 0.02)mm，表面粗糙度 Ra 值为 2.5 μm	
4	滚压孔	用液压头滚压孔至 $\phi 70^{+0.20}_{0}$ mm，表面粗糙度 Ra 值为 0.32 μm	一端螺纹固定在夹具中，另一端搭中心架
5	车	1. 车去工艺螺纹，车 ϕ82h6 mm 到尺寸，车 R7 mm 槽	软爪夹一端，以孔定位顶另一端
		2. 镗内锥孔 1°30′及车端面	软爪夹一端，中心架托另一端(百分表找正孔)
		3. 调头，车 ϕ82h6 mm 到尺寸	软爪夹一端，顶另一端
		4. 镗内锥孔 1°30′及车端面，取总长1 685 mm	软爪夹一端，中心架托另一端(百分表找正孔)

4.8.3 箱体零件的加工

箱体是各类机器的基础零件，它将机器和部件中的轴、套、齿轮等有关零件连接成一个整体，并使之保持正确的位置，以传递转矩或改变转速来完成规定的运动。因此，箱体的加工质量，直接影响机器的性能、精度和寿命。

箱体的种类很多，按其功用，可分为主轴箱、变速箱、操纵箱、进给箱等。图 4-35 所示为几种箱体零件的结构简图。

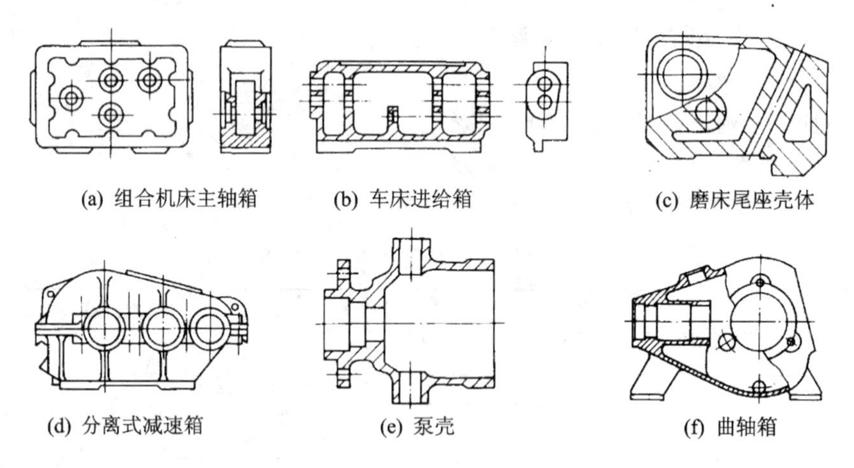

(a) 组合机床主轴箱　(b) 车床进给箱　(c) 磨床尾座壳体

(d) 分离式减速箱　(e) 泵壳　(f) 曲轴箱

图 4-35　几种箱体零件的结构简图

由图 4-35 可以看出，箱体零件的结构特点是：壁薄、中空、形状复杂，加工面多为平面和孔，它们的尺寸精度、位置精度要求较高，表面粗糙度较小，因此，其工艺过程比较复杂。图 4-36 所示为某车床主轴箱箱体的剖面图，下面就以车床主轴箱为例，说明箱体零件的加工工艺过程。

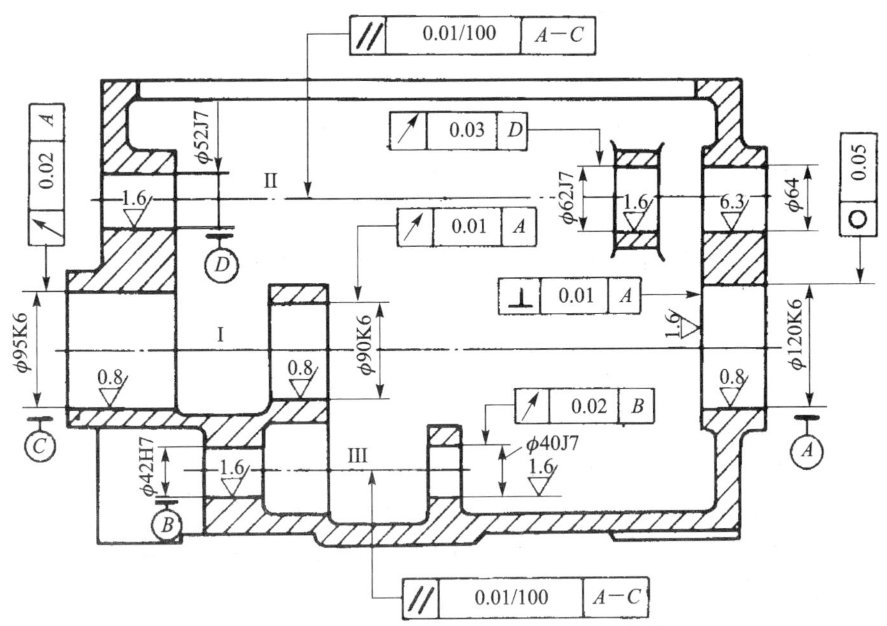

注：本图中，基准及表面粗糙度标注均依据旧标准。

图 4－36　主轴箱箱体剖面图

1. 箱体零件的主要加工表面及技术要求

箱体零件的主要加工面为平面和孔，其主要技术要求如下：

(1) 主要平面的精度

装配基面的平面度影响主轴箱与床身连接时的接触刚度，并且加工过程中常作为定位基面则会影响孔的加工精度，因此须规定底面和导向面必须平直。顶面的平面度要求是为了保证箱盖的密封，防止工作时润滑油的泄出；当大批大量生产将其顶面用作定位基面加工孔时，对它的平面度要求还要提高。

(2) 孔径精度

孔径的尺寸误差和形状误差会造成轴承与孔的配合不良，因此，对孔的精度要求较高。主轴轴承孔孔径精度为 IT6，表面粗糙度 *Ra* 值为 0.8；其余轴承孔的精度为 IT7～IT6，表面粗糙度 *Ra* 值为 1.6，孔的圆度和圆柱度公差不超过孔径公差的 1/2。

(3) 孔的位置精度

同一轴线上各孔的同轴度误差和孔端面对轴线的垂直度误差，会使轴和轴承装配到箱体内出现歪斜，从而造成主轴径向圆跳动和轴向圆跳动，也加剧了轴承磨损。为此，应规定各孔的同轴度公差和孔端面对轴线的垂直度公差，一般同轴上各孔的同轴度公差约为最小孔径公差的 1/2。孔系之间的平行度误差，会影响齿轮的啮合质量，亦须规定相应的位置精度。

2. 工艺分析

工件毛坯为铸件，在铸造后机械加工之前，一般应经过清理和退火处理，以消除铸造过程中产生的内应力。粗加工后，会引起工件内应力的重新分布，为使内应力分布均匀，也应经适当的时效处理。

在单件小批生产的条件下，该床头箱箱体的主要工艺过程可作如下考虑：

① 底面、顶面、侧面和端面可采用粗刨—精刨工艺。因为底面和导向面的精度和粗糙度要求较高，又是装配基准和定位基准，所以在精刨后，还应进行精细加工——刮研。

② 直径小于40～50 mm的孔，一般不铸出，可采用钻—扩(或半精镗)—铰(或精镗)的工艺。对于已铸出的孔，可采用粗镗—半精镗—精镗(浮动镗)的工艺。由于主轴轴承孔精度和粗糙度的要求皆较高，故在精镗后，还要用浮动镗刀片进行精细镗。

③ 其余要求不高的螺纹孔、紧固孔及油孔等，可放在最后加工。这样可以防止由于主要面或孔在加工过程中出现问题(如发现气孔、夹杂物或加工超差等)时，浪费这一部分的工时。

④ 为了保证箱体主要表面精度和粗糙度的要求，避免粗加工时由于切削量较大引起工件变形或可能划伤已加工表面，整个工艺过程分为粗加工和精加工两个阶段。

为了保证各主要表面位置精度的要求，粗加工和精加工时，都应采用统一的定位基准，并且各纵向主要孔的加工，应在一次安装中完成，并可采用镗模夹具。

⑤ 整个工艺过程中，无论是粗加工阶段还是精加工阶段，都应遵循“先面后孔”的原则，就是先加工平面，然后以平面定位，再加工孔。这是因为：第一，平面常常是箱体的装配基准；第二，平面的面积较孔的面积大，以平面定位，零件装夹稳定、可靠。因此，以平面定位加工孔，有利于提高定位精度和加工精度。

3. 基准选择

(1) 粗基准的选择

在单件小批生产中，为了保证主轴轴承孔的加工余量分布均匀，并保证装入箱体中的齿轮、轴等零件与不加工的箱体内壁间有足够的间隙，以免互相干涉，常常首先以主轴轴承孔和与之相距最远的一个孔为基准，兼顾底面和顶面的余量，对毛坯进行划线和检查。之后，按划线找正粗加工顶面。这种方法，实际上就是以主轴轴承孔和与之相距最远的一个孔为粗基准。

(2) 精基准的选择

以该箱体的装配基准——底面和导向面为统一的精基准，加工各纵向孔、侧面和端面，符合基准统一和基准重合的原则，利于加工精度的提高。

为了保证精基准的精度，在加工底面和导向面时，以加工后的顶面为辅助的精基准，并且在粗加工和时效之后，又以精加工后的顶面为精基准，对底面和导向面进行精刨和精细加工(刮研)，进一步提高精加工阶段定位基准的精度，以利于保证所要求的加工精度。

4.9 生产率和经济性

4.9.1 生产率

1. 生产率的概念

机械加工工艺规程的制订，必须在保证零件质量要求的前提下，提高劳动生产率和降低成本，即“优质、高产、低成本”。

机械加工的劳动生产率是指工人在单位时间内生产出的合格产品的数量。因此评价机械加工劳动生产率，主要看在一定生产条件下，生产一件产品或完成一道工序所需要的时间，它由以下部分组成：

① 基本时间 $T_{基}$　通常是指直接改变生产对象的尺寸、形状、相对位置以及表面状态或材料性质等工艺过程所消耗的时间。基本时间可以用公式来计算，以车削为例：

$$T_{基} = \frac{l_j z}{n f a_p} = \frac{\pi D l_j z}{1000 v f a_p} \tag{4-12}$$

式中：l_j——工作行程的计算长度，包括加工表面的长度，刀具切入和切出长度(mm)；

z——加工余量(mm)；

v——切削速度(m/min)；

f——进给量(mm/r)；

a_p——背吃刀量(mm)；

② 辅助时间 $T_{辅}$　为实现工艺过程而必须进行的各种辅助动作所消耗的时间，如装、卸工件，开、停机床，测量工件尺寸以及进、退刀等。

③ 布置工作地时间 $T_{布置}$　为使加工正常进行，工人照管工作地(如更换刀具、润滑机床、清理切屑等)所消耗的时间。

④ 休息和自然需要时间 $T_{休}$　工人必需的休息和自然需要时间。

⑤ 准备与终结时间 $T_{准终}$　成批生产时进行准备工作，如熟悉工艺文件，读零件图，准备刀、量具，领取毛坯，安装刀具、夹具，调整机床等所耗费的时间，以及结束工作，如卸下工装，归还工装、工艺文件，交付成品等所消耗的时间。

4.9.2　提高生产率的工艺途径

1. 缩短单件时间

缩短单件时间即缩短时间定额中各组成部分时间，尤其要缩短其中占比重较大部分时间。如在通用设备上进行零件的单件、小批生产中，辅助时间占有较大比重，而在大批大量生产中，基本时间所占的比重较大。

(1) 缩短基本时间

① 提高切削用量。由基本时间的计算公式可知，提高切削速度、进给量和背吃刀量的主要途径是进行新型刀具材料的研究与开发。

目前，硬质合金车刀的切削速度可达 100～300 m/min，陶瓷刀具的切削速度可达 100～400 m/min，有的甚至高达 750 m/min，近年来出现聚晶金刚石和聚晶立方氮化硼新型刀具材料其切削速度高达 600～1 200 m/min。

在磨削加工方面，高速磨削、强力磨削、砂带磨削的研究成果，使生产率有了大幅度提高。高速磨削的砂轮速度已高达 80～125 m/s(普通磨削的砂轮速度仅为 30～35 m/s)；缓进给强力磨削的磨削深度达 6～12 mm；砂带磨同铣削加工相比，切除同样金属余量的加工时间仅为铣削加工的 1/10。

缩短基本时间还可在刀具结构和刀具的几何参数方面进行深入研究，例如群钻在提高生产率方面的作用就是典型的例子。

② 采用多刀多件加工。利用几把刀具(见图 4－37)或复合刀具(见图 4－4)对工件的同一表面或几个表面同时进行加工，或将工件串联装夹或并联装夹，用一把刀具进行多件加工(见图 4－38)可有效地缩短基本时间。

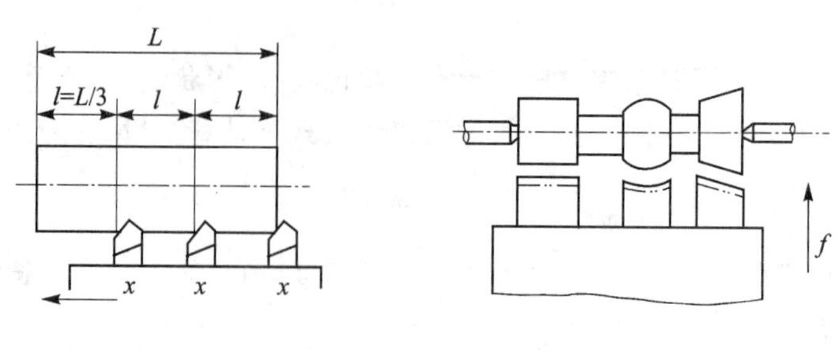

图 4-37 多刀加工

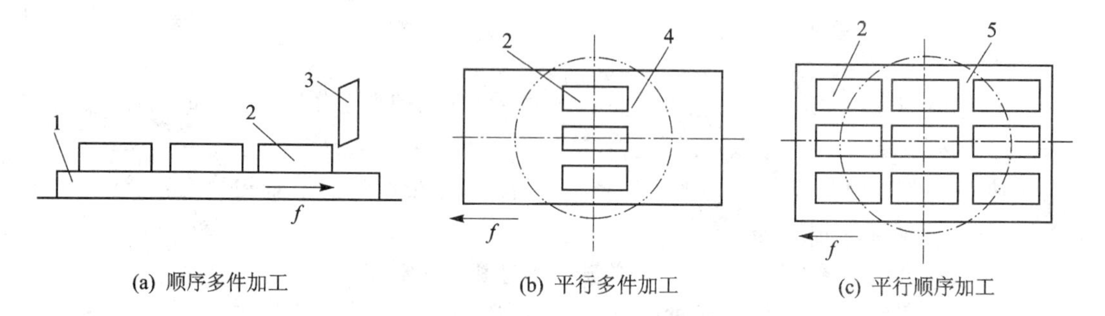

1—工作台;2—工件;3—刨刀;4—铣刀;5—砂轮

图 4-38 多件加工示意图

(2) 缩短辅助时间

① 采用先进夹具。在大批量生产中,采用气动、液动、电磁等高效夹具,中、小批量采用成组工艺、成组夹具、组合夹具都能减少找正和装卸工件的时间。

② 采用连续加工方法,使辅助时间与基本时间重合或大部分重合。例如图 4-39 是在双轴立式铣床上采用连续加工方式进行粗铣和精铣。在装卸区及时装卸工件,在加工区不停顿地进行加工。连续加工不需间隙转位,更不需停机,生产率很高。

③ 采用在线检测的方法控制加工过程中的尺寸,使测量时间与基本时间重合。近代在线检测装置发展为自动测量系统,该系统不仅能在加工过程中测量并能显示实际尺寸,而且能用测量结果控制机床的自动循环,使辅助时间大大缩减。

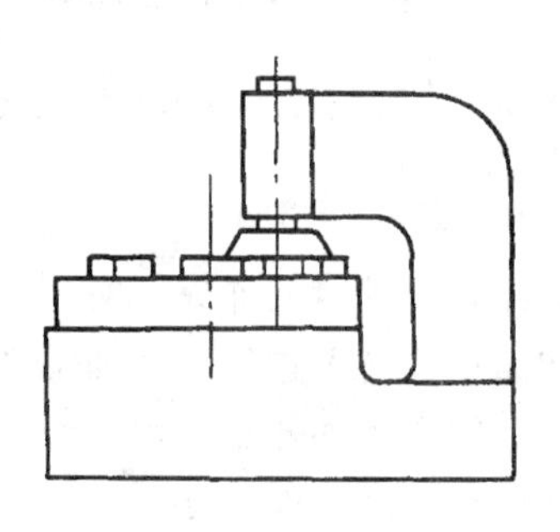

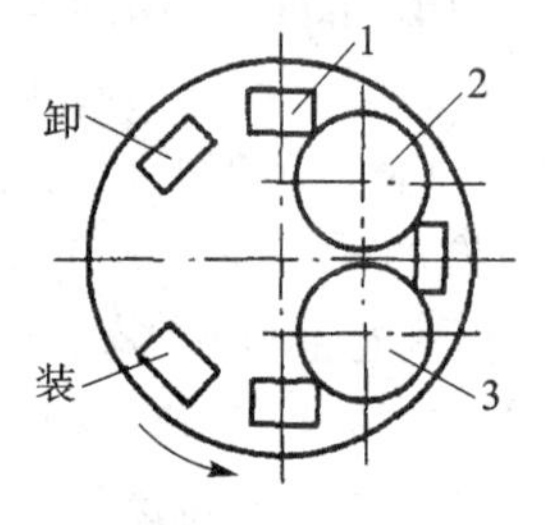

1—工件;2—精铣刀;3—粗铣刀

图 4-39 立式连续回转工作台铣床加工实例

(3) 缩短布置工作地时间

减少布置工作地时间,可在减少更换刀具和调整刀具的时间方面采取措施。例如,提高刀具或砂轮的耐用度;采用刀具尺寸的线外预调和各种快速换刀、自动换刀装置,都能有效缩减换刀时间。

(4) 缩短准备与终结时间

缩短准备与终结时间的主要方法是扩大零件的批量和减少调整机床、刀具和夹具的时间。

在中、小批生产中，产品经常更换，批量又小，使准备和终结时间在单件计算时间中占有较大的比重。同时，批量小又限制了高效设备和高效装备的应用。因此，扩大批量是缩短准备和终结时间的有效途径。目前，采用成组技术，扩大相似件批量以及零、部件通用化、标准化、系列化是扩大批量最有效的方法。

2. 用先进制造工艺方法

采用先进制造工艺方法是提高劳动生产率的另一有效途径，有时能取得较大的经济效果，常有以下几种方法。

① 采用先进的毛坯制造新工艺。精铸、精锻、粉末冶金、冷挤压、热挤压和快速成形等新工艺，不仅能提高生产率，而且工件的表面质量和精度也能得到明显改善。

② 采用特种加工方法。对一些特殊性能材料和一些复杂型面，采用特种加工能极大地提高生产率。

3. 进行高效、自动化加工

随着机械制造中属于大批大量生产产品种类的减少，多品种、中小批量生产将是机械加工工业的主流，成组技术、计算机辅助工艺规程、数控加工、柔性制造系统与计算机集成制造系统等现代制造技术，不仅适应了多品种、中小批量生产的特点，又能大大地提高生产率，是机械制造业的发展趋势。

4.9.3　工艺方案的经济性评价

在对某一零件加工时，通常可有几种不同的工艺方案，这些方案虽然都能满足该零件的技术要求，但经济性却不同。为选出技术上较先进、经济上又合理的工艺方案，就要在给定的条件下从技术和经济两方面对不同方案进行分析、比较、评价。

1. 工艺成本

制造一个零件和一个产品所需一切费用的总和称为生产成本。它包括两大类费用：与工艺过程直接有关的费用称工艺成本，占生产成本的 70%～75%（通常包括毛坯或原材料费用，生产工人工资，机床设备的使用及折旧费，工艺装备的折旧费、维修费及车间或企业的管理费等）；另一类是与工艺过程无直接关系的费用（如行政人员的工资，厂房的折旧费及维护费，取暖、照明、运输等费用）。在相同的生产条件下，无论采用何种工艺方案，这类费用大体是不变的，所以在进行工艺方案的技术经济分析时不予考虑，只需分析工艺成本。

零件的全年工艺成本 E（单位为元/年）为

$$E = NV + C \tag{4-13}$$

式中：V——可变费用，单位为元/件；

N——年产量，单位为件；

C——全年的不变费用，单位为元。

单件工艺成本 E_d（单位为元/年）为

$$E_d = V + C/N \tag{4-14}$$

2. 工艺成本与年产量的关系

图 4-40 及图 4-41 分别表示全年工艺成本及单件工艺成本与年产量的关系。从图上可看出，全年工艺成本 E 与年产量呈线性关系，说明全年工艺成本的变化量 ΔE 与年产量的变化

量 ΔN 成正比;单件工艺成本 E_d 与年产量呈双曲线关系,说明单件工艺成本 E_d 随年产量 N 的增大而减少,各处的变化率不同,其极限值接近可变费用 V。

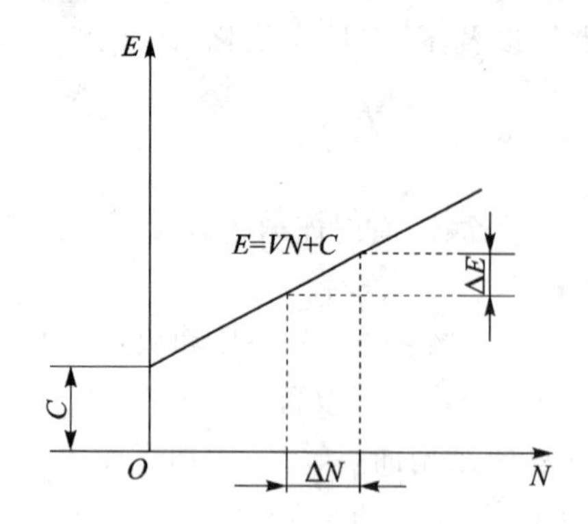

图 4-40 全年工艺成本与年产量的关系

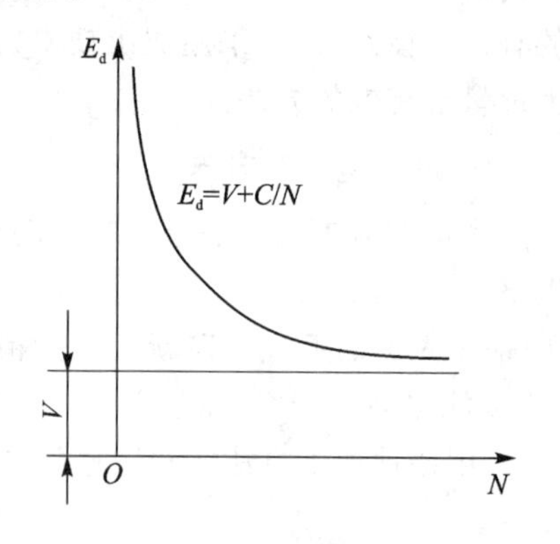

图 4-41 单件工艺成本与年产量的关系

3. 不同工艺方案经济性比较

(1) 若两种工艺方案基本投资相近或都采用现有设备,则工艺成本即可作为衡量各方案经济性的重要依据。

① 如两种工艺方案只有少数工序不同,可对这些不同工序的单件工艺成本进行比较。当年产量 N 为一定时,有

$$E_{d1} = V_1 + C_1/N \qquad E_{d2} = V_2 + C_2/N$$

当 $E_{d1} > E_{d2}$ 时,则第2方案的经济性好。

若 N 为一变量,则可用图 4-42 所示的曲线进行比较。N_k 为两曲线相交处的产量,称临界产量。由图可见,当 $N < N_k$ 时,$E_{d1} > E_{d2}$,应取第2方案;当 $N > N_k$ 时,$E_{d1} < E_{d2}$,应取第1方案。

② 当两种工艺方案有较多的工艺不同时,可对该零件的全年工艺成本进行比较,两方案全年工艺成本分别为

$$E_1 = NV_1 + C_1 \qquad E_2 = NV_2 + C_2$$

根据上式作图,如图 4-43 所示,对应于两直线交点处的产量 N_k 称为临界产量。当 $N < N_k$ 时宜用第1方案;当 $N > N_k$ 时,宜用第2方案。当 $N = N_k$ 时,$E_1 = E_2$,则两种方案经济性相

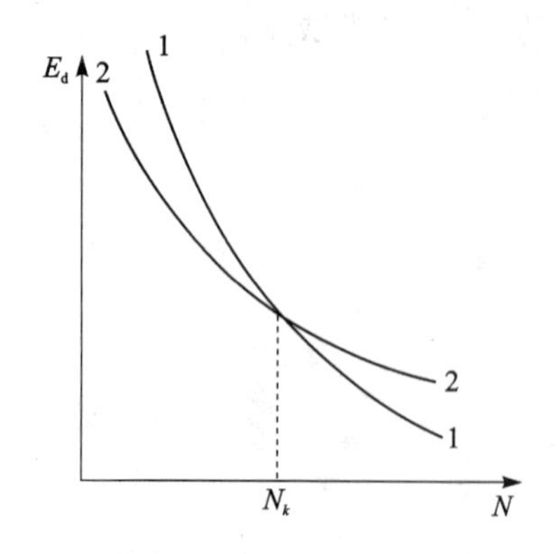

图 4-42 两种方案单件工艺成本比较

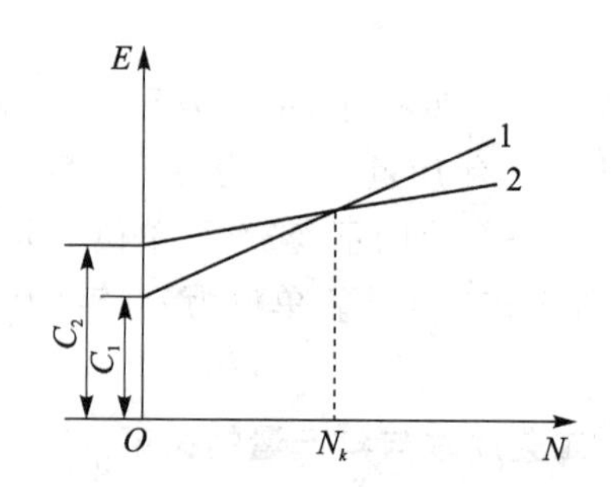

图 4-43 两种方案全年工艺成本比较

当，所以有

$$N_kV_1 + C_1 = N_kV_2 + C_2$$

故

$$N_k = \frac{C_2 - C_1}{V_1 - V_2} \tag{4-15}$$

(2) 若两种工艺方案的基本投资相差较大，则必须考虑不同方案的基本投资差额的回收期限。

若方案 1 采用价格较高的高效车床及工艺装备，其基本投资(K_1)必然较大，但工艺成本(E_1)则较低；方案 2 采用价格低、生产率较低的一般机床和工艺设备，其基本投资(K_2)较小，但工艺成本(E_2)则较高。方案 1 较低的工艺成本是增加了投资的结果。这时如果仅比较其工艺成本的高低是不全面的，而是应该同时考虑两种方案基本投资的回收期限。所谓投资回收期，是指一种方案比另一种方案多耗费的投资由工艺成本的降低所需的回收时间，常用 τ 表示。显然 τ 越小，经济性越好；τ 越大，则经济性差。τ 应小于所用设备的使用年限；小于国家规定的标准回收年限；小于市场预测对该产品的需求年限。它可由下式计算

$$\tau = \frac{K_1 - K_2}{E_2 - E_1} = \frac{\Delta K}{\Delta E} \tag{4-16}$$

式中：τ——回收期限，单位为年；

ΔK——两种方案基本投资的差额，单位为元；

ΔE——全年工艺成本节约额，单位为元/年。

思考与练习题

1. 什么是生产过程、工艺过程和工艺规程？工艺规程在生产中起何作用？

2. 什么是工序、安装、工位、工步和走刀？

3. 机械加工工艺过程卡和工序卡的区别是什么？简述它们的应用场合。

4. 简述机械加工工艺规程的设计原则、步骤和内容。

5. 试分析图 4-44 所示零件有哪些结构工艺性问题并提出正确的改进意见。

6. 工件装夹的含义是什么？在机械加工中有哪几种装夹方法？简述每种装夹方法的特点和应用场合。

7. 根据六点定位原理，分析图 4-45 所示各定位方案中各定位元件所限制的自由度。

8. 试分别选择图 4-46 所示四种零件的粗、精基准。其中图 4-46(a)为齿轮简图，毛坯为模锻件，图 4-46(b)为液压缸体零件简图，图 4-46(c)为飞轮简图，图 4-46(d)为主轴箱体简图，后三种零件毛坯均为铸件。

9. 试决定下列零件外圆面的加工方案：

① 紫铜小轴，ϕ20h7，Ra0.8 μm；

② 40Cr 钢轴，ϕ50h6，Ra0.2 μm，表面淬火 56 HRC。

10. 试为图 4-47 零件上的孔，分别在单件小批和大批大量生产条件下选择加工方案。

11. 试为 CA6140 型车床床身导轨面选择加工方案，加工条件为：

生产类型：大批生产。

工件材料：HT300，中频淬火 50～55 HRC。

导轨面要求：$Ra0.8\ \mu m$，直线度误差1 m长度上不大于0.02 mm，且只允许中间凸起。

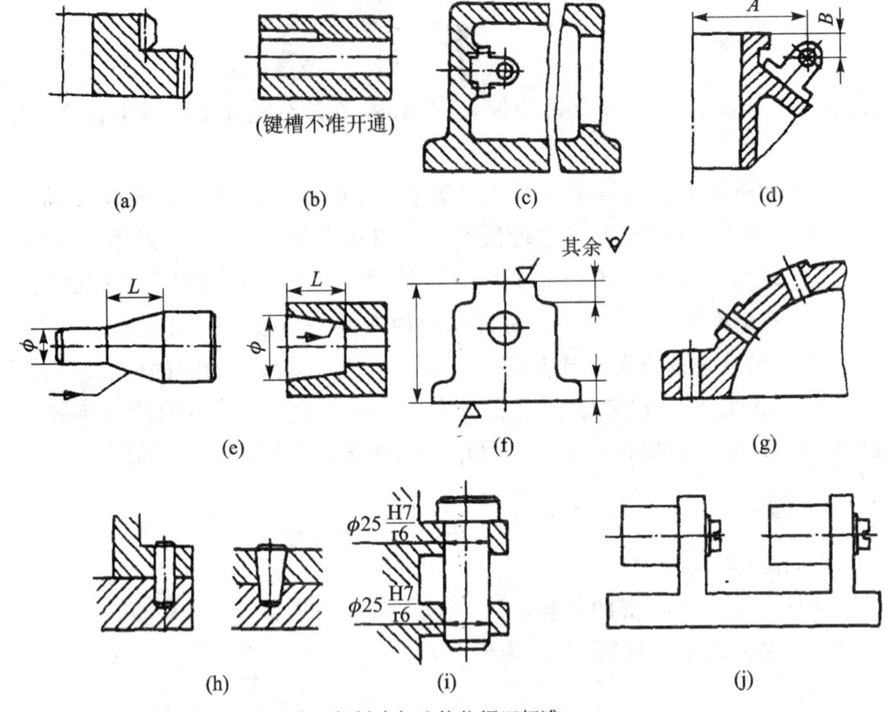

注：本图中，基准及表面粗糙度标注均依据旧标准。

图4-44　题5图

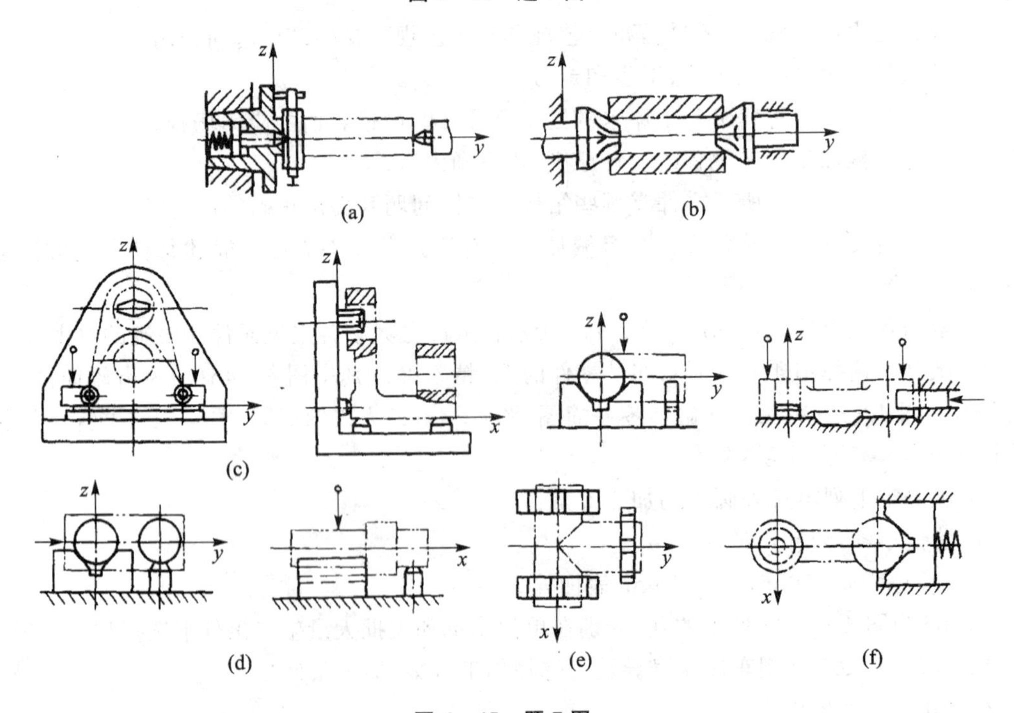

图4-45　题7图

12. 试为某机床齿轮的齿面加工选择加工方案，加工条件为：

生产类型：大批生产。

工件材料：45 钢，高频淬火 52HRC。

齿面加工要求：精度等级 7—7—6，表面粗糙度 $Ra0.8\ \mu m$。

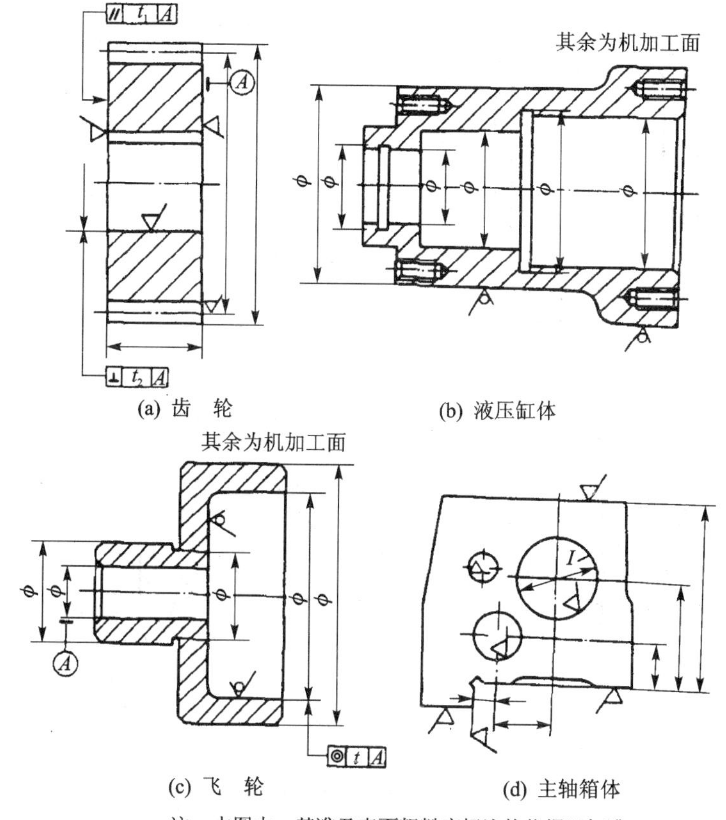

图 4-46　题 8 图

13. 有一小轴，毛坯为热轧棒料，大量生产的工艺路线为粗车—半精车—淬火—粗磨—精磨，外圆设计尺寸为 $\phi30_{-0.013}^{\ 0}$ mm，已知各工序的加工余量和经济精度，试确定各工序尺寸及其偏差。

工序名称	工序余量	经济精度	工序尺寸及偏差	工序名称	工序余量	经济精度	工序尺寸及偏差
粗磨	0.1	IT6		粗车		IT12	
精磨	0.4	IT8		毛坯尺寸	4(总余量)		
半精车	1.1	IT10					

14. 试分别拟定图 4-48 所示四种零件的机械加工工艺路线，内容有：工序名称、工序简图、工序内容等。生产类型为成批生产。

15. 图 4-49 所示零件加工时，图样要求保证尺寸 6±0.1 mm，但这一尺寸不便测量，只好通过度量 L 来间接保证。试求工序尺寸 L 及其偏差。

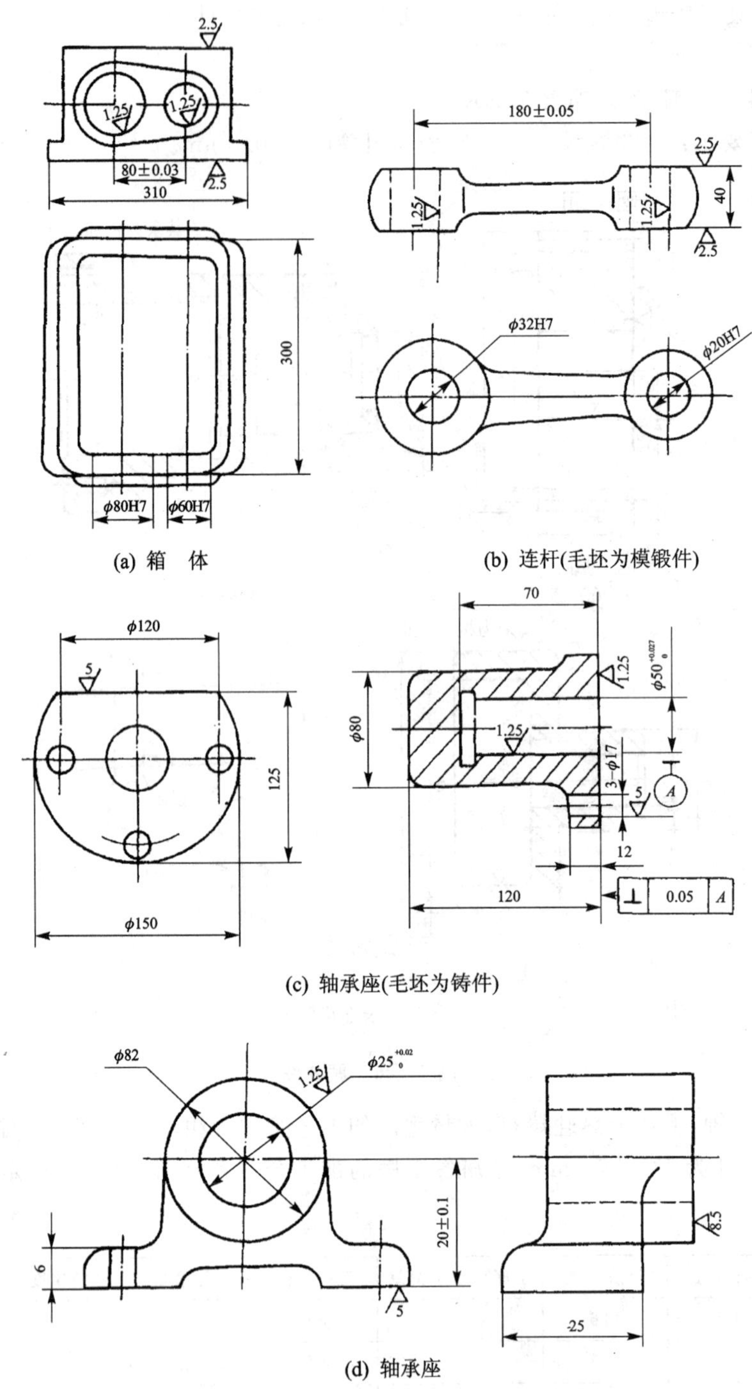

(a) 箱　体

(b) 连杆(毛坯为模锻件)

(c) 轴承座(毛坯为铸件)

(d) 轴承座

注：本图中，基准及表面粗糙度标注均依据旧标准。

图 4-47　题 10 图

16. 加工图 4-50 所示轴颈时，设计要求尺寸分别为 $\phi 28^{+0.024}_{+0.008}$ 和 $t=4^{+0.16}_{0}$ mm，有关工艺过程如下：

① 车外圆至 $\phi 28^{\ 0}_{-0.10}$ mm。

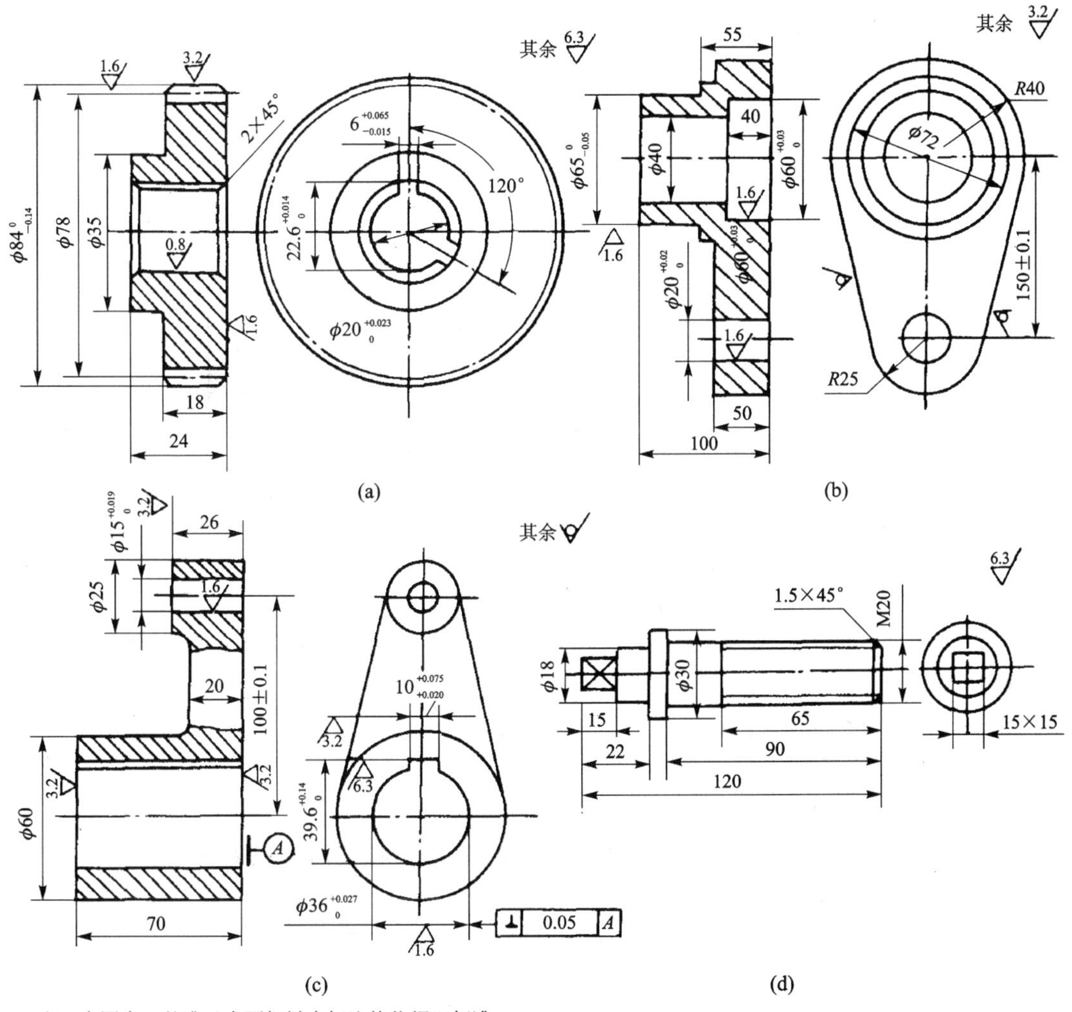

注：本图中，基准及表面粗糙度标注均依据旧标准。

图 4-48　题 14 图

② 在铣床上铣键槽，键深尺寸为 H。

③ 淬火热处理。

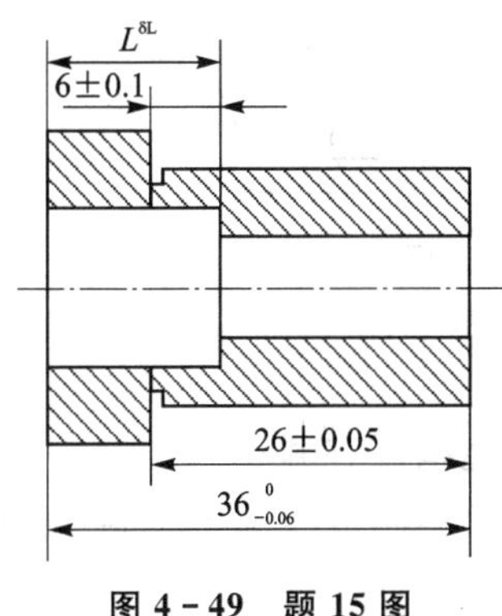

图 4-49　题 15 图

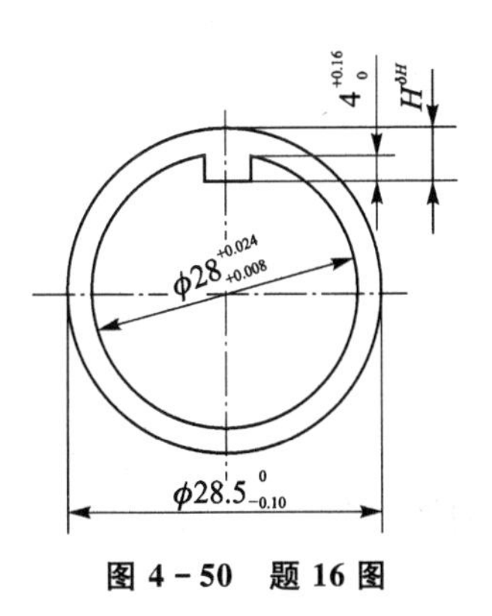

图 4-50　题 16 图

④ 磨外圆至尺寸 $\phi28^{+0.024}_{+0.008}$ mm。

若磨后外圆和车后外圆的同轴度误差为 $\phi0.04$ mm,试计算铣键槽的工序尺寸 H 及其极限偏差。

17. 加工套筒零件,其轴向尺寸及有关工序简图如图 4-51 所示,试求工序尺寸 A_1、A_2、A_3及其极限偏差。

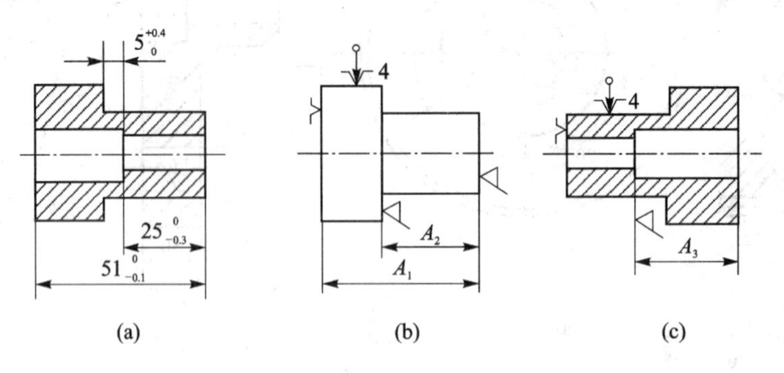

图 4-51　题 17 图

18. 加工图 4-52 所示某轴零件及有关工序如下:

① 车端面 D、$\phi22$ mm 外圆及台肩 C,端面 D 留磨量 0.2 mm;端面 A 留车削余量 1 mm 得工序尺寸 A_1、A_2。

② 车端面 A、$\phi20$ mm 外圆及台肩 B 得工序尺寸 A_3、A_4。

③ 热处理。

④ 磨端面 D 得工序尺寸 A_5。

试求各工序尺寸 A_1、A_2、A_3、A_4、A_5及其极限偏差,并校核端面 D 的磨削余量。

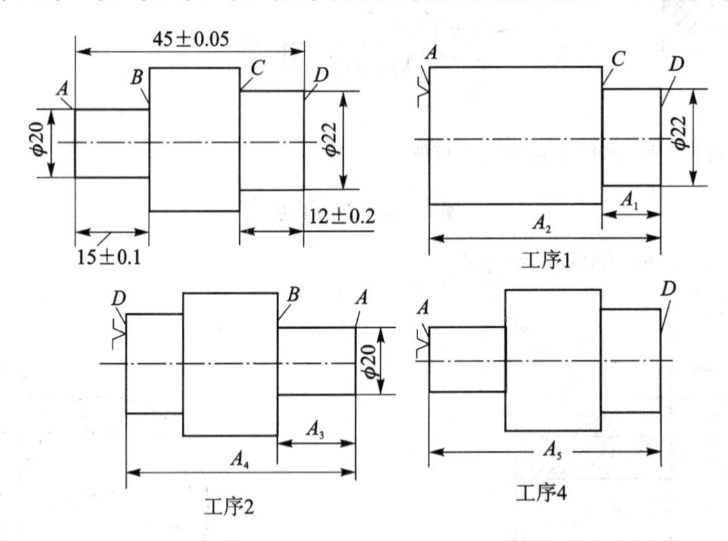

图 4-52　题 18 图

19. 何谓劳动生产率?提高机械加工劳动生产率的工艺措施有哪些?

20. 何谓生产成本与工艺成本?两者有何区别?比较不同工艺方案的经济性时,需要考虑哪些因素?

第5章　先进制造技术概述

5.1　数控加工技术和加工中心

数控技术起步于20世纪50年代，它使单件小批生产的零件加工自动化成为可能，相继出现了计算机控制的数控车床、数控铣床和数控钻床等。这就使机械制造的舞台由刚性自动化（采用刚性机械加工自动化设备）逐渐扩展到计算机控制的柔性自动化。数控加工技术的成熟和发展，促使机械加工工业跨入一个新的历史发展阶段，从而给国民经济的产业结构带来了巨大的变化。特别是随着20世纪80年代微机技术突飞猛进的发展，微机的功能不断扩大与完善，市场价格不断大幅度下降，而信息技术又借助于计算机网络技术得以长足进展，不但使加工中心、柔性制造单元和柔性制造系统的发展成为现实，而且大大推动了计算机集成制造系统的发展，也为具有更高水平的智能制造系统的发展奠定了基础。

由于市场竞争日趋激烈，产品更新变得极为迅速，促使原先以大批量生产零件的方式转化为以占产品数量为75%～80%的中、小批量零件的生产为主；同时，复杂形状的零件越来越多；制造精度、表面质量的要求也越来越高，其制造周期和成本却要求降低。这就使传统的那些“刚性”自动化设备难以适应。数控机床的问世不仅很好地解决了上述问题，它还改变了传统的机械加工方法，从而形成了一门新的应用技术——数控加工技术。

5.1.1　数控加工技术

1. 数控技术概述

数字控制简称数控（Numerical Control）或NC，是指输入数控装置的数字信息（包括字母、数字和符号）来控制机械执行预定的动作。数控技术的概念是指用数字、字母和符号对某一工作过程进行可编程自动控制的技术；而数控系统是指实现数控技术相关功能的软硬件模块的有机集成系统，它是数控技术的载体；计算机数控系统是指以计算机为核心的数控系统；数控机床是指应用数控技术对加工过程进行控制的机床。

在控制技术方面，数控技术和数控机床已经历了电子管控制、晶体管控制、集成电路控制、计算机控制，直到今天的微机数控（CNC）五个阶段。

2. 数控机床的组成

数控机床仍采用刀具和磨具对材料进行切削加工，但在如何控制切削运动等方面则与传统切削加工存在本质的差别，即传统切削加工由工人直接操作机床，而数控机床的加工运动由数字指令控制。总体说，数控机床可分成控制系统和加工系统两大部分。

（1）控制系统

控制系统也就是对加工信息进行编程、输入和操作控制的部分，可分为以下几个组件。

1）机床操作面板

机床操作面板是操作人员与数控系统进行交互的工具。一方面，操作人员可以通过它对数控系统进行操作、编程、调试和对机床参数进行设定和修改；另一方面，操作人员也可以通过它了解或查询数控系统的运行状态。它是数控机床的一个输入/输出部件，是数控机床的特有部件。

2）控制介质和输入/输出设备

控制介质是记录零件加工程序的媒介，如穿孔纸带、磁带、磁盘等。输入/输出设备是计算机数控(CNC)系统与外部设备进行信息交互的装置，如纸带阅读机(输入)、纸带穿孔机(输出)、录音机、磁盘驱动器等。现代数控系统主要使用最后一种。它们的作用是将记录在控制介质上的零件加工程序输入CNC系统，或将已调试好的零件加工程序通过输出设备存放或记录在相应的介质上。

3）计算机数控装置(或CNC单元)

计算机数控装置是计算机数控系统的核心。其主要作用是根据输入的零件加工程序或操作者命令进行相应的处理(如运动轨迹、机床输入/输出的处理)，然后输出控制命令到相应的执行部件(伺服单元、驱动装置和可编程逻辑控制器(PLC)等)，完成零件加工程序或操作者所要求的工作。它主要由计算机系统、位置控制器、PLC接口板、通信接口板、扩展功能模块以及相应的控制软件等模块组成。

4）伺服单元、驱动装置和测量装置

伺服单元和驱动装置是指主轴伺服驱动装置和主轴电机、进给伺服驱动装置和进给电机。测试装置是指位置和速度测量装置，它是实现速度闭环控制(主轴、进给)和位置闭环控制(进给)的必要装置。主轴伺服系统的主要作用是实现零件加工的切削运动，其控制量是速度。进给伺服系统的主要作用是实现零件加工的成型运动，其控制量为速度和位置。

5）PLC、机床I/O电路和装置

PLC用于完成与逻辑运算、顺序动作有关的I/O控制，它由硬件和软件组成；机床I/O电路和装置是用于实现I/O控制的执行部件，有继电器、电磁阀、行程开关、接触器等组成的逻辑电路。

(2) 机床本体

机床是数控机床的主体，是数控系统的控制对象，是实现加工零件的执行部件。与普通机床所不同的是，数控机床在加工中是自动控制，运动速度快、动作频繁、负载重而且连续工作时间长。所以，数控机床的本体具有结构简单、精度高、结构刚性好及可靠性高的特点。它主要由主运动部件、进给运动部件(工作台、拖板以及相应的转动机构)、支承件(立柱、床身等)以及特殊装置、自动工件交换(APC)系统(刀具自动交换(ATC)系统)和辅助装置(如冷却、润滑、排屑、转位和夹紧装置等)组成。

3. 数控机床的工作原理

数控加工的工作过程如图5-1所示，可分为以下几个步骤。

① 根据零件图纸，制订工艺方案，采用手工或计算机进行零件的程序编制，用规定的代码和程序格式编写程序单，即把加工零件所需的机床各种动作及全部工艺参数变成机床数控装置能接受的信息代码，并把这些代码存储在信息载体上(穿孔带、磁盘等)。

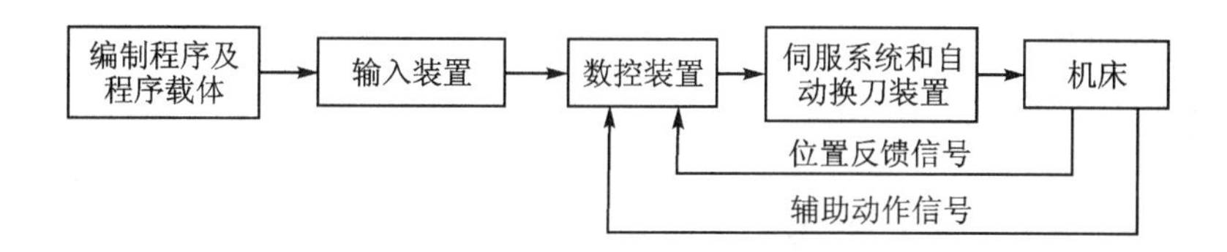

图 5－1　数控机床的组成框图

② 将程序载体上的程序通过输入装置输入到数控装置(即 CNC 单元)中去。当程序载体为穿孔带时,输入装置为光电阅读机;当程序载体为磁盘时,可用驱动器输入。也可以利用计算机和数控机床的接口直接进行通信,实现零件程序的输入和输出。

③ 进入数控装置的程序,经过一系列处理和运算转变成脉冲信号。这些信号分别被送到机床的伺服系统或可编程控制器中。

④ 伺服系统根据数控装置发出的信号,驱动机床的运动部件,使刀具和工件严格执行零件加工程序所规定的相应运动。送到可编程控制器中的信号,用以顺序控制机床的其他辅助动作,如实现刀具的自动更换与变速、开关冷却液等动作。

⑤ 通过机床机械部分带动刀具与工件的相对运动,加工出合格的工件。

⑥ 检测机床的运动,并通过反馈装置反馈给数控装置,以减少加工误差。当然,对于开环数控机床来说是不需要检测、反馈系统的。

数控系统的主要任务是将由零件加工程序表达的加工信息,变换成各进给轴的位移指令、主轴转速指令和辅助动作指令,控制加工轨迹和逻辑动作,加工出符合要求的零件。其数据转换过程如图 5－2 所示。

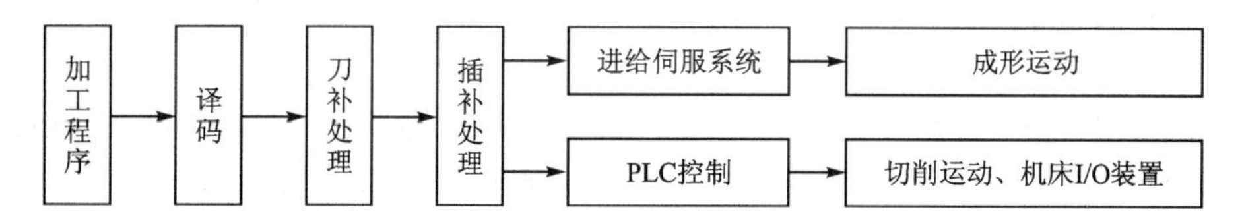

图 5－2　数控加工中的数据转换图

译码程序的主要功能是将用文本格式表达的零件加工程序,以程序段为单位转换成刀补处理程序所要求的数据结构格式。该数据结构用来描述一个程序段解释后的数据信息。

零件加工程序通常是按零件轮廓编制的,而数控机床在加工过程中控制的是刀具中心轨迹,因此在加工前必须将零件轮廓变换成刀具中心的轨迹。刀具补偿处理就是完成这种转换的处理程序。

轨迹控制就是插补功能,它是数控加工的重要特征。插补是在已知曲线的种类、起点、终点和进给速度的条件下,在曲线的起、终点之间进行“数据点的密化”。在每一个插补周期内,运行一次插补程序,形成一个微小的直线数据段。插补完一个程序段(即加工一条曲线)通常需要经过若干次插补周期。插补的实现主要有三个步骤,即逼近处理、分解运算和指令输出。需要指出的是,只有在辅助功能(换刀、变速、切削液等)完成之后才允许插补。

PLC 控制是对机床动作的“顺序控制”或称“逻辑控制”。

4. 数控机床的加工特点

数控机床加工的主要特点如下：

(1) 适应不同零件的自动加工

数控机床是按照被加工零件的数控程序来进行自动加工的，改变加工零件时，只要改变数控程序，不必更换凸轮、靠模、样板或钻镗模等专用工艺装备。因此，生产准备周期短，有利于机械产品的更新换代。

(2) 生产效率和加工精度高

数控机床在加工中零件的装夹次数少，一次装夹可加工出很多表面，可省去划线找正和检测等许多中间工序。据统计，普通机床的净切削时间比一般为15%～20%，而数控机床可达65%～70%，带有刀库可实现自动换刀的数控机床甚至可达72%～80%。加工复杂零件时，效率可提高5～10倍。

数控机床在整机设计中考虑了整机刚度和零件的制造精度，又采用高精度的滚珠丝杠副传动，机床的定位精度和重复定位精度都很高，特别是有的数控机床具有加工过程自动检测和误差补偿等功能，因而能可靠地保证加工精度和尺寸的稳定性。

(3) 适合加工形状复杂的轮廓表面

如利用数控车床加工复杂形状的回转表面和利用数控铣床加工复杂的空间曲面，而且功能复合程度高，可以一机多用。

(4) 有利于实现计算机辅助制造

目前在机械制造业中，CAD/CAM的应用日趋广泛，而数控机床及其加工技术正是计算机辅助制造系统的基础。

(5) 初始投资大，加工成本高

数控机床的价格一般是同规格的普通机床的若干倍，机床备件的价格也很高，加上首件加工进行编程、调整和试加工等的准备时间较长，因而使零件的加工成本大大高于普通机床。

此外，数控机床是技术密集型的机电一体化产品，数控技术的复杂性和综合性加大了维修工作的难度，需要配备素质较高的维修人员和维修装备。这也是数控机床存在的不足之处。

5. 数控机床的分类

数控机床的规格繁多，品种多样，可以从不同的角度对数控机床进行分类。我们介绍几种最主要的分类方法。

(1) 按照控制系统的特点分类

① 点位控制数控机床。这类机床的数控装置只控制机床移动部位从一个位置(点)精确地移动到另一个位置(点)，在移动过程中不进行任何加工，并且这种移动先是以快速移动接近新的位置，然后降速1～3级，慢速趋近定位点，以保证良好的定位精度。如对于一些孔加工用数控机床，只要求获得精确的孔系坐标定位精度，而不管从一个孔到另一个孔是按照什么轨迹运动，如图5-3所示，就可以采用简单而价格低廉的点位控制系统。

② 直线控制数控机床。这类机床工作时，数控装置不仅精确地控制两相关点之间的位置，而且还控制移动的速度和路线。它和点位控制数控机床的区别在于：机床移动部件不仅实现由一个位置到另一个位置的精确移动，而且还能够实现平行于坐标轴或与坐标轴成45°斜线方向的直线切削加工运动，如图5-4所示。

③ 轮廓控制的数控机床。这类机床的数控装置能够同时对两个或两个以上的坐标轴进行连续控制。加工时不仅能控制机床移动部件的起点和终点坐标，而且还控制整个加工过程每一点的速度和位置(即控制移动轨迹)，使机床加工出符合图纸要求的复杂形状的零件，如图5-5所示。

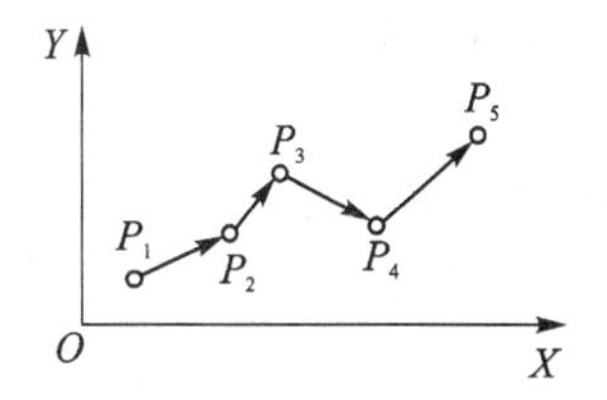

图5-3 数控机床的定位加工

(2) 按用途分类

① 一般数控机床。这类机床和传统的通用机床一样，有数控的车、铣、镗、钻、磨等，而且每种类型中又有很多品种。这类机床的工艺性和通用机床相似，所不同的是它能加工形状复杂、精度要求高的零件。

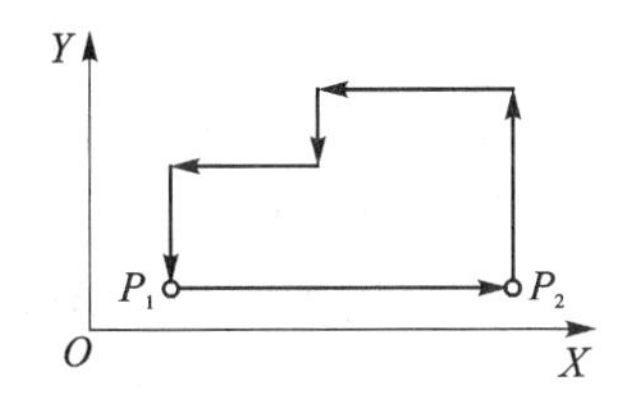

图5-4 数控机床的直线加工

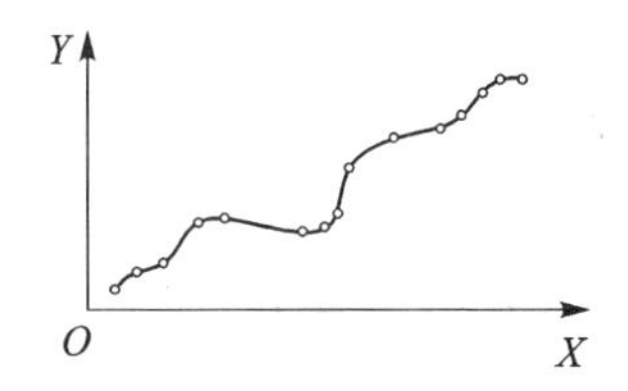

图5-5 数控机床的连续轮廓加工

② 带自动换刀装置的数控机床(即加工中心)。这类机床是在一般数控机床上加装一个可容纳10～100把刀具的刀库和自动换刀装置，工件经一次装夹后，数控装置就能控制机床自动地更换刀具，连续地对工件各加工面自动完成加工。

③ 多坐标数控机床。数控机床的控制轴数和联动轴数能表示数控装置对机床运动部分的控制能力。一般数控机床为2～3坐标控制(数控车床为2坐标，数控铣床为3坐标)。但有些复杂形状的零件，必须利用多坐标的数控机床进行加工，现在常用的是4～6坐标的数控机床。

(3) 按执行机构的伺服系统类型分类

① 开环伺服系统数控机床。这是比较原始的一种数控机床，这类机床的数控系统将零件的程序处理后，输出数字指令信号给伺服系统来驱动机床运动，没有来自位置传感器的反馈信号。因此，数控装置发出的信号的流程是单向的。这类机床较为经济，但是速度及精度较低。

② 闭环伺服系统数控机床。在机床移动部位上直接装有位置检测装置，在加工中，随时将测量到的实际位置值反馈到数控装置，与输入的指令位移进行比较，并用其差值进行控制，使移动部件按照实际需要的位移量运动，所以能达到很高的加工精度。

③ 半闭环伺服系统数控机床。大多数数控机床是半闭环伺服系统，将测量元件从工作台移到电动机端头或丝杠端头。这种系统的闭环环路内不包括丝杠、螺母副及工作台，因此可以获得稳定的控制特性。

6. 数控加工技术的发展

(1) 柔性制造系统(FMS)

FMS是一个自动化制造系统。它是将若干台数控机床或一组柔性制造单元，用一套自动物料搬运系统连接起来，通过计算机系统进行综合管理与控制，协调机床加工系统和物料搬运系统的功能，从而使整个系统自动地适应零件生产混合变化及生产量的变化。每个柔性制造单元增加了机器人或托盘自动交换装置，刀具和工件的自动测量装置和加工过程的监控装置，因此具有更好的柔性、更高的生产率。

FMS一般由三部分组成：计算机控制的信息系统，多工位的数控加工系统，自动化物料输送和存储系统。

柔性制造系统的出现，突破了传统的加工工艺，填补了单台数控机床与传统自动线(刚性自动线)之间加工方式的空白，即应用柔性制造系统可以进一步提高多品种、小批量生产的经济效益。

(2) 计算机集成制造系统(CIMS)

计算机集成制造系统是在信息技术、自动化技术、计算机技术及制造技术的基础上通过计算机及其软件，将制造工厂的全部活动——设计、制造及经营管理(包括市场调查、生产决策、生产计划、生产管理、产品开发、产品设计、加工制造及销售经营)等与整个生产过程有关的物料流与信息流实现计算机高度统一的综合化管理，从而获得更高的整体效益，缩短产品开发制造周期，提高产品质量，提高生产率并使企业形成快速反应机制，以赢得市场竞争的胜利。计算机集成制造系统是适用于多品种、中小批量生产的高效率、高柔性的智能制造系统。

5.1.2 加工中心

加工中心(Machining Center，MC)，是把铣削、车削、镗削、钻削、螺纹加工等多种功能集于一体的一种高效率、高精度的数控机床。加工中心具有自动换刀功能，一次装夹可以完成多面多工序的加工。

1. 加工中心的类型

(1) 立式加工中心

立式加工中心是指主轴为垂直状态的加工中心。其结构形式多为固定式立柱，长方形工作台，无分度回转功能，适合加工盘、套、板类零件。配合数控分度头可以用于加工螺旋线类零件。

(2) 卧式加工中心

卧式加工中心是指主轴为水平状态的加工中心。卧式加工中心通常都带有能自动分度的回转工作台，工件一次装夹可以完成除安装面和顶面以外的四个面的加工，所以通常用于加工箱体类零件。

(3) 龙门式加工中心

龙门式加工中心的主轴多为垂直于工作台状态，主要适用于大型、形状复杂零件的加工。除自动换刀装置意外，还带有自动更换主轴的装置，可使主轴由立式变为卧室实现一机多用，如图5-6所示。

(4) 万能加工中心(多轴联动性加工中心)

万能加工中心是指通过改变加工主轴轴线与工作台回转轴线的角度来实现联动变化，完成复杂空间曲面加工的加工中心。适用于具有复杂空间曲面的叶轮转子、模具、刀具等工件的加工。

2. 加工中心的特点

(1) 能自动换刀

加工中心设置有刀库和换刀机械手，刀具库中存有十几种甚至上百种刀具，可在预定程序

图 5－6　龙门式加工中心

的控制下实现自动换刀，这是区别普通数控机床和加工中心的重要特征。

（2）加工效率高

加工中心将若干个工序集中起来，在一次装夹中实现多种加工，减少了零件的周转，加工效率是普通机床的 5～10 倍。

（3）加工精度高

装夹次数少可消除因多次装夹带来的定位误差，提高加工精度。另外，零件的各个孔、面之间的相对位置是由坐标的定位精度来保证的，而不是依靠划线或模具来确定的，因此使得加工出的零件有很高的位置精度。

（4）新产品试制方便

零件的加工内容、切削用量、工艺参数等都编制到程序中，形成软件形式，适应性较强，可以随时修改，这样给新产品试制、实行新的工艺流程和试验提供了方便。

5.2　成组技术

5.2.1　成组技术概述

随着科学技术的迅速发展和社会产品需求的多样化，多品种小批量生产在机械制造业中所占的比例越来越大。据德国阿亨大学的奥匹兹（Opitz）教授统计，在组成机械产品的零件中，复杂件或关键件占零件总数的 5%～10%，其结构上差别较大，重用性较低；简单件或标准件占零件总数的 20%～25%，例如螺钉、销、键、垫圈等；而相似件约占零件总数的 70%，这些相似件包括各种轴、齿轮、套筒、法兰等零件，品种多，数量大，在不同产品中相似而具备一定的通用性。

传统的针对小批量生产的组织模式会存在一些矛盾：生产计划、组织管理复杂化；零件从投料到加工完成的总生产时间较长；生产准备工作量大；产量小，使得先进制造技术的应用受到限制，等等。为了解决多品种、小批量零件生产的机械化和自动化问题，产生了一种将工程技术与管理技术集于一体的生产组织管理方法体系，它利用设计的零件间的相似性特征，按其加工工艺要求的相似性分类，然后采用相似的方法成组加工，这就是成组技术（Group Technology，GT）。成组技术被认为是一种使企业生产合理化和现代化的“制造哲理”，是现代制造技术的一个重要理论基础。

目前，成组技术不仅是提高多品种、中小批量生产企业经济效益的有效途径，而且已成为发展现代数控技术(NC)、柔性制造系统(FMS)和计算机集成制造系统(CIMS)的重要基础。

5.2.2 成组技术基本原理

相似性原理是成组技术的基础,而机械零件的相似性体现在三个方面,即结构相似性、材料相似性及工艺相似性,如图5-7所示。

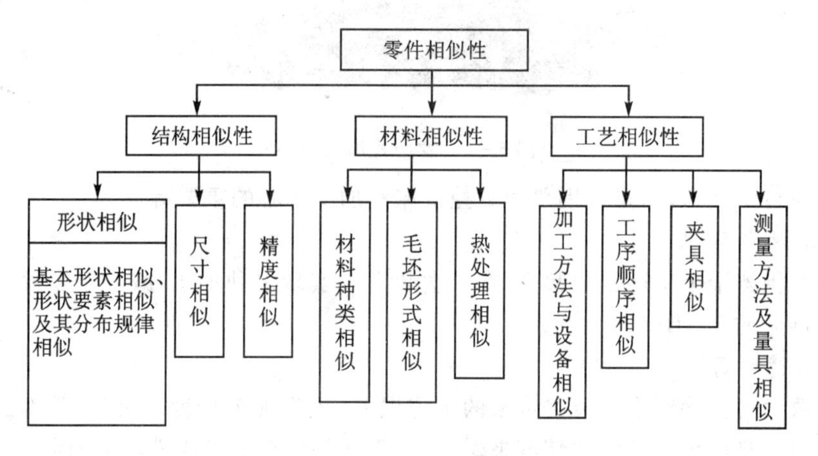

图5-7 零件相似性

在机械制造过程中,成组技术充分利用零件间在形状、尺寸大小、精度等级等方面的相似性,通过对制造系统的输入加以合理组织,使小批量生产的多种相似零件成为批量较大的零件族;对各零件族制定统一的工艺方案,配备相应的工艺装备成组加工,从而为提高制造系统的自动化程度创造条件。其原理见图5-8。

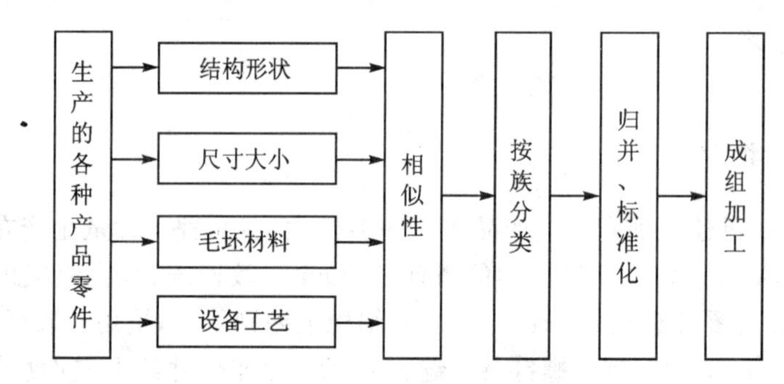

图5-8 成组技术原理图

5.2.3 零件分类成组的方法

零件分类是成组技术的重要环节,分类的合理与否将直接影响成组技术的经济效果。目前,将零件分类成组常用的方法有:

1. 视检法

视检法是由有生产经验的人员通过对零件图纸仔细阅读和判断,把具有某些特征属性的一些零件归结为一类。它的效果主要取决于个人的生产经验,带有主观性和片面性。

2. 生产流程分析法

生产流程分析法(Production Flow Analysis,PFA)是以零件生产流程及生产设备明细表等技术文件,通过对零件生产流程的分析,可以把工艺过程相近的,即使用同一组机床进行加工的零件归结为一类。采用此法分类的正确性与分析方法和所依据的工厂技术资料有关。采用此法可以按工艺相似性将零件分类,以形成加工族。

3. 编码分类法

编码分类法为最常用的一种分类成组方法。零件按特征分类后,建立一种编码系统对零件特征进行标识,编码就是用数字表示零件的形状等特征,通过对每个零件赋予规定的一组数字符号,描述零件设计和工艺的基本特征信息。代表零件特征的每一个数字码称为特征码。分类编码的方法要综合考虑设计和工艺两个方面,因此,编码系统的一组特征代码一般由以设计为基本特征的主码和以工艺为基本特征的副码组成。

各国在成组技术的研究和实践中都首先致力于分类编码方法的研究与制定。现在世界上已有多种编码系统,应用最广的是由奥匹兹于 1964 年领导编制的奥匹兹(Opitz)分类编码系统。该系统构造简单,码位少,功能范围广,编排科学,能按人们对零件的认识过程和加工顺序布置码位次序,使用方便;其不足之处是对非回转体零件的描述比较粗糙,在尺寸和工艺特征上给出信息较少。很多国家以其为基础建立了本国的分类编码系统。

我国于 1984 年指定的机械零件编码系统(JLBM－1 系统),是在分析 Opitz 系统和日本 KK 系统的基础上,结合我国机械产品的具体情况制定的。该系统由名称类别码(第一和第二位)、形状及加工码(第三～九位)、辅助码(第十～十五位)三部分共 15 位组成,每一码位包括从 0～9 的 10 个特征项号,其结构见图 5－9。

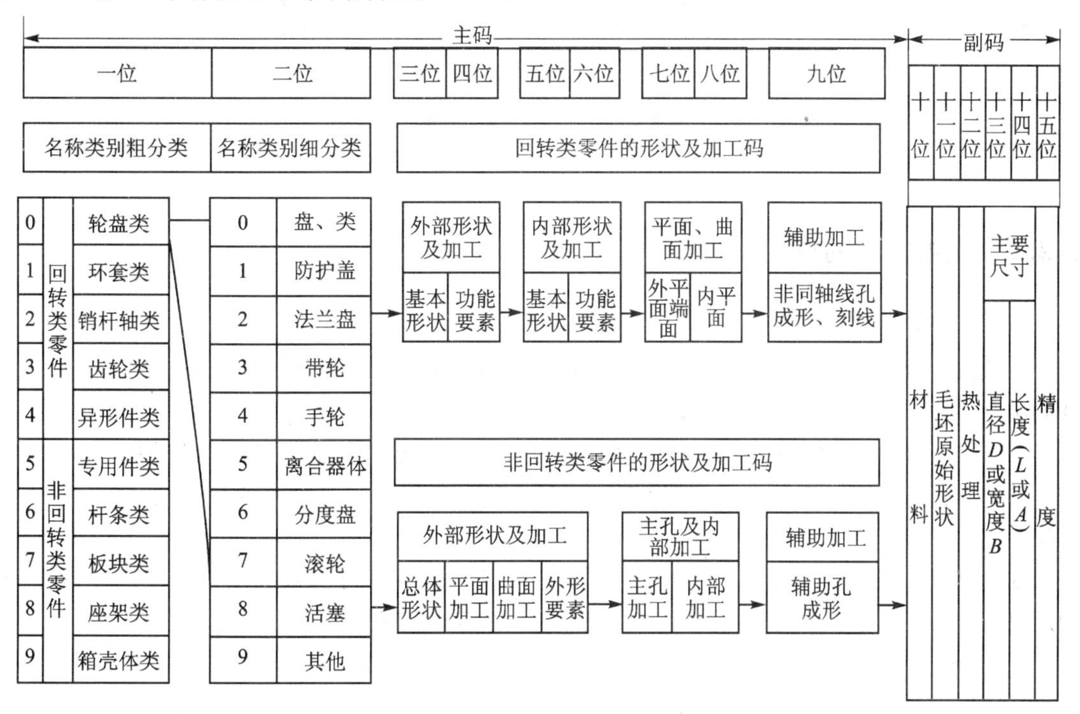

图 5－9　JLBM－1 分类编码系统

图 5-10 为法兰盘应用 JLBM-1 分类编码系统的一个编码举例。

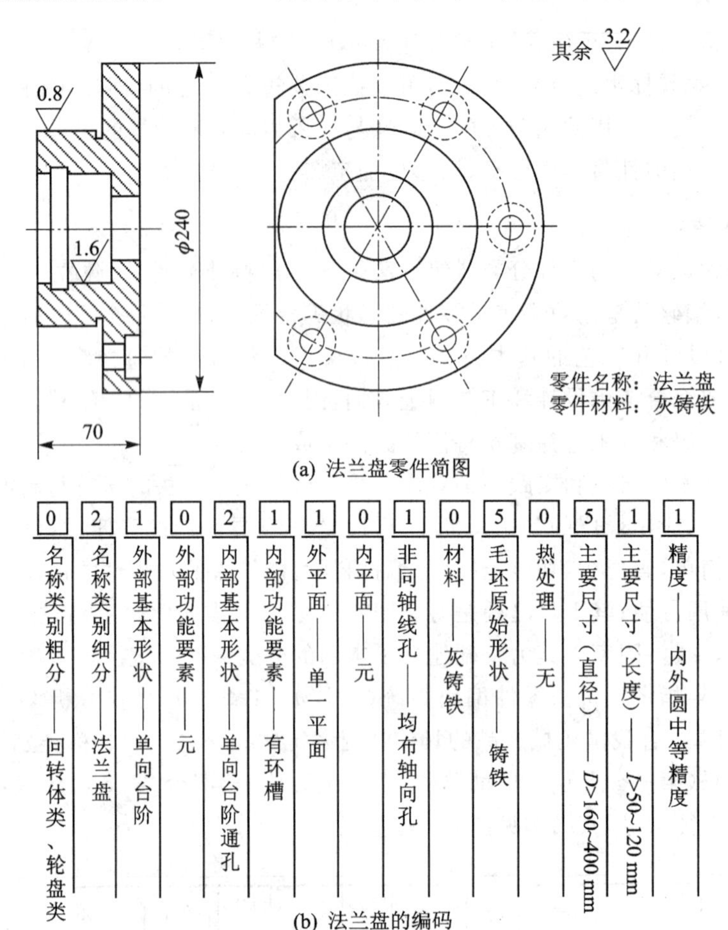

注：本图中，基准及表面粗糙度标注均依据旧标准。

图 5-10　法兰盘编码举例

5.2.4　成组技术的应用

1. 产品设计方面

① 通过对已设计、制造过的零件编码和分组，可建立起设计图纸和资料的检索系统。设计同类零件时，可以很方便地用计算机识别、检索零件。

② 设计资料检索系统中，零件图和技术条件等方面的数据按划分的零件组加以组织和存放。设计时再由计算机按零件组的代码自动调出所需资料，有利于设计的标准化、规范化和系统化。

③ 据统计，当设计一种新产品时，往往有 3/4 以上的零件可直接利用或经局部修改便可利用已有产品的零件图，这就大大减少了设计人员的重复劳动。

2. 制造工艺方面

① 按零件组进行生产准备和加工时，设计和使用成组工艺规程，以取代为每种零件单独

制定的工艺规程，消除相似零件的工艺过程不必要的多样性。

② 采用成组工艺装备以取代通用工装和为每种零件单独设计制造的专用工艺装备，大大减少了专用的工艺装备的数量。

③ 在扩大了成组批量的基础上，按照零件组加工的要求选择机床设备、组织生产单元或成组流水线，稳定了生产过程，降低了生产成本。

④ 可在成组技术的基础上实现工序或整个工艺过程的柔性自动化，进而实现计算机辅助工装设计、计算机辅助工艺过程设计（CAPP）以及设计与制造的一体化等。

3. 生产管理方面

成组技术同样能在生产计划、生产调度、质量管理、库存管理及工时定额、成本核算等管理工作中应用，将实行按零件组组织生产。

可见，成组技术与计算机技术相结合，已经成为计算机辅助设计（CAD）、计算机辅助制造（CAM）、计算机辅助工艺过程设计（CAPP）和柔性制造系统（FMS）等的重要技术基础之一。成组技术将为机械制造自动化开辟广阔的道路。

5.3　超精密加工与微细加工

超精密加工是加工精度高于 0.1 μm，加工表面粗糙度小于 Ra0.01 μm 的加工方法的统称。现代机械工业之所以要致力于提高加工精度，其主要的原因在于：提高制造精度后可提高产品的性能和质量，提高其稳定性和可靠性；促进产品的小型化；增强零件的互换性，提高装配生产率，并促进自动化装配。

超精密加工已经成为国际竞争中取得成功的关键技术。许多现代技术产品需要高精度制造，对于尖端技术、国防和微电子等工业的发展都需要精密和超精密加工制造出来的仪器设备。当代的超精密工程、微细工程和纳米技术是现代制造技术的前沿，也是明天技术的基础。

5.3.1　超精密加工

实现超精密加工不是孤立的加工方法和单纯的工艺问题，而是一项包含内容极其广泛的系统工程。超精密切削加工，首先需要超精密的机床设备和刀具，还需要超稳定的环境条件（恒温、防振、超净、恒湿），以及需要运用计算机技术进行实时检测、在线检测和误差补偿，包括机床超精密部件运动精度的检测和加工精度的检测，且检测精度比加工精度至少高一个数量级。

超精密加工方法有金刚石刀具超精密切削和游离磨料超精密加工等。

1. 金刚石刀具超精密切削

使用天然单晶金刚石刀具进行精密切削也是金属切削的一种，服从金属切削的普遍规律，但它同时也有其特殊规律，这是由金刚石刀具的特殊物理化学性能和切削层极薄等因素造成的。

金刚石刀具是超精密切削中的重要关键。金刚石刀具有两个比较重要的问题：一是晶面的选择，这对刀具的使用性能有着重要的关系；再就是金刚石刀具的研磨质量——刃口半径 ρ，它关系到切削变形和最小切削厚度，因而影响加工表面质量。

用金刚石刀具进行超精密切削加工是 20 世纪 60 年代发展起来的新技术，主要用于有色金属及其合金以及光学玻璃、大理石和碳素纤维板等非金属零件表面的镜面加工。目前，在符合条件的机床和环境条件下，使用单晶天然金刚石刀具加工上述材料时，一般可直接切出尺寸精度高于0.1 μm，加工表面粗糙度小于Ra0.01 μm的超光滑镜面。它在国防和尖端技术的发展中起着重要的作用，主要用于加工陀螺仪、激光反射镜、天文望远镜的反射镜、红外反射镜和红外透镜、雷达的波导管内腔、计算机磁盘、激光打印机的多面棱镜、录像机的磁头、复印机的硒鼓、菲尼尔透镜等。此外，它还用于表面粗糙度较小的高效切削中，如加工钟表零件、高硅铝合金活塞外圆和活塞销孔、光学仪器上的镜筒等。

2. 游离磨料超精密加工

金刚石刀具适合于加工铝、铜等有色金属及其合金，而对钢铁类、非金属硬材料等的超精密加工，一般多采用超精密磨料加工。

游离磨料超精密加工时，磨料处于游离状态。加工过程中，工具与被加工表面之间存在一定大小的间隙，间隙中充满一定粒度和浓度的磨料，依靠磨料与工件之间的相对运动来实现加工要求。游离磨料超精密加工的典型代表是超精密研磨抛光。例如，液中研磨法就是将超精密抛光的研磨操作浸入在含磨粒的研磨剂中进行，在非常充足的加工液中，借助水波效果，利用浮游的细小磨粒进行研磨加工，并对磨粒作用部分所产生的热还有极好的冷却效果，对研磨时的微小冲击也有缓冲效果。利用微细的Al_2O_3磨粒和聚氨酯研具研磨硅片时，可以得到很高质量的镜面。

超精密研磨抛光有多种方法，这些新的研磨方法有的可以达到分子级和原子级材料的去除，并达到相应的极高几何精度和无缺陷无变质层的研磨表面。

5.3.2 微细加工

1. 微细加工和超微细加工的概念

微细加工和超微细加工是指微小尺寸的加工，它和一般尺寸的加工有三方面不同：

(1) *精度的表示方法*

一般尺寸加工时，精度是用其加工误差与加工尺寸之比来表示的，而在微细加工时，由尺寸的绝对值来表示，即用去除的一块材料的大小来表示。所以，当微细加工0.01 mm尺寸零件时，必须采用微米加工单位进行加工；当微细加工微米尺寸零件时，必须采用亚微米加工单位来进行加工，现今的超微细加工已采用纳米加工单位。

(2) *微观机理*

一般尺寸加工和微细加工的最大差别是切屑大小不同。一般尺寸加工时，允许的背吃刀量比较大，而在微细加工时不允许有大的背吃刀量，因此切屑很小。当背吃刀量小于材料晶粒直径时，切削就得在晶粒内进行，所以，对微细加工来说，加工单位的现实限度可能是分子或原子。

(3) *加工特征*

一般加工时多以尺寸、形状、位置精度为加工特征，而微细加工和超微细加工却以分离或结合原子、分子为加工对象，以电子束、离子束、激光束三束加工为基础，采用沉积、刻蚀、溅射、蒸镀等手段进行各种处理。

2. 微细加工方法举例——精密光刻加工

精密光刻加工技术是对金属或非金属材料进行精密加工的有效手段。在集成电路制作中，采用光刻技术可得到高精密微细线条所构成的高密度微细复杂图形。

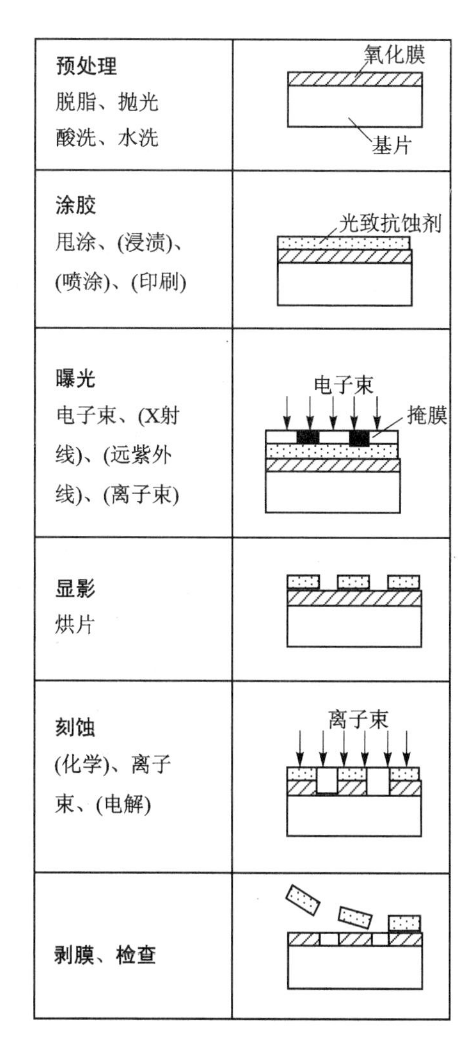

图 5－11　光刻加工过程

所谓光刻，是指使用电磁波频谱中的光束或电子、离子以及 X 射线等光致蚀剂形成规定图形的微细加工方法。光刻加工过程如图 5－11 所示。

① 涂胶　把光致抗蚀剂(感光胶)涂敷在氧化膜上。

② 曝光　由光源发出的光经掩膜(起照相底片的作用)在光致抗蚀剂涂层上成像。

③ 显影与烘干　曝光后的光致抗蚀剂，其分子结构产生化学变化，在特定溶剂或水中的溶解度也不同，利用曝光区和非曝光区的这一差异，可在特定溶剂中把曝光图形显示出来。

④ 刻蚀　利用化学或物理方法，将没有光致抗蚀剂部分的氧化膜去除。

⑤ 剥膜与检查　用剥膜液去除光致抗蚀剂而获得和掩膜上相同的微细图形。

3. 微细加工技术的应用

微细加工不仅包括了传统的机械加工方法，而且包括了许多特种加工方法，如电子束加工、离子束加工等，这种机电一体化的加工是现代制造技术的前沿。计算机技术、微电子技术和航空航天技术的发展，对电子设备微型化和集成化的需求越来越高，而电子设备微型化和集成化的关键技术之一是微细加工。同时，在机械工业中也出现了许多微小尺寸的加工，例如，红宝石(微孔)轴承、微型齿轮、微型轴、金刚石车刀、微型钻头等都需要用微细加工方法来制造，所以，微细加工正在越来越受到广泛应用。

5.3.3　纳米级加工

1. 纳米级加工的物理实质

纳米级加工的物理实质和传统的切削磨削加工有很大不同，一些传统的切削磨削方法和规律已不能用在纳米级加工。

欲得到 1 nm 的加工精度，加工的最小单位必须更小。由于原子间的距离为 0.1～0.3 nm，纳米级加工实际上已到了加工精度的极限。在纳米级加工中试件表面的一个个原子或分子将成为直接的加工对象，因此纳米级加工的物理实质就是要切断原子间的结合，实现原子或分子的去除。

各种物质是以共价键、金属键、离子键或分子结构的形式结合而组成的，在纳米级加工中要切断原子间结合能需要很大的能量密度，传统的切削、磨削实际上是利用原子、分子或晶体间连接处的缺陷而进行加工的,消耗的能量密度较小,用传统切削磨削加工方法进行纳米级加工,要切断原子间的结合就相当困难了。因此直接利用光子、电子、离子等基本能子的加工,必然是纳米级加工的主要方向和主要方法。

纳米级加工要求达到极高的精度,使用基本能子进行加工时,如何进行有效的控制以达到原子级的去除,是实现原子级加工的关键。近年来纳米级加工已有很大的突破,例如用电子束光刻加工超大规模集成电路时,已实现 0.1 μm 线宽的加工;离子刻蚀已实现微米级和纳米级表层材料的去除;扫描隧道显微技术已实现单个原子的去除、搬迁、增添和原子的重组。纳米加工技术现在已成为现实的、有广阔发展前景的全新加工领域。

2. 纳米加工中的 LIGA 技术

LIGA 技术(Lithographie,Galanoformung,Abformung)是最新发展的光刻、电铸和模铸的复合微细加工新技术,被认为是一种三维立体微细加工的最有前景的新加工技术,将对微型机械的发展起到很大的促进作用。

用 LIGA 技术可以制成各种各样的微器件和微装置,材料可以是金属及合金、陶瓷、聚合物和玻璃等,可以制成微形件的最大高度为 100 μm,横向尺寸 0.5 μm 以上,高宽比大于 200 μm 的立体微结构,加工精度可达 0.1 μm。

用 LIGA 技术已研制成功或正在研制的产品有微传感器、微电机、微执行器、微机械零件、集成光学和微光学元件、真空电子元件、微型医疗器械和装置,流体技术微元件,纳米技术元件及系统等。LIGA 产品涉及的尖端科技领域和产业部门极广,其技术经济的重要性和市场前景,社会、经济效益是显而易见的。

5.4 超高速加工

5.4.1 超高速加工概述

超高速加工技术是指采用超硬材料的刀具(磨具),通过极大地提高切削速度和进给速度来提高材料切除率、加工精度和加工质量的现代加工技术。

超高速加工的切削速度范围因不同的工件材料、不同的切削方式而异。目前一般认为,超高速切削各种材料的切速范围为:铝合金已超过 1 600 m/min,铸铁为 1 500 m/min,超耐热镍合金达 300 m/min,钛合金达 150～1 000 m/min,纤维增强塑料为 2 000～9 000 m/min。各种切削工艺的切速范围为:车削 700～7 000 m/min,铣削 300～6 000 m/min,钻削 200～1 100 m/min,磨削 250 m/s 以上,等等。

20 世纪 30 年代德国的机械切削物理学家萨洛蒙(Carl Salomon)博士首次提出高速切削概念,经过 20 世纪 50 年代的机理与可行性研究、70 年代的工艺技术研究、80 年代全面系统的高速切削技术研究,到 90 年代初高速切削技术开始进入实用化,再到 90 年代后期,商品化高速切削机床大量涌现。自 21 世纪初,高速切削技术在工业发达国家得到普遍应用,正成为切削加工的主流技术。近年来,我国在高速超高速加工的各关键领域,如大功率高速主轴单元、高加减速直线进给电机、陶瓷滚动轴承等方面也进行了较多的研究,但总体水平同国外尚有较大差距。

超高速加工技术主要包括:超高速切削与磨削机理研究、超高速主轴单元制造技术、超高速进给单元制造技术、超高速加工用刀具与磨具制造技术以及超高速加工在线自动检测与控制技术等。

5.4.2　超高速加工的机理和特点

传统的切削加工过程中，随着加工设备主运动和进给运动切削速度的提高，产生大量切削热，直接导致被加工零件和切削刀具的温度剧烈升高，刀具发软并出现剧烈磨损，切削加工无法继续进行。为此，研究人员针对不同的切削加工类型和工件材料，划定了相应的切削加工速度区域。

萨洛蒙在分析和总结大量的切削加工试验“速度-温度”曲线后，首次提出了超高速切削加工理论。该理论认为，在常规的切削速度范围内，随着切削速度的增大，确实会出现上述问题；但是，当切削速度继续增大，达到甚至超过一定的数值后，如果再增加切削速度，此时的切削温度不但不会升高，反而会降低，甚至会低于刀具可以承受的温度，这样就可能重新利用现有的刀具进行超高速加工，大幅度地减少切削加工的时间，提高设备的生产效率，这便是超高速切削加工的概念。如图 5－12 所示为切削温度与切削速度的关系。

因此，超高速加工的显著标志是使被加工塑性金属材料在切除过程中的剪切滑移速度达到或超过某一阈值，开始趋向最佳切除条件。由于切削机理的改变，而使超高速加工具有自身特有的优势：

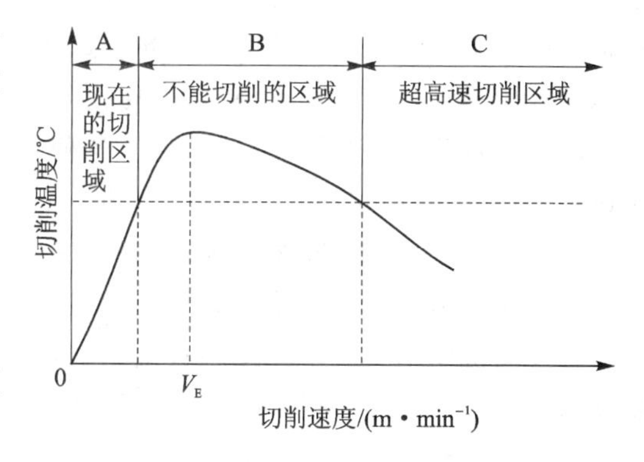

图 5－12　切削温度与切削速度的关系曲线

① 超高速加工的小量快进使切削力降低，比常规切削低 30%～90%。

② 切屑的高速排除，带走大部分热量，使得工件热变形减少。

③ 切削力的降低、转速的提高使切削系统的工作频率远离机床的低阶固有频率，低阶切削振动几乎消失，有利于保证零件的尺寸、形位精度；而工件的表面粗糙度对低阶频率最为敏感，由此也降低了表面粗糙度。

④ 显著提高材料切除率，比传统切削提高 5～10 倍。

⑤ 工序少。用高速加工中心或高速铣床加工模具，可以在工件一次装夹中完成型面的粗、精加工和汽车模具其他部位的机械加工，即所谓“一次过技术(One Pass Machining)”。

⑥ 加工成本降低。

5.4.3　超高速加工的关键技术

1. 超高速切削与磨削机理研究

在超高速切削与磨削机理研究方面，特别需要进行的工作是：对超高速切削和磨削加工过程、各种切削磨削现象、各种被加工材料和各种刀具磨具材料的超高速切削磨削性能以及超高速切削磨削的工艺参数优化等进行系统研究。

2. 超高速切削机床

超高速切削能否得到广泛而顺利的推广和应用,取决于机床设备和刀具制造的多种相关技术是否发展到可与超高速切削机理研究相匹配的程度。对于超高速切削机床的研究主要体现在以下几个方面:

(1) 超高速主轴单元制造技术

由于超高速切削加工设备的主轴系统是在超高速条件下运转的,传统的齿轮变速和带传动方式已明显不能适应其要求,取而代之的是具有宽调速功能的交流变频电动机。这种电动机的转速可达18 000 r/min以上,通常将其空心转子直接套装在机床的主轴上,取消了从电动机到机床主轴的一切中间传动环节,使机床主传动的机械结构得到了极大地简化,形成了一种新型的功能部件——主轴单元。为了适应切削加工的超高速特点,主轴单元具有很大的驱动功率和转矩,具有较宽的调速范围,同时还有一系列监控主轴振动、轴承和电动机温升等运行参数的传感器、测试控制和报警系统,以确保主轴单元在超高速运转下的可靠性和安全性。

在高速主轴部件上,必须采用高速精密轴承,并且要求这类轴承在超高速旋转时有较高刚度和承载能力以及较长的使用寿命。现有高精度陶瓷球角接触球轴承、流体(液体、空气)动静压轴承以及磁浮轴承的高速主轴。陶瓷球角接触球轴承刚度高,发热少,热稳定性好,寿命长。流体动静压轴承的运动精度很高,回转误差可达50 nm以下,最高转速可达100 000 r/min,采用金刚石刀具可以进行镜面铣削,加工各种复杂的高精度形面。磁浮轴承的优点是高精度、高转速和高刚度,其回转精度可达0.2 μm。

(2) 超高速加工进给单元制造技术

超高速机床要求进给系统有与主轴高转速相应的高速进给运动(空行程时的移动速度更高),直线电机驱动实现了无接触直接驱动,避免了滚珠丝杆(齿轮、齿条)传动中的反向间隙、惯性、摩擦力和刚度不足等缺点,可获得高精度的高速移动并具有极好的稳定性。

(3) 超高速加工机床的控制系统

高速机床中,数字主轴控制系统和数字伺服驱动系统应具有超高速响应特征。主轴单元的控制系统,除了要求控制主轴电机时有很高的快速响应特征之外,对主轴支撑系统也应该有很好的动态响应特征。

(4) 超高速加工机床的支承及辅助单元制造技术

机床支承技术主要指机床的支撑构件的设计及制造技术。辅助单元技术包括快速工件装夹技术、机床安全装置、高效冷却润滑液过滤系统、切削处理及工件清洁技术等。机床的床身、立柱和底座等支承基础件,要求有良好的静刚度、动刚度、优良的吸振特性和隔热性能。铸铁材料已无法作为超高速机床的支撑基础,国内外现大都采用聚合物混凝土(人造花岗岩)来制造床身和立柱。

3. 超高速切削加工的刀具技术

超高速切削要求刀具材料与被加工材料的化学亲和力小,并且具有优异的力学性能、热稳定性能、抗冲击性能和极高的耐磨性能。目前适合于超高速切削加工的刀具材料主要有涂层硬质合金材料、金属陶瓷材料、聚晶金刚石、聚晶立方氮化硼等。

对于安装在超高速主轴上的旋转类刀具(或磨具)来说,刀具的结构安全性和高精度的动平衡也是至关重要的。当主轴转速超过10 000 r/min时,一方面由于离心力的作用使主轴传统的锥度端口产生扩张，刀具的定位精度和连接刚性下降，振动加剧，甚至发生连接部的咬合现象。另一方面，常用刀片夹紧机构的可靠性下降，刀具整体不平衡量的影响加强。为此，国外一些刀具公司开发出短锥空心柄连接方式和对刀具进行等级平衡及自动平衡的系统技术，既保证了刀具定位精度和连接刚性，又由主轴自动化平衡系统将刀具残余不平衡和配合误差引起的振动降低 90%以上。

4. 超高速加工测试技术

超高速加工要发挥自身优势，必须保证加工过程的稳定性和安全性，需要加工过程中对系统状态进行及时的监测和调整。超高速加工的测试技术主要指在超高速加工过程中通过传感、分析、信号处理等，对超高速机床及系统的状态进行实时在线的监测和控制。其涉及的关键技术主要有：基于监控参数的在线检测技术、超高速加工的多传感信息融合检测技术、超高速加工机床中各单元系统功能部件的测试技术、超高速加工中工件状态的测试技术以及超高速加工中自适应控制技术及智能控制技术等。

5.4.4　超高速加工的应用领域

超高速切削加工目前主要用于汽车工业、航空工业、难加工材料、超精密微细切削、复杂曲面加工等不同的区域。航空工业是高速加工主要应用领域，飞机制造通常需切削加工长铝合金零件、薄层腹板件等，直接采用毛坯高速切削加工，可不再采用铆接工艺，从而降低飞机自重。在汽车制造行业，为了满足市场个性化的需求而由大批量生产转向多品种变批量生产，由柔性生产线代替了组合机床刚性生产线，高速的加工中心将柔性生产线的效率提高到组合机床生产线的效率。另外，模具制造业也是高速加工技术的主要受益者。当采用高转速、高进给、低切削深度的加工方法时，对淬硬钢模具型腔加工可获得较佳的表面质量，可省去后续的电加工和手工研磨等工序。高速加工技术在模具行业的应用，无论是在减少加工准备时间，缩短工艺流程，还是缩短切削加工时间方面都有极大的优势。

随着制造业竞争的日趋激烈，要求企业在提高产品质量的同时，尽可能提高生产率、降低生产成本、缩短产品的加工周期。超高速加工因其独特的技术特点，在实现上述目标方面具有明显的技术优势，必将在更多领域得到更广泛的应用。

5.5　增材制造(3D 打印)

3D 打印是增材制造技术的俗称。增材制造(Additive Manufacturing, AM)技术是依据三维 CAD 设计数据，采用离散材料(液体、粉末、丝、片、板、块等)逐层累加原理制造实体零件的技术。相对于传统的材料去除(如切削等)技术，增材制造是一种自下而上材料累加的制造工艺。自 20 世纪 80 年代开始增材制造技术逐步发展，期间也被称为材料累加制造(Material Increase Manufacturing)、快速原型(Rapid Prototyping)、分层制造(Layered Manufacturing)、实体自由制造(Solid Free-form Fabrication)、3D 打印(3D Printing)等。名称各异的叫法分别从不同侧面表达了该制造工艺的技术特点。

制造技术大致可分为三种方式。其一是材料去除方式，也称为减材制造，一般是指利用刀具或电化学方法，去除毛坯中不需要的材料，剩下的部分即是所需加工的零件或产品。其二是材料成形方式，也称为等材制造技术，铸造、锻压、冲压等均属于此种方法，主要是指利用模具控形,将液体或固体材料变为所需结构的零件或产品。这两种方法是传统的制造方法,例如铸造技术从三千多年前的青铜器时代就开始使用。其三是近20年发展起来的增材制造,它是用材料逐层累积制造物体的方法。

美国材料与试验协会(ASTM)F42国际委员会对增材制造和3D打印给予了明确的定义。增材制造是依据三维CAD数据将材料连接制作物体的过程,相对于减材制造,它通常是逐层累加过程。3D打印也常用来表示增材制造技术。在特指设备时,3D打印是指采用打印头、喷嘴或其他打印技术沉积材料来制造物体的技术,其设备的特点是价格相对低或功能较低。

从更广义的原理来看,以设计数据为基础,将材料(包括液体、粉材、线材或块材等)自动地累加起来成为现实体结构的制造方法,都可视为增材制造技术。

5.5.1 基本原理

1. 增材制造的流程

增材制造是数字化技术、新材料技术、光学技术等多学科发展的产物。其工作原理可以分为两个过程:其一是数据处理过程,利用三维计算机辅助设计(CAD)数据,将三维CAD图形分切成薄层,完成将三维数据分解为二维数据的过程;其二是制作过程,依据分层的二维数据,采用所选定的制造方法制作与数据分层厚度相同的薄片,每层薄片按序叠加起来,就构成了三维实体,实现了从二维薄层到三维实体的制造过程。从原理上来看,数据从三维到二维是一个"微分"过程,依据二维数据制作二维薄层叠加成三维物体的过程是一个"积分"的过程,如图5-13所示。这一过程是将三维复杂结构降为二维结构,二维结构制作都可以实现,然后再由二维结构累加为三维结构。

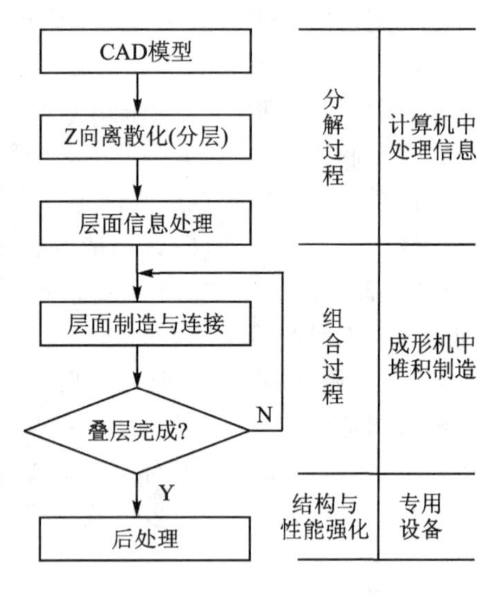

图5-13 离散/堆积成形流程图

2. 三角面片与STL文件

STL文件是SLA系统的生产厂家美国3DSystems公司提出的一种用于CAD模型与3D打印设备之间数据转换的文件格式,现已为大多数CAD系统和3D打印设备制造商所接受,成为3D打印技术领域内一个事实上的"准"工业标准。

STL文件是通过对CAD实体模型或曲面模型进行表面三角化离散得到的,相当于用一种全由小三角形面片构成的多面体近似原CAD模型。

从几何上看,STL文件的定义如图5-14所示,每一个三角形面片用三个顶点表示,每个顶点由其坐标(x,y,z)表示,由于必须指明材料包含在面片的哪一边,所以每个三角形面片还必须有一个法向参量,用(l_x,l_y,l_z)表示。从整体上看,STL文件是由多个这样的三角形面片无序地排列集合在一起组成的,其格式定义如下:

<STL文件>::=<三角形1><三角形2>……<三角形n>

<三角形i>::=<法向量><顶点1><顶点2><顶点3>

<法向量>∷=<l_x><l_y><l_z>

<顶点>∷=<x><y><z>

一般情况下，三角形的个数与该模型的近似程度密切相关。三角形数量越多，近似程度越好，精度越高。反之，三角形数量越少，则近似程度越差。用同一 CAD 模型生成两个不同的 STL 文件，精度高者可能要包括多达 10 万个三角形面片，文件达数兆，而精度低者可能只用几百个三角形面片，三角形面片个数的多少对后续处理的时间和难度影响很大。

STL 文件一般有两种格式，即 ASCII 格式和二进制格式。ASCII 格式如图 5－15 所示，图中第一行为说明行，记录 STL 文件的文件名，从第二行开始记录三角形面片信息，首先记录三角形面片的法向，然后记录环，依次给出三个顶点的坐标，三个顶点的顺序与该三角形法向符合“右手法则”。这样一个三角形的信息记录完毕，开始记录下一个三角形，直到将整个模型的全部三角形记录完毕。

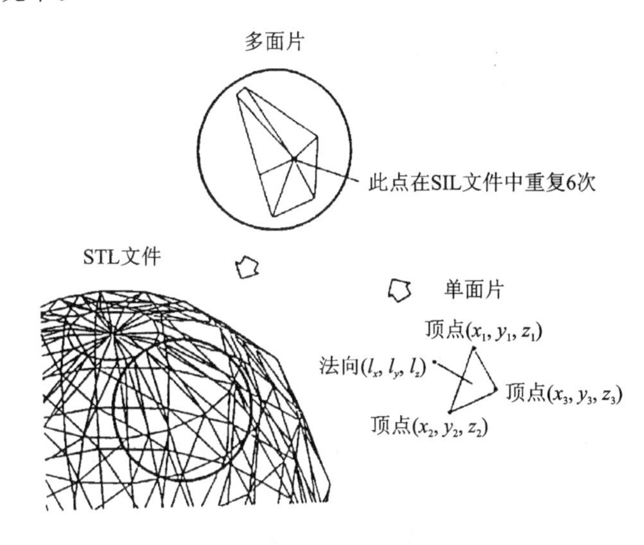

图 5－14　STL 文件的定义

```
    SOLIDTEST.STL
    FACETNORMAL0.000000e+000.0000000e+001.000000e+00
OUTERLOOP
VERTEX3.632090e+001.114289e+007.696850e-01
VERTEX3.598710e+001.114243e+007.696850e-01
VERTEX3.602463e+001.094223e+007.696850e-01
ENDLOOP
ENDFACET
    FACETNORMAL0.000000e+000.0000000e+001.000000e+00
OUTERLOOP
VERTEX3.687320e+009.674364e-017.696850e-01
VERTEX3.643634e+009.674364e-017.696850e-01
VERTEX3.649474e+009.484149e-017.696850e-01
ENDLOOP
ENDFACET
⋮
ENDSOLIDTEST.STL
```

图 5－15　STL 文件的 ASCII 格式

3. 通过分层获取二维数据

将每层中分层平面与三角形各边的交点坐标计算出来,相互连接,就形成该层的二位数据,用于驱动设备制造出所需零件或产品。图 5-16 为求二维数据示意图。

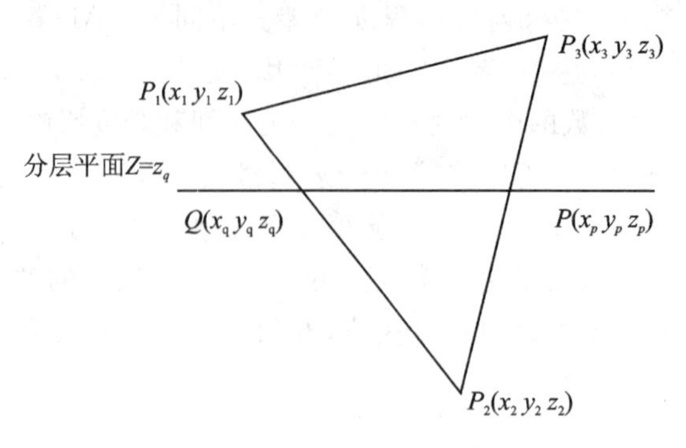

图 5-16　求二维数据

可得分层平面与 P_1P_2 边的交点的坐标:

$$X_d = x_1 + K(x_2 - x_1)$$
$$y_q = y_1 + (y_2 - y_1)$$
$$K = (z_q - z_1)/(z_2 - z_1)$$

5.5.2　几种典型工艺方法

1. 光固化成形

光固化成形(Stereo Lithography Appearance, SL 或 SLA)。其原理是利用紫外激光固化对紫外光非常敏感的液态树脂材料(性能类似于塑料)予以成形,工艺过程如图 5-17 所示。树脂槽中盛满液态光敏树脂,在计算机控制下经过聚焦的紫外激光束按照零件各分层的截面信息,对液态树脂表面进行逐点逐线扫描。被扫描区域的树脂产生光聚合反应瞬间固化,形成零件的一个薄层;当一层固化后,工作台下移一个层厚,液体树脂自动在已固化的零件表面覆盖一个工作层厚的液体树脂,紧接着进行下一层扫描固化,新的固化层与前面已固化层粘合为一体;如此反复直至整个零件制作完毕。

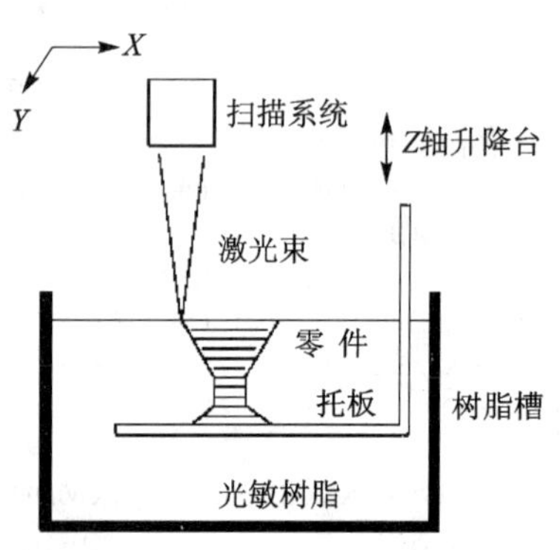

图 5-17　光固化快速成形原理

2. 激光选区烧结

激光选区烧结(SLS)也叫选择性激光烧结、选区激光烧结等。利用高能激光束的热效应使粉末材料软化或熔化,粘接成形一系列薄层,并逐层叠加获得三维实体零件,工艺过程如图 5-18 所示。首先,在工作台上铺一薄层粉末材料,高能激光束在计算机控制下根据制件各层截面的 CAD 数据,有选择地(选区)对粉末层进行扫描,被扫描区域的粉末材料由于烧结或熔化粘接在一起,而未被扫描的区域粉末仍呈松散状,可重复利用。一层加工完后,工作台下降一个层厚的高度，再进行下一层铺粉和扫描，新加工层与前一层粘结为一体，重复上述过程直到整个零件加工完为止。最后，将初始成形件从工作缸中取出，进行适当后处理（如清粉和打磨等）即可。如需进一步提高零件强度，可采取后烧结或浸渗树脂等强化工艺。

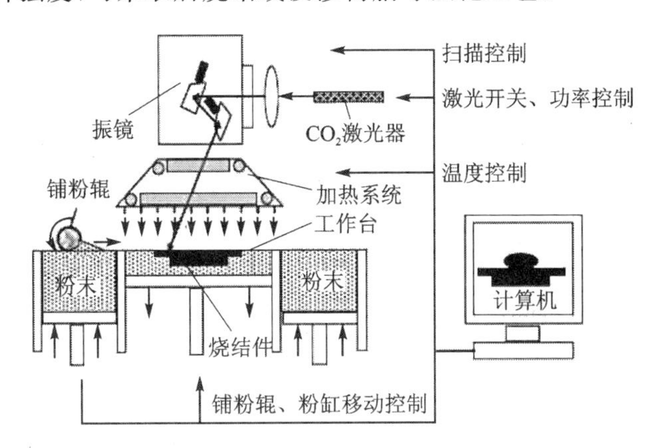

图 5-18　激光选区烧结

3. 激光选区熔化

激光选区熔化（SLM）的工作方式与激光选区烧结类似。该工艺利用光斑直径仅为 100 nm 以内的高能束激光，直接熔化金属或合金粉末，层层选区熔化与堆积，最终成形具有冶金结合、组织致密的金属零件，工艺过程如图 5-19 所示。首先，将三维 CAD 模型进行切片离散及扫描路径规划，得到可控制激光束扫描的切片轮廓信息。其次，计算机逐层调入切片轮廓信息，通过扫描振镜控制激光束选择性地熔化金属粉末，未被激光照射区域的粉末仍呈松散状。一层加工完成后，粉料缸上升几十微米，成形缸降低几十微米，铺粉装置将粉末从粉料缸刮到成形平台上，激光扫描该层粉末，并与上一层融为一体。重复上述过程，直至成形过程完成。获得的零件经过简单的喷砂处理即可。如需特殊性能要求，可进行相应的热处理。

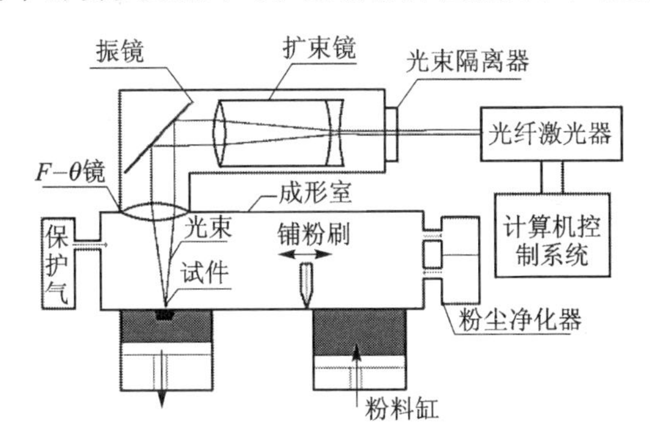

图 5-19　激光选区熔化

4. 熔融沉积制造

熔融沉积制造（FDM）又称为熔丝沉积制造等。该方法利用电加法等热源熔化丝状材料，由三轴控制系统移动熔丝材料，逐层堆积成形三维实体，工艺过程如图 5-20 所示。材料（通常为低熔点塑料，如 ABS 等）先制成丝状，通过送丝机构送进喷头，在喷头内被加热熔化；喷头在计算机控制下沿零件截面轮廓和填充轨迹运动，将熔化的材料挤出，材料挤出后迅速固化，并与周围材料黏结;通过层层堆积成形,最终完成零件制造。初始零件表面较为粗糙,需配合后续抛光等处理。

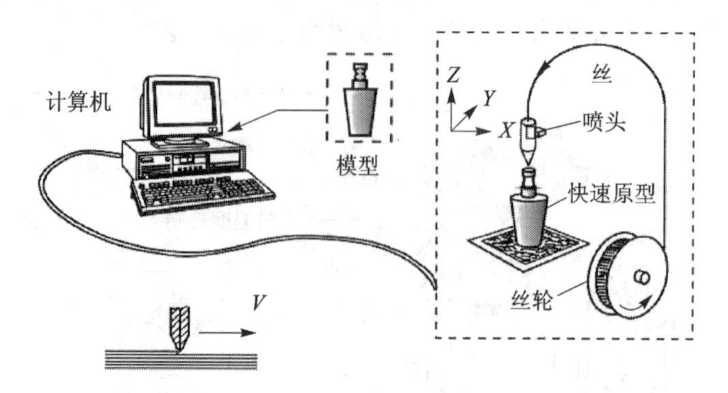

图 5-20 熔融沉积制造

5. 三维印刷法

三维印刷工艺,也称为三维打印(Three Dimensional Printing,TDP)。1989 年,美国麻省理工学院的 Emanuel M. Sachs 和 John S. Haggerty 等在美国申请了三维印刷技术的专利,之后 Emanuel M. Sachs 和 John S. Haggerty 又多次对该技术进行完善,形成了今天的三维印刷快速成形工艺。三维印刷法是利用喷墨打印头逐点喷射粘合剂来粘结粉末材料的方法制造原型,如图 5-21 所示。三维印刷工艺与 SLS 工艺都是将粉末材料选择性地粘结成为一个整体。其最大的不同之处在于,TDP 工艺不用将粉末材料熔融,而是通过喷嘴本身会喷出粘合剂,将这些材料粘合在一起。

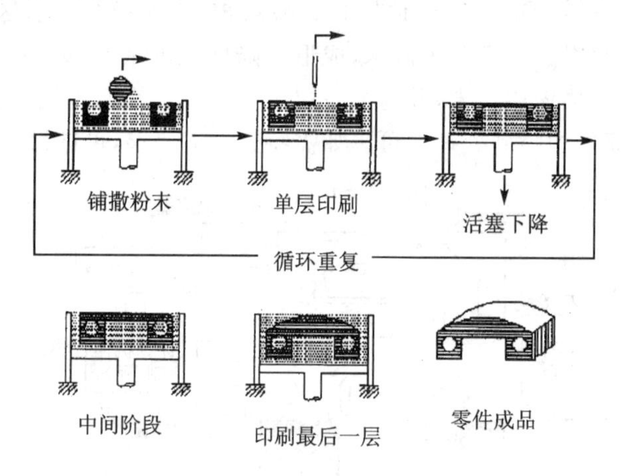

图 5-21 三维印刷法原理

TDP 技术成形速度快,设备便宜,可用多种粉末材料作为原材料,应用范围广泛。但该方法一般需要后续固化,精度相对较低。

6. 电子束选区熔化

电子束选区熔化(EBSM)的技术是利用高能电子束,在真空保护下高速扫描加热预置的金属粉末,通过逐层熔化叠加,成形多孔、致密或多孔-致密复合结构的三维零件,工艺过程如图 5-22 所示。首先,在工作台上铺一薄层金属粉末,电子束在计算机控制下根据零件各层截面的 CAD 数据，有选择地对粉末层进行扫描熔化；一层加工完成后，工作台下降一个层厚的高度，再进行下一层铺粉和熔化，新加工层与前一层熔合为一体；重复上述过程直到整个零件加工完为止。将零件从真空箱中取出，用高压空气吹出松散粉末，配合喷砂和抛光等后处理工艺即可获得最终三维零件。

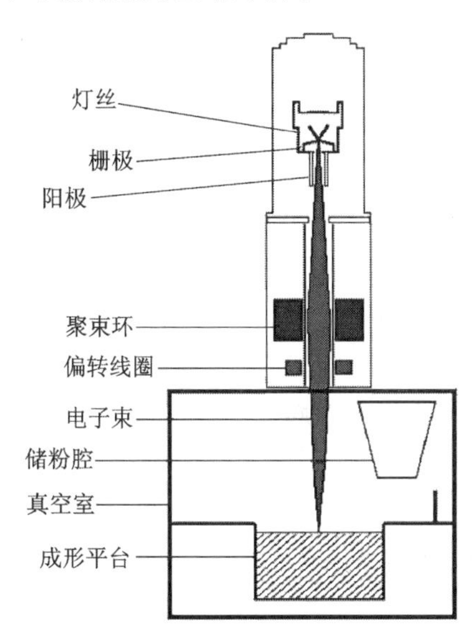

图 5-22　电子束选区熔化

近年来，国内外在增材制造的经典理论和工艺方法基础上，又发展了一些新的成形理论和工艺，使新材料、新工艺和新应用不断涌现。

微纳尺度增材制造是日本大阪大学利用飞秒激光的超短脉冲，在空间极小区域（几百纳米）产生高密度光子，形成双光子吸收条件，触发材料发生固化转变。利用该技术制作了高 7 μm、长 10 μm 的“纳米牛”。

清华大学开发了低温沉积制造技术，将溶液在冰点以下挤出沉积，制作孔隙尺寸约 400 μm 的孔。同时，低温环境下挤出的溶液发生热致相分离，溶剂与成形材料分离并冷冻凝结成微观结构。后经冷冻干燥，抽干溶剂，即可形成 10 μm 左右的微孔。这种制造方法扩展了增材制造技术制作分级多孔结构的方法，为解决高孔隙率和结构强度之间的矛盾提供了新的技术方法。

西北工业大学研究了一种金属微滴 3D 打印技术，在保护环境中金属微滴喷射器喷射出尺寸均匀的金属微滴，然后精准地控制这些均匀微滴在运动平台上进行逐点、逐层堆积，同时控制运动平台的运动轨迹，以成形复杂金属零件。该技术不需要特制的原材料，不使用昂贵的能量源，制造成本和设备成本低。

增材制造技术的发展日新月异，新的成形材料和工艺不断涌现，预计不远的将来将为工业生产和人们的日常生活带来巨大的改变。在航空航天工业的增材制造技术领域，金属、非金属或金属基复合材料的高能束流快速制造是当前发展最快的研究方向，通过大量使用基于金属粉末和丝材的高能束流增材制造技术生产飞机零件，从而实现结构的整体化，降低成本和周期，达到“快速反应，无模敏捷制造”的目的。

思考与练习题

1. 什么叫数控机床？它是由哪些基本结构组成的？各部分的基本功能是什么？计算机数控系统有哪些优点？

2. 简述数控机床与加工中心的共性与区别。

3. 什么是成组技术？在产品设计和工艺方面应用成组技术有何优越性？

4. 超精密加工方法有哪些？分别适用于什么领域？

5. 简述超高速加工的机理。

6. 说明增材制造技术的基本思路和工作步骤。

参考文献

[1] 顾崇衔. 机械制造工艺学[M]. 陕西:科学技术出版社,1986.

[2] 傅水根. 机械制造工艺学基础(冷加工部分)[M]. 北京:清华大学出版社,1998.

[3] 王先逵. 机械制造工艺学[M]. 北京:机械工业出版社,1999.

[4] 陈立德. 机械制造技术[M]. 上海:上海交通大学出版社,2000.

[5] 吉卫喜. 机械制造技术[M]. 北京:机械工业出版社,2001.

[6] 徐杜. 柔性制造系统原理与实践[M]. 北京:机械工业出版社,2001.

[7] 颜永年,张晓萍,等. 机械电子工程[M]. 北京:化学工业出版社,1998.

[8] 张福润,徐鸿本,等. 机械制造技术基础[M]. 武汉:华中科技大学出版社,2000.

[9] 赵万生. 特种加工技术[M]. 北京:高等教育出版社,2001.

[10] 王贵成,张银喜. 精密与特种加工[M]. 武汉:武汉理工大学出版社,2001.

[11] 李斌. 数控加工技术[M]. 北京:高等教育出版社,2001.

[12] 杨仲冈,张颖熙. 数控加工技术[M]. 北京:中国轻工业出版社,1998.

[13] 韩鸿鸾. 基础数控技术[M]. 北京:机械工业出版社,2000.

[14] 蔡复之. 实用数控加工技术[M]. 北京:兵器工业出版社,1995.

[15] 王先逵. 计算机辅助制造[M]. 北京:清华大学出版社,1999.

[16] 邓文英. 金属工艺学 上、下册[M]. 4 版. 北京:高等教育出版社,2000.

[17] 崔令江,郝滨海. 材料成形技术基础[M]. 北京:机械工业出版社,2008.

[18] 邢建东,陈金德. 材料成形技术基础[M]. 北京:机械工业出版社,2007.

[19] 柳秉毅. 材料成形工艺基础[M]. 北京:高等教育出版社,2005.

[20] 齐乐华. 工程材料与机械制造基础[M]. 北京:机械工业出版社,2006.

[21] 王令其,张思弟. 数控加工技术[M]. 北京:机械工业出版社,2007.

[22] 李梦辉,庞学心,吴伏家. 先进制造技术[M]. 北京:中国科学技术出版社,2005.

[23] 任玉田,包杰. 新编机床数控技术[M]. 北京:北京理工大学出版社,2004.

[24] 刘雄伟. 数控加工理论[M]. 北京:机械工业出版社,2000.

[25] 吴建蓉,王炜. 数控加工技术与应用[M]. 福建:福建科学技术出版社,2005.

[26] 李正峰,高保真. 数控加工工艺[M]. 上海:上海交通大学,2005.

[27] 张曙. 网络化制造改变制造业业务流程[M]. 北京:机械工业出版社,2008.

[28] 卢秉恒. 机械制造技术基础[M]. 北京:机械工业出版社,2008.

[29] 张根保. 自动化制造基础[M]. 北京:机械工业出版社,2005.

[30] 宾鸿赞,王润孝. 先进制造技术[M]. 北京:高等教育出版社,2006.

[31] 王丽英. 机械制造技术(第二版)[M]. 北京:中国计量出版社,2002.

[32] 中国机械工程学会. 3D 打印打印未来[M]. 北京:中国科学技术出版社,2013.

[33] 李喜桥. 加工工艺学[M]. 2 版. 北京:北京航空航天大学出版社,2009.

[34] 唐一平,马鹏举. Advanced Technology Manufacturing[M]. 北京:高等教育出版社,2000.

[35] 冯之敬. 机械制造工程原理[M]. 北京:清华大学出版社,2008.